第一版获 2003 年省部级优秀教材二等奖

内容简介

本书是根据教育部最新颁布的全国高校理工科及经济类"概率论与数理统计课程教学基本要求"并参考"理学、工学、经济学硕士研究生入学考试大纲"进行编写的.全书共分八章,包括了概率论与数理统计的基本内容:随机事件及其概率,随机变量及其分布,随机变量的数字特征,大数定律与中心极限定理,统计量及其分布,参数估计,假设检验,方差分析与回归分析.本书构思新颖、叙述清楚、深入浅出、简明易懂、重点突出、富有新意.本书第二版在保持第一版特色的基础上,更注重对学生基础知识的训练和综合能力的培养,每章均增加了综合例题讲授内容,并通过对一些具有典型性且综合性较强的例题的剖析,使解题方法、思路和技巧比第一版更加完整,且每节均精选了相当数量的例题和基本练习题(A组)与提高练习题(B组),每章末还配有总习题.书末附有习题答案与提示,便于教师教学与学生自学.

本书第一版自2002年出版以来,受到广大读者的肯定和欢迎,重印了16次,共发行9万多册,且于2003年获省部级优秀教材二等奖.第二版在保持了第一版诸多优点的基础上,更加便于教学与自学,进一步扩大了适应面,可作为高等院校理工科、经济类本科生概率论与数理统计课程的教材或教学参考书,也可供科技、工程技术人员及报考理工科、经济类硕士研究生人员参考.

21 世纪

高等院校数学规划系列教材／主编　肖筱南

新编概率论与数理统计

（第二版）

编著者　肖筱南　茹世才　欧阳克智

王惠君　王海玲　殷　倩

图书在版编目(CIP)数据

新编概率论与数理统计/肖筱南等编著. —2版. —北京：北京大学出版社，2013.8
(21世纪高等院校数学规划系列教材)
ISBN 978-7-301-22971-2

Ⅰ. ①新… Ⅱ. ①肖… Ⅲ. ①概率论－高等学校－教材 ②数理统计－高等学校－教材
Ⅳ. ①O21

中国版本图书馆CIP数据核字(2013)第179572号

书　　　名：新编概率论与数理统计(第二版)
著作责任者：肖筱南　茹世才　欧阳克智　王惠君　王海玲　殷　倩　编著
责 任 编 辑：曾琬婷
标 准 书 号：ISBN 978-7-301-22971-2/O·0945
出 版 发 行：北京大学出版社
地　　　址：北京市海淀区成府路205号　100871
网　　　址：http://www.pup.cn　新浪官方微博：@北京大学出版社
电 子 信 箱：zpup@pup.pku.edu.cn
电　　　话：邮购部 62752015　发行部 62750672　编辑部 62767347　出版部 62754962
印　刷　者：三河市北燕印装有限公司
经　销　者：新华书店
787mm×980mm　16开本　21.75印张　480千字
2002年1月第1版
2013年8月第2版　2025年1月第11次印刷(总第27次印刷)
印　　　数：128101—130100册
定　　　价：56.00元

“21 世纪高等院校数学规划系列教材”书目

高等数学(上册)　林建华等编著
高等数学(下册)　林建华等编著
微积分　曹镇潮等编著
线性代数　林大兴等编著
新编概率论与数理统计(第二版)　肖筱南等编著

第二版前言

本书第一版自2002年出版以来，受到了广大读者的热情关怀、支持与好评，并被许多院校广泛采用，致使出版至今，累计印刷16次，方能满足读者需求.

为了进一步满足21世纪对理工科与经济类高等院校概率统计课程培养复合型高素质人才的新要求，我们根据多年的教学改革、研究、实践，以及教材出版后读者的反馈意见，并按照新形势下课程改革的精神与学生学习概率统计的实际要求，对第一版教材进行了全面的修订.

修订中，我们在保持原书结构、系统和风格的基础上，增加了综合例题内容，并通过对一些具有典型性且综合性较强的例题的剖析，使解题方法、思路和技巧比第一版更加完整，进而对读者加深基本概念和基本理论的理解，进一步提高解题能力，具有更大的帮助. 第二版还对第一版每节的习题与每章的总习题作了更加合理的调整与修改，使之更适合复合型高素质人才培养的要求.

在兼顾教材的前瞻性方面，本次修订还注意汲取国内外概率统计教材的优点，注意到了概率统计与相关学科的联系，增加了概率统计相关名词的英文注释，为各个专业后续课程的学习打好坚实的基础.

总之，通过本次全面修订，本书第二版更能适合当前教学需要，其结构更加严谨，逻辑更加清晰，叙述更加深入浅出、便于自学.

本版由肖筱南教授制订修订方案并负责统稿定稿. 在修订过程中，充分听取了广大教师所提出的宝贵意见和建议. 本次修订得到了北京大学出版社及厦门大学嘉庚学院的大力支持与帮助，在此一并表示诚挚的谢意.

我们期望第二版教材能更加适应21世纪高等院校概率统计教学的需要，不足之处，恳请读者批评指出.

编　者

2013年2月

第一版前言

概率论与数理统计是从数量方面研究随机现象规律性的数学学科.随着知识经济、信息时代的来临,研究随机现象的数学理论、方法及其应用愈来愈广泛,概率统计的思想方法已经渗透到了自然科学与社会科学的各个领域,并且还在继续拓广.

现代科学技术的迅速发展,使知识更新的速度不断加快.对此,作为高等理工科、经济类院校重要基础课的概率统计教材应该如何适应当代知识经济发展的需要,不断开拓创新,已成为摆在我们面前的紧要任务.为了进一步提高概率统计的教学质量,更好地适应新世纪对高等理工科及经济类院校培养复合型高素质人才的需要,我们在概率统计课程的教材建设与改革中,结合多年的教学研究与实践,在博采众家之长的基础上,紧扣教育部最新颁布的教学大纲,针对理工科、经济类院校学生学习概率统计的实际需要,几经修改编写了本书.在编写过程中,考虑到理工科与经济类数学教学的特点以及学生报考理学、工学、经济学硕士研究生入学考试的需要,我们在遵循本学科系统性与科学性的前提下,尽量注意贯彻由浅入深、循序渐进、融会贯通的教学原则与直观形象的教学方法,既注重概率统计基本概念、基本理论和方法的阐述,又注重学生基本运算能力的训练和分析问题、解决问题能力的培养,以达到既便于教师教学,又便于学生自学之目的.

为了帮助各类学生更好地掌握本课程内容,本书每节分层次配有(A)基本练习题,(B)带有一定难度的提高练习题,此外,每章还配有总习题,以供读者复习、巩固所学知识.书末附有习题答案与提示,可供教师与学生参考.

本书可作为高等理工科、经济类院校"概率论与数理统计"课程的教材或教学参考书.全书共分八章,第一章至第四章为概率论部分,需讲授约32～36学时,第五章至第八章为数理统计部分,其中第五章至第七章需讲授约22学时,第八章需讲授约12学时,各校可根据实际情况与专业需要讲授其中一部分或全部.

本书第一章由茹世才编写,第二章由欧阳克智编写,第三、四章由王惠君编写,第五章至第八章由肖筱南编写.全书由肖筱南制定编写计划并负责最后统稿定稿.

我们谨将本书奉献给读者,希望它能成为每位读者学习概率统计的良师益友.本书的编写与出版得到了北京大学出版社的大力支持与帮助,在此表示衷心感谢.

限于编者水平和时间仓促,书中疏漏与不当之处,恳请读者指正.

编　者

2001年10月

目　　录

第一章 随机事件及其概率

概率论与数理统计是数学的一个重要分支，它是研究随机现象统计规律性的一门学科. 其应用很广泛，是科技、管理、经济等工作者必备的数学工具. 本章通过随机试验介绍概率论中的基本概念——样本空间、随机事件及其概率，并进一步讨论随机事件的关系及其运算、概率的性质及其计算方法.

§1 随机事件及其运算

一、随机现象与随机试验

在自然界及人类社会活动中，所发生的现象是多种多样的，若从其结果能否准确预言的角度去考虑，可分为两大类：一类称为**确定性**(或**必然**)**现象**，另一类称为**随机**(或**偶然**)**现象**.

所谓**确定性现象**，是指在一定的条件下必然发生(或必然不发生)的现象. 例如，在标准大气压下，把水加热到 100℃，此时水沸腾是必然发生的现象(而此时水结冰是必然不会发生的现象). 只要保持上述条件不变，任何人重复上述实验及进行观察，该现象的结果总是确定的. 这类现象的结果是能准确预言的. 研究这类现象的数学工具是线性代数、微积分及微分方程等经典数学理论与方法.

所谓**随机现象**，是指在一定的条件下，可能发生也可能不发生的现象，具有不确定性(或称为偶然性、随机性). 例如，掷一枚质地均匀的硬币，其落地后可能是有国徽的一面(称为正面)朝上，也可能是有数字的一面(称为反面)朝上，掷币前不能准确地预言. 又如，从含有不合格品的一批某种产品中，任意抽一件检验，其检验结果可能是合格品，也可能是不合格品，事先无法准确地预言.

通常，人们不论研究何种现象，都离不开对其进行观察(测)或进行实验. 为简便起见，我们把对某现象或对某事物的某个特征的观察(测)以及各种各样的科学实验统称为**试验**(experiment). 为了研究随机现象，同样需要进行试验. 这类试验的特征是：在一定的条件下，其试验的可能结果不止一个;一次试验中,可能出现某一结果,也可能出现另一个结果,究竟会出现哪一个试验结果,事先无法准确地预言.对于这类试验,人们在实践中发现,就一次试验而言,其试验结果表现出不确定性(偶然性),似乎难以捉摸,但在大量重复试验下,其试验结果却呈现出某种规律性.例如,对于抛掷硬币试验,一次抛掷,哪一面朝上是随机的(偶然的),但把同一质地均匀的硬币进行成千上万次抛掷,人们发现,"正面朝上"与"反面朝上"这两个试验结果出现的次数大致各占一半.又例如,从含有不合格品的一批某种产品中,任意抽取一件检验,在这一试验下,"抽到合格品"与"抽到不合格品"两个试验结果都有可能发生,具有随机性(偶然性),但当重复抽取时,"抽到合格品"的次数与抽取总次数之比却呈现出某种稳定性.随机现象的这种隐蔽着的内在规律性叫做**统计规律性**.本课程的任务就是要研究和揭示这种规律性.

显然,要获得随机现象的统计规律性,必须在相同的条件下,大量重复地做试验.在概率统计中,把这类试验称为**随机试验**(random experiment),它们具有下述三个特性:

(1) 试验可以在相同的条件下重复进行;

(2) 每次试验的可能结果不止一个,而究竟会出现哪一个结果,在试验前不能准确地预言;

(3) 试验所有的可能结果在试验前是明确(已知)的,而每次试验必有其中的一个结果出现,并且也仅有一个结果出现.

随机试验简称**试验**,并用字母 E 或 E_1,E_2 等表示.我们就是通过随机试验去研究随机现象的.

例 1 掷一颗骰子,观察出现的点数,这个试验就是一个随机试验,记为 E_1. E_1 的所有可能的结果共有 6 个,即"出现 1 点","出现 2 点",…,"出现 6 点".试验前无法准确地预言会出现哪一个点数,但试验后必有且仅有其中的一个点数出现.

例 2 将一枚质地均匀的硬币连掷 2 次,观察出现正、反面的情况.这里视硬币连掷 2 次作为一次试验,称为**复合试验**(complex experiment),它也是一个随机试验,记为 E_2.若用记号

(第 1 次掷币出现的面,第 2 次掷币出现的面)

表示试验结果,则 E_2 共有 4 个可能的结果:

(正面,正面),(正面,反面),(反面,正面),(反面,反面).

例 3 记录电话交换台一小时内接到呼唤的次数,这是一个随机试验,记为 E_3.试验结果(即接到呼唤次数)的可能值为 0,1,2,….由于难以规定呼唤次数的上限,理论上认为每个正整数都是一个可能的试验结果.

例 4 设 5 件产品中有 3 件正品(分别记为 Z_1,Z_2,Z_3)和 2 件次品(分别记为 C_1,C_2).现从中任意取 2 件,观察取出的产品的正、次品情况,这也是随机试验,记为 E_4. E_4 共有 $C_5^2=10$ 个可能的试验结果:$(Z_1,Z_2),(Z_1,Z_3),(Z_2,Z_3),(Z_1,C_1),(Z_1,C_2),(Z_2,C_1),(Z_2,C_2),(Z_3,C_1),(Z_3,C_2),(C_1,C_2)$.

例 5 从一大批某类电子元件中,任意抽取一件,测试其使用寿命(即能正常工作的时间),这同样是一个随机试验,记为 E_5. 由于测试的结果是非负实数,并且也难以确定元件寿命的上限是哪一个非负实数,理论上为处理方便,认为任何一个非负实数都是测试的一个可能结果,故该试验的任一个可能结果可记为 $t\in[0,+\infty)$.

二、样本空间

研究任何一个随机试验,不仅要搞清该试验所有可能的结果,还要了解它们的含义,而每一个可能的结果的含义是指试验后所观察(测)到的最简单的直接结果,它不包含其余的任何一个可能的结果. 我们把试验后所观察(测)到的这种最简单的每一个直接结果所构成的单元素集合称为该试验的一个**基本事件**(basic event). 全体结果所构成的集合称为随机试验的**样本空间**(sample space). 样本空间通常用字母 Ω(或 U)来表示. 为了区别不同试验的样本空间,也可以用 Ω_1,Ω_2 等来表示. Ω 中的元素称为**样本点**(sample points),常常用字母 ω(或 e)来表示. 必要时也可以用 ω_1,ω_2 等表示不同的样本点.

上面例题中,随机试验的样本空间分别如下:

E_1: $\Omega_1=\{1,2,3,4,5,6\}$;

E_2: $\Omega_2=\{$(正面,正面),(正面,反面),(反面,正面),(反面,反面)$\}$;

E_3: $\Omega_3=\{0,1,2,\cdots,n,\cdots\}$;

E_4: $\Omega_4=\{(Z_1,Z_2),(Z_1,Z_3),(Z_2,Z_3),(Z_1,C_1),(Z_1,C_2),(Z_2,C_1),(Z_2,C_2),(Z_3,C_1),(Z_3,C_2),(C_1,C_2)\}$;

E_5: $\Omega_5=\{t\mid t\geqslant 0\}$或 $\Omega_5=[0,+\infty)$.

从上述样本空间中可以发现,它们中有的是数集,有的不是数集;有的数集是有限集,有的则是无限集.

三、随机事件

当研究随机试验时,人们通常关心的不仅是某个样本点在试验后是否出现,而更关心的是满足某些条件的样本点在试验后是否出现. 例如,在例 5 中,测试某类电子元件的使用寿命以便确定该批元件的质量. 若假定使用寿命超过 1000 h 为正品,则人们关心的是试验结果是否大于 1000 h. 满足这个条件的样本点组成了样本空间的子集. 我们把样本空间的子集称为**随机事件**(random event),简称**事件**(event). 事件通常用大写字母 A,B,C 等来表示,必要时也可以用 A_1,B_1,C_1,A_2,B_2,C_2 等来表示,还可以用语言描述加花括号来表示. 例如,例 3 中{呼唤次数不超过 5 次},例 4 中{取出的 2 件产品中恰有一件次品}等都是这种表示法. 显然,基本事件就是仅含一个样本点的随机事件;一个样本空间,可以有许多随机事件.

随机试验中,若组成随机事件 A 的某个样本点出现,则称事件 A 发生;否则,称事件 A 不发生. 如例 1 中,若用 A 表示{出现奇数点},即$\{1,3,5\}$,则它是 Ω_1 的子集,是一个随机事件. A 在一次试验中可能发生,也可能不发生,当且仅当掷出的点数是 1,3,5 中的任何一个时,称事件 A 发生. 同样,若用 B 表示{出现偶数点},即{2,4,6},则它是 Ω_1 的子集,也是一个随机事件.

由于样本空间 Ω 是其本身的一个子集,因而也是一个随机事件. 因为样本空间 Ω 包含所有的样本点,所以每次试验必定有 Ω 中的一个样本点出现,即 Ω 必然发生,因而称 Ω 为**必然事件**(certain event). 因为空集 $\varnothing$ 总是样本空间 Ω 的一个子集,所以 $\varnothing$ 也是一个随机事件. 由于 $\varnothing$ 不包含任何一个样本点,故每次试验 $\varnothing$ 必定不发生,因而称 $\varnothing$ 为**不可能事件**(impossible event).

必然事件与不可能事件已无随机性可言,在概率论中,为讨论方便,仍把 Ω 与 $\varnothing$ 当做两个特殊的随机事件.

四、随机事件间的关系与运算

由于事件是样本空间的子集,故事件之间的关系与运算和集合论中集合之间的关系与运算完全类同,但要注意其特有的事件意义.

设 Ω 是给定的一个随机试验的样本空间,事件 $A,B,C,A_k(k=1,2,\cdots)$ 都是 Ω 的子集.

1. 包含关系

若事件 A 发生必导致事件 B 发生,则称事件 B **包含**事件 A,或称事件 A 是事件 B 的**子事件**(sub-event),记为 $B\supset A$ 或 $A\subset B$.

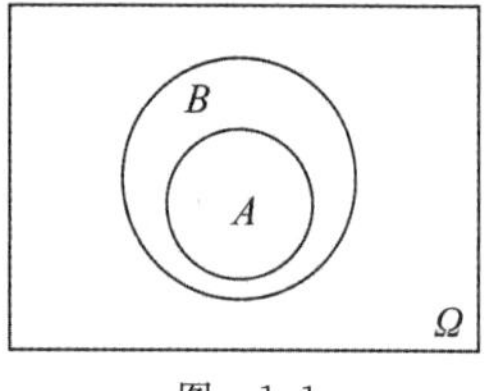

图 1-1

在这种情况下,组成事件 A 的样本点都是组成事件 B 的样本点. 这种包含关系的几何直观如图 1-1 所示.

例如,在例 1 中,若 A 表示事件{出现奇数点},即事件{1,3,5},而 B 表示事件{出现的点数不超过 5},即事件{1,2,3,4,5},显然 $B\supset A$.

2. 相等关系

若 $B\supset A$,且 $A\supset B$,则称事件 A 与 B **相等**,记为 $A=B$. 其直观意义是事件 A 与 B 的样本点完全相同.

3. 和事件

事件{事件 A 与 B 至少有一个发生}称为事件 A 与 B 的**和事件**(union of events),记为 $A\cup B$. 事件 $A\cup B$ 是由属于事件 A 或属于事件 B 的样本点组成的集合,其几何直观如图 1-2 所示(阴影部分).

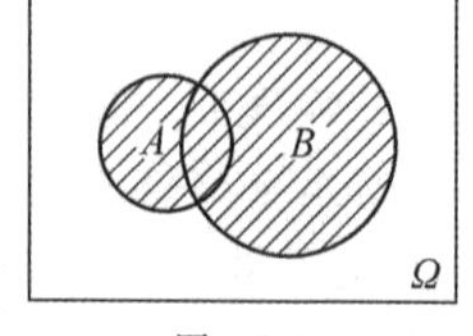

图 1-2

例如,在例 2 中,设 A 表示事件{第 1 次掷币出现正面,第 2 次掷币出现正面},即 $A=$ {(正面,正面)},B 表示事件{2 次掷币恰有一次出现正面},即 $B=$ {(正面,反面),(反面,正面)},则 $A\cup B$ 表示事件{2 次掷币至少有一次出现正面}.

一般地,把事件{事件 $A_1,A_2,\cdots,A_n$ 中至少有一个发生}称为这 n 个事件的和事件,记为 $A_1\cup A_2\cup\cdots\cup A_n$,或简记为 $\bigcup\limits_{i=1}^{n}A_i$.

类似地,把事件{可列个事件 $A_1,A_2,\cdots,A_n,\cdots$ 中至少有一个发生}称为这可列个事件的和事件,记为 $A_1\cup A_2\cup\cdots\cup A_n\cup\cdots$,或简记为 $\bigcup\limits_{i=1}^{\infty}A_i$.

4. 积事件

事件{事件 A 与 B 同时发生}称为事件 A 与 B 的**积事件**(product of events),记为 $A\cap B$ 或 AB. 事件 $A\cap B$ 是由既属于事件 A 又属于事件 B 的样本点组成的集合,其几何直观如图 1-3 所示(阴影部分).

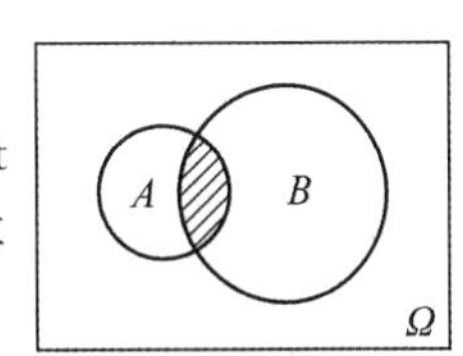

图 1-3

例如,在例 4 中,设 A 表示事件{取出的 2 件中最多有一件次品},即

$$A=\{(Z_1,Z_2),(Z_1,Z_3),(Z_2,Z_3),(Z_1,C_1),(Z_1,C_2),(Z_2,C_1),(Z_2,C_2),(Z_3,C_1),(Z_3,C_2)\},$$

B 表示事件{取出的 2 件中至少有一件次品},即

$$B=\{(Z_1,C_1),(Z_1,C_2),(Z_2,C_1),(Z_2,C_2),(Z_3,C_1),(Z_3,C_2),(C_1,C_2)\},$$

则
$$A\cap B=\{(Z_1,C_1),(Z_1,C_2),(Z_2,C_1)(Z_2,C_2),(Z_3,C_1),(Z_3,C_2)\},$$

即 $A\cap B$ 表示事件{取出的 2 件产品中恰有一件次品},它是由既属于事件 A 又属于事件 B 的样本点组成的子集.

一般地,把事件{事件 $A_1,A_2,\cdots,A_n$ 同时发生}称为这 n 个事件的积事件,记为 $A_1\cap A_2\cap\cdots\cap A_n$,或简记为 $\bigcap\limits_{i=1}^{n}A_i$.

类似地,把事件{可列个事件 $A_1,A_2,\cdots,A_n,\cdots$ 同时发生}称为这可列个事件的积事件,记为 $A_1\cap A_2\cap\cdots\cap A_n\cap\cdots$,或简记为 $\bigcap\limits_{i=1}^{\infty}A_i$.

5. 差事件

事件{事件 A 发生而事件 B 不发生}称为事件 A 与 B 的**差事件**(difference of events),记为 $A-B$ 或 $A\backslash B$. 事件 $A-B$ 是由属于事件 A 但不属于事件 B 的样本点组成的集合,其几何直观如图 1-4 所示(阴影部分). 注意,有 $A-B=A-AB$.

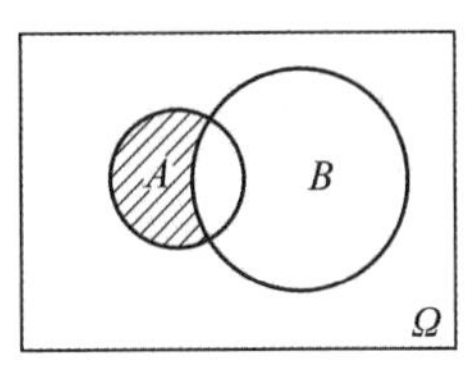

图 1-4

例如,在例 2 中,设 A 表示事件{2 次掷币中第 1 次掷币出现正面},即 $A=\{$(正面,正面),(正面,反面)$\}$,B 表示事件{2 次掷币中 2 次出现同一面},即 $B=\{$(正面,正面),(反面,反面)$\}$,则 $A-B=\{$(正面,反面)$\}$,它表示事件{2 次掷币中第 1 次掷币出现正面,第 2 次掷币出现反面},并且是由属于事件 A 但不属于事件 B 的样本点所确定的.

6. 互不相容(或互斥)事件

若事件 A 与 B 不能同时发生,即 $AB=\varnothing$(即 A 与 B 同时发生是不可能事件),则称此二事件是**互不相容(或互斥)事件**(incompatible events). 显然,互不相容事件 A 与 B 没有公共的样本点,几何直观如图 1-5 所示.

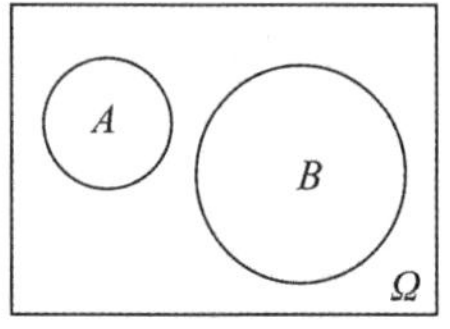

图 1-5

例如,在例 4 中,若设 A 表示事件{取出的 2 件都是正品},即 $A=\{(Z_1,Z_2),(Z_1,Z_3),(Z_2,Z_3)\}$,$B$ 表示事件{取出的 2 件都是次品},即 $B=\{(C_1,C_2)\}$,显然事件 A 与 B 没有公共的样本点,因此它们不可能同时发生,即 $AB=\varnothing$.

若事件 A 与 B 互斥,则其和事件 $A\cup B$ 可简记为 $A+B$. 若 n 个事件 $A_1,A_2,\cdots,A_n$ 中,任意两个不同的事件都满足 $A_iA_j=\varnothing\ (i\neq j;i,j=1,2,\cdots,n)$,则称这 n 个事件是**两两互不相容(或两两互斥)**的. 这时,其和事件 $\bigcup\limits_{i=1}^{n}A_i$ 也可简记为

$$\sum_{i=1}^{n}A_i=A_1+A_2+\cdots+A_n.$$

两两互斥的概念可以推广到可列个事件的情形,并且这时把 $\bigcup\limits_{i=1}^{\infty}A_i$ 简记为 $\sum\limits_{i=1}^{\infty}A_i$.

7. 对立(或逆)事件

在一个随机试验中,若只考虑某事件 A 是否发生,则相应的样本空间 Ω 被划分为 A 与 $\Omega-A$ 两个子集. 这时,把事件 $\Omega-A$ 称为事件 A 的**对立事件**(opposite events)或**逆事件**,记为 $\overline{A}$,即 $\overline{A}=\Omega-A$. 显然 $\overline{A}$ 表示"事件 A 不发生"的事件,且有

$$A\overline{A}=\varnothing,\quad A\cup\overline{A}=\Omega.$$

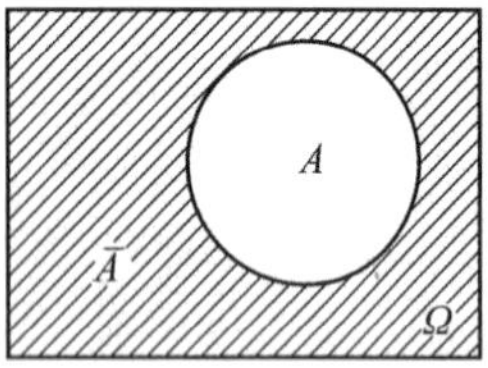

由于 A 也是 $\overline{A}$ 的对立事件,故 $\overline{A}$ 与 A 又称为**相互对立(或互逆)事件**(complementary events),其几何直观如图 1-6 所示.

图 1-6

例如,在例 1 中,设 $A=\{1,3,5\}$,而 $\Omega_1=\{1,2,3,4,5,6\}$,则 $\overline{A}=\Omega_1-A=\{2,4,6\}$. 显然 $\overline{\overline{A}}=A$.

由差事件及对立事件的定义,容易验证如下结论:

$$A-B=A\overline{B}.$$

8. 样本空间的划分(或完备事件组)

为了研究某些较复杂的事件,常常需要把试验 E 的样本空间 Ω 按样本点的某些属性,划分成若干个事件. 一般地,设 Ω 被划分成 n 个事件 $A_1,A_2,\cdots,A_n$,它们满足:

(1) $A_iA_j=\varnothing(i\neq j,\ i,j=1,2,\cdots,n)$;

(2) $A_1\cup A_2\cup\cdots\cup A_n=\Omega$,

则称这 n 个事件 $A_1,A_2,\cdots,A_n$ 构成样本空间 Ω 的一个**划分**(division)(或构成一个**完备事件组**).

显然,对任一试验相应的样本空间Ω,若$A\subset\Omega$,则由A与$\overline{A}$构成Ω的一个划分(这时完备事件组由两个事件构成).又如,在例4中,若将Ω_4的样本点按所含次品的数量分成三类事件:$A_i=\{$取出的2件产品中恰有i件次品$\}(i=0,1,2)$,则事件A_0,A_1,A_2构成Ω_4的一个划分;若设事件$A=\{$取出的2件全是次品$\}$,则由事件A与$\overline{A}$构成Ω_4的另一个划分.

与集合的运算一样,事件之间的运算满足下述运算规律:

(1) 交换律:$A\cup B=B\cup A,\ AB=BA$;

(2) 结合律:$(A\cup B)\cup C=A\cup(B\cup C),\ (AB)C=A(BC)$;

(3) 分配律:$A\cup(BC)=(A\cup B)(A\cup C),\ A(B\cup C)=AB\cup AC$;

(4) 德·摩根(De Morgan)律:$\overline{A\cup B}=\overline{A}\,\overline{B},\ \overline{AB}=\overline{A}\cup\overline{B}$.

上述运算规律都可以仿照证明集合相等的方法加以证明,这里仅用事件运算的意义给出德·摩根律的证明:

$$\overline{A\cup B}=\overline{\{A\text{与}B\text{中至少有一个发生}\}}=\{A\text{与}B\text{都不发生}\}$$
$$=\{\overline{A}\text{与}\overline{B}\text{同时发生}\}=\overline{A}\,\overline{B}.$$

又因为$AB=\overline{\overline{A}}\,\overline{\overline{B}}=\overline{(\overline{A}\cup\overline{B})}$,所以

$$\overline{AB}=\overline{\overline{(\overline{A}\cup\overline{B})}}=\overline{A}\cup\overline{B}.$$

交换律、结合律、分配律、德·摩根律都可以推广到任意多个事件的情形.但要注意这些运算规律不是从初等代数运算移过来的,因此不能简单套用代数运算规律,必须通过事件运算的含义来理解.例如,利用事件运算的含义及上述运算规律还可以得到一些运算规律:

$$A\cup A=A,\quad AA=A;\quad A\cup\Omega=\Omega,\quad A\Omega=A;\quad A\cup\varnothing=A,\quad A\varnothing=\varnothing.$$

特别地,若$A\subset B$,则$A\cup B=B,AB=A$.这些规律的正确性都要通过相应运算的含义来理解.

例6 设A_1,A_2,A_3为三个事件,试用它们表示下列事件:

(1) $A=\{A_1$发生而A_2与A_3均不发生$\}$; (2) $B=\{$三个事件中恰有两个发生$\}$;

(3) $C=\{$三个事件中至少有两个发生$\}$; (4) $D=\{$三个事件中最多有两个发生$\}$.

解 (1) $A=A_1\overline{A}_2\overline{A}_3,\ A=A_1-A_2-A_3$ 或 $A=A_1-(A_2\cup A_3)$.

(2) $B=A_1A_2\overline{A}_3\cup A_1\overline{A}_2A_3\cup\overline{A}_1A_2A_3$ 或 $B=A_1A_2\overline{A}_3+A_1\overline{A}_2A_3+\overline{A}_1A_2A_3$.

(3) $C=A_1A_2\cup A_2A_3\cup A_3A_1$ 或 $C=A_1A_2\overline{A}_3+A_1\overline{A}_2A_3+\overline{A}_1A_2A_3+A_1A_2A_3$.

(4) $D=\overline{A_1A_2A_3}$ 或

$$D=\overline{A}_1\overline{A}_2\overline{A}_3+A_1\overline{A}_2\overline{A}_3+\overline{A}_1A_2\overline{A}_3+\overline{A}_1\overline{A}_2A_3$$
$$+A_1A_2\overline{A}_3+A_1\overline{A}_2A_3+\overline{A}_1A_2A_3.$$

例7 化简下列各式:

(1) $(A\cup B)-(A-B)$; (2) $(A\cup B)(A\cup\overline{B})$; (3) $(A-\overline{B})\overline{(\overline{A}\cup B)}$.

解 (1) $(A\cup B)-(A-B)=(A\cup B)\overline{(A-B)}=(A\cup B)\overline{(A\overline{B})}=(A\cup B)(\overline{A}\cup B)$
$$=A\overline{A}\cup B\overline{A}\cup AB\cup B=B\overline{A}\cup AB\cup B=B.$$

(2) $(A\cup B)(A\cup\overline{B})=A\cup BA\cup A\overline{B}\cup B\overline{B}=A\cup A(B\cup\overline{B})\cup\varnothing=A\cup A\Omega=A$.

(3) $(A-\overline{B})\overline{(A\cup B)}=(A\overline{\overline{B}})(\overline{A}\,\overline{B})=(AB)(\overline{A}\,\overline{B})=(A\overline{A})(B\overline{B})=\varnothing$.

通过上例可见,进行事件运算时,运算的先后顺序是:先求逆运算(即求对立事件),再求积运算,最后进行和或差的运算;若有括号,则括号内运算优先.

习 题 1-1

A 组

1. 写出下列随机试验的样本空间 Ω:

(1) 袋中有 3 个红球和 2 个白球,现从袋中任取一个球,观察其颜色.

(2) 掷一次硬币,设 H 表示"正面",T 表示"反面".现将一枚硬币连掷 2 次,观察出现正、反面的情况,并用样本点表示事件 $A=\{$恰有一次出现正面$\}$.

(3) 对某一目标进行射击,直到击中目标为止,观察其射击次数,并用样本点表示事件 $A=\{$射击次数不超过 5 次$\}$.

(4) 生产某产品直到有 5 件正品为止,观察并记录生产该产品的总件数.

(5) 在编号为 a,b,c,d 的四人中,选出正式和列席代表各一人去参加一个会议,观察选举结果,并用样本点表示事件 $A=\{$编号为 a 的人当选$\}$.

2. 设某试验的样本空间为 $\Omega=\{1,2,\cdots,10\}$,事件 $A=\{3,4,5\}$,$B=\{4,5,6\}$,$C=\{6,7,8\}$,试用相应的样本点表示下列事件:

(1) $A\overline{B}$; (2) $\overline{A}\cup B$; (3) $\overline{A\,\overline{BC}}$; (4) $\overline{A(B\cup C)}$.

3. 某人向一目标连射 3 枪,设 $A_i=\{$第 i 枪击中目标$\}(i=1,2,3)$,试用事件 A_1,A_2,A_3 及事件的运算表示下列各事件:

(1) $A=\{$只有第 1 枪击中目标$\}$; (2) $B=\{$只有一枪击中目标$\}$;

(3) $C=\{$至少有一枪击中目标$\}$; (4) $D=\{$最多有一枪击中目标$\}$;

(5) $F=\{$第 1 枪和第 3 枪中至少有一枪击中目标$\}$.

4. 用作图的方法说明下列等式的正确性:

(1) $A\cup B=A\cup\overline{A}B$; (2) $(A\cup B)C=AC\cup BC$; (3) $AB\cup C=(A\cup C)(B\cup C)$.

5. 下列结论中哪些成立?哪些不成立?

(1) $A\cup B=A\overline{B}\cup B$; (2) $\overline{A}B=A\cup B$; (3) $(AB)(\overline{A}B)=\varnothing$;

(4) 若 $A-C=B-C$,则 $A=B$; (5) 若 $A\subset B$,则 $\overline{B}\subset\overline{A}$;

(6) 若 $AB=\varnothing$,且 $C\subset A$,则 $BC=\varnothing$.

(7) 若 $A=B$,则 A,B 同时发生或者同时不发生;

(8) $\{A,B$ 都发生$\}$与$\{A,B$ 都不发生$\}$是对立事件;

(9) 若 A,B 互为对立事件,则 $\overline{A},\overline{B}$也互为对立事件;

(10) $\overline{(A+B)}C=\overline{A}C+\overline{B}C$.

B 组

1. 写出下列随机试验的样本空间 Ω:

(1) 同时掷 3 颗骰子,观察并记录 3 颗骰子出现的点数之和;

(2) 设有 3 个盒子 A,B,C,3 个球 a,b,c,试将这 3 个球随机装入 3 个盒子,使每个盒子各有一个球,观察装球情况;

(3) 测量一汽车通过给定点的速度.

2. 用排列或组合方法,计算下列随机试验的样本空间的样本点(基本事件)总数:

(1) 观察 3 粒种子发芽情况;

(2) 从 30 名学生中任选 2 名参加某项活动,观察选举情况;

(3) 将 2 个球 a,b 放入 3 个不同的盒子中去(每个盒子容纳的球数不限制),观察装球情况.

3. 电路(Ⅰ)如图 1-7 所示,电路(Ⅱ)如图 1-8 所示,设 $A_i=\{$第 i 个开关闭合$\}(i=1,2,3,4,5)$.

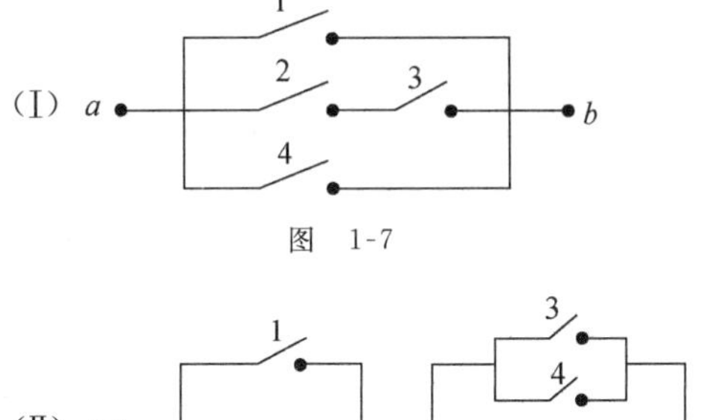

图 1-7

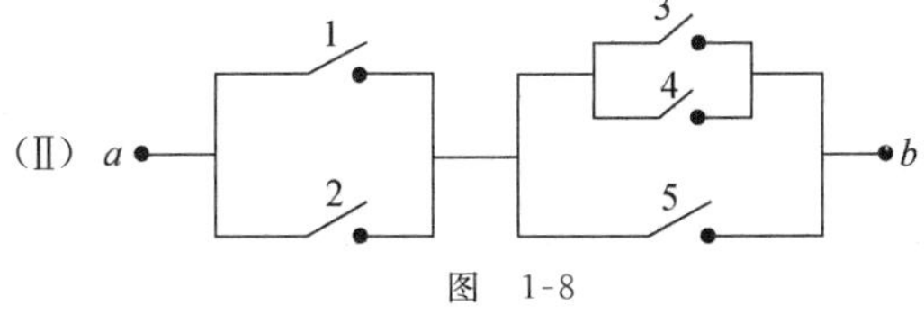

图 1-8

试就电路(Ⅰ),(Ⅱ)分别用 $A_i(i=1,2,3,4,5)$ 表示事件 $A=\{a$ 至 b 导通$\}$.

4. 证明:

(1) $AB\cup(A-B)\cup\overline{A}=\Omega$;　　(2) $(A\cup B)(A\cup\overline{B})(\overline{A}\cup B)=AB$.

§2　随机事件的概率

在实际问题中,常常需要对随机事件发生的可能性大小进行定量描述,“概率”的概念正是源于这种需要而产生的.

一、概率的统计定义

1. 频率

若 n_A 是 n 次试验中事件 A 发生的次数,则比值 $\frac{n_A}{n}$ 称为事件 A 发生的**频率**(frequency),记为 $f_n(A)$,即

$$f_n(A)=\frac{n_A}{n},\tag{1.2.1}$$

而 n_A 称为事件 A 发生的**频数**.

频率具有下述性质:

性质 1 $0\leqslant f_n(A)\leqslant 1$;

性质 2 $f_n(\Omega)=1$;

性质 3 若事件 A 与 B 互斥,即 $AB=\varnothing$,则

$$f_n(A+B)=f_n(A)+f_n(B).$$

性质 1,2 是显然的.关于性质 3,证明如下:

设在 n 次试验中,事件 A,B 发生的频数分别为 n_A,n_B.因 A 与 B 互斥,故 $A+B$ 发生的频数为 $n_{A+B}=n_A+n_B$,从而

$$f_n(A+B)=\frac{n_{A+B}}{n}=\frac{n_A}{n}+\frac{n_B}{n}=f_n(A)+f_n(B).$$

性质 3 还可以推广到 n 个两两互斥事件的情形,即设 $A_1,A_2,\cdots,A_n$ 是两两互斥的事件,则

$$f_n\left(\sum_{i=1}^{n}A_i\right)=\sum_{i=1}^{n}f_n(A_i).$$

实践中人们发现,当试验次数 n 较大时,频率 $f_n(A)$ 总在某一个常数 p 附近波动.例如,有人做抛掷硬币的试验,将一枚质地均匀的硬币连抛 50 次、500 次各若干遍.现摘录有关数据如表 1-1 所示(表中 n_A 表示 n 次试验中事件 $A=\{$出现正面$\}$发生的频数).历史上著名的统计学家蒲丰(Buffon)和皮尔逊(Pearson)等也做过大量的这类试验,所得的有关数据见表 1-2.

表 1-1

试验序号	$n=50$		$n=500$	
	n_A	$f_n(A)$	n_A	$f_n(A)$
1	22	0.44	251	0.502
2	25	0.50	249	0.498
3	21	0.42	256	0.512
4	24	0.48	253	0.506
5	18	0.36	251	0.502

表 1-2

试验者	n	n_A	$f_n(A)$
蒲 丰	4040	2048	0.5056
费 勒	10000	4979	0.4979
皮尔逊	12000	6019	0.5016
皮尔逊	24000	12012	0.5005

由上述两表可以发现,当抛掷硬币次数 n 较大时,频率 $f_n(A)$ 总在常数 0.5 附近波动,并且呈现出逐渐稳定于 0.5 的倾向.频率的这种逐渐的"稳定性"就是前面所说的统计规律性,它揭示了随机现象内部隐蔽着的必然规律.这里的常数 $p=0.5$ 称为频率 $f_n(A)$ 的稳定

值,它能反映事件 A 发生的可能性大小.一般地,每个随机事件都有相应的常数 p 与之对应,因此,我们可以用频率的稳定值定量地描述随机事件发生的可能性大小.

2. 概率的统计定义

设有随机试验 E. 若试验的重复次数 n 充分大时,事件 A 发生的频率 $f_n(A)$ 总在区间 $[0,1]$ 上的一个确定的常数 p 附近做微小摆动,并逐渐稳定于 p,则称常数 p 为事件 A(发生)的**概率**(probability),记为 $P(A)$, 即 $P(A)=p$.

概率的统计定义肯定了随机事件的概率存在,但在实际问题中,数 p(或 $P(A)$)往往是未知的.尽管如此,但该定义提供了估算概率的方法,即只要试验次数足够大,就可以用事件 A 发生的频率 $f_n(A)$ 来近似代替概率 $P(A)$. 这种方法简便且实用,因而应用广泛.例如,产品的合格品率、天气预报的准确率、种子的发芽率、电话机的使用率及翻译电码的错误率等,都是用频率来近似表达概率的.

由频率的三条性质可知,作为频率稳定值的概率也有相应的性质:

性质 1 $0\leqslant P(A)\leqslant 1$ (非负性);

性质 2 $P(\Omega)=1$ (规范性);

性质 3 若 $AB=\varnothing$,则 $P(A+B)=P(A)+P(B)$.

性质 3 同样可以推广到两两互斥的 n 个事件的和事件的情形,即设 $A_1,A_2,\cdots,A_n$ 两两互斥,则

$$P\Big(\sum_{i=1}^{n}A_i\Big)=\sum_{i=1}^{n}P(A_i) \quad \text{(有限可加性)}.$$

虽然概率的统计定义有它的简便之处,但是若试验具有破坏性(如测试电子元件的使用寿命等试验),不可能进行大量重复试验,这就限制了它的应用.而对某些特殊类型的随机试验,要确定事件的概率,并不需做重复试验,而是根据人类长期积累的关于"对称性"的实际经验,提出数学模型,直接计算出来,从而给出概率相应的定义.这类试验称为**等可能概型试验**.根据其样本空间 Ω 是有限集还是无限集,它可分为**古典概型试验**和**几何概型试验**.

二、概率的古典定义

1. 古典概型试验

若试验具有下列两个特征:

(1) 试验的样本空间 Ω 是有限集,即

$$\Omega=\{\omega_1,\omega_2,\cdots,\omega_n\} \text{(有限性)};$$

(2) 每个样本点(即基本事件)发生的可能性大小相等,即

$$P(\omega_1)=P(\omega_2)=\cdots=P(\omega_n)=\frac{1}{n} \text{ (等可能性)},$$

则称此试验为**古典概型试验**(简称**古典概型**(classical probability model)). 由于它是概率论发展初期的主要研究对象,时间久远,故称为"古典"概型.

2. 概率的古典定义

设古典概型试验 E 的样本空间 Ω 有 n(有限)个样本点. 若事件 A 包含其中的 m 个样本点,则事件 A(发生)的概率 $P(A)$ 定义为

$$P(A)=\frac{m}{n}. \tag{1.2.2}$$

由古典概型的"有限性"和"等可能性"两个特征,不难看出 (1.2.2) 式给出的定义的合理性. 在一次试验中,每个样本点出现的可能性大小均为 $\frac{1}{n}$,而事件 A 包含了 m 个样本点,故在一次试验中,事件 A 发生的概率应为 $m\cdot\frac{1}{n}=\frac{m}{n}$.

通常,为了不混淆,把事件 A 包含的样本点数 m 记为 m_A,把事件 B 包含的样本点数记为 m_B,以示区别.

由(1.2.2)式计算得的概率称为**古典概率**(classical probability).

显然,古典概率也具有与由统计定义的概率同样的性质:

性质 1 $0\leqslant P(A)\leqslant 1$ (非负性);

性质 2 $P(\Omega)=1$ (规范性);

性质 3 若 n 个事件 $A_1,A_2,\cdots,A_n$ 两两互斥,则

$$P\left(\sum_{i=1}^{n}A_i\right)=\sum_{i=1}^{n}P(A_i) \quad \text{(有限可加性)}.$$

例 1 把一枚质地均匀的硬币连掷 2 次,设事件 $A=\{$出现 2 个反面$\}$,$B=\{$出现的 2 个面相同$\}$,试求 $P(A)$与 $P(B)$.

解 若用 H 表示"正面",用 T 表示"反面",则由§1 中的例 2 知,该试验的样本空间可以表示为 $\Omega=\{(H,H),(H,T),(T,H),(T,T)\}$,其样本点总数 $n=2^2=4$. 而 $A=\{(T,T)\}$ 仅包含一个样本点,即 $m_A=1$,又因 $B=\{(H,H),(T,T)\}$,包含两个样本点,即 $m_B=2$,故

$$P(A)=1/4,\quad P(B)=1/2.$$

对于比较简单的试验,可以直接写出样本空间总数 n 和所求事件包含的样本点数 m. 对于较复杂的试验,一般不再将样本空间中的元素一一列出,而只需利用排列、组合及乘法原理、加法原理的知识分别求出样本空间和所求事件包含的样本点个数,再由(1.2.2)式即可求出所求事件的概率.

在古典概率的计算中,运用到的排列与组合公式主要有以下几个:

(1) **不重复排列公式** 从 n 个不同元素中任取 m 个元素按照一定的顺序排成一列,其排列数为

$$\mathrm{A}_n^m=\frac{n!}{(n-m)!},\quad m\leqslant n.$$

(2) **可重复排列公式** 从 n 个不同元素中有放回地抽取 m 个元素按照一定的顺序排成一列,其排列数为 n^m.

(3) **组合公式** 从 n 个不同元素中取出 m 个元素,不计顺序组成一组,其组合数为

$$C_n^m=\begin{cases}1, & m=n,\\ 0, & m>n,\\ \dfrac{A_n^m}{m!}=\dfrac{n!}{m!(n-m)!}, & m<n.\end{cases}$$

(4) **加法原理** 如果完成一件工作有 m 个不同方法,其中任何一个方法都可以一次完成这件工作.假设第 i 个方法有 $n_i(i=1,2,\cdots,m)$ 个方案,则完成该件工作的全部方案有 $n_1+n_2+\cdots+n_m$ 个.

(5) **乘法原理** 如果完成一件工作需先后 m 个步骤才能完成,其中第 i 个步骤有 $n_i(i=1,2,\cdots,m)$ 个方案,则完成该件工作的方案有 $n_1n_2\cdots n_m$ 个.

例 2 设袋中有外形相同的 10 个有色球,其中有 6 个红球和 4 个白球. 现从袋中任取(或随机地抽取)3 个,试求:

(1) 取出的 3 个球都是红色球的概率;

(2) 取出的 3 个球中恰有一个是白球的概率.

解 所谓“任取”或“随机地抽取”是指待抽取的对象(这里指 10 个球)中的每一个被抽取到的可能性大小都相等,这是古典概型问题,以后不再解释.

本题所表述的试验是“从 10 个外形相同的有色球(6 个红球,4 个白球)中任取 3 个”. 利用排列与组合知识计算其样本空间的样本点总数时,相当于把外形相同的有色球编号,1~6 号表示红球,7~10 号表示白球,将它们看成 10 个不同的球(今后,类似的问题都按此理解,不再解释),那么从中任意取 3 个球,共有 C_{10}^3 种不同的取法,每种取法都对应一个样本点. 所以,该试验样本空间的样本点总数为 $n=C_{10}^3$.

(1) 设 $A=\{$取出的 3 个球都是红色球$\}$,而事件 A 包含了 $m=C_6^3$ 个样本点(即对事件 A 发生有利的取法是:3 个红色球只能从 6 个红色球中任取 3 个,共有 C_6^3 种不同取法. 每种取法都对应着事件 A 所包含的一个样本点,故 A 包含的样本点数为 $m=C_6^3$),则

$$P(A)=\frac{m}{n}=\frac{C_6^3}{C_{10}^3}=\frac{1}{6}.$$

(2) 设 $B=\{$取出的 3 个球中恰有一个是白球$\}$,而事件 B 包含的样本点数为 $m=C_4^1C_6^2$(即对事件 B 发生有利的取法是:一个白球应从 4 个白球中任取一个,有 C_4^1 种不同的取法,而其余两个球只能从 6 个红色球中任取两个,有 C_6^2 种不同的取法. 由计数的乘法原理可知,共有 $C_4^1C_6^2$ 种不同的取法. 每种取法都对应着事件 B 所包含的一个样本点,故 B 包含的样本点数为 $m=C_4^1C_6^2$),则

$$P(B)=\frac{m}{n}=\frac{C_4^1C_6^2}{C_{10}^3}=\frac{1}{2}.$$

本题称为**随机取球问题**. 古典概型大部分问题都能用随机取球问题这一模型来描述. 例如,把球看成产品,则产品抽样检查就是其中之一.

所谓抽样,是指从待查的整批产品中抽出部分产品.在数理统计中,把抽取出的这部分产品叫做**样本**(sample)或**子样**,样本中的每件产品叫做**样品**,样本中所包含的样品个数叫做**样本容量**(sample size),而待查的整批产品叫做**总体**(population)或**母体**.随机抽样是指总体中的每一件产品,都有相等的可能性被取做样本中的样品.

例 3 设一批产品共有 100 件产品,其中有 3 件次品,其余都是正品.现按下述两种方式随机地取出 2 件产品:

(1) 有放回抽样,即第 1 次任取一件产品,测试后放回原来的产品中,第 2 次再从中任取一件产品;

(2) 无放回抽样,即第 1 次任取一件产品,测试后不再放回原来的产品中,第 2 次再从第 1 次取出后所余的产品中任取一件产品.

试就上述两种情况,分别求取出的 2 件中恰有一件次品的概率.

解 设 $A=\{$取出的 2 件中恰有一件次品$\}$.

(1) 按此方式,第 1 次任取一件产品,测试后要放回原批中,因而第 1 次、第 2 次任意抽取一件产品时,都有 100 种不同的选取方法,由乘法原理可知,共有 100^2 种不同的取法,而每种取法都对应着一个样本点,故该方式下,样本空间的样本点总数为 $n=100^2$.而事件 A 包含的样本点数 $m=C_3^1C_{97}^1+C_{97}^1C_3^1$(即对事件 A 发生有利的取法是:第 1 次取到次品且第 2 次取到正品或第 1 次取到正品且第 2 次取到次品,分别有 $C_3^1C_{97}^1$ 和 $C_{97}^1C_3^1$ 种不同取法.由加法原理可知,共有 $C_3^1C_{97}^1+C_{97}^1C_3^1$ 种不同取法,故 A 包含的样本点数为 $m=C_3^1C_{97}^1+C_{97}^1C_3^1$),从而

$$P(A)=\frac{C_3^1C_{97}^1+C_{97}^1C_3^1}{100^2}=0.0582.$$

(2) 按这种方式,由于第 1 次取出的产品测试后不再放回原批中,故第 1 次有 100 件产品可供选取,而第 2 次只能从原批中余下的 99 件任选一件.按此方式取出 2 件产品共有 $100\times99=A_{100}^2$ 种不同取法,相应的样本点总数为 $n=A_{100}^2$,而此时事件 A 包含的样本点数仍为 $m=C_3^1C_{97}^1+C_{97}^1C_3^1$,故

$$P(A)=\frac{C_3^1C_{97}^1+C_{97}^1C_3^1}{A_{100}^2}\approx0.0588.$$

在抽样问题中,无放回抽样亦可看做一次任取若干个样品.因此,例 3 中方式(2)的试验可以看做"一次随机地抽取出 2 件产品"的试验,其样本空间也相应地改变,而样本点总数应由组合公式计算,即 $n=C_{100}^2$,事件 A 所包含的样本点也按相应的方法计算,即 $m=C_3^1C_{97}^1$,故

$$P(A)=\frac{C_3^1C_{97}^1}{C_{100}^2}\approx0.0588.$$

由此可见,对同一问题,若解决问题的思路不同,所对应的试验也不同,从而样本空间的"设计"与样本点的计数法也不同,但所求的概率应该是相同的.

在例3中(1),(2)两种抽样方式下,我们看到尽管所求事件的概率数值不相等,但差别不大.这是由于产品总数较大而抽查的产品数量又较小的缘故.因此,在一些实际问题中,若产品批量很大,而抽查的产品数量又很小时,人们通常把无放回抽样当做有放回抽样处理,使问题得到简化.

对于产品抽样更一般的问题,有下面的例题.

例4　设一批产品有 N 件,其中有 M 件次品,其余都是正品.现从该批产品中随机抽取 n ($n\leqslant N, M<N$)件,试求恰好取到 k ($k=0,1,2,\cdots,l$,其中 $l=\min(n,M)$)件次品的概率.

解　试验是从 N 件产品中随机抽取 n 件,共有 C_N^n 种不同的取法,相应的样本点总数为 C_N^n.设 $A=\{$恰好取到 k 件次品$\}$.对事件 A 发生有利的取法是:先从 M 件次品中任取 k 件,有 C_M^k 种不同的取法,而后其余的 $n-k$ 件产品从 $N-M$ 件产品中抽取,有 C_{N-M}^{n-k} 种不同取法.由乘法原理可知,共有 $C_M^k C_{N-M}^{n-k}$ 种不同的取法,相应的事件 A 包含的样本点数为 $C_M^k C_{N-M}^{n-k}$,故

$$P(A)=\frac{C_M^k C_{N-M}^{n-k}}{C_N^n}, \tag{1.2.3}$$

其中 $k=0,1,2,\cdots,l$, $l=\min(n,M)$.

公式(1.2.3)是产品计件抽样检查常用的公式之一.

例5　设袋中有 a 个白球和 b 个红球.现按无放回抽样,依次把球一个个取出来,试求第 k ($1\leqslant k\leqslant a+b$)次取出的球是白球的概率.

解　解法1　依题意试验是从 $a+b$ 个球中,无放回地把球一个个取出来,依次排队,共有$(a+b)!$种不同的排法,则相应的样本点总数为 $n=(a+b)!$.设 $A=\{$第 k 次取出的球是白球$\}$.对事件 A 发生有利的排法是:先从 a 个白球中任取一个排在第 k 个位置上,再把其余的 $a+b-1$ 个球排在 $a+b-1$ 个位置上,共有 $A_a^1(a+b-1)!$ 种不同的排法.所以,事件 A 包含的样本点数 $m=A_a^1(a+b-1)!$,从而

$$P(A)=\frac{A_a^1(a+b-1)!}{(a+b)!}=\frac{a}{a+b}.$$

解法2　只考虑前 k 次取球.试验可看做一次取 k 个球进行排队,共有 A_{a+b}^k 种不同排法,相应的样本点总数为 $n=A_{a+b}^k$.事件 A 如解法1所设,则对事件 A 发生有利的排法是:先从 a 个白球中任取一个排在第 k 个位置上,而后从其余的 $a+b-1$ 个球中任取 $k-1$ 个球排在前 $k-1$ 个位置上,共有 $A_a^1 A_{a+b-1}^{k-1}$ 种不同排法.所以,事件 A 包含的样本点数为 $m=A_a^1 A_{a+b-1}^{k-1}$.故

$$P(A)=\frac{A_a^1 A_{a+b-1}^{k-1}}{A_{a+b}^k}=\frac{a}{a+b}.$$

上面两种解法的计算结果表明,事件 $A=\{$第 k 次取出的球是白球$\}$的概率 $P(A)$与 k 无关,即 A 发生的概率与取球的先后次序无关.这就是所谓的"**抽签原理**".无论从日常的经验,还是通过计算概率,抽签原理表明,是否能抽到"签"与抽签的先后次序无关,人人机会均等.

因此该原理常常用在体育比赛或机会均等的其他活动场合.

例 6 设有 n 个不同的质点,每个质点等可能地落入 N $(n\leqslant N)$ 个格子中的每一个格子中,又假设每个格子容纳的质点数是没有限制的,试求下列事件的概率:

(1) $A=\{$某指定的 n 个格子中各有一个质点$\}$;

(2) $B=\{$任意 n 个格子中各有一个质点$\}$;

(3) $C=\{$指定的一个格子中恰有 m $(m\leqslant n)$个质点$\}$.

解 试验是 n 个质点等可能地落入 N 个格子中的每一个格子.由于每个格子容纳的质点数不受限制,所以每个质点均有 N 种不同落入法,n 个质点共有 N^n 种不同的落入法.因此,试验相应的样本点总数为 N^n 个.

(1) 对事件 A 发生有利的落入法是:n 个质点在指定的 n 个格子中进行全排列,共有 $n!$ 种不同的落入法.因此 A 相应地包含了 $n!$ 个样本点,故

$$P(A)=\frac{n!}{N^n}.$$

(2) 对事件 B 发生有利的落入法是:n 个格子由 N 个中任意选出 n 个,有 C_N^n 种不同的选法,再按(1)把 n 个质点落入每一种选法选定的 n 个格子中,有 $n!$ 种落入法,因而共有 $\mathrm{C}_N^n n!$ 种不同的落入法.因此 B 相应地包含了 $\mathrm{C}_N^n n!$ 个样本点,故

$$P(B)=\frac{\mathrm{C}_N^n n!}{N^n}.$$

(3) 对事件 C 发生有利的落入法是:指定的一个格子落入的 m 个质点可从 n 个质点中任意选出 m 个,有 C_n^m 种不同落入法,而其余 $n-m$ 个质点落入剩余的 $N-1$ 个格子中,有 $(N-1)^{n-m}$ 种不同的落入法,因而共有 $\mathrm{C}_n^m(N-1)^{n-m}$ 种不同的落入法.因此 C 相应地包含了 $\mathrm{C}_n^m(N-1)^{n-m}$ 个样本点,故

$$P(C)=\frac{\mathrm{C}_n^m(N-1)^{n-m}}{N^n}.$$

上例是波尔兹曼(Boltzmann)统计学中的问题,它是古典概型中一个非常典型的问题,不少实际问题都可以归结为这一模型来处理.例如,若把质点看做人,格子看做房子,则例 6 就变为把 n 个人等可能地分配到 N 间房子中的“分房问题”.又例如,历史上颇有名的生日问题,即要求参加某次集会的 n 个人中没有两人生日相同的概率问题,也能归结为例 6 的模型.这时只要将 n 个人看成 n 个质点,而把一年的 365 天看做 365 个格子,则所求的概率为

$$p=\frac{\mathrm{A}_{365}^n}{365^n}.$$

以上例题,介绍了古典型概率计算的基本方法,但是并非所有的古典概型中的概率计算都如此容易.事实上,古典概型中的不少问题,计算其中的概率是相当困难且具有较高的技巧性的.不过,这些较复杂的古典概型问题,不是本课程的重点,读者不必为此花费过多的精力,而应该掌握最基本的方法.

习 题 1-2(1)

A 组

1. 设 4 张卡片上分别写有字母 b,k,o,o. 把这 4 张卡片随机地排列,试求它们正好能组成单词"book"的概率.

2. 从标号为 1～100 的 100 件同型产品中任取一件,试求下列事件的概率:

(1) A={取得偶数号的产品}; (2) B={取得号数不大于 30 的产品};

(3) C={取得号数能被 3 整除的产品}.

3. 设有 10 件产品,其中 3 件是不合格品,其余都是合格品. 现按下面两种方式随机地依次取出 2 件产品:

(1) 有放回抽样; (2) 无放回抽样.

试求下列事件的概率:

A={取出的 2 件都是合格品};

B={取出的 2 件中恰有一件是合格品};

C={第 2 次取出的产品是不合格品}.

4. 设袋中有 10 个乒乓球,分别标有 1～10 的号码. 现从袋中任取 3 个球,试求:

(1) 取出的球中最大号码是 5 的概率;

(2) 取出的球中最小号码是 5 的概率;

(3) 取出的球中最大号码小于 5 的概率.

5. 已知号码锁上有 6 个拨号盘,每个拨号盘上有 0～9 共 10 个数字,当这 6 个拨号盘上的数字组成某一个六位数(第一位数字可以为 0)时,锁才能打开. 若不知锁的号码,试求一次试开就能打开锁的概率.

6. 本市电话号码目前由 7 个数字组成,每个数字可以是 0～9 这 10 个数字中的任何一个数,试求电话号码是由不相同的数字组成的概率.

7. 把 3 名学生等可能地分配到 5 间宿舍中的每一间去(一般宿舍限住 8 人),试求 3 名学生被分到不同宿舍的概率.

B 组

1. 在 0～9 这 10 个数字中,不放回地连抽 4 个数字,试求:

(1) 能组成四位奇数的概率; (2) 能组成四位偶数的概率.

2. 某油漆公司发出 17 桶油漆,其中有白漆 10 桶,黑漆 4 桶,红漆 3 桶. 在运输过程中所有的标签全部脱落,交货人随意将这些标签重新贴上. 试求一位订购 4 桶白漆,3 桶黑漆和 2 桶红漆的用户,能按所预订的颜色如数得到订货的概率.

3. 将 3 个球随机地放入 4 个杯子中去(每个杯子容纳的球数不限),试求杯子中球的最大个数分别为 1,2,3 的概率.

4. 设一盒子装有 10 个晶体管,其中有 4 个次品,其余为正品. 现每次任意抽取一个进行测试,测试后不再放回,直到把全部次品找出为止,试求:

(1) 需要测试 5 次的概率; (2) 需要测试 7 次的概率.

三、概率的几何定义

古典概型要求试验的样本空间只含有限个等可能的样本点. 实际问题中,若试验的样本空间有无限多个样本点,就不能按古典概型来计算概率.而这时在有些场合可借用几何方法来定义概率.

1. 几何概型试验

若一个试验满足:

(1) 试验的样本空间 Ω 是直线上某个有限区间,或者是平面、空间上的某个度量有限的区域,从而 Ω 含有无限多个样本点;

(2) 每个样本点的出现具有某种等可能性,则称该试验为**几何概型试验**(简称**几何概型**).这样,该试验的每个样本点可看做等可能地落入区间或区域 Ω 上的随机点.

2. 概率的几何定义

设试验的每个样本点是等可能地落入区间或区域 Ω(即样本空间)上的随机点 M,且 $D\subseteq\Omega$,则事件 $A=\{$点 M 落入子区间或子域 $D\}$发生的概率为

$$P(A)=\frac{m(D)}{m(\Omega)}, \tag{1.2.4}$$

其中 $m(\Omega)$ 及 $m(D)$ 当 Ω 是区间时,表示相应的长度;当 Ω 是平面或空间区域时,表示相应的面积或体积.在只保留"等可能性"的条件下,几何概率的意义是指:随机点 M 落在 Ω 内任意可度量的子域 $D(\subseteq\Omega)$上的概率只与 D 的测度(长度、面积或体积)成正比,而与 D 的形状和它在 Ω 中的位置无关.

例 7 设在一个 $5\times10^4\ \mathrm{km}^2$ 的海域里,有表面积达 $40\ \mathrm{km}^2$ 的大陆架蕴藏着石油.假如在这片海域里随意选定一点钻探,问:能钻到石油的概率是多少?

解 由于选点的随机性,可认为该海域中各点被选中是等可能的,故试验的样本空间 Ω 就是面积为 $5\times10^4\ \mathrm{km}^2$ 的平面区域.设 $A=\{$钻到石油$\}$,即随机点选在贮油区域 D(其面积为 $40\ \mathrm{km}^2$)中的任何一点,都使 A 发生,故由几何概率的定义知

$$P(A)=\frac{40}{50000}=\frac{1}{1250}.$$

例 8 某人发现他的表停了,他打开收音机,想听电台报时,试求他等待的时间不超过 10 min 的概率.

解 因为电台每隔 60 min(即 1 h)报时一次,因此,可认为此人打开收音机的时刻处在 $[0,60]$上任何一点都是等可能的,其样本点有无限多个,样本空间就是区间 $\Omega=[0,60]$.设事件 $A=\{$等待时间不超过 10 min$\}$,则导致 A 发生的样本点是打开收音机的时刻处于区间 $[50,60]$上的任一点.这个区间长度为 10(单位:min),而 Ω 的长度为 60(单位:min),由几何概率的定义知

$$P(A)=\frac{10}{60}=\frac{1}{6}.$$

例 9(会面问题) 设两人相约于早晨 8 时至 9 时之间在某地会面,并约定先到者等候另一人 30 min 后就可离开,试求两人能会面的概率.

解 设 x,y 分别表示两人到达某地的时刻(单位: min),由于两人在8时至9时之间到达是随机的,故 x,y 都分别等可能地在 $[0,60]$ 上取值,点 (x,y) 就是平面区域 $\Omega=\{(x,y)\mid 0\leqslant x\leqslant 60, 0\leqslant y\leqslant 60\}$ 上等可能的随机点. 设事件 $A=\{$两人能够会面$\}$. 依题意,A 发生的充分必要条件是 $|x-y|\leqslant 30$,即随机点落在区域

$$D=\{(x,y)\mid |x-y|\leqslant 30\}$$

上,而 Ω 的面积为 60^2,D 的面积为 $60^2-(60-30)^2=2700$ (参见图1-9). 由几何概率定义有 $P(A)=\frac{2700}{60^2}=\frac{3}{4}$.

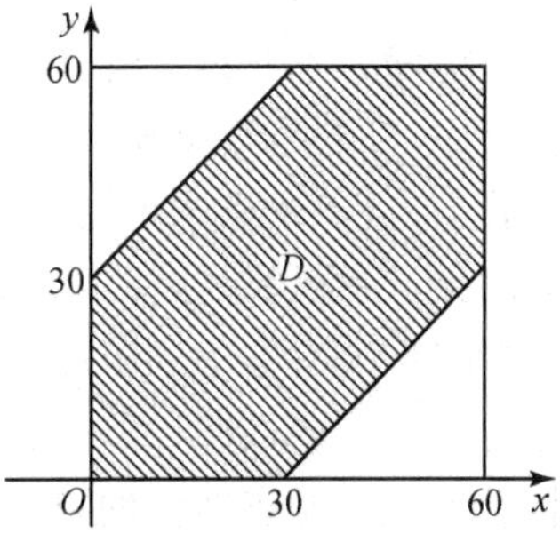

图 1-9

在一般的会面问题中,若两人相约在 $[0,T]$ 时间间隔内会面,先到者等候时间 $t\ (t\leqslant T)$ 后即可离去,则两人能够会面的概率为

$$P(A)=\frac{T^2-(T-t)^2}{T^2}=1-\left(1-\frac{t}{T}\right)^2.$$

由此可见,若 t 很小,则 $P(A)$ 很小,不易会面;若 t 较大,则 $P(A)$ 较大,会面可能性较大. 实际问题中,可根据需要,适当约定等候时间 t,以较大把握达到会面或不会面的目的.

例 10 设有一质点随机地投入区间 $(0,1)$ 内,又设

$$A=\left\{\text{质点落入}\left(0,\frac{1}{2}\right]\text{中}\right\},$$

$$A_i=\left\{\text{质点落入}\left(\frac{1}{2^{i+1}},\frac{1}{2^i}\right]\right\},\quad i=1,2,\cdots,n,\cdots,$$

则有 $A=\bigcup\limits_{i=1}^{\infty}A_i$,且 $A_iA_j=\varnothing(i\neq j)$.

由几何概率知 $P(A)=\frac{1}{2}$,$P(A_i)=\frac{1}{2^{i+1}}$,而

$$P(A_1)+P(A_2)+\cdots+P(A_n)+\cdots=\frac{1}{2^2}+\frac{1}{2^3}+\cdots+\frac{1}{2^{n+1}}+\cdots$$

$$=\frac{1}{2}\left(\frac{1}{2}+\frac{1}{2^2}+\cdots+\frac{1}{2^n}+\cdots\right)=\frac{1}{2},$$

即

$$\sum_{i=1}^{\infty}P(A_i)=P(A)=P\left(\bigcup_{i=1}^{\infty}A_i\right).$$

注意,上述事件 $A_i(i=1,2,\cdots,n,\cdots)$ 两两互斥,且

$$P\left(\bigcup_{i=1}^{\infty}A_i\right)=\sum_{i=1}^{\infty}P(A_i).$$

综上所述,几何概率显然有下述性质:

性质 1 $0\leqslant P(A)\leqslant 1$ (非负性);

性质 2 $P(\Omega)=1$ (规范性);

性质 3 若 $A_1,A_2,\cdots,A_n,\cdots$ 两两相斥,则

$$P(\bigcup_{i=1}^{\infty} A_i) = \sum_{i=1}^{\infty} P(A_i) \quad \text{(可列可加性)}.$$

四、概率的公理化定义与性质

前面分别介绍了统计概率、古典概率及几何概率的定义,它们在解决各自相适应的实际问题中,都起着很重要的作用.但它们各自有一定局限性.古典定义要求试验的样本空间是有限集,且每个样本点在一次试验中以相等的可能性出现;几何概率虽然把样本空间扩展到无限集,但是仍保留样本点的等可能性要求.许多问题常常不满足这种要求.所以,这两种定义在应用上有它的局限性.统计概率虽然没有上述那种局限性,但它的定义是建立在大量试验的基础上的,有时难以实现.即使能进行大量试验,由于频率具有波动性,它在什么意义下趋近于概率没有确切的说明.因此,统计定义在数学上也是不严密的.这些不足不仅妨碍概率论自身的发展,也使概率论作为数学分支的科学性受到怀疑.1933年,数学家柯尔莫哥洛夫(A. H. Колмогоров)在综合前人成果的基础上,抓住概率是事件(即Ω的子集)的函数的本质及其满足非负性、规范性和可列可加性等重要性质,提出了概率的公理化定义,使概率论成为严谨的数学分支.这对概率论的迅速发展起了积极作用.概率公理化定义的严格的数学语言描述已超出本课程的大纲要求,以下简单介绍它的基本内容.

1. 概率的公理化定义

设Ω是给定的试验E的样本空间,对任意一个事件$A(\subseteq\Omega)$,规定一个实数$P(A)$.若$P(A)$满足:

公理1 非负性:$0\leqslant P(A)\leqslant 1$;

公理2 规范性:$P(\Omega)=1$;

公理3 可列可加性:当可列个事件$A_1,A_2,\cdots,A_n,\cdots$两两互斥时,有

$$P(\sum_{i=1}^{\infty} A_i) = \sum_{i=1}^{\infty} P(A_i),$$

则称$P(A)$为**事件A(发生)的概率**.

2. 概率的性质

由概率的公理化定义可推导出概率的一些重要性质.

性质1 不可能事件的概率为零,即$P(\varnothing)=0$.

证明 因为$\Omega=\Omega+\varnothing+\varnothing+\cdots$,而由公理3与公理2可知

$$P(\Omega) = P(\Omega) + P(\varnothing) + P(\varnothing) + \cdots,$$

所以$P(\varnothing)=0$.

性质2 概率具有有限可加性,即若事件$A_1,A_2,\cdots,A_n$两两互斥,则

$$P(\sum_{i=1}^{n} A_i) = \sum_{i=1}^{n} P(A_i).$$

证明 在公理3中,令$A_i=\varnothing(i=n+1,n+2,\cdots)$,则$A_1,A_2,\cdots,A_n,\varnothing,\varnothing,\cdots$是可列个两两互斥的事件. 由公理3及性质1可得

$$P\left(\sum_{i=1}^{n}A_i\right)=P(A_1+A_2+\cdots+A_n+\varnothing+\varnothing+\cdots)$$

$$=\sum_{i=1}^{n}P(A_n)+\sum_{i=n+1}^{\infty}P(\varnothing)=\sum_{i=1}^{n}P(A_i).$$

性质3 对任意的事件A,有

$$P(A)=1-P(\overline{A}). \tag{1.2.5}$$

证明 因为A与$\overline{A}$满足$A\overline{A}=\varnothing,A+\overline{A}=\Omega$,所以在性质2中令$n=2,A_1=A,A_2=\overline{A}$,则

$$P(A+\overline{A})=P(A)+P(\overline{A}_1).$$

而$P(A+\overline{A})=P(\Omega)=1$,由此推得

$$P(A)=1-P(\overline{A}).$$

性质3提供了计算事件A的概率的另一途径(详见例11).

性质4 若$A\supset B$,则

$$P(A-B)=P(A)-P(B). \tag{1.2.6}$$

证明 因为$A\supset B$,且B与$A-B$互斥,所以$A=B+(A-B)$. 由性质2可知

$$P(A)=P(B)+P(A-B),\quad \text{即}\quad P(A-B)=P(A)-P(B).$$

由(1.2.6)式不难推出:若$A\supset B$,则

$$P(A)\geqslant P(B).$$

性质5 设A,B是任意两事件,则

$$P(A\cup B)=P(A)+P(B)-P(AB). \tag{1.2.7}$$

公式(1.2.7)称为**加法的一般公式**.

证明 因为A与$B-AB$互斥,所以$A\cup B=A+(B-AB)$. 由性质2和性质4可推得

$$P(A\cup B)=P[A+(B-AB)]=P(A)+P(B-AB)$$
$$=P(A)+P(B)-P(AB).$$

加法的一般公式(1.2.7)可以推广到有限多个事件的情形. 例如,对任意的三个事件A_1,A_2,A_3,则有

$$\begin{aligned}P(A_1\cup A_2\cup A_3)=&P(A_1)+P(A_2)+P(A_3)\\&-P(A_1A_2)-P(A_1A_3)-P(A_2A_3)\\&+P(A_1A_2A_3).\end{aligned} \tag{1.2.8}$$

一般地,用数学归纳法可证明n个任意事件的加法公式

$$P\left(\bigcup_{i=1}^{n}A_i\right)=\sum_{i=1}^{n}P(A_i)-\sum_{1\leqslant i<j\leqslant n}P(A_iA_j)+\sum_{1\leqslant i<j<k\leqslant n}P(A_iA_jA_k)$$
$$+\cdots+(-1)^{n-1}P(A_1A_2\cdots A_n).$$

例 11 设某批产品有 12 件,其中 4 件是次品,其余是正品. 现从中任取 3 件产品,试求取出的 3 件中有次品的概率.

解 试验是从 12 件产品(含有 4 件次品)中任取出 3 件,对应的样本点总数为 $n=C_{12}^3$. 设

$$A=\{取出的 3 件中有次品\},$$
$$A_i=\{取出的 3 件中恰有 i 件次品\}, \quad i=1,2,3.$$

显然,A_1,A_2,A_3 两两互斥,且它们包含的样本点数分别为

$$m_{A_1}=C_4^1C_8^2, \quad m_{A_2}=C_4^2C_8^1, \quad m_{A_3}=C_4^3.$$

由事件之间的关系及运算可知 $A=A_1+A_2+A_3$,故

$$P(A)=P(A_1)+P(A_2)+P(A_3)=\frac{C_4^1C_8^2}{C_{12}^3}+\frac{C_4^2C_8^1}{C_{12}^3}+\frac{C_4^3}{C_{12}^3}=\frac{41}{55}.$$

上面的解法不够简便. 而利用公式(1.2.5)易求出

$$P(A)=1-P(\overline{A})=1-\frac{C_8^3}{C_{12}^3}=\frac{41}{55}.$$

例 12 设 12 件产品中有 3 件次品,其余为正品. 现从中任取 5 件,试求取出的 5 件中,

(1) 至少有一件次品的概率; (2) 至多有一件次品的概率.

解 试验对应的样本点总数为 $n=C_{12}^5$. 设 $A_i=\{恰有 i 件次品\}(i=0,1,2,3)$. 这四个事件构成试验的样本空间的一个划分(即一个完备件组). 由古典概率公式(1.2.2)有

$$P(A_0)=\frac{C_3^0C_9^5}{C_{12}^5}=\frac{7}{44}, \quad P(A_1)=\frac{C_3^1C_9^4}{C_{12}^5}=\frac{21}{44},$$

$$P(A_2)=\frac{C_3^2C_9^3}{C_{12}^5}=\frac{7}{22}, \quad P(A_3)=\frac{C_3^3C_9^2}{C_{12}^5}=\frac{1}{22}.$$

(1) 设 $A=\{至少有一件次品\}$.

解法 1 找事件之间的关系,将较复杂的事件化为简单事件. 显然 A 与 A_i 之间有关系

$$A=A_1\cup A_2\cup A_3.$$

又因 A_1,A_2,A_3 两两互斥,由性质 2 有

$$P(A)=P(A_1)+P(A_2)+P(A_3)=\frac{21}{44}+\frac{7}{22}+\frac{1}{22}=\frac{37}{44}.$$

解法 2 利用性质 3,即考虑对立事件 $\overline{A}$. 它表示取出的 5 件产品中没有一件次品,即 $\overline{A}=A_0$,故

$$P(A)=1-P(\overline{A})=1-P(A_0)=1-\frac{7}{44}=\frac{37}{44}.$$

显然解法 2 简捷,但解法 1 这种将复杂事件分解为简单事件来处理的方式,也是常用的思维方式.

(2) 设 $B=\{至多有一件次品\}$,则由事件的关系显然有

$$B=A_0\cup A_1.$$

因 A_0, A_1 也是互斥事件,故由性质 2 有

$$P(B)=P(A_0)+P(A_1)=\frac{7}{44}+\frac{21}{44}=\frac{7}{11}.$$

例 13 在 10 到 99 的所有两位数中,任取一个数,试求这个数能被 2 或 3 整除的概率.

解 试验是从 10 到 99 这 90 个两位数中任取一个,对应的样本点总数为 $n=90$. 设

$A=\{$取出的两位数能被 2 整除$\}$, $B=\{$取出的两位数能被 3 整除$\}$,

则所求事件{取出的两位数能被 2 或 3 整除}$=A\cup B$,而

$AB=\{$取出的两位数能同时被 2 和 3 整除$\}$.

显然,A 包含的样本点数为 45,B 包含的样本点数为 30,而 AB 包含的样本点数为 15. 故

$$P(A\cup B)=P(A)+P(B)-P(AB)=\frac{45}{90}+\frac{30}{90}-\frac{15}{90}=\frac{2}{3}.$$

习 题 1-2(2)

A 组

1. 设 $P(A)=0.6, P(B)=0.5, P(AB)=0.2$,试求:

(1) $P(\overline{A}B)$; (2) $P(\overline{A}\,\overline{B})$; (3) $P(\overline{A}\cup B)$; (4) $P(\overline{A}\cup\overline{B})$.

2. 已知 $P(A)=P(B)=P(C)=1/4, P(AC)=P(BC)=1/16, P(AB)=0$,试求 $P(\overline{A}\,\overline{B}\,\overline{C})$.

3. 设有 10 件产品,其中有 4 件次品,其余为正品. 现从中任取 5 件,试求取出的 5 件产品中,

(1) 恰有一件次品的概率; (2) 至少有一件次品的概率;

(3) 至多有一件次品的概率.

4. 设每个人在一年的 12 个月中出生是等可能的,试求 4 个人中至少有 2 个人是同月出生的概率.

5. 在 1～1000 的整数中随机取一个,问:取到的整数能被 3 或 7 整除的概率是多少?

6. 设袋中有 8 个红球和 2 个黑球. 现从中任取 2 个球,试求取出的 2 个球中,

(1) 球的颜色相同的概率; (2) 至少有一个黑球的概率;

(3) 最多有一个黑球的概率.

7. 从区间(0, 1)内任取两个数,求这两个数的积小于 1/4 的概率.

B 组

1. 设 $P(A)=1/3, P(B)=1/2$,试就下列三种情况分别求出 $P(\overline{A}B)$ 的值:

(1) A 与 B 互斥; (2) $A\subset B$; (3) $P(AB)=1/8$.

2. 设 $P(A)=P(B)=1/2$,证明:$P(AB)=P(\overline{A}\,\overline{B})$.

3. 设在时间间隔 T 内的任何瞬时,两个不相关的信号都等可能地进入收音机. 若只有当这两个信号进入收音机的时间间隔不大于 t_0 时,收音机才受到干扰,试求收音机受到干扰的概率.

4. 在单位圆 O 的某一直径上随机地取一点 Q,试求过点 Q 且与该直径垂直的弦的长度不小于 1 的概率(提示:把所求的事件等价地表示为弦心距不大于某个值).

5. 设每个人在一年 365 天中任一天出生是等可能的,试求 500 个人中至少有一个人生日是元旦那一天的概率.

6. 设 $P(A)=0.5, P(B)=0.6$,试问:

(1) 在什么条件下,$P(\overline{AB})$取到最大值?并求出最大值.

(2) 在什么条件下,$P(A\cup B)$取到最小值?并求出最小值.

§3 条件概率与全概率公式

一、条件概率与乘法公式

在实际问题中,常常会遇到这样的事件:"在事件 A 已发生的条件下,事件 B 发生"的事件.我们把这样的事件记为 $B|A$,相应的概率记为 $P(B|A)$.因为附加了"事件 A 已发生"的条件,一般说来它与 $P(B)$是不同的.

例 1 设箱内装有 100 件电子元件,其中有甲厂生产的正品 30 件,次品 5 件;乙厂生产的正品 50 件,次品 15 件.现从箱内任取一件产品,设 $A=\{$取到甲厂的产品$\}$,$B=\{$取到次品$\}$,试求取到甲厂的产品且为次品的概率,以及已知取到甲厂的产品下,取到次品的概率.

解 试验 E 是从 100 件产品中任取一件,对应的样本空间 Ω 的样本点总数为 $n=100$.显然,所求事件可由事件 A,B 来表达,即

$$\{\text{取到甲厂的产品且为次品}\}=AB,$$

$$\{\text{已知取到甲厂产品下,取到次品}\}=B|A.$$

由古典概率定义知

$$P(A)=\frac{35}{100},\quad P(B)=\frac{20}{100},\quad P(AB)=\frac{5}{100}.$$

由于事件 $B|A$ 附加了条件,即已知取到甲厂的产品,则其相应的试验与 E 不同.若把"已知取到甲厂的产品"这一条件下的试验记为 E_1,则 E_1 实际上是"从甲厂的 35 件产品中任取一件",相应的样本空间由 Ω 缩小为相应的 Ω_1,其样本点总数为 $n_1=35$,而事件 $B|A$ 包含的样本点数为 C_5^1,从而

$$P(B|A)=\frac{5}{35}.$$

经过详细观察,不难发现上述概率 $P(B|A)$,$P(A)$,$P(AB)$有如下关系:

$$P(B|A)=\frac{5}{35}=\frac{5/100}{35/100}=\frac{P(AB)}{P(A)}.$$

上述关系虽然是通过具体问题而获得的,但是它对古典概率、几何概率等是普遍成立的,这里不再一一验证.由此启发,可以给出下面的定义.

1. 条件概率的定义

设试验 E 的样本空间为 Ω,对任意两事件 A,B,其中 $P(A)>0$,则称

$$P(B|A)=\frac{P(AB)}{P(A)}\tag{1.3.1}$$

为在已知事件 A 发生的条件下,事件 B 发生的**条件概率**(conditional probability).

类似地,可定义

$$P(A \mid B)=\frac{P(AB)}{P(B)} \quad (P(B)>0). \tag{1.3.2}$$

不难验证,条件概率同样满足概率的公理化定义及其导出的有关性质.

2. 乘法公式

若将公式(1.3.1)改写为

$$P(AB)=P(A)P(B \mid A) \quad (P(A)>0), \tag{1.3.3}$$

则(1.3.3)式称为概率的**乘法公式**(multiplication formula). 同理,由公式(1.3.2)可得到下述乘法公式

$$P(AB)=P(B)P(A \mid B) \quad (P(B)>0). \tag{1.3.4}$$

乘法公式可以推广到多个事件的情形. 例如,当 $P(AB)>0$(此时 $P(A)\geqslant P(AB)>0$)时,

$$P(ABC)=P(A)P(B \mid A)P(C \mid AB). \tag{1.3.5}$$

一般地,当 $n\geqslant 2$,且 $P(A_1A_2\cdots A_{n-1})>0$ 时,用数学归纳可证明

$$P(A_1A_2\cdots A_n)=P(A_1)P(A_2 \mid A_1)\cdots P(A_n \mid A_1A_2\cdots A_{n-1}). \tag{1.3.6}$$

例 2 设某种机器按设计要求使用寿命超过 30 年的概率为0.8,超过 40 年的概率为 0.5,试求该种机器在使用 30 年之后,将在 10 年内损坏的概率.

解 设 A={该种机器使用寿命超过 30 年},B={该种机器使用寿命超过 40 年}. 由题意 $P(A)=0.8$,$P(B)=0.5$,又因 $A\supset B$,故 $P(AB)=P(B)=0.5$. 而所求事件为

$$\{\text{该种机器使用 30 年之后,将在 10 年内损坏}\}=\overline{B} \mid A,$$

它与事件 $B \mid A$ 是对立事件,故

$$P(\overline{B} \mid A)=1-P(B \mid A)=1-\frac{P(AB)}{P(A)}=1-\frac{0.5}{0.8}=\frac{3}{8}.$$

例 3 设某批产品共有 90 件产品,其中有 10 件次品,其余为正品. 现从中进行无放回抽样,共抽取 3 次,每次抽取一件,求第 3 次才取到正品的概率.

解 设 A_i={第 i 次取到正品}($i=1,2,3$),则{第 3 次才取到正品}$=\overline{A}_1\overline{A}_2A_3$. 故所求的概率为

$$P(\overline{A}_1\overline{A}_2A_3)=P(\overline{A}_1)P(\overline{A}_2 \mid \overline{A}_1)P(A_3 \mid \overline{A}_1\overline{A}_2)=\frac{10}{90}\cdot\frac{9}{89}\cdot\frac{80}{88}=\frac{10}{979}.$$

本题也可以直接用古典概率的定义来计算(即把无放回抽取 3 次看做一次取 3 件产品并考虑次序的试验,故对应的样本点总数为 $n=\mathrm{A}_{90}^3$,所求事件包含的样本点数为 $m=\mathrm{A}_{10}^2\cdot\mathrm{A}_{80}^1$,所求概率相同).

例 4 某人忘记了电话号码的最后一个数字,因而任意地按最后一个数字,试求:

(1) 不超过 4 次能打通电话的概率;

(2) 若已知最后一个数字是偶数,则不超过 3 次能打通电话的概率是多少?

解 设 $A_i=\{$第 i 次能打通电话$\}(i=1,2,3,4)$.

(1) 设 $A=\{$不超过 4 次能打通电话$\}$,则 $A=A_1\cup A_2\cup A_3\cup A_4$. 故

$$\begin{aligned}P(A)&=1-P(\overline{A})=1-P(\overline{A_1\cup A_2\cup A_3\cup A_4})=1-P(\overline{A}_1\overline{A}_2\overline{A}_3\overline{A}_4)\\&=1-P(\overline{A}_1)P(\overline{A}_2\mid\overline{A}_1)P(\overline{A}_3\mid\overline{A}_1\overline{A}_2)P(\overline{A}_4\mid\overline{A}_1\overline{A}_2\overline{A}_3)\\&=1-\frac{9}{10}\cdot\frac{8}{9}\cdot\frac{7}{8}\cdot\frac{6}{7}=\frac{2}{5}.\end{aligned}$$

(2) 设 $B=\{$已知最后一个数字是偶数,不超过 3 次能打通电话$\}$,$B_i=\{$已知最后一个数字是偶数,第 i 次能打通电话$\}(i=1,2,3)$,则 $B=B_1\cup B_2\cup B_3$,故

$$\begin{aligned}P(B)&=1-P(\overline{B})=1-P(\overline{B_1\cup B_2\cup B_3})=1-P(\overline{B}_1\overline{B}_2\overline{B}_3)\\&=1-P(\overline{B}_1)P(\overline{B}_2\mid\overline{B}_1)P(\overline{B}_3\mid\overline{B}_1\overline{B}_2)=1-\frac{4}{5}\cdot\frac{3}{4}\cdot\frac{2}{3}=\frac{3}{5}.\end{aligned}$$

本题若直接用加法公式,显然不如上述方法简便.

例 5 设袋内有 n 个球,其中有 $n-1$ 个白球,1 个红球. 现 n 个人依次从袋中各随机地取一球,并且每人取出一球后不再放回袋中,试求第 k 个人取得红球的概率.

解 设 $A_k=\{$第 k 人取得红球$\}(k=1,2,\cdots,n)$, 则

$$P(A_1)=\frac{1}{n}.$$

因为 $A_2\subset\overline{A}_1$,所以 $A_2=\overline{A}_1A_2$. 故

$$P(A_2)=P(\overline{A}_1A_2)=P(\overline{A}_1)P(A_2\mid\overline{A}_1)=\frac{n-1}{n}\cdot\frac{1}{n-1}=\frac{1}{n}.$$

同理,有

$$\begin{aligned}P(A_3)&=P(\overline{A}_1\overline{A}_2A_3)=P(\overline{A}_1)P(\overline{A}_2\mid\overline{A}_1)P(A_3\mid\overline{A}_1\overline{A}_2)\\&=\frac{n-1}{n}\cdot\frac{n-2}{n-1}\cdot\frac{1}{n-2}=\frac{1}{n},\end{aligned}$$

………………

$$\begin{aligned}P(A_n)&=P(\overline{A}_1\overline{A}_2\cdots\overline{A}_{n-1}A_n)\\&=P(\overline{A}_1)P(\overline{A}_2\mid\overline{A}_1)\cdots P(\overline{A}_{n-1}\mid\overline{A}_1\overline{A}_2\cdots\overline{A}_{n-2})P(A_n\mid\overline{A}_1\overline{A}_2\cdots\overline{A}_{n-1})\\&=\frac{n-1}{n}\cdot\frac{n-2}{n-1}\cdot\cdots\cdot\frac{n-2-(n-3)}{n-(n-2)}\cdot\frac{1}{n-(n-1)}=\frac{1}{n}.\end{aligned}$$

由此可见,每个人取到红球的概率都相等. 这说明,每个人取到红球的概率与抽取的先后次序无关. 这正是§2 例 5 所归结出的"抽签原理",这里不过是用乘法公式加以说明而已.

二、全概率公式与贝叶斯(Bayes)公式

在概率计算中,对比较复杂的事件,往往要同时运用概率的加法公式和乘法公式.

定理 1 设试验 E 的样本空间为 Ω,事件 $A_1,A_2,\cdots,A_n$ 构成样本空间 Ω 的一个划分(或

者完备事件组),且 $P(A_i)>0\ (i=1,2,\cdots,n)$,则对任一事件 B,有

$$P(B)=\sum_{i=1}^{n}P(A_i)P(B\,|\,A_i). \tag{1.3.7}$$

公式(1.3.7)称为**全概率公式**(complete probability formula)(简称**全概公式**).

证明 因为

$$B=\Omega B=(A_1\cup A_2\cup\cdots\cup A_n)B=A_1B\cup A_2B\cup\cdots\cup A_nB,$$

而 $A_1,A_2,\cdots,A_n$ 两两互斥,所以 B 被分解为两两互斥的事件 $A_1B,A_2B,\cdots,A_nB$ 之和. 根据概率的有限可加性及乘法公式,可得

$$P(B)=\sum_{i=1}^{n}P(A_iB)=\sum_{i=1}^{n}P(A_i)P(B\,|\,A_i).$$

从(1.3.7)式的证明过程可见,事件 B 的全部概率 $P(B)$ 被分解为若干部分 $P(A_iB)$ 之和. 如果 $P(A_i)$ 及 $P(B\,|A_i)$ 已知或容易计算,通过公式(1.3.7)就能求出复杂事件 B 的概率. 运用(1.3.7)式的关键在于找出样本空间的一个恰当的划分(或完备事件组).

例 6 一商店出售的一批空调器是某公司 3 个分厂生产的同型号空调器,而这 3 个分厂生产的空调器比例为 3∶1∶2,它们的不合格品率依次为 0.01,0.12,0.05. 某顾客从这批空调器中任意选购一台,试求顾客购到不合格空调器的概率.

解 设 $B=\{$顾客购到不合格空调器$\}$. 由题目所给出的条件,虽然不能确定选购的这一台空调器是哪一个分厂生产的,但是它必是这 3 个分厂中的一个厂生产的. 设 $A_i=\{$顾客购到第 i 个分厂生产的空调器$\}$$(i=1,2,3)$,则由题意有

$$P(A_1)=1/2,\quad P(A_2)=1/6,\quad P(A_3)=1/3.$$

显然 A_1,A_2,A_3 是样本空间的一个划分,而由题意又知

$$P(B\,|\,A_1)=0.01,\quad P(B\,|\,A_2)=0.12,\quad P(B\,|\,A_3)=0.05,$$

则由全概率公式可得

$$P(B)=\sum_{i=1}^{3}P(A_i)P(B\,|\,A_i)=\frac{1}{2}\times 0.01+\frac{1}{6}\times 0.12+\frac{1}{3}\times 0.05=\frac{1}{24}.$$

例 7 在例 6 中,若已知顾客已购到不合格的空调器,试问:这台空调器是哪一个分厂生产的可能性较大?

解 利用例 6 已设出的事件,由题意,事件 B 已发生,且

$$P(B)=\sum_{i=1}^{3}P(A_i)P(B\,|\,A_i)=\frac{1}{24}>0.$$

要求的是三个条件概率 $P(A_1\,|\,B),P(A_2\,|\,B),P(A_3\,|\,B)$. 它们中哪一个大,则可断定顾客购到该分厂的不合格空调器的可能性就大.

按条件概率定义可知

$$P(A_1\,|\,B)=\frac{P(A_1B)}{P(B)}=\frac{P(A_1)P(B\,|\,A_1)}{\sum\limits_{i=1}^{3}P(A_i)P(B\,|\,A_i)}=\frac{\frac{1}{2}\times 0.01}{\frac{1}{24}}=\frac{3}{25}.$$

同理

$$P(A_2|B)=\frac{P(A_2)P(B|A_2)}{\sum_{i=1}^{3}P(A_i)P(B|A_i)}=\frac{\frac{1}{6}\times 0.12}{\frac{1}{24}}=\frac{12}{25},$$

$$P(A_3|B)=\frac{P(A_3)P(B|A_3)}{\sum_{i=1}^{3}P(A_i)P(B|A_i)}=\frac{\frac{1}{3}\times 0.05}{\frac{1}{24}}=\frac{10}{25}.$$

显然 $P(A_2|B)$ 较大,故顾客购到的不合格空调器是第 2 个分厂生产的可能性较大.

一般地,对这类问题可归纳为下述定理:

定理 2 设试验 E 的样本空间为 Ω,$A_1,A_2,\cdots,A_n$ 构成 Ω 的一个划分(或完备事件组),且 $P(A_i)>0\ (i=1,2,\cdots,n)$,则对任一事件 $B\ (P(B)>0)$,有

$$P(A_j|B)=\frac{P(A_j)P(B|A_j)}{\sum_{i=1}^{n}P(A_i)P(B|A_i)}\quad (j=1,2,\cdots,n). \tag{1.3.8}$$

公式(1.3.8)称为**贝叶斯公式**(Bayesian formula)(或**逆概公式**).

如果把事件 B 看做一个试验结果,把构成样本空间划分的事件 $A_1,A_2,\cdots,A_n$ 看做导致 B 发生的各种"原因",则当已知试验结果并且要推测"原因"时,一般都使用贝叶斯公式.

例 8 一商店销售一批收音机,共 10 台,其中有 3 台次品,其余为正品.某顾客去选购时,商店已售出 2 台,该顾客从余下的 8 台中任选购一台,试求:

(1) 该顾客购得正品收音机的概率;

(2) 若已知顾客购到正品收音机,则已售出的 2 台都是次品的概率是多少?

解 (1) 设 $B=\{$顾客购得正品收音机$\}$.事件 B 的发生必与售出的 2 台收音机有关,故设

$$A_i=\{\text{售出 2 台中有 } i \text{ 台次品}\},\quad i=0,1,2.$$

显然 A_0,A_1,A_2 是样本空间的一个划分(可看成 B 发生的原因),且

$$P(A_0)=\frac{C_7^2}{C_{10}^2}=\frac{7}{15},\quad P(A_1)=\frac{C_3^1C_7^1}{C_{10}^2}=\frac{7}{15},\quad P(A_2)=\frac{C_3^2}{C_{10}^2}=\frac{1}{15}.$$

而 $$P(B|A_0)=5/8,\quad P(B|A_1)=6/8,\quad P(B|A_2)=7/8,$$

则由全概率公式有

$$P(B)=\sum_{i=0}^{2}P(A_i)P(B|A_i)=\frac{7}{15}\times\frac{5}{8}+\frac{7}{15}\times\frac{6}{8}+\frac{1}{15}\times\frac{7}{8}=\frac{7}{10}.$$

(2) 由贝叶斯公式知所求概率为

$$P(A_2|B)=\frac{P(A_2)P(B|A_2)}{P(B)}=\frac{\frac{1}{15}\times\frac{7}{8}}{\frac{7}{10}}=\frac{1}{12}.$$

例 9 临床诊断记录表明,利用某种试验检查癌症具有如下的效果:对癌症患者进行试验,结果呈阳性反应者占95%;对非癌症患者进行试验,结果呈阴性反应者占96%.现用这种试验对某市居民进行癌症普查.如果该市癌症患者数约占居民总数的0.4%,求:

(1) 试验结果呈阳性反应的被检查者确实患有癌症的概率;

(2) 试验结果呈阴性反应的被检查者确实未患癌症的概率.

解 设A={试验结果呈阳性反应},$\overline{A}$={试验结果呈阴性反应},B={被检查者确实患有癌症}.由题意知

$$P(B)=0.004,\quad P(A|B)=0.95,\quad P(\overline{A}|\overline{B})=0.96,$$
$$P(\overline{B})=0.996,\quad P(\overline{A}|B)=0.05,\quad P(A|\overline{B})=0.04.$$

由全概率公式得

$$\begin{aligned}P(A)&=P(B)P(A|B)+P(\overline{B})P(A|\overline{B})\\&=0.004\times0.95+0.996\times0.04=0.0436,\end{aligned}$$
$$P(\overline{A})=1-P(A)=0.9564.$$

由贝叶斯公式得

(1) $P(B|A)=\dfrac{P(B)P(A|B)}{P(A)}=\dfrac{0.004\times0.95}{0.0436}=0.0872$;

(2) $P(\overline{B}|\overline{A})=\dfrac{P(\overline{B})P(\overline{A}|\overline{B})}{P(\overline{A})}=\dfrac{0.996\times0.96}{0.9564}=0.9997$.

习 题 1-3

A 组

1. 已知$P(A)=0.7,P(B)=0.5,P(A-B)=0.3$,求$P(AB),P(B-A),P(\overline{B}|\overline{A})$.

2. 为了防止意外,在矿内同时装有两种报警系统I和II.已知两种报警系统单独使用时,系统I和II有效的概率分别为0.92和0.93;在系统I失灵的条件下,系统II仍有效的概率为0.85.求:

(1) 两种报警系统都有效的概率;

(2) 系统II失灵而系统I有效的概率;

(3) 在系统II失灵的条件下,系统I仍有效的概率.

3. 设100件产品中有10件次品.现从中做无放回抽样,连取3次,每次取一件,试求:

(1) 第3次取到次品的概率; (2) 第3次才取到次品的概率.

4. 一商店为甲、乙、丙三厂销售同类型号的家电产品.这三个厂产品的比例为1:2:1,且它们的次品率分别为0.1,0.15,0.2.某顾客从这些产品中任意选购一件,试求:

(1) 顾客买到正品的概率;

(2) 若已知顾客买到的是正品,则它是甲厂生产的概率是多少?

5. 设盒中有12个乒乓球,其中9个是新的.第1次比赛时从中任取2个,用后仍放回盒中,第2次比赛时再从盒中任取2个,求:

(1) 第2次取出的球都是新球的概率;

(2) 在第2次取出新球的前提下,第1次取到的都是新球的概率.

6. 设甲袋中有 4 个红球和 2 个白球,乙袋有 3 个红球和 2 个白球. 现从甲袋任取 2 个球(不看颜色)放到乙袋后,再从乙袋中任取一个球,发现取出的球是白球,问:从甲袋取出(放入乙袋)的 2 个球都是白球的概率是多少?

B 组

1. 已知一家庭有两个小孩,考虑以下问题:

(1) 求两个都是女孩的概率;

(2) 已知其中一个是女孩,求另一个也是女孩的概率;

(3) 已知老大是女孩,求老二也是女孩的概率.

2. 某人有 5 把钥匙,其中有 2 把房门钥匙,但忘记了开房门的是哪 2 把,只好逐次试开. 问:此人在 3 次内打开房门的概率是多少?

3. 某保险公司认为,人可以分为两类:一类容易出事故,另一类则比较谨慎. 他们的统计结果表明,一个易出事故的人在固定的一年内出一次事故的概率是 0.4,而对于比较谨慎的人来说这个概率为 0.2. 若第一类人占 30%,那么一个新保险客户在他购买保险后一年内将出现一次事故的概率是多少?

4. 已知两个袋子中装有相同规格的球,其中一个袋中有 10 个黑球和 40 个白球,另一个袋中有 18 个黑球和 12 个白球. 现采用无放回抽样,从任一袋中先后随机地抽取两个球,试求:

(1) 先取出的是黑球的概率;

(2) 在第 1 次取出黑球的条件下,第 2 次仍取出黑球的概率.

5. 设某条铁路上运行的"D 字头"客车与其他客车的数量之比为 1∶4,又假设"D 字头"客车发生故障需停站检修的概率为 0.002,其他客车因发生故障停站检修的概率为 0.01.

(1) 求该条铁路上有客车因发生故障需停站检修的概率;

(2) 已知该条铁路线上有一列客车因发生故障停站检修,问:这列客车是"D 字头"客车的可能性有多大?

6. 设有三扇门,其中一扇门后面是一辆轿车,另两扇门的后面各有一只羊. 你可以猜一次,猜中羊则牵走羊,猜中车则开走车. 现在假如你选择了 1 号门,猜测后面可能是车后主持人把无车的一扇门打开(譬如是 2 号门). 如果你想以很大的概率得到那辆轿车,且允许你重新选择,请问:你是否要换成 3 号门?

§4 随机事件的独立性

一、事件的相互独立性

从§3 例 1 已看到,对事件 A,B 而言,通常 $P(B)\neq P(B|A)$. 但在有些情况下,也有例外.

例 1 设袋中有 6 个红球和 4 个白球. 现有放回地从袋中抽取两次,每次抽取一个. 设 $A=\{$第 1 次取到白球$\}$,$B=\{$第 2 次取到白球$\}$,试求 $P(A),P(B),P(AB),P(B|A)$.

解 由古典概率定义可知

$$P(A)=P(B)=\frac{2}{5},\quad P(AB)=\frac{4}{10}\times\frac{4}{10}=\frac{4}{25}.$$

由条件概率定义有

$$P(B|A)=\frac{P(AB)}{P(A)}=\frac{2}{5}=P(B).$$

由此可见,事件 A 的发生并不影响事件 B 发生的概率.这时,$P(AB)=P(A)P(B)$.又因 $P(AB)=P(B)P(A|B)$,亦可推得$P(A)=P(A|B)$.这又说明事件 B 的发生也不影响事件 A 发生的概率.也就是说,事件 A 与 B 相互不影响对方发生的概率.

1. 两个事件相互独立的定义

对于事件 A 与 B,若

$$P(AB)=P(A)P(B), \tag{1.4.1}$$

则称**事件 A 与 B 相互独立**(independent each other).

定理 1(相互独立的充分必要条件) 设 A,B 为两个事件,且$P(A)>0$,则事件 A 与 B 相互独立的充分必要条件是 $P(B|A)=P(B)$.

证明 *必要性* 设 A 与 B 相互独立,则

$$P(AB)=P(A)P(B).$$

由条件概率定义可得

$$P(B|A)=\frac{P(AB)}{P(A)}=\frac{P(A)P(B)}{P(A)}=P(B).$$

充分性 设 $P(B|A)=P(B)$,则由乘法公式有

$$P(AB)=P(A)P(B|A)=P(A)P(B).$$

故 A 与 B 相互独立.

同理可证:若 $P(B)>0$,则事件 A 与 B 相互独立的充分必要条件是

$$P(A|B)=P(A).$$

定理 2 下列四个命题是等价的:

(1) 事件 A 与 B 相互独立;

(2) 事件 A 与 $\bar{B}$ 相互独立;

(3) 事件 $\bar{A}$ 与 B 相互独立;

(4) 事件 $\bar{A}$ 与 $\bar{B}$ 相互独立.

证明 这里仅证明(1),(2)的等价性,对于其余等价命题,可类似证明.

当(1)成立时,即 $P(AB)=P(A)P(B)$,由事件的关系及其运算与概率的性质可知

$$\begin{aligned}P(A\bar{B})&=P(A-B)=P(A-AB)=P(A)-P(AB)\\&=P(A)-P(A)P(B)=P(A)[1-P(B)]\\&=P(A)P(\bar{B}),\end{aligned}$$

则 A 与 $\bar{B}$ 相互独立,即(2)成立.

当(2)成立时,即 $P(A\bar{B})=P(A)P(\bar{B})$,则

$$\begin{aligned}P(AB)&=P(A-A\bar{B})=P(A)-P(A\bar{B})=P(A)-P(A)P(\bar{B})\\&=P(A)[1-P(\bar{B})]=P(A)P(B).\end{aligned}$$

故 A 与 B 相互独立,即(1)成立.

事件的独立性可以推广到多个事件的情形.

2. 三个事件相互独立的定义

对事件 A,B,C,若下面四个等式都成立:

$$P(AB)=P(A)P(B), \tag{1.4.2}$$

$$P(BC)=P(B)P(C), \tag{1.4.3}$$

$$P(AC)=P(A)P(C), \tag{1.4.4}$$

$$P(ABC)=P(A)P(B)P(C), \tag{1.4.5}$$

则称**事件** A,B,C **相互独立**.

3. n 个事件相互独立的定义

设有 n 个事件 $A_1,A_2,\cdots,A_n$. 若对于任意的整数 k $(1<k\leqslant n)$ 和任意的 k 个整数 $i_1,i_2,\cdots,i_k(1\leqslant i_1<i_2<\cdots<i_k\leqslant n)$,都有

$$P(A_{i_1}A_{i_2}\cdots A_{i_k})=P(A_{i_1})P(A_{i_2})\cdots P(A_{i_k}) \tag{1.4.6}$$

成立,则称**事件** $A_1,A_2,\cdots,A_n$ **相互独立**.

由此可见,若 $A_1,A_2,\cdots,A_n$ 相互独立,则其中任意的 k $(1<k\leqslant n)$个事件也相互独立. 特别当 $k=2$ 时,它们中的任意两个事件都相互独立(称为**两两独立**). 但是,n 个事件两两独立不能保证这 n 个事件相互独立(见习题 1-4 中 A 组的第 4 题). 注意,(1.4.6)式所表示的所有等式共有 $\sum\limits_{k=2}^{n}C_n^k=\sum\limits_{k=0}^{n}C_n^k-C_n^1-C_n^0=2^n-n-1$ 个.

当 n 个事件相互独立时,定理 2 的相应结论仍成立,只要把其中的任意 m $(1\leqslant m\leqslant n)$个事件,换成它们的对立事件,所得到的 n 个事件仍然相互独立.

事件的相互独立性是概率论中的一个重要概念. 由定义判断独立性,常常用于理论推导和证明,而实际问题中,则往往是根据问题的实际意义来判定独立性.

例 2 设有甲、乙两个射手,他们每次射击命中目标的概率分别是 0.8 和 0.7. 现两人同时向一目标射击一次,试求:

(1) 目标被命中的概率;

(2) 若已知目标被命中,则它是甲命中的概率是多少?

解 设 $A=\{$甲命中目标$\}$,$B=\{$乙命中目标$\}$,$C=\{$目标被命中$\}$,则由事件的关系,显然 $C=A\cup B$,而$\{$已知目标被命中,则它是甲命中的$\}=A|C$. 在这个问题中,显然“甲命中”不影响“乙命中”,反之亦然. 故 A 与 B 相互独立. 而 $P(A)=0.8$,$P(B)=0.7$,则

(1) $P(C)=P(A\cup B)=P(A)+P(B)-P(AB)$

$=P(A)+P(B)-P(A)P(B)$

$=0.8+0.7-0.8\times0.7=0.94.$

或者用对立事件来计算所求事件的概率. 因 $\overline{C}=\overline{A}\,\overline{B}$,而 A 与 B 相互独立,从而 $\overline{A}$ 与 $\overline{B}$ 也相互独立,故

$$P(C)=1-P(\overline{C})=1-P(\overline{A})P(\overline{B})=1-0.06=0.94.$$

(2) $P(A|C)=\dfrac{P(AC)}{P(C)}=\dfrac{P(A)}{P(C)}=\dfrac{0.8}{0.94}=\dfrac{40}{47}$ (注意：$A\subset C=A\cup B$).

例 3 设3门高射炮一齐向一架敌机各发一炮，它们命中率分别为15%，20%，25%，试求：

(1) 恰有一门高射炮命中敌机的概率；

(2) 至少有一门高射炮命中敌机的概率.

解 设 $A_i=\{$第 i 门高射炮命中敌机$\}$($i=1,2,3$). 显然，A_1,A_2,A_3 是相互独立的.

(1) 设 $A=\{$恰有一门高射炮命中敌机$\}$，则有

$$A=A_1\overline{A}_2\overline{A}_3\cup\overline{A}_1A_2\overline{A}_3\cup\overline{A}_1\overline{A}_2A_3.$$

又因 $A_1\overline{A}_2\overline{A}_3,\overline{A}_1A_2\overline{A}_3,\overline{A}_1\overline{A}_2A_3$ 两两互斥，故

$$\begin{aligned}P(A)&=P(A_1\overline{A}_2\overline{A}_3)+P(\overline{A}_1A_2\overline{A}_3)+P(\overline{A}_1\overline{A}_2A_3)\\&=P(A_1)P(\overline{A}_2)P(\overline{A}_3)+P(\overline{A}_1)P(A_2)P(\overline{A}_3)+P(\overline{A}_1)P(\overline{A}_2)P(A_3)\\&=15\%\times80\%\times75\%+85\%\times20\%\times75\%+85\%\times80\%\times25\%\\&=9\%+12.75\%+17\%=38.75\%.\end{aligned}$$

(2) 设 $B=\{$至少有一门高射炮命中敌机$\}$，则 $B=A_1\cup A_2\cup A_3$. 故有

$$\begin{aligned}P(B)&=P(A_1\cup A_2\cup A_3)=1-P(\overline{A}_1\overline{A}_2\overline{A}_3)\\&=1-P(\overline{A}_1)P(\overline{A}_2)P(\overline{A}_3)\\&=1-85\%\times80\%\times75\%=49\%.\end{aligned}$$

例 4 元件能正常工作的概率称为该元件的可靠性. 由多个元件构成的系统能正常工作的概率称为该系统的可靠性. 设各元件可靠性均为 p $(0<p<1)$，且各元件能否正常工作是相互独立的，试求下列系统的可靠性：

(1) 串联系统，即该系统是由 n 个元件串联而成的.

(2) 并联系统，即该系统是由 n 个元件并联而成的.

(3) 混联系统，即串、并联混合系统. 该种系统类型较多，仅考虑图1-10所示的混联系统.

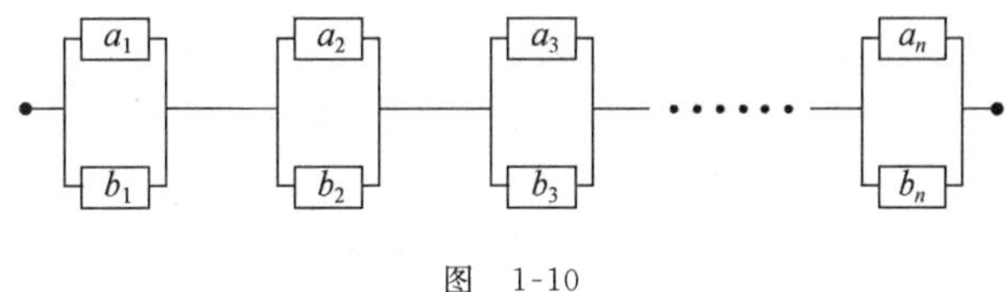

图 1-10

解 设 $A_i=\{$第 i 个元件正常工作$\}$($i=1,2,\cdots,n$).

(1) 由于$\{$串联系统能正常工作$\}=A_1A_2\cdots A_n$，故所求的可靠性为

$$P(A_1A_2\cdots A_n)=\prod_{i=1}^{n}P(A_i)=p^n.$$

(2) 由于{并联系统能正常工作}$=A_1\cup A_2\cup\cdots\cup A_n$,故并联系统的可靠性为

$$P(A_1\cup A_2\cup\cdots\cup A_n)=1-P(\overline{A_1\cup A_2\cup\cdots\cup A_n})$$
$$=1-\prod_{i=1}^{n}P(\overline{A}_i)=1-(1-p)^n.$$

(3) 设

$$A_i=\{\text{元件 } a_i \text{ 能正常工作}\},\quad i=1,2,\cdots,n,$$
$$B_k=\{\text{元件 } b_k \text{ 能正常工作}\},\quad k=1,2,\cdots,n,$$

则由题意有 $P(A_i)=P(B_k)=p$. 而

$$\{\text{混联系统能正常工作}\}=(A_1\cup B_1)(A_2\cup B_2)\cdots(A_n\cup B_n),$$

故该系统的可靠性为

$$P[(A_1\cup B_1)(A_2\cup B_2)\cdots(A_n\cup B_n)]=\prod_{i=1}^{n}P(A_i\cup B_i)$$
$$=\prod_{i=1}^{n}[P(A_i)+P(B_i)-P(A_iB_i)]=\prod_{i=1}^{n}(p+p-p^2)$$
$$=(2p-p^2)^n=p^n(2-p)^n.$$

二、伯努利(Bernoulli)概型及二项概率公式

有这样一类试验 E,其特点是只有两个对立的试验结果 A 及 $\overline{A}$. 这类试验广泛存在. 例如,从一批产品中任取一件,只有{合格}与{不合格}两个对立结果;对目标射击一发子弹,只有{命中目标}与{没有命中目标}两个对立结果;掷一枚硬币一次,也只有{正面朝上}与{反面朝上}两个对立结果;等等. 有的试验尽管其试验结果不止两个,但若试验中仅关心某一事件 A 是否发生,则试验也可以归结为这类试验. 例如,测试电子元件的使用寿命,其结果有无限多个,但若将使用寿命大于 600 h 看做合格品,其余的看成不合格品,则其结果亦可看做只有两个,即{合格品}与{不合格品}.

一般把只有两个对立结果 A 及 $\overline{A}$ 的试验称为**伯努利试验**.

1. n 重伯努利试验

把伯努利试验在相同的条件下重复进行 n 次,若每次试验中 A(或 $\overline{A}$)发生与否与其他各次试验中 A(或 $\overline{A}$)发生与否互不影响(称各次试验是独立的),则称这 n 次独立试验为 **n 重(次)伯努利试验**,或称为**伯努利概型**.

对于伯努利概型,主要任务是研究 n 次独立试验中,事件 A 发生的次数. 先看下面的例题.

例 5 设某射手每射一发子弹命中目标的概率为 $P(A)=p\ (0<p<1)$. 现他对同一目标重复射击 3 发子弹,试求恰有 2 发命中目标的概率.

解 设事件

$$A_i=\{\text{第 } i \text{ 发命中目标}\}\ (i=1,2,3),\quad B=\{\text{恰有 2 发命中目标}\}.$$

显然 $P(A_i)=P(A)=p\ (i=1,2,3)$. 事件 B 表示 A(每发命中目标的事件)在 3 次射击中恰好发生 2 次的事件. 自然要问：它是 3 次中的哪 2 次呢？它可以是 3 次中的任意 2 次，共有 C_3^2 种指定的方式：$A_1A_2\overline{A}_3, A_1\overline{A}_2A_3$ 或 $\overline{A}_1A_2A_3$. 它们两两互斥，故

$$B = A_1A_2\overline{A}_3 + A_1\overline{A}_2A_3 + \overline{A}_1A_2A_3.$$

由于 A_1, A_2, A_3 相互独立，故按第一种方式即事件 $A_1A_2\overline{A}_3$(即前 2 发命中且第 3 发未命中目标)的概率为

$$P(A_1A_2\overline{A}_3) = P(A_1)P(A_2)P(\overline{A}_3) = p^2(1-p).$$

而其余两种方式相应事件的概率也均为 $p^2(1-p)$，即

$$P(A_1\overline{A}_2A_3) = P(\overline{A}_1A_2A_3) = p^2(1-p).$$

由此得

$$P(B) = C_3^2p^2(1-p) = C_3^2p^2(1-p)^{3-2}.$$

同理，若重复射击 4 发子弹，$P(A)=p$ 同上. 设 $A_i=\{$第 i 发命中目标$\}(i=1,2,3,4)$，$B=\{$恰有 2 发命中目标$\}$，$C=\{$恰有 3 发命中目标$\}$，则

$$\begin{aligned} B =& A_1A_2\overline{A}_3\overline{A}_4 + A_1\overline{A}_2A_3\overline{A}_4 + A_1\overline{A}_2\overline{A}_3A_4 + \overline{A}_1A_2A_3\overline{A}_4 \\ &+ \overline{A}_1A_2\overline{A}_3A_4 + \overline{A}_1\overline{A}_2A_3A_4, \\ C =& A_1A_2A_3\overline{A}_4 + A_1A_2\overline{A}_3A_4 + A_1\overline{A}_2A_3A_4 + \overline{A}_1A_2A_3A_4. \end{aligned}$$

故

$$P(B) = C_4^2p^2(1-p)^2 = C_4^2p^2(1-p)^{4-2},$$

$$P(C) = C_4^3p^3(1-p) = C_4^3p^3(1-p)^{4-3}.$$

2. 二项概率公式

对于 n 重伯努利试验中，事件 A 恰好发生 k 次的概率问题，有下述定理：

定理 3 设在每次试验中，事件 A 发生的概率均为 $p\,(0<p<1)$，即 $P(A)=p$，而 $P(\overline{A})=1-p$，则 n 重伯努利试验中事件 A 恰好发生 k 次的概率(记做 $P_n(k)$)为

$$P_n(k) = C_n^kp^k(1-p)^{n-k}, \quad k = 0,1,2,\cdots,n. \tag{1.4.7}$$

(1.4.7)式称为**二项概率公式**，其右边正好是二项式$[p+(1-p)]^n$ 展开式中的第 $k+1$ 项.

证明 因为 n 重试验是相互独立的，所以事件 A 在指定的 k 次试验中发生，且在其余 $n-k$ 次试验中不发生(例如，在前 k 次试验中发生，且在后 $n-k$ 次试验中不发生)的概率为 $p^k(1-p)^{n-k}$. 由于"A 恰好发生 k 次"可以是 n 次当中任意的 k 次，故这种指定方式共有 C_n^k 种，且它们两两是互斥的，从而根据概率的有限可加性可得

$$P_n(k) = C_n^kp^k(1-p)^{n-k}, \quad k = 0,1,2,\cdots,n.$$

例 6 已知某车间有 5 台某型号的机床，每台机床由于种种原因(如装、卸工件，更换刀具等)时常需要停机. 设各台机床停机或开机是相互独立的. 若每台机床在任一时刻处于停机状态的概率为 1/3，试求在任何一个时刻，

(1) 恰有一台机床处于停机状态的概率；

(2) 至少有一台机床处于停机状态的概率；

(3) 至多有一台机床处于停机状态的概率.

解 把在任一时刻对一台机床的观察看做一次试验,试验结果只有{停机}与{开机}两种对立结果,且各台机床的停机或开机是相互独立的,故在任一时刻对5台机床的观察相当于进行5重伯努利试验. 设 A={任一时刻任一台机床处于停机状态},则 $P(A)=1/3$,而 $P(\overline{A})=2/3$.

(1) 由二项概率公式有

$$P_5(1)=\mathrm{C}_5^1\left(\frac{1}{3}\right)\left(\frac{2}{3}\right)^4\approx 0.3292.$$

(2) 设 B={至少有一台机床处于停机状态},则

$$P(B)=1-P(\bar{B})=1-P_5(0)=1-\mathrm{C}_5^0\left(\frac{1}{3}\right)^0\left(\frac{2}{3}\right)^5\approx 0.8683.$$

(3) 设 C={至多有一台机床处于停机状态},则

$$P(C)=P_5(0)+P_5(1)\approx 0.4609.$$

例7 设一张试卷上有10道四选一的单项选择题. 某同学投机取巧,随意选答案,试问:他至少答对6道题的概率有多大?

解 这是一个10重伯努利试验. 设 A={至少答对6道题},则

$$P(A)=\sum_{k=6}^{10}\mathrm{C}_{10}^k\left(\frac{1}{4}\right)^k\left(\frac{3}{4}\right)^{10-k}=0.01973.$$

人们在长期的生产生活实践中总结出来了"小概率事件不可能发生"原理,所以在本例中由于投机取巧,10道题能猜中6道以上几乎是不可能发生的.

习 题 1-4

A 组

1. 已知 $P(A)=0.4, P(A\cup B)=0.7$.

(1) 若事件 A 与 B 互不相容,求 $P(B)$;

(2) 若事件 A 与 B 相互独立,求 $P(B)$.

2. 三人独立地去破译一份密码,已知各人能译出的概率分别为0.6,0.5,0.4,问:三个人中至少有一个人能将此密码译出的概率是多少?

3. 甲、乙两人进行乒乓球比赛,设每局甲胜的概率为 p $(p\geqslant 1/2)$,各局比赛胜负相互独立,试问:对甲而言,采用三局两胜制有利,还是采用五局三胜制有利?

4. 设袋中有4个球,其中有红、白、黑球各一个,另一个是涂有红、白、黑三种颜色的三色球. 现从袋中任取一球,设 A={取到的球涂有红色},B={取到的球涂有白色},C={取到的球涂有黑色},试证明:事件 A,B,C 两两独立,但不相互独立.

5. 在习题1-1的B组第3题中,设每个开关是否关闭是相互独立的,且每个开关闭合的概率均为 p $(0<p<1)$,试求:电路(Ⅰ),(Ⅱ)由 a 至 b 导通的概率分别是多少?

6. 已知一批产品有30%的一级品. 现对该批产品进行重复抽样检查,共取5个样品,试求取出的5个样品中,

(1) 恰有 2 个一级品的概率；　(2) 至少有 2 个一级品的概率；

(3) 至多有 2 个一级品的概率.

B 组

1. 设某射手每次射击命中目标的概率为 0.2,试求必须进行多少次独立射击,才能使至少命中一次的概率不小于 0.95.

2. 设每次试验中事件 A 发生的概率均为 p. 现进行 4 次独立试验,若已知事件 A 至少发生一次的概率为 65/81,试求 p.

3. 某机构有一个 9 人组成的顾问小组,已知每个顾问贡献正确意见的百分比是 0.7. 现该机构对某事的可行与否个别征求各位顾问的意见,并按多数人意见做出决策,问:做出正确决策的概率是多少?

§5 综合例题

一、基本概念的理解

例 1 “从一副扑克牌中任意摸出 14 张,结果有 2 张是不同颜色的”,这是一个随机事件吗?

解 这是必然事件. 随机事件是指某件事情在一次试验中可能发生也可能不发生,每次试验的结果是不可以预言的. 这是确定性试验产生的事件,不是随机事件.

例 2 事件{A 和 B 都发生}与事件{A 和 B 都不发生}互逆吗?

解 不互逆. {A 和 B 都发生}$=AB$,而{A 和 B 都不发生}$=\overline{A}\,\overline{B}$. 由德·摩根律知

$$AB \neq \overline{\overline{A}\,\overline{B}} = A \cup B.$$

例 3 事件{A 和 B 至少发生一个}与事件{A 和 B 最多发生一个}互逆吗?

解 不互逆,因为

$$\{A\text{ 和 }B\text{ 至少发生一个}\} = A\overline{B} \cup \overline{A}B \cup AB.$$

$$\{A\text{ 和 }B\text{ 最多发生一个}\} = A\overline{B} \cup \overline{A}B \cup \overline{A}\,\overline{B}.$$

例 4 频率与概率有何区别?

解 频率虽能反映一个事件发生的可能性大小,但它具有随机波动性,而概率是频率的稳定值,它所映的是大量随机现象的规律性.

例 5 对于事件 A,若 $P(A)=60\%$,能否说明做 100 次这种试验 A 必然发生 60 次?

解 不一定. 因为 $P(A)$是度量事件 A 发生可能性大小的数量指标,不是一个必然的数量.

例 6 对于事件 A,若 $P(A)=0$,能否说明 $A=\varnothing$?

解 不能. 例如,设 Ω: $x^2+y^2\leqslant 1$,A: $x^2+y^2=1$,则 $P(A)=0$. 但 A 不是不可能事件. 同理可知,若 $P(A)=1$,也不能说明 $A=\Omega$.

例 7 概率 $P(B|A)$与概率 $P(AB)$是一回事吗?

解 不是. 它们是两个不同的概率,而且 $P(B|A)=\dfrac{P(AB)}{P(A)}\ (P(A)>0)$.

例 8 若事件 A 与 B 相互独立,事件 B 与 C 相互独立,那么事件 A 与 C 是否相互独立?

解 不一定相互独立.独立性不具有传递性.例如,掷一颗均匀的骰子,令 $A=\{$出现奇数点$\}$,$B=\{$出现点数不超过 2$\}$,$C=\{$出现偶数点$\}$,则有

$$P(A)=1/2,\quad P(B)=1/3,\quad P(C)=1/2,$$
$$P(AB)=1/6,\quad P(BC)=1/6,\quad P(AC)=0,$$

即 $$P(AB)=P(A)P(B),\quad P(BC)=P(B)P(C),\quad P(AC)\neq P(A)P(C).$$

例 9 小概率事件迟早会发生吗?

解 会.不妨设 $A_i=\{$第 i 次试验中 A 发生$\}$,$P(A_i)=\varepsilon$,$P(\overline{A}_i)=1-\varepsilon\ (i=1,2,\cdots,n)$,则在 n 次独立试验中 A 至少发生一次的概率为

$$\begin{aligned}p&=P(A_1\cup\cdots\cup A_n)=1-P(\overline{A_1\cup\cdots\cup A_n})\\&=1-P(\overline{A}_1)\cdots P(\overline{A}_n)=1-(1-\varepsilon)^n.\end{aligned}$$

如果大量地重复做此试验,即当 $n\to\infty$ 时,有 $p\to 1$.

二、几种典型的古典概型问题

例 10(抽签原理) 设有 5 张纸条,其中 2 张纸条内写着“有”字,3 张纸条内不写字.现 5 个人依次去抽取,问:各人抽到“有”字纸条的概率是否相同?

解 设 $A_i=\{$第 i 个人抽到“有”字纸条$\}(i=1,2,3,4,5)$,则有

$$\begin{aligned}P(A_1)&=2/5,\\P(A_2)&=P(A_2\Omega)=P[A_2(A_1\cup\overline{A}_1)]\\&=P(A_1A_2\cup\overline{A}_1A_2)=P(A_1A_2)+P(\overline{A}_1A_2)\\&=P(A_1)P(A_2\,|\,A_1)+P(\overline{A}_1)P(A_2\,|\,\overline{A}_1)=2/5,\end{aligned}$$

类似可得 $P(A_3)=P(A_4)=P(A_5)=2/5$.

注 抽签跟次序没有关系,以后遇见此类情况,不要争先恐后.

例 11(取球问题) 设袋中有 10 个球,其中有 4 个白球,6 个黑球.现从中任取 2 个,求:

(1) 2 个球中一个是白的,另一个是黑的概率;

(2) 至少有一个黑球的概率.

解 设 $A=\{$2 个球中一个是白的,另一个是黑的$\}$,$B=\{$2 个球中至少有一个是黑的$\}$.

(1) *解法 1* 取球与次序有关,则样本点总数为 A_{10}^2,A 中样本点个数为 $2\mathrm{A}_4^1\mathrm{A}_6^1$.故

$$P(A)=\frac{2\mathrm{A}_4^1\mathrm{A}_6^1}{\mathrm{A}_{10}^2}=\frac{8}{15}.$$

解法 2 取球与次序无关,则样本点总数为 C_{10}^2,A 中样本点个数为 $\mathrm{C}_4^1\mathrm{C}_6^1$.故

$$P(A)=\frac{\mathrm{C}_4^1\mathrm{C}_6^1}{\mathrm{C}_{10}^2}=\frac{8}{15}.$$

(2) *解法 1* 取球与次序有关,则样本点总数为 A_{10}^2,$\overline{A}$中样本点个数为 $\mathrm{A}_4^1\mathrm{A}_3^1$.故

$$P(B)=1-P(\overline{B})=1-\frac{A_4^1A_3^1}{A_{10}^2}=\frac{13}{15}.$$

解法 2 取球与次序无关,则样本点总数为 C_{10}^2,$\overline{A}$ 中样本点个数为 C_4^2. 故

$$P(B)=1-P(\overline{B})=1-\frac{C_4^2}{C_{10}^2}=\frac{13}{15}.$$

注 (1)"任取 k 件"与"不放回地逐件取 k 件",虽然考虑问题的角度不同,但是二者计算出的概率却是相同的;

(2)"任取 k 件"与"有放回地逐件取 k 件",所得概率一般是不同的;

(3) 与"至少"有关的问题,通常用"对立事件"计算较为简便.

例 12(取数问题) 从 0~9 共 10 个数中有放回地连抽 3 个数,求下列事件的概率:

(1) $A_1=\{3$ 个数全不相同$\}$; (2) $A_2=\{3$ 个数中不含 0 和 5$\}$.

解 由于取后放回,因此每取 3 个数就相当于 10 个数中取 3 个的重复排列,故样本点总数为 10^3.

(1) 3 个数全不相同相当于在 10 个数中取 3 个的一个全排列,因此 A_1 包含的样本点数为 A_{10}^3. 故

$$P(A_1)=\frac{A_{10}^3}{10^3}=\frac{18}{25}.$$

(2) 3 个数中不含 0 和 5 说明 3 个数只能从剩下的 8 个数中取 3 个的重复排列,因此 A_2 包含的样本点数为 8^3. 故

$$P(A_2)=\frac{8^3}{10^3}=0.512.$$

例 13(生日问题) 设有 n $(n\leqslant 365)$个人,每个人在一年(按 365 天算)中任何一天都有可能过生日,则 n 个人的生日互不相同的概率有多大?

解 设 $A=\{n$ 个人的生日互不相同$\}$,则

$$P(A)=\frac{365\cdot 364\cdot\cdots\cdot(365-n+1)}{365^n}.$$

对于不同的 n,可以计算得 $P(A)$以及 A 的对立事件 $\overline{A}=\{n$ 个人中至少有两个人生日相同$\}$的概率 $P(\overline{A})$的近似值如表 1-3 所示.

表 1-3

n	10	20	22	23	30	40	50	55
$P(\overline{A})$	0.12	0.41	0.48	0.51	0.71	0.89	0.97	0.99

从表 1-3 可以看出: 23 人中有 2 个人生日相同的概率为 0.51,55 人中几乎必有 2 个人生日相同.

例 14(彩票问题) 购买某种彩票要从 01,02,03,…,32 中选择 7 个下注. 若选中的数与当期彩票开奖时由摇奖机开出的 7 个数字相同(顺序可不同),则中一等奖. 试求某人购买了

一注而中一等奖的概率.

解 设 $A=\{$某人购买了一注而中一等奖$\}$，则样本空间的样本点总数为 C_{32}^7，A 中所包含的样本点个数为 C_7^7. 于是 $P(A)=\dfrac{C_7^7}{C_{32}^7}=0.000000297$.

注 购买一注而中一等奖的概率非常小. 小概率事件在一次试验中几乎是不会发生的. “小概率事件不可能发生”原理在统计学中有着非常重要的作用.

三、有关概率加法公式的应用

例 15(鞋子配对问题) 从 5 双不同的鞋子中任取 4 只，求取得的 4 只鞋中至少有 2 只配成一双的概率.

解 设 $A=\{$所取 4 只鞋中至少有 2 只配成一双$\}$，$\overline{A}=\{$所取 4 只鞋中无配对的$\}$，$A_i=\{$所取 4 只鞋中恰有 i 双配对$\}(i=1,2)$.

解法 1 取鞋与次序有关，考虑对立事件，则样本点总数为 A_{10}^4，$\overline{A}$ 中样本点个数为 $C_{10}^1C_8^1C_6^1C_4^1$，故

$$P(A)=1-P(\overline{A})=1-\frac{C_{10}^1C_8^1C_6^1C_4^1}{A_{10}^4}=\frac{13}{21}.$$

解法 2 取鞋与次序无关，考虑对立事件，则样本点总数为 C_{10}^4，$\overline{A}$ 中样本点个数为 $C_5^4C_2^1C_2^1C_2^1C_2^1$，故

$$P(A)=1-P(\overline{A})=1-\frac{C_5^4C_2^1C_2^1C_2^1C_2^1}{C_{10}^4}=\frac{13}{21}.$$

解法 3 取鞋与次序无关，直接求，则

$$P(A)=P(A_1)+P(A_2)=\frac{C_5^1(C_8^2-C_4^1)}{C_{10}^4}+\frac{C_5^2}{C_{10}^4}=\frac{13}{21},$$

或者

$$P(A)=P(A_1)+P(A_2)=\frac{C_5^1C_4^2C_2^1C_2^1}{C_{10}^4}+\frac{C_5^2}{C_{10}^4}=\frac{13}{21}.$$

解法 4 取鞋与次序无关，考虑左、右脚，即先从 5 只左脚鞋中任取 $k\ (k=0,1,2,3,4)$ 只，有 C_5^k 种取法，而剩下的 $4-k$ 只只能从右脚鞋中选取且不能配对，有 C_{5-k}^{4-k} 种取法，则样本点总数为 C_{10}^4，$\overline{A}$ 中样本点个数为 $\sum\limits_{k=0}^{4}C_5^kC_{5-k}^{4-k}=80$，故

$$P(A)=1-P(\overline{A})=1-\frac{80}{C_{10}^4}=\frac{13}{21}.$$

四、条件概率和乘法公式

例 16 设袋中有 30 个乒乓球，其中 20 个是黄球，10 个是白球. 现依次随机地从袋中各取一球，取出后不放回，求：

(1) 已知第 1 次取到黄球，第 2 次取到黄球的概率；

(2) 第 2 次才取到黄球的概率.

解 设 $A_i=\{$第 i 次取到黄球$\}(i=1,2)$.

(1) 第 1 次取到黄球后,袋中球总数为 29 个,其中黄球 19 个,这时第 2 次取到黄球的概率为 $P(A_2|A_1)=\frac{19}{29}$.

(2) 第 2 次才取到黄球说明第 1 次取到的是白球,2 次取球结果要求同时满足,故所求的概率为

$$P(\overline{A}_1A_2)=P(\overline{A}_1)P(A_2|\overline{A}_1)=\frac{10}{30}\times\frac{20}{29}=\frac{20}{87}.$$

注 条件概率公式 $P(B|A)$和乘法公式 $P(AB)$区别如下:

(1) 计算 $P(B|A)$的样本空间为 S_A,从样本空间上讲,计算 $P(AB)$的样本空间为 S_{AB};

(2) 有“包含”关系或主从条件关系的,用条件概率公式 $P(B|A)$,凡涉及事件 A,B“同时”发生,用乘法公式 $P(AB)$.

五、全概率公式和贝叶斯公式的应用

例 17(疾病诊断问题) 设某地区患有癌症的人占 0.005,患者对某种试验反应是阳性的概率为 0.95,正常人对这种试验反应是阳性的概率为 0.04. 现抽查了该地区的一个人,求该人的试验反应是阳性的概率.若已知试验反应是阳性,此人是癌症患者的概率有多大?

解 设 $A=\{$抽查一个人,试验反应为阳性$\}$,$B=\{$抽查的人为正常人$\}$,$\overline{B}=\{$抽查的人为癌症患者$\}$,则由条件可知

$$P(B)=0.995,\quad P(\overline{B})=0.005,\quad P(A|B)=0.04,\quad P(A|\overline{B})=0.95.$$

于是由全概率公式得

$$P(A)=P(B)P(A|B)+P(\overline{B})P(A|\overline{B})=0.995\times0.04+0.005\times0.95=0.04455,$$

由贝叶斯公式得

$$P(\overline{B}|A)=\frac{P(\overline{B})P(A|\overline{B})}{P(B)P(A|B)+P(\overline{B})P(A|\overline{B})}=\frac{P(\overline{B})P(A|\overline{B})}{P(A)}$$
$$=\frac{0.005\times0.95}{0.04455}=0.1066.$$

注 (1) 这种结果对诊断一个人是否患癌症有一定的意义;

(2) 即便检查出来呈现阳性也不一定患癌症,医生会通过再试验来确认.

例 18(色盲率问题) 设男、女两性人口之比为 51∶49,又设男人色盲率为 2%,女人色盲率为 0.25%.现随机抽到一人为色盲,则该人为男人的概率是多少?

解 设 $A=\{$抽查一个人为色盲$\}$,$B=\{$抽查的人为男人$\}$,$\overline{B}=\{$抽查的人为女人$\}$,则由条件可知

$$P(B)=\frac{51}{100},\quad P(\overline{B})=\frac{49}{100},\quad P(A|B)=2\%,\quad P(A|\overline{B})=0.25\%.$$

于是由贝叶斯公式得

$$P(B|A)=\frac{P(B)P(A|B)}{P(B)P(A|B)+P(\overline{B})P(A|\overline{B})}$$
$$=\frac{51\% \times 2\%}{51\% \times 2\% + 49\% \times 0.25\%}$$
$$=\frac{408}{457}\approx 89\%.$$

注 有诸多原因可引发某种结果,而该结果又不能简单地看做这诸多事件的和,这样的概率问题属于全概率公式类型;若试验结果已知,追查是何种原因下引发的,这样的概率问题属于贝叶斯公式类型.具体用这两个公式时,要注意以下几点:

(1) 正确假设结果事件 A 和原因事件 B_i;

(2) 要求 B_i 是完备事件组;

(3) 计算出 $P(B_i)$,$P(A|B_i)$;

(4) 代入全概率公式或贝叶斯公式进行计算.

六、独立性的性质与应用

例 19 设三个事件 A,B,C 两两独立,且已知 $ABC=\varnothing$,$P(A)=P(B)=P(C)<1/2$,$P(A\cup B\cup C)=9/16$,求 $P(A)$.

解 因为 A,B,C 两两独立,所以

$$P(A\cup B\cup C)=P(A)+P(B)+P(C)-P(AB)-P(AC)-P(BC)+P(ABC)$$
$$=P(A)+P(B)+P(C)-P(A)P(B)-P(A)P(C)$$
$$-P(B)P(C)+P(ABC).$$

又因 $ABC=\varnothing$,所以 $P(ABC)=0$.故

$$P(A\cup B\cup C)=3P(A)-3[P(A)]^2=9/16,\quad 解得\quad P(A)=1/4.$$

注 用独立性的性质时一定要判断事件是两两独立还是相互独立.

七、二项概率公式的应用

例 20 设一射手对同一目标独立地进行 4 次射击.若至少命中一次的概率为 $\frac{80}{81}$,则该射手的命中率是多少?

解 这是一个 4 重伯努利试验.设 p 表示命中率,则

$$\frac{80}{81}=1-C_4^0p^0(1-p)^4=1-(1-p)^4,\quad 解得\quad p=\frac{2}{3}.$$

注 利用二项概率公式之前关键要搞清楚是不是重复独立试验,每次试验概率是否相同,其结果是否相互独立.

总习题一

一、填空题:

1. 设 A,B 是任意两个事件,则 $P[(\overline{A}\cup B)(A\cup B)(\overline{A}\cup\overline{B})(A\cup\overline{B})]=$________.

2. 将C,C,E,E,I,N,S等7个字母随机排成一行,那么恰好排成英文单词SCIENCE的概率为________.

3. 设 A,B 是两个事件,$P(A)=0.7,P(A-B)=0.3$,则 $P(\overline{AB})=$________.

4. 设某批产品共有10件正品,2件次品.现不放回地从该批产品中抽取3次,每次取一件,则第2次取到次品的概率为________.

5. 在区间(0,1)中随机取两个数,则两数之差的绝对值小于1/2的概率为________.

6. 设两个相互独立的事件 A,B 都不发生的概率为1/9,A 发生而 B 不发生的概率与 B 发生而 A 不发生的概率相等,则 $P(A)=$________.

7. 设10张奖券中含有3张中奖的奖券.若现有3人分别各买一张,则恰有一人中奖的概率为________.

8. 设10件产品中有4件不合格品.现从中任取2件,已知所取2件中有一件是不合格品,则另一件也是不合格品的概率为________.

9. 设有两个箱子,第1个箱子有3个白球,2个红球;第2个箱子有4个白球,4个红球.现从第1个箱子中随机地取一个球放到第2个箱子里,再从第2个箱子里取出一个球,则此球是白球的概率为________;若上述从第2个箱子中取出的球是白球,则从第1个箱子中取出的球是白球的概率为________.

10. 设事件 A,B 相互独立,且 $P(A)=0.6,P(A\cup B)=0.9$,则 $P(A\overline{B})=$________,$P(\overline{A}\cup\overline{B})=$________.

11. 设 A,B 是两个事件,且 $P(A)=0.5,P(B)=0.8,P(B|\overline{A})=0.6$,则 $P(A|B)=$________.

12. 设在3次独立试验中,事件 A 发生的概率相等.若已知 A 至少发生一次的概率等于 $\frac{19}{27}$,则事件 A 在每次试验中出现的概率是________.

二、选择题:

1. 以 A 表示事件{甲种产品畅销,乙种产品滞销},则其对立事件 $\overline{A}$ 为(　　)

(A) {甲种产品滞销,乙种产品畅销}　　(B) {甲、乙两种产品均畅销}

(C) {甲种产品滞销}　　(D) {甲种产品滞销或乙种产品畅销}

2. 对一目标射击3次,设 A_i 表示事件{第 i 枪击中目标}$(i=1,2,3)$,则(　　)表示事件{第1枪和第3枪中至少有一枪击中}.

(A) $\Omega-\overline{A_1A_3}$　　(B) $A_1\overline{A}_2\overline{A}_3\cup\overline{A}_1\overline{A}_2A_3\cup A_1\overline{A}_2A_3$

(C) $A_1\cup A_3$　　(D) $A_1\overline{A}_2\cup\overline{A}_2A_3$

3. 设 A 与 B 是互不相容事件,则(　　).

(A) $P(\overline{A}\,\overline{B})=0$　　(B) $P(AB)=P(A)P(B)$

(C) $P(A)=1-P(B)$　　(D) $P(\overline{A}\cup\overline{B})=1$

4. 设 A,B 是两个事件,且 $P(B)>0,P(A|B)=1$,则必有(　　).

(A) $P(A\cup B)>P(A)$　　(B) $P(A\cup B)>P(B)$

(C) $P(A\cup B)=P(A)$　　(D) $P(A\cup B)=P(B)$

5. 设事件 A,B 同时发生时,事件 C 必发生,则(　　).

(A) $P(C)\leqslant P(A)+P(B)-1$　　(B) $P(C)\geqslant P(A)+P(B)-1$

(C) $P(C)=P(AB)$　　(D) $P(C)=P(A\cup B)$

6. 若事件 A,B 同时发生的概率 $P(AB)=0$,则 (　　).

(A) A 与 B 互不相容　　(B) AB 是不可能事件

(C) AB 未必是不可能事件　　(D) $P(A)=0$ 或 $P(B)=0$

7. 设 A,B 是两个事件,且 $0<P(A)<1$,$P(B)>0$,$P(B|A)=P(B|\overline{A})$,则必有(　　).

(A) $P(A|B)=P(\overline{A}|B)$　　(B) $P(A|B)\neq P(\overline{A}|B)$

(C) $P(AB)=P(A)P(B)$　　(D) $P(AB)\neq P(A)P(B)$

8. 对于任意两事件 A,B,(　　).

(A) 若 $AB\neq\varnothing$,则 A 与 B 一定相互独立

(B) 若 $AB\neq\varnothing$,则 A 与 B 有可能相互独立

(C) 若 $AB=\varnothing$,则 A 与 B 一定相互独立

(D) 若 $AB=\varnothing$,则 A 与 B 一定不相互独立

9. 某人向同一目标独立重复射击,若每次射击命中目标的概率为 p $(0<p<1)$,则此人第 4 次射击恰好第 2 次命中的概率为(　　).

(A) $3p(1-p)^2$　　(B) $6p(1-p)^2$　　(C) $3p^2(1-p)^2$　　(D) $6p^2(1-p)^2$

10. 把 k 个球随机地放入 $n\,(k\leqslant n)$ 个盒子中去,则指定的 k 个盒子各有一球的概率为 (　　).

(A) $\dfrac{k!}{n^k}$　　(B) $C_n^k\dfrac{k!}{n^k}$　　(C) $\dfrac{n!}{k^n}$　　(D) $C_n^k\dfrac{n!}{k^n}$

11. 某个家庭中有 2 个小孩,已知其中一个是女孩,则另一个是男孩的概率是(　　).

(A) 1/3　　(B) 1/2　　(C) 1/4　　(D) 2/3

12. 设一道选择题有 m 个答案,只有一个答案是正确的.若某考生知道正确答案的概率为 p,乱猜的概率为 $1-p$,猜对答案的概率为 $\dfrac{1}{m}$,则该考生答对这道题的概率为(　　).

(A) $p+\dfrac{1}{m}$　　(B) $p+\dfrac{1}{m}(1-p)$　　(C) $\dfrac{1}{m}(1-p)$　　(D) $p-\left(1-\dfrac{1}{m}\right)$

三、计算题:

1. 对事件 A,B,已知 $P(A)=0.9$,$P(B)=0.95$,$P(B|\overline{A})=0.85$,求 $P(A|\overline{B})$.

2. 对事件 A,B,已知 $P(\overline{A}\cup B)=0.75$,$P(\overline{A}\cup\overline{B})=0.8$,$P(B)=0.3$,求 $P(A)$,$P(AB)$,$P(A-B)$,$P(\overline{A}\,\overline{B})$,$P(A\cup\overline{B})$.

3. 设 A,B 是两个事件,且 $P(A)=0.6$,$P(B)=0.7$,问:

(1) 在什么条件下 $P(AB)$ 取到最大值,最大值是多少?

(2) 在什么条件下 $P(AB)$ 取到最小值,最小值是多少?

4. (次品率问题)设有一批产品共 100 件,其中有 5 件次品.现从中任取 50 件,则无次品的概率是多少?

5. (电话号码组成问题)电话号码由 8 个数字组成,每个数字可以是 0～9 中的任意一个数字,求电话号码由完全不同的数字组成的概率.

6. (抽奖问题)在编号为 $1,2,3,\cdots,n$ 的 n 张赠券中,采用无放回方式抽签,求在第 k $(1\leqslant k\leqslant n)$ 次抽签时首次抽到 1 号赠券的概率.

7. (取球问题)设袋中有红、黄、黑色球各一个. 现从袋中有放回地取 3 次,求下列事件的概率:

$A=$ {3 次都是红球}, $B=$ {3 次未抽到黑球}, $C=$ {颜色全不相同}, $D=$ {颜色不全相同}.

8. (全概率公式问题)假设有来自 3 个地区的各 10,15,25 名考生的报名表,其中女生的报名表分别为 3,7,5 份. 现在随机地抽取一个地区的报名表,并从中先后随意抽出 2 份.

(1) 求先抽出的一份是女生表的概率;

(2) 已知后抽出的一份是男生表,求先抽出的一份是女生表的概率.

9. (交通工具选择问题)假设某学院一位"三好学生"去某地参加先进事迹报告会,他乘汽车、火车、轮船、飞机去的概率分别为 0.1,0.3,0.2,0.4. 如果他乘汽车、火车、轮船去的话,迟到的概率分别为 1/12,1/4,1/3,而乘飞机去则不会迟到.

(1) 求他按时与会的概率; (2) 他迟到了,他乘轮船去的概率为多少?

10. (创业资助问题)某公司拟资助三位大学生自主创业,现聘请两位专家,独立地对每位大学生的创业方案进行评审,假设评审结果为"支持"或"不支持"的概率都是 1/2. 若某人获得两个"支持",则给予 10 万元的创业资助;若只获得一个"支持",则给予 5 万元的资助;若未获得"支持",则不予资助. 求:

(1) 该公司的资助总额为 0 的概率;

(2) 该公司的资助总额超过 15 万元的概率.

11. (考试抽签问题)某校某专业研究生复试时,有 3 根考签,3 个考生应试. 若一个人抽一根后立即放回,再由另一个人抽,如此 3 人各抽一次,求抽签结束后,至少有一根考签没有抽到的概率.

12. (全概率公式与二项概率公式综合应用问题)设每次试验事件 A 发生的概率都是0.3. 现进行 4 次独立重复试验,已知若 A 一次也不发生,则事件 B 也不发生;若 A 发生一次,则事件 B 发生的概率为 0.6;若 A 发生 2 次或 2 次以上,则事件 B 一定发生. 求事件 B 发生的概率.

第二章 随机变量及其分布

概率论中另一个重要概念是随机变量.所谓随机变量就是随着试验结果的不同而取的不同数值的变量.引入随机变量来描述随机试验的结果,可以把对随机事件的研究转化为对随机变量的研究,从而可以运用微积分等其他数学理论和方法来研究随机现象.为此,本章将介绍随机变量及其分布函数、离散型随机变量及其分布律、连续型随机变量及其概率密度、随机变量函数的分布、随机向量与其分量的相互关系、随机变量间的独立性、卷积公式等重要知识.

§1 离散型随机变量及其分布律

为了更深入地研究随机现象,需要将随机试验的结果数量化.从上一章我们看到,有些随机试验,其结果直接表现为数量.例如,掷一颗骰子,观察其出现的点数;测试一只灯泡的寿命,等等.但是,有些随机试验,其结果并不直接表现为数量.例如,掷一枚硬币,观察正、反面出现的情况,其结果为正面或反面,并不是数量.又如,在产房中,观察一新生儿的性别,其结果为女孩或男孩,也不是数量.但若我们规定,得正面(男孩)对应于1,得反面(女孩)对应于0,则上述两个试验的结果便数量化了.再比如,设想在一直线上随机投放一个质点,观察质点所处的位置,其结果为该直线上的一个点,它也并不直接表现为数量.但是,若在直线上建立一个数轴,则质点所处的位置就对应于一个数,即该点的坐标,从而该试验结果也就数量化了.总而言之,无论随机试验的结果是否直接表现为数量,我们总可以使其数量化,使随机试验的结果对应于一个数.这就引入了随机变量的概念.

一、随机变量的定义

定义1 设 E 是随机试验,它的样本空间为 $\Omega=\{\omega\}$.如果对于每一个样本点 $\omega\in\Omega$,都有唯一确定的实数 $X(\omega)$ 与之对应,则称 $X(\omega)$ 是一个**随机变量**(random variable).$X(\omega)$ 可简记为 X.

通常,随机变量用大写英文字母 X,Y,Z 等表示,也可以用希腊字母 ξ,η,ζ 等表示,而随机变量的具体取值则用小写英文字母 x,y,z 等表示.

通俗地说,随机变量就是随着试验结果(即样本点)的不同而变化的变量(从某种意义上说,它就是样本点的函数).在试验之前,无法确切预知它取什么值,只知道它可能取值的范围;只有在试验之后,根据试验结果,才知道它的确切取值.由于试验的结果有随机性,各个结果的出现有一定的概率规律,因此随机变量的取值也就有随机性,并有一定的概率规律.

引入随机变量以后,随机试验中出现的各种事件,就可通过随机变量的关系式表达出来.例如,若用 T 表示所测试灯泡的寿命,则事件{灯泡寿命小于 200 h}可用$\{T<200\}$来表示.又如,从一批产品中,任意抽取 10 件检测,若用 X 表示检测的 10 件中的次品数,这时事件{次品数不超过 3 件}及{至少有一件次品}就可分别用$\{0\leqslant X\leqslant 3\}$及$\{1\leqslant X\leqslant 10\}$来表示.这样一来,就可以把对事件的研究转化为对随机变量的研究.而研究数量化的随机变量,就可更充分地利用数学方法,全面地去研究随机现象及其之间的联系.随机变量是研究随机现象的一个很有效的工具.

通常,随机变量可分为两类:离散型随机变量和非离散型随机变量.非离散型随机变量中最重要、最常用的一类是连续型随机变量.我们下面基本上只讨论离散型随机变量和连续型随机变量,至于其他类型随机变量(如混合型随机变量)一般不涉及.

二、离散型随机变量及其分布律

若用随机变量 X 表示掷一颗骰子所得到的点数,其全部可能取值仅有有限多个:1,2,3,4,5,6.若用随机变量 Y 表示直到首次击中目标为止所进行的射击次数,则 Y 的全部可能取值为 $1,2,3,\cdots$,有可列个.当把上述 X 或 Y 的全部可能取值描绘在数轴上时,它们无非是数轴上一些离散的点.因此,我们称这类随机变量为离散型随机变量.

定义 2 如果一个随机变量的全部可能取值,只有有限多个或可列个,则称它是**离散型随机变量**(discrete random variable).

对于一个离散型随机变量所描绘的随机试验,我们不但关心该随机试验都有哪些可能结果,而且更关心各个结果出现的可能性大小.掌握了这两点,就掌握了该随机试验的概率规律.因此,对于离散型随机变量,我们不仅要了解它都可能取到什么值,更应了解它取各可能值的概率.这就引入了离散型随机变量的概率分布律的概念.

定义 3 设离散型随机变量 X 的全部可能取值为 $x_1,x_2,\cdots,x_i,\cdots$,$X$ 取各个可能值相应的概率为

$$p_i=P(X=x_i)\quad(i=1,2,\cdots),\tag{2.1.1}$$

或写成表格形式:

表 2-1

X	x_1	x_2	$\cdots$	x_i	$\cdots$
P	p_1	p_2	$\cdots$	p_i	$\cdots$

我们称(2.1.1)式或表 2-1 为离散型随机变量 X 的**概率分布律**(或**分布列**),简称为 X 的**分布律**(distribution law).

一般地,在分布律的表中,将 X 的各个可能取值按从小到大的次序排列,$p_i=0$ 的项不必列出.

显然,分布律具有如下性质:

性质 1 $p_i \geqslant 0\ (i=1,2,\cdots)$;

性质 2 $\sum\limits_i P(X=x_i)=\sum\limits_i p_i=1.$

可以证明,任意满足以上两个性质的数列$\{p_i\}$,都可以作为某个离散型随机变量的分布律.

若以离散型随机变量 X 的可能取值 x_i 作为横坐标,以 $p_i=P(X=x_i)$为纵坐标,可把 X 的分布律表示为如图 2-1 形式的竖条图.

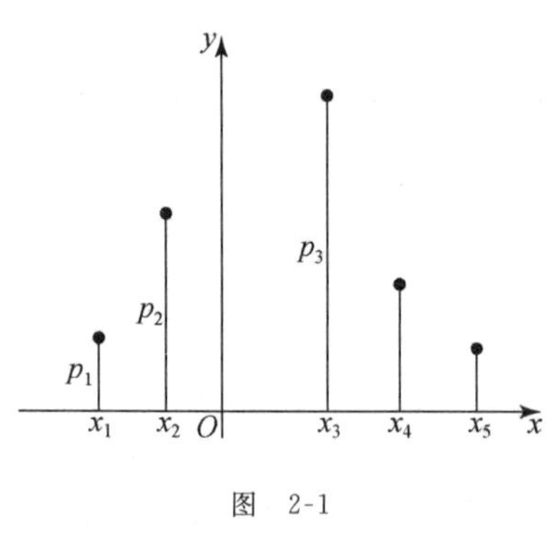

图 2-1

例 1 设袋中有 4 个红球,1 个白球. 今从袋中随机抽取 2 次,每次取一个,设 X 表示所取得的白球数,试就下列两种情况分别求出 X 的分布律:

(1) 有放回抽取; (2) 无放回抽取.

解 (1) 当取后放回时,X 的可能取值为 0,1,2,且

$$P(X=0)=\frac{4\times 4}{5\times 5}=\frac{16}{25},$$

$$P(X=1)=\frac{1\times 4+4\times 1}{5\times 5}=\frac{8}{25},$$

$$P(X=2)=\frac{1\times 1}{5\times 5}=\frac{1}{25}.$$

注意,这里 $X=1$ 包括第 1 次取白球、第 2 次取红球,以及第 1 次取红球、第 2 次取白球两种情况. 所以 X 的分布律为

X	0	1	2
P	16/25	8/25	1/25

(2) 当取后不放回时,X 的可能取值为 0,1,且

$$P(X=0)=\frac{4\times 3}{5\times 4}=\frac{3}{5},\quad P(X=1)=\frac{1\times 4+4\times 1}{5\times 4}=\frac{2}{5},$$

即 X 的分布律为

X	0	1
P	3/5	2/5

例 2 设随机变量 X 的分布律为 $P(X=k)=c\left(\frac{1}{4}\right)^k$,$k=1,2,\cdots$,求常数 c.

解 由随机变量分布律的性质可知

$$1=\sum_{k=1}^{\infty}P(X=k)=\sum_{k=1}^{\infty}c\left(\frac{1}{4}\right)^{k},$$

再由等比数列的求和公式得 $c=3$.

三、常见的离散型随机变量的分布

1. 两点分布

若随机变量 X 只可能取 0 和 1,它的分布律为

X	0	1
P	$1-p$	p

$(0<p<1)$

则称 X 服从参数为 p 的**两点分布**(double point distribution)或 **0-1 分布**. 如例 1(2)中的随机变量 X 就服从两点分布.

产生两点分布的背景是伯努利试验. 当做一次随机试验只有两种可能结果时,就可由两点分布来描述. 例如,掷一枚硬币,观察出现哪一面;向一目标射击一次,观察击中或击不中;抽检一件产品,观察产品是否合格;等等. 有时做一次随机试验,其可能结果不止两个,比如抽检一件产品,检测结果有可能是一等品、二等品或不合格品. 但是,当我们仅关心产品是否合格时,只要检测结果为一等品或二等品,可统统作为合格品,此时令 $X=1$;当检测结果为不合格品时,就令 $X=0$. 这样,X 就服从两点分布.

2. 二项分布

产生二项分布的背景是 n 重伯努利试验,即将一个试验独立地重复进行 n 次,而每次试验只关心某结果 A 是否出现. 现在来研究在这 n 次试验中,结果 A 出现次数 X 的概率分布.

先举一个简单的例子: 设一批产品的废品率为 0.1,每次抽取一个,观察后放回,下次再取一个,共重复 3 次. 这是一个 3 重伯努利试验. 若令 X 表示 3 次中抽到废品的个数,求事件 $\{X=2\}$的概率. 易见,事件$\{X=2\}$包括以下三种情况: $\omega_1=$(废,废,正),$\omega_2=$(废,正,废),$\omega_3=$(正,废,废). 而每一种情况出现的概率均为 $0.1^2\times0.9$,从而

$$P(X=2)=3\times0.1^2\times0.9=\mathrm{C}_3^2\times0.1^2\times0.9.$$

一般来说,在 n 重伯努利试验中,若每次试验中结果 A 出现的概率为 $P(A)=p$ $(0<p<1)$,则结果 A 出现的次数 X 的概率分布律为

$$P(X=k)=\mathrm{C}_n^k p^k(1-p)^{n-k}\quad(k=0,1,2,\cdots,n).\tag{2.1.2}$$

当一个随机变量 X 具有形如(2.1.2)式的分布律时,则称 X 服从参数为 n,p 的**二项分布**(binomial distribution),记为 $X\sim B(n,p)$.

注意,当 $n=1$ 时,二项分布就退化为两点分布,记为 $B(1,p)$.

例 3 设某车间有 10 台同型车床,每台车床的工作情况是相互独立的,且每台车床平均每小时开动 12 min. 令 X 表示该车间任一时刻处在工作状态的车床数,试求 X 的分布律.

解 在任一时刻,我们对一台车床进行观察,其结果只有"工作"与"不工作"两种情况.观察这10台车床,就相当于做一个10重伯努利试验.由题意,每台车床处于"工作"状态的概率是 $\frac{12}{60}=\frac{1}{5}$, 所以 $X\sim B\left(10,\frac{1}{5}\right)$,其分布律为

$$P(X=k)=C_{10}^{k}\left(\frac{1}{5}\right)^{k}\left(\frac{4}{5}\right)^{10-k}\quad(k=0,1,2,\cdots,10).$$

3. 超几何分布

产生超几何分布的背景之一是产品的无放回抽样问题.设某批产品共有 N 件,其中 M 件为次品.从中任取 n 件,取后不放回.设取得的次品数为 X,则

$$P(X=k)=\frac{C_{M}^{k}C_{N-M}^{n-k}}{C_{N}^{n}}\quad(k=0,1,2,\cdots,n).\tag{2.1.3}$$

这里,自然约定:当 $j>i$ 时,$C_{i}^{j}=0$.实际上,(2.1.3)式中的 k 应满足 $0\leqslant k\leqslant\min\{n,M\}$.

当一个随机变量 X 具有形如(2.1.3)式的分布律时,称 X 服从参数为 N,M,n 的**超几何分布**(hyper-geometric distribution).

例 4 设从某厂生产的1000件产品中,随机抽查20件.已知该厂产品的次品率为0.2.令 X 表示抽查的这20件中的次品的件数,试求 X 的分布律.

解 依题意,这里是不放回抽样,因此 X 应服从超几何分布,即

$$P(X=k)=\frac{C_{200}^{k}C_{800}^{20-k}}{C_{1000}^{20}}\quad(k=0,1,2,\cdots,20).$$

若按上式计算,组合数 C_{200}^{k},C_{800}^{20-k},C_{1000}^{20} 的计算很不方便.

注意到这批产品的总数很大,而抽查的产品数相对很小,因而不妨把无放回抽样近似地当做有放回抽样来处理,这样不会产生多大的误差.而有放回抽样可看成 n 重伯努利试验,从而可近似地认为 $X\sim B(20,0.2)$,于是

$$P(X=k)\approx C_{20}^{k}\times0.2^{k}\times0.8^{20-k}\quad(k=0,1,2,\cdots,20).$$

按上式计算 X 的分布律,就方便得多了.有时,亦可借助于二项分布表来计算.

一般来说,若从 N 件产品中随机抽取 n 件,只要 $N\geqslant10n$,无放回抽样就可近似按有放回抽样来处理,超几何分布就可用二项分布来近似,即

$$\frac{C_{M}^{k}C_{N-M}^{n-k}}{C_{N}^{n}}\approx C_{n}^{k}p^{k}(1-p)^{n-k}\quad\left(k=0,1,2,\cdots,n;p=\frac{M}{N}\right).\tag{2.1.4}$$

实际计算表明,这样处理所引起的误差是较小的(只要 $N\geqslant10n$).

4. 泊松分布

在二项分布的概率计算中,当试验次数 n 很大,而在每次试验中某事件 A 发生的概率 p 很小时,可以证明有如下泊松近似公式成立:

$$C_{n}^{k}p^{k}(1-p)^{n-k}\approx\frac{\lambda^{k}}{k!}e^{-\lambda}\quad(k=0,1,2,\cdots),\tag{2.1.5}$$

其中 $\lambda=np$. (2.1.5)式的右端就是我们下面所研究的泊松分布的概率分布表达式.

如果一个随机变量 X 的分布律为

$$P(X=k)=\frac{\lambda^k}{k!}\mathrm{e}^{-\lambda}\quad(k=0,1,2,\cdots),\tag{2.1.6}$$

其中 $\lambda>0$,则称 X 服从参数为 λ 的**泊松分布**(Poisson distribution),记为 $X\sim P(\lambda)$或 $X\sim \Pi(\lambda)$.

通常,我们把在一次试验中发生的可能性很小的事件称为**稀有事件**. (2.1.5)式告诉我们:当试验次数 n 很大时,稀有事件发生的次数可近似用泊松分布来描述,其中 $\lambda=np$,表示在 n 次试验中该稀有事件出现的平均次数.

一般来说,泊松分布常常用以描述在伯努利试验序列中,某稀有事件在某段时间内发生的次数,而参数 λ 的实际意义是该稀有事件在某段时间内发生的平均次数. 例如,某段时间内某放射性物质放射出的粒子数,牧草种子中的杂草种子数,某页书上印刷错误的个数,某匹布上疵点的个数等都可认为服从或近似服从泊松分布. 泊松分布也是实际应用中一种很重要的分布.

在实际应用中,以 n,p 为参数的二项分布,当 n 较大,p 较小时(通常,要求 $n\geqslant 10,p\leqslant 0.1,np\leqslant 5$),就可近似看做以 $\lambda=np$ 为参数的泊松分布. 而关于泊松分布的概率计算,可直接查泊松分布表(见附表 2).

例 5 假定有若干台同型车床,彼此独立工作,每台车床发生故障的概率都是 0.01. 设一台车床的故障可由一人维修,试就下述两种情况分别求出当车床发生故障时,需要等待维修的概率:

(1) 由一个人负责维修 20 台车床;

(2) 由 3 个人负责维修 80 台车床.

解 设 X 表示任一时刻发生故障的车床数.

(1) 当一个人负责 20 台车床时,在任一时刻此人观察这 20 台车床是否发生故障,可看做 20 重伯努利试验,于是 $X\sim B(20,0.01)$. 因为 $n=20,p=0.01$,故可近似认为 $X\sim P(\lambda)$,其中 $\lambda=np=0.2$,从而所求的概率为

$$\begin{aligned}P(X\geqslant 2)&=1-P(X\leqslant 1)=1-P(X=0)-P(X=1)\\&=1-0.99^{20}-20\times 0.01\times 0.99^{19}\\&\approx 1-\mathrm{e}^{-0.2}-0.2\times \mathrm{e}^{-0.2}\quad(\text{查泊松分布表})\\&\approx 0.0175.\end{aligned}$$

(2) 当 3 个人负责 80 台车床时,在任一时刻观察这 80 台车床是否发生故障,可看做 80 重伯努利试验,于是 $X\sim B(80,0.01)$. 可近似认为 $X\sim P(\lambda)$,其中 $\lambda=np=0.8$,故所求的概率为

$$\begin{aligned}P(X\geqslant 4)&=1-P(X\leqslant 3)\\&\approx 1-\sum_{k=0}^{3}\frac{0.8^k\mathrm{e}^{-0.8}}{k!}\quad(\text{查泊松分布表})\\&\approx 0.0091.\end{aligned}$$

比较(1),(2)的计算结果,可看出后者的管理经济效益要好得多.

例 6 设单位时间内通过某交叉路口的汽车数 X 服从泊松分布. 若已知单位时间内没有汽车的概率为 e^{-2},求单位时间内有多于 2 辆汽车通过的概率.

解 由题意知 $P(X=0)=e^{-2}$,即 $\frac{\lambda^0}{0!}e^{-\lambda}=e^{-2}$. 由此解出 $\lambda=2$. 所以

$$\begin{aligned}P(X>2)&=1-P(X=0)-P(X=1)-P(X=2)\\&=1-e^{-2}-2e^{-2}-2e^{-2}=0.3233,\end{aligned}$$

即单位时间内多于 2 辆汽车通过的概率为 0.3233.

习 题 2-1

A 组

1. 已知随机变量 X 的分布律为 $P(X=k)=ae^{-k+2}(k=0,1,2,\cdots)$,求常数 a.

2. 已知随机变量 X 的分布律为 $P(X=k)=1/2^k(k=1,2,\cdots)$,求 $P(X$ 为奇数$)$.

3. 设随机变量 X 的可能取值为 $-1,0,1$,且取这 3 个值的概率之比为 $1:2:3$,求 X 的分布律.

4. 设随机变量 $X\sim P(\lambda)$,且 $P(X=0)=1/2$,求 λ 的值.

5. 设随机变量 $X\sim B(2,p)$,$Y\sim B(3,p)$,且已知 $P(X\geqslant 1)=5/9$,求 $P(Y\geqslant 1)$.

6. 将一颗骰子抛掷 2 次,以 X 表示所得点数之和,求 X 的分布律.

7. 设一汽车共要通过 3 个十字路口,到每个路口遇红灯停下的概率均为 p. 以 X 表示该汽车在首次停下之前所通过的十字路口数,求 X 的分布律.

8. 设一事件 A 在每次试验中发生的概率均为 0.3. 当 A 发生不少于 3 次时,指示灯发出信号.

(1) 若进行 5 次独立试验,求指示灯发出信号的概率;

(2) 若进行 7 次独立试验,求指示灯发出信号的概率.

9. 某射手连续不断地向一目标射击,设每次命中目标的概率为 p. 令 X 表示直到首次击中目标为止所进行的射击次数,求 X 的分布律(注: 通常称这里 X 的分布为**几何分布**).

10. 设某厂产品的次品率为 0.001. 现从该厂的产品中任抽 5000 件,求至少有 2 件次品的概率(用泊松近似公式).

B 组

1. 设随机变量 $X\sim P(\lambda)$,且已知 $P(X=1)=P(X=2)$,求 $P(X=4)$.

2. 建一水坝,预定使用 100 年,问: 在这 100 年中,发生千年一遇的洪水的概率是多少?

3. 设袋中有编号为 1,2,3,4,5 的 5 个球. 今从中任取 3 个,以 X 表示取出的 3 个球中的最大号码,求 X 的分布律.

4. 设一批零件共 12 件,其中有合格品 9 件,次品 3 件. 安装机器时,从这批零件中任取一件,取后不放回,求取得合格品前,已取出的次品数 X 的分布律.

5. 已知某电话交换台一小时内平均收到电话呼唤 60 次. 设电话呼唤次数服从泊松分布,求该台在 30 s 内收到的呼唤次数 X 不超过一次的概率(提示: X 服从参数为 $\lambda=1/2$ 的泊松分布).

§2 随机变量的分布函数

对于离散型随机变量可用列举其全部可能取值及相应概率的方法，即可用分布律来描述其概率分布规律. 但是，对于非离散型随机变量来说，这种列举方法就失效了. 例如，测量某工件长度所产生的误差、某种电子元件的寿命、某地区夏季的平均气温等，其全部可能取值是充满某个区间的. 我们想要把一个区间中的所有数值按某种规律一一罗列出来，实际上是不可能的. 在下节中，我们还将知道，对于连续型随机变量而言，它取任一个可能值的概率总是零(这里，需特别提请读者注意：不可能事件的概率为零，但概率为零的事件不一定都是不可能事件)，从而罗列连续型随机变量的全部可能取值及相应概率的方法，将变得毫无意义. 我们必须另辟蹊径，引入其他方法来描述一般随机变量的概率分布规律. 我们可转而考虑一个随机变量的取值落在一个区间内的概率：$P(a<X\leqslant b)$. 而由于

$$P(a < X \leqslant b) = P(X \leqslant b) - P(X \leqslant a),$$

所以我们只要知道 $P(X\leqslant b)$ 和 $P(X\leqslant a)$ 就可以了. 据此，我们引入随机变量的分布函数的概念.

一、分布函数的概念

定义 1 设 X 是任一随机变量(离散型或非离散型)，称定义在$(-\infty,+\infty)$上的实值函数 $F(x)=P(X\leqslant x)$ 为 X 的**分布函数**(distribution function).

有时，为强调 $F(x)$ 是 X 的分布函数，也可将它记为 $F_X(x)$.

由分布函数 $F(x)$ 的定义可知，它表示随机变量 X 的取值落入区间$(-\infty,x]$之内的概率.

为了形象地解释某个随机变量的分布函数的直观意义，可设想在整个数轴上以某种方式散布了总质量为 1 的某种物质(比如是 1 g 的面粉，实质上是概率)，而 $F(x)$ 的直观意义就相当于散布在区间$(-\infty,x]$上的质量(实质上是概率). 离散型随机变量对应的散布方式是，只把这些物质散布在一些离散的点 $x_i(i=1,2,\cdots)$ 上，且散布在点 x_i 上的质量为 $p_i(i=1,2,\cdots)$. 这就是概率分布律的直观意义.

给定一个随机变量，就决定了一种散布方式，也就对应有一个分布函数.

若我们已知一个随机变量 X 的分布函数为 $F(x)$，则对任意的实数 $a,b\ (a<b)$，有

$$P(a < X \leqslant b) = P(X \leqslant b) - P(X \leqslant a) = F(b) - F(a).$$

由此可见，分布函数可描述随机变量在任一范围内取值的概率，即随机变量的概率分布规律. 一旦我们知道了一个随机变量的分布函数后，与这个随机变量有关的许多概率计算问题，将转化为计算分布函数值的问题.

例 1 设随机变量 X 的分布律为

X	-1	2	3
P	$1/6$	$1/2$	$1/3$

试求：

(1) X 的分布函数 $F(x)$ 及其图形；

(2) $P(X\leqslant 0)$，$P(-1<X\leqslant 5/2)$，$P(X>3/2)$.

解 (1) 注意，X 的可能取值 $-1,2,3$ 将整个数轴分成了四部分. 因为 $F(x)$ 是定义在整个数轴上的函数，所以，我们分下列四种情况来讨论 $F(x)$ 的取值：

① 当 $x<-1$ 时，因 X 不取小于 -1 的值，所以这时 $\{X\leqslant x\}$ 是一个不可能事件，故

$$F(x)=P(X\leqslant x)=0;$$

② 当 $-1\leqslant x<2$ 时，$\{X\leqslant x\}$ 就是 $\{X=-1\}$，所以

$$F(x)=P(X\leqslant x)=P(X=-1)=1/6;$$

③ 当 $2\leqslant x<3$ 时，$\{X\leqslant x\}$ 就是 $\{X=-1$ 或 $X=2\}$，所以

$$\begin{aligned}F(x)&=P(X\leqslant x)=P(X=-1)+P(X=2)\\&=1/6+1/2=2/3;\end{aligned}$$

④ 当 $x\geqslant 3$ 时，$\{X\leqslant x\}$ 是必然事件，所以

$$F(x)=P(X\leqslant x)=1.$$

总之，$F(x)$ 的表达式为

$$F(x)=\begin{cases}0, & x<-1,\\ 1/6, & -1\leqslant x<2,\\ 2/3, & 2\leqslant x<3,\\ 1, & x\geqslant 3.\end{cases}$$

$F(x)$ 的图形如图 2-2 所示，它是一个上升的右连续阶梯函数.

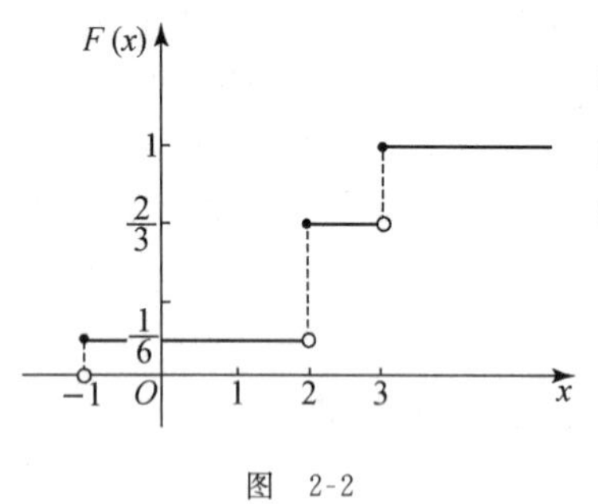

图 2-2

从上面求 $F(x)$ 的过程可看到，$F(x)$ 的值不是 X 取值于 x 的概率，而是 X 取那些不超过 x 的所有可能值之概率的累积. 因此，这时也可称 X 的分布函数为 X 的**累积分布律**.

(2) $P(X\leqslant 0)=F(0)=1/6$,

$$\begin{aligned}P(-1<X\leqslant 5/2)&=F(5/2)-F(-1)\\&=2/3-1/6=1/2,\end{aligned}$$

$$\begin{aligned}P(X>3/2)&=1-P(X\leqslant 3/2)=1-F(3/2)\\&=1-1/6=5/6.\end{aligned}$$

二、分布函数的性质

设 $F(x)$ 是任一随机变量 X(无论是离散型或非离散型)的分布函数，可以证明 $F(x)$ 具有如下性质：

(1) $0\leqslant F(x)\leqslant 1$;

(2) $F(x)$ 是单调不减的，即当 $x_1<x_2$ 时，$F(x_1)\leqslant F(x_2)$;

(3) $F(-\infty)=\lim\limits_{x\to-\infty}F(x)=0$, $F(+\infty)=\lim\limits_{x\to+\infty}F(x)=1$;

(4) $F(x)$是右连续函数,即 $\lim\limits_{x\to x_0^+}F(x)=F(x_0)$对任意的 $x_0\in\mathbf{R}$ 均成立.

进一步还可以证明,任意一个满足以上四个性质的函数,都可以作为某个随机变量的分布函数.

特别地,对于离散型随机变量 X 而言,若已知 X 的分布律为

$$P(X=x_i)=p_i\quad(i=1,2,\cdots),$$

则 X 的分布函数

$$F(x)=\sum_{x_i\leqslant x}P(X=x_i)=\sum_{x_i\leqslant x}p_i,$$

其中求和符号表示对所有满足 $x_i\leqslant x$ 的 p_i 求和.

通常,离散型随机变量 X 的分布函数 $F(x)$是一个上升的右连续阶梯函数. $F(x)$ 在 X 的每一个可能取值 x_i 处(只要 $p_i=P(X=x_i)>0$),都有一个跳跃型间断点,其跃度为

$$F(x_i)-F(x_i-0)=p_i.$$

例 2 在下列函数中,哪些可以作为随机变量的分布函数?

(1) $F(x)=\dfrac{1}{1+x^2}$;　　(2) $F(x)=\sin x$;

(3) $F(x)=\dfrac{2}{\pi}\arctan x+1$;　　(4) $F(x)=\begin{cases}0, & x\leqslant 0,\\ \dfrac{x}{1+x}, & x>0.\end{cases}$

解 (1) 不满足单调性,所以不能作为随机变量的分布函数.

(2) 满足右连续性,但不满足性质(2)和(3),所以不能作为随机变量的分布函数.

(3) 满足性质(2)和(4),但不满足性质(3),所以不能作为随机变量的分布函数.

(4) 满足分布函数的所有性质,所以可以作为随机变量的分布函数.

例 3 设随机变量 X 的分布函数为

$$F(x)=\begin{cases}0, & x<0,\\ A\sin x, & 0\leqslant x\leqslant\pi/2,\\ 1, & x>\pi/2,\end{cases}$$

求:(1) 常数 A; (2) $P(-1<X\leqslant\pi/3)$.

解 (1) 由于分布函数在任意点右连续,所以 $F\left(\dfrac{\pi}{2}+0\right)=F\left(\dfrac{\pi}{2}\right)$,即

$$1=\lim_{x\to\frac{\pi}{2}^+}F(x)=F\left(\frac{\pi}{2}\right)=A\sin\frac{\pi}{2}=A,\quad 从而\quad A=1.$$

(2) $P(-1<X\leqslant\pi/3)=F(\pi/3)-F(-1)=\sin(\pi/3)-0=\sqrt{3}/2$.

习 题 2-2

A 组

1. 用随机变量 X 的分布函数 $F(x)$ 表示下述概率:

(1) $P(X>a)$;　(2) $P(X<a)$;　(3) $P(X=a)$;

(4) $P(a\leqslant X<b)$;　(5) $P(a<X<b)$;　(6) $P(a\leqslant X\leqslant b)$.

2. 设随机变量 X 的分布律为

X	0	1	2
P	1/2	1/6	1/3

试求 X 的分布函数 $F(x)$,并作出 $F(x)$的图形.

3. 已知随机变量 X 的分布函数为 $F(x)=A+B\arctan x$,试求:

(1) 常数 A,B 的值; (2) $P(|X|<1)$.

4. 已知随机变量 X 的分布函数为

$$F(x)=\begin{cases}0, & x<-1,\\ 0.1, & -1\leqslant x<1,\\ 0.4, & 1\leqslant x<3,\\ 1, & x\geqslant 3,\end{cases}$$

试求 X 的分布律.

B 组

1. 在区间$[0,a]$上任意投掷一个质点,用 X 表示这个质点的坐标.设这个质点落在$[0,a]$中任意小区间内的概率与这个小区间的长度成正比例,试求 X 的分布函数.

2. 假设某地在任何长为 t 的时间内发生地震的次数 $N(t)$服从参数为 λt 的泊松分布.若 T 是两次地震发生的间隔时间,试求 T 的分布函数.

§3 连续型随机变量及其概率密度

在物理学中,为了描述一个非匀质细棒的质量分布状况,引入了质量线密度的概念.假定一个连续质点系分布在数轴上.令 $m(x)$表示分布在区间$(-\infty,x]$上的质量,即质量分布函数.设 $\Delta x>0$,那么 $\dfrac{m(x+\Delta x)-m(x)}{\Delta x}$ 表示在区间$(x,x+\Delta x]$上,每单位长度平均分布的质量,即平均质量线密度.我们称

$$\rho(x)=\lim_{\Delta x\to 0}\frac{m(x+\Delta x)-m(x)}{\Delta x}$$

为该质点系的质量线密度函数.若 $\rho(x)$在某点 x_0 处的数值较大,则表明分布在点 x_0 附近的质量较密集;反之,则较稀疏.易见

$$\rho(x)=\frac{\mathrm{d}m(x)}{\mathrm{d}x},\quad m(x)=\int_{-\infty}^{x}\rho(t)\mathrm{d}t,$$

而$\int_a^b\rho(x)\mathrm{d}x$则表示分布在区间$[a,b]$上的质量.由此可见,质量线密度函数$\rho(x)$完全可以刻画出一个连续质点系的质量分布的规律,而且它比质量分布函数更直观、更方便.

受以上启示,我们对值域是区间的随机变量也引入概率密度函数的概念.

一、连续型随机变量的概率密度

先考察一个例子.

例 1 设随机变量 X 在区间$[0,1]$上取值,且对于任一 $a\in[0,1]$,概率 $P(0\leqslant X\leqslant a)$与 a^2 成正比,试求 X 的分布函数 $F(x)$.

解 当 $x<0$ 时,$F(x)=P(X\leqslant x)=P(\varnothing)=0$;

当 $x>1$ 时,$F(x)=P(X\leqslant x)=P(\Omega)=1$;

当 $0\leqslant x\leqslant 1$ 时,$F(x)=P(X\leqslant x)=P(0\leqslant X\leqslant x)=kx^2$,其中 k 为待定的比例系数.

由 $F(1)=1$ 可知 $k=1$,故

$$F(x)=\begin{cases}0, & x<0,\\ x^2, & 0\leqslant x\leqslant 1,\\ 1, & x>1.\end{cases}$$

易见 $F(x)$处处连续,除个别点(如 $x=1$)外,处处可导,且

$$F'(x)=\begin{cases}2x, & 0<x<1,\\ 0, & x\leqslant 0\text{ 或 }x>1,\\ \text{不存在}, & x=1.\end{cases}$$

由微积分知识知道,可以把 $F(x)$表示为

$$F(x)=\int_{-\infty}^{x}f(t)\mathrm{d}t,$$

其中

$$f(x)=\begin{cases}2x, & 0<x<1,\\ 0, & \text{其他},\end{cases}\quad \text{且}\quad f(x)\geqslant 0.$$

这表明 X 的分布函数 $F(x)$恰是一非负函数 $f(t)$在区间$(-\infty,x]$上的积分.这时,我们称 X 为连续型随机变量.下面我们给出一般的定义.

定义 1 对于随机变量 X,如果存在一个定义域为$(-\infty,+\infty)$的非负实值函数 $f(x)$,使得 X 的分布函数 $F(x)$可以表示为

$$F(x)=P(X\leqslant x)=\int_{-\infty}^{x}f(t)\mathrm{d}t\quad(-\infty<x<+\infty),$$

则称 X 为**连续型随机变量**(continuous random variable),并称 $f(x)$为 X 的**概率密度函数**(probability density function),简称为**概率密度**.

易见，概率密度 $f(x)$有如下基本性质：

性质 1 $f(x)\geqslant 0\ (-\infty<x<+\infty)$；

性质 2 $\int_{-\infty}^{+\infty} f(x)\mathrm{d}x = 1$；

性质 3 对于任意的实数 $a,b\ (a<b)$，都有

$$P(a < X \leqslant b) = \int_a^b f(x)\mathrm{d}x.$$

还可以证明，任意一个同时满足性质 1 和性质 2 的函数，都可以作为某个连续型随机变量的概率密度.

通常，我们称 $y=f(x)$的图形为分布密度曲线. 性质 1 的几何意义是分布密度曲线总是位于 x 轴上方；性质 2 的几何意义是分布密度曲线与 x 轴之间的总面积为 1；性质 3 的几何意义是 X 取值于任一区间$(a,b]$的概率等于以区间$[a,b]$为底，以分布密度曲线为顶的曲边梯形的面积(参见图 2-3)；而 X 的分布函数 $F(x)$的几何意义是分布密度曲线 $y=f(x)$以下，x 轴上方，从$-\infty$到 x 的一块面积之值(参见图 2-4).

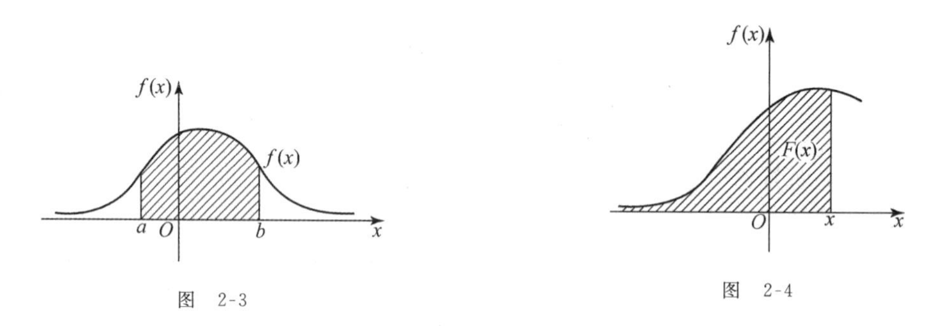

图 2-3

图 2-4

性质 3 可进一步推广为如下性质：

性质 4 对于实数轴上任意一个集合 S (S 可以是若干个区间的并)，有

$$P(X\in S) = \int_S f(x)\mathrm{d}x.$$

由此可见，概率密度可完全刻画出连续型随机变量的概率分布规律.

由性质 3 及积分中值定理可推出如下结论：

性质 5 在概率密度 $f(x)$的连续点处，当 Δx 充分小时，有

$$P(x < X \leqslant x + \Delta x) \approx f(x)\Delta x,$$

即 X 取值于 x 邻近的概率与 $f(x)$的大小成正比.

由性质 5 知，当概率密度 $f(x)$在某点 x_0 处的值较大时，随机变量 X 在 x_0 邻近取值的可能性就较大；反之，则较小. 此处需强调，**概率密度 $f(x)$的取值本身并不表示概率**.

由以上诸性质可以看出，使用概率密度描述连续型随机变量的概率分布规律，要比使用分布函数方便得多，直观得多. 尽管我们借助于分布函数，可以统一描述任何类型的随机变

量取值的概率规律,但是,对于离散型随机变量,我们总喜欢使用分布律,而对于连续型随机变量,总喜欢使用概率密度.

二、连续型随机变量的性质

设 X 是一个连续型随机变量,$f(x)$是 X 的概率密度,C 为任一常数,$h>0$,则

$$0 \leqslant P(X=C) \leqslant P(C-h<X \leqslant C)=\int_{C-h}^{C} f(x) \mathrm{d} x .$$

故
$$0 \leqslant P(X=C) \leqslant \lim _{h \rightarrow 0} \int_{C-h}^{C} f(x) \mathrm{d} x=0,$$

即
$$P(X=C)=0 .$$

这表明,连续型随机变量取任一特定值的概率均为零.回忆在物理学中,认为一个连续质点系在任一点上的质量均为零.注意,在理论上认为,一个几何点是无大小的,借助这就不难理解这一性质.

由此,对于连续型随机变量 X,有

$$\begin{aligned} P(a<X<b) &= P(a<X \leqslant b) \\ &= P(a \leqslant X<b) \\ &= P(a \leqslant X \leqslant b) \\ \left(=F(b)-F(a)\right.&\left.=\int_{a}^{b} f(x) \mathrm{d} x\right). \end{aligned}$$

但是,对于离散型随机变量上述等式未必成立.

由于连续型随机变量 X 的分布函数

$$F(x)=\int_{-\infty}^{x} f(t) \mathrm{d} t,$$

由微积分的知识可知,$F(x)$必定在$(-\infty,+\infty)$上连续,并且在 $f(x)$ 的连续点处,有

$$\frac{\mathrm{d} F(x)}{\mathrm{d} x}=F^{\prime}(x)=f(x),$$

即概率密度是分布函数的导数,而分布函数是概率密度的一个特定的原函数.

注意:若已知一个随机变量 X 的分布函数 $F(x)$处处连续,并且除去个别点外,导函数 $F^{\prime}(x)$存在且连续,则 X 是连续型随机变量,且 $F^{\prime}(x)$可认为是连续型随机变量 X 的概率密度.至于在那些个别点处,可任意规定 $F^{\prime}(x)$的值,通常可规定为零(参见本节例 1).这是因为根据微积分的知识,改变一个定积分中的被积函数在个别点处的值,并不影响其积分值.这时,仍有

$$F(x)=\int_{-\infty}^{x} F^{\prime}(t) \mathrm{d} t .$$

按上述规定的 $F^{\prime}(x)$都是连续型随机变量 X 的概率密度.由此可见,一般来说,一个连续型随机变量的概率密度函数不唯一,也不一定连续,它允许在个别点上取不同的值.但是它们对应的分布函数都相同,因而不影响我们研究相应随机变量的概率分布.

例 2 设连续型随机变量 X 的分布函数为

$$F(x)=\begin{cases} e^x/2, & x<0, \\ 1/2+x/4, & 0\leqslant x<2, \\ 1, & x\geqslant 2, \end{cases}$$

试求 X 的概率密度.

解 显然,$F(x)$处处连续,除去 $x=0$ 及 $x=2$ 这两点之外,$F'(x)$存在且连续.但 $F(x)$ 在 $x=0$ 及 $x=2$ 点均不可导.

当 $x<0$ 时,$F'(x)=e^x/2$;当 $0<x<2$ 时,$F'(x)=1/4$;当 $x>2$ 时,$F'(x)=0$.

可规定,当 $x=0$ 或 $x=2$ 时,$F'(x)=0$,从而得 X 的概率密度

$$f_1(x)=\begin{cases} e^x/2, & x<0, \\ 0, & x=0, \\ 1/4, & 0<x<2, \\ 0, & x\geqslant 2. \end{cases}$$

如果我们对 $F(x)$分段求导得

$$f_2(x)=\begin{cases} e^x/2, & x<0, \\ 1/4, & 0\leqslant x<2, \\ 0, & x\geqslant 2, \end{cases}$$

它仍是 X 的概率密度.

还应着重指出,连续型随机变量的另一个特点是它的全部可能取值总是充满一个区间(这里包括若干个区间的并),这个区间可以是有限的,也可以是无限的.

例 3 设连续型随机变量 X 的概率密度为

$$f(x)=\begin{cases} Ax, & 0\leqslant x\leqslant 1, \\ A(2-x), & 1<x\leqslant 2, \\ 0, & \text{其他}, \end{cases}$$

试求:

(1) 常数 A 之值; (2) X 的分布函数 $F(x)$; (3) $P(1/2\leqslant X\leqslant 3/2)$.

解 (1) 因为 $\int_{-\infty}^{+\infty} f(x)\,dx=1$,所以

$$\int_{-\infty}^{0} 0\,dx+\int_{0}^{1} Ax\,dx+\int_{1}^{2} A(2-x)\,dx+\int_{2}^{+\infty} 0\,dx=1,$$

即

$$\frac{1}{2}A+\frac{1}{2}A=1, \quad \text{从而} \quad A=1.$$

(2) 因为 $F(x)=\int_{-\infty}^{x} f(t)\,dt$,且本题中的 $f(x)$ 是分段定义的,所以对分布函数 $F(x)$ 也应分段讨论:

① 当 $x<0$ 时，$F(x)=\int_{-\infty}^{x}0\mathrm{d}t=0$；

② 当 $0\leqslant x\leqslant 1$ 时，$F(x)=\int_{-\infty}^{0}0\mathrm{d}t+\int_{0}^{x}t\mathrm{d}t=\frac{x^2}{2}$；

③ 当 $1<x\leqslant 2$ 时，$F(x)=\int_{-\infty}^{0}0\mathrm{d}t+\int_{0}^{1}t\mathrm{d}t+\int_{1}^{x}(2-t)\mathrm{d}t=2x-\frac{x^2}{2}-1$；

④ 当 $x>2$ 时，$F(x)=\int_{-\infty}^{0}0\mathrm{d}t+\int_{0}^{1}t\mathrm{d}t+\int_{1}^{2}(2-t)\mathrm{d}t+\int_{2}^{x}0\mathrm{d}t=1$.

综上所述，得

$$F(x)=\begin{cases}0, & x<0,\\ x^2/2, & 0\leqslant x\leqslant 1,\\ 2x-x^2/2-1, & 1<x\leqslant 2,\\ 1, & x>2.\end{cases}$$

(3) $P\left(\frac{1}{2}\leqslant X\leqslant\frac{3}{2}\right)=\int_{1/2}^{3/2}f(x)\mathrm{d}x=\int_{1/2}^{1}x\mathrm{d}x+\int_{1}^{3/2}(2-x)\mathrm{d}x=\frac{3}{4}$，

或者

$$\begin{aligned}P\left(\frac{1}{2}\leqslant X\leqslant\frac{3}{2}\right)&=F\left(\frac{3}{2}\right)-F\left(\frac{1}{2}\right)\\&=\left[2\times\frac{3}{2}-\frac{1}{2}\times\left(\frac{3}{2}\right)^2-1\right]-\frac{1}{2}\times\left(\frac{1}{2}\right)^2=\frac{3}{4}.\end{aligned}$$

三、离散型随机变量与连续型随机变量的比较

对于连续型随机变量 X，设其概率密度为 $f(x)$. 在 $f(x)$ 的连续点处，若不计高阶无穷小，有

$$P(x<X\leqslant x+\mathrm{d}x)\approx f(x)\mathrm{d}x.$$

这表示 X 的取值落在小区间 $(x,x+\mathrm{d}x]$ 上的概率近似地等于 $f(x)\mathrm{d}x$. $f(x)\mathrm{d}x$ 在连续型随机变量理论中所起的作用相当于 $P(X=x_i)=p_i$ 在离散型随机变量理论中所起的作用. 通常，我们分别称 p_i 及 $f(x)\mathrm{d}x$ 为离散型随机变量及连续型随机变量的**概率微元**.

下面，我们列表将离散型随机变量与连续型随机变量加以比较，见表 2-2.

表 2-2

项目 \ 类型	离散型随机变量	连续型随机变量
可能取值	$x_i(i=1,2,\cdots)$，数轴上一些离散的点	连续变动的 x，充满某一区间
概率微元及性质	$p_i=P(X=x_i)(i=1,2,\cdots)$ $p_i\geqslant 0,\sum_i p_i=1$	$f(x)\mathrm{d}x$ $f(x)\geqslant 0,\int_{-\infty}^{+\infty}f(x)\mathrm{d}x=1$

(续表)

项目 \ 类型	离散型随机变量	连续型随机变量
分布函数及性质	$F(x)=\sum\limits_{x_i\leqslant x}p_i$ 上升的右连续阶梯函数 在 x_i 处有间断(当 $p_i>0$ 时)	$F(x)=\int_{-\infty}^{x}f(t)\mathrm{d}t$ 上升的连续函数 $F'(x)=f(x)$(在 $f(x)$ 的连续点)
取值特点	$\forall a\in\mathbf{R}, P(X=a)$ 不一定为0	$\forall a\in\mathbf{R}, P(X=a)$ 必为0

习　题　2-3

A　组

1. 设随机变量 X 的概率密度为 $f(x)=C\mathrm{e}^{-|x|}$,试求:

(1) 常数 C;　(2) $P(0<X<1)$;　(3) X 的分布函数.

2. 已知连续型随机变量 X 的分布函数为

$$F(x)=\begin{cases}0, & x<0,\\ Ax^2, & 0\leqslant x\leqslant 1,\\ 1, & x>1,\end{cases}$$

试求:

(1) 常数 A;　(2) X 的概率密度 $f(x)$;　(3) $P(1/4<X<1/2)$.

3. 已知连续型随机变量 X 的概率密度为

$$f(x)=\begin{cases}1-\mathrm{e}^{-x}, & 0\leqslant x\leqslant 1,\\ C\mathrm{e}^{-x}, & x>1,\\ 0, & x<0,\end{cases}$$

试求:

(1) 常数 C;　(2) X 的分布函数 $F(x)$;　(3) $P(X>1/2)$.

B　组

1. 已知连续型随机变量 X 的分布函数为

$$F(x)=\begin{cases}A\mathrm{e}^{x}, & x<0,\\ B, & 0\leqslant x<1,\\ 1-A\mathrm{e}^{-(x-1)}, & x\geqslant 1,\end{cases}$$

试求:

(1) 常数 A,B;　(2) X 的概率密度 $f(x)$;　(3) $P(0<X<1)$.

2. 设随机变量 X 的分布函数及概率密度分别为 $F(x)$ 及 $f(x)$. 若 $f(x)$ 为偶函数,$a>0$,证明:

(1) $F(a)+F(-a)=1$;　(2) $F(-a)+\int_0^a f(x)\mathrm{d}x=\frac{1}{2}$.

3. 已知连续型随机变量 X 的概率密度为

$$f(x)=\begin{cases}ax+b, & 1<x<3,\\ 0, & \text{其他},\end{cases}$$

又已知 $P(2<X<3)=2P(-1<X<2)$,试求常数 a 及 b 的值.

§4 几种常见的连续型随机变量的分布

本节我们将介绍三种常见的连续型随机变量的分布,它们在实际应用和理论研究中经常被引用.

一、均匀分布

若连续型随机变量 X 的概率密度为

$$f(x)=\begin{cases}\dfrac{1}{b-a}, & a<x<b,\\ 0, & \text{其他},\end{cases}$$

则称 X 服从区间 (a,b) 上的**均匀分布**(uniform distribution),记为 $X\sim U(a,b)$ 或 $X\sim R(a,b)$(这里概率密度 $f(x)$ 中的"$a<x<b$"可改为"$a\leqslant x\leqslant b$",因为两者对应的分布函数是一样的.对于后者,通常将均匀分布记为 $X\sim U[a,b]$).这时,易见:

(1) $P(X\geqslant b)=P(X\leqslant a)=0$.

(2) 对任意满足 $a<c<d<b$ 的 c,d,有

$$P(c<X<d)=\int_c^d\frac{1}{b-a}\mathrm{d}x=\frac{d-c}{b-a}.$$

这说明,若 $X\sim U(a,b)$,则 X 的取值落入区间 (a,b) 中任一子区间 (c,d) 内的概率,与子区间的具体位置无关,只依赖于子区间的长度.可见,概率的分布在区间 (a,b) 内是均匀的.产生均匀分布的背景是几何概型.

(3) X 的分布函数为

$$F(x)=\begin{cases}0, & x\leqslant a,\\ \dfrac{x-a}{b-a}, & a<x<b,\\ 1, & x\geqslant b.\end{cases}$$

在研究四舍五入引起的误差时,常常用到均匀分布.假定在数值计算中,数据只保留到小数点后的第四位,而小数点后第五位上的数字按四舍五入处理.对于随机输入的数据,若用 $\hat{x}$ 表示其真值,用 x 表示舍入后的值,则通常认为,随机输入的数据误差 $X=\hat{x}-x$ 服从区间 $(-0.5\times10^{-4},0.5\times10^{-4})$ 上的均匀分布.据此,可对经过大量运算后的数据进行误差分析.

另外,在研究等待时间的分布时,也常常使用均匀分布.假定每隔一定的时间 t_0,有一辆公交车通过某车站.任一随机到达车站的乘客,其候车时间 T,一般可认为服从区间 $(0,t_0)$ 上的均匀分布.

例 1 设某公交车站从上午 7 时起,每 15 min 来一班车.若某乘客在 7 时到 7 时半之间随机到达该站,试求他的候车时间不超过 5 min 的概率.

解 设该乘客于7时过 X 分到达车站. 依题意 $X\sim U(0,30)$,而候车时间不超过5 min,即 $10\leqslant X\leqslant 15$ 或 $25\leqslant X\leqslant 30$,故所求概率为

$$P(10\leqslant X\leqslant 15)+P(25\leqslant X\leqslant 30)=\int_{10}^{15}\frac{1}{30}\mathrm{d}x+\int_{25}^{30}\frac{1}{30}\mathrm{d}x=\frac{1}{3}.$$

二、指数分布

若随机变量 X 的概率密度为

$$f(x)=\begin{cases}\lambda\mathrm{e}^{-\lambda x}, & x>0,\\ 0, & x\leqslant 0,\end{cases}$$

其中 $\lambda>0$ 为常数,则称 X 服从参数为 λ 的**指数分布**(exponential distribution),记为 $X\sim E(\lambda)$. 此时有

(1) X 的分布函数为 $F(x)=\begin{cases}0, & x\leqslant 0,\\ 1-\mathrm{e}^{-\lambda x}, & x>0;\end{cases}$

(2) $P(X>t)=\mathrm{e}^{-\lambda t}\ (t>0)$;

(3) $P(t_1<X<t_2)=\mathrm{e}^{-\lambda t_1}-\mathrm{e}^{-\lambda t_2}\ (t_1>0,t_2>0)$;

(4) 对任意的 $t>0,s>0,P(X>s+t|X>s)=P(X>t)$.

事实上,

$$\begin{aligned}P(X>s+t|X>s)&=\frac{P(X>s+t,X>s)}{P(X>s)}=\frac{P(X>s+t)}{P(X>s)}\\&=\frac{\mathrm{e}^{-\lambda(s+t)}}{\mathrm{e}^{-\lambda s}}=\mathrm{e}^{-\lambda t}=P(X>t).\end{aligned}$$

性质(4)的直观意义可解释如下:若令 X 表示某一电子元件的寿命,性质(4)意味着:一个已经使用了 s 小时未损坏的电子元件,能够再继续使用 t 小时以上的概率,与一个新的电子元件能够使用 t 小时以上的概率相同. 这似乎有点不可思议. 实际上,它表明该电子元件的损坏,纯粹是由随机因素造成的,元件的衰老作用并不显著. 正是由于这个原因,我们通常戏称指数分布是"永远年青"的分布,又称性质(4)为指数分布的"无记忆性". 所谓无记忆,是说它忘记自己已经被使用了 s 小时,它可再继续使用 t 小时以上的概率与新元件能使用 t 小时以上的概率一样.

正因为指数分布的这一特性,因而常常用它来描述这样一类寿命分布,其衰老作用不明显,或其"生命"的结束主要是随机因素造成的,比如某些电子元器件、某些微生物及某些易损物品的使用寿命等. 指数分布中参数 λ 的倒数 $1/\lambda$ 的实际意义是使用寿命 X 的平均值.

例2 设某种电子元件的使用寿命 X(单位:h)的概率密度为 $f(x)=\begin{cases}0.1\mathrm{e}^{-0.1x}, & x>0,\\ 0, & x\leqslant 0,\end{cases}$ 求:

(1) 任取一只元件其使用寿命大于10 h的概率;

(2) 任取3只元件中正好有一只使用寿命大于10 h的概率;

(3) 已知一只元件使用了15 h未坏,求该元件还能使用10 h的概率.

解 (1) $P(X > 10) = \int_{10}^{+\infty} 0.1\mathrm{e}^{-0.1x}\mathrm{d}x = \mathrm{e}^{-1}$.

(2) 设 A={任取一只元件其使用寿命大于 10 h},则

$$P(A) = P(X > 10) = \mathrm{e}^{-1} \triangleq p.$$

设 Y 表示任取 3 只元件中使用寿命大于 10 h 的元件只数,则 $Y \sim B(3,p)$,于是

$$P(Y = 1) = \mathrm{C}_3^1 \mathrm{e}^{-1}(1 - \mathrm{e}^{-1})^2.$$

(3) 所求的概率为 $P(X>15+10 \mid X>15)=P(X>10)=\mathrm{e}^{-1}$.

三、正态分布

正态分布无论在理论上,还是在实际应用中,都是概率论与数理统计中最重要的分布.自然现象和社会现象中,大量的随机变量都服从或近似服从正态分布,例如各种产品的质量指标,某地区的年降雨量、年平均气温,人的身高或体重,某市一天的用电量,某班的考试成绩等.实践经验和理论研究表明,当一个量可以看成由许多微小的独立随机因素作用的总后果时,这个量一般都服从或近似服从正态分布.例如,灯泡的使用寿命受着原料、工艺、保管、使用环境、电压等因素的影响,而每种因素在正常状态下,都不会对灯泡的使用寿命产生压倒一切的主导作用,因此灯泡的使用寿命在正常状态下服从正态分布.这也正是正态分布名称的来由.正态分布又称为高斯分布.这是因为在历史上,德国数学家高斯(Gauss)在研究误差理论时,较早地引入了这种分布.

1. 正态分布的定义及性质

若随机变量 X 的概率密度为

$$f(x) = \frac{1}{\sqrt{2\pi}\sigma}\mathrm{e}^{-\frac{(x-\mu)^2}{2\sigma^2}} \quad (-\infty < x < +\infty),$$

其中 μ,σ $(\sigma>0)$是两个常数,则称 X 服从参数为 μ,σ 的**正态分布**(normal distribution),记为 $X \sim N(\mu,\sigma^2)$.这时又称 X 为**正态变量**.

正态变量的概率密度 $f(x)=\frac{1}{\sqrt{2\pi}\sigma}\mathrm{e}^{-\frac{(x-\mu)^2}{2\sigma^2}}$ 的图形是一条钟形曲线(参见图 2-5),我们称之为**正态曲线**.

容易知道,正态曲线 $y=f(x)$具有如下性质:

(1) 曲线关于直线 $x=\mu$ 对称.

(2) 当 $x=\mu$ 时,$f(x)$达到最大值$\frac{1}{\sqrt{2\pi}\sigma}$.

(3) 曲线以 x 轴为其渐近线.

(4) 当 $x=\mu\pm\sigma$ 时,曲线有拐点.

(5) 若固定 σ,改变 μ 的值,则曲线的位置沿 x 轴平移,曲线形状不发生改变.

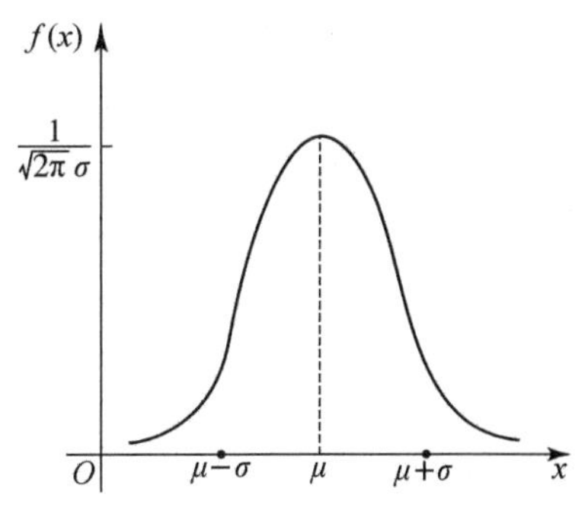

图 2-5

(6) 若固定 μ,改变 σ 的值,则 σ 越小,曲线的峰顶越高,曲线越陡峭;σ 越大,曲线的峰顶越低,曲线越平坦(参见图 2-6).

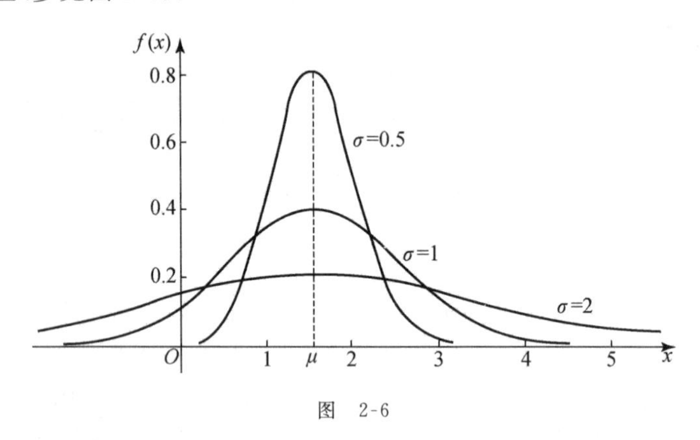

图　2-6

正态分布的参数 μ,σ 有着鲜明的概率意义：σ 的大小表示正态变量取值的集中或分散程度,σ 越大,其取值也就越分散;而参数 μ 则反映了正态变量的平均取值及取值的集中位置.我们学习第三章后,μ 和 σ^2 的意义就更加清楚了,它们分别是正态变量的均值与方差.

由正态曲线的上述性质可以看出正态变量取值的如下特征：取 $x=\mu$ 附近的值的可能性较大,取偏离 $x=\mu$ 越远的值的可能性越小,且关于 $x=\mu$ 左右对称.因此,人们简略地把正态变量取值的特征概括为一句话：中间大,两头小,且对称.抓住了正态变量的这一特征,就可以发现,现实生活中存在着大量的正态变量.由此可见正态分布的普遍性.

2. 标准正态分布及其计算

我们称 $\mu=0$ 且 $\sigma=1$ 的正态分布 $N(0,1)$ 为**标准正态分布**(standard normal distribution).它的概率密度和分布函数通常都用约定的符号,分别记为

$$\varphi(x)=\frac{1}{\sqrt{2\pi}}\mathrm{e}^{-x^2/2},\quad \Phi(x)=\int_{-\infty}^{x}\frac{1}{\sqrt{2\pi}}\mathrm{e}^{-t^2/2}\,\mathrm{d}t.$$

易见 $$\varphi(-x)=\varphi(x),\quad \Phi(-x)=1-\Phi(x),\quad \Phi(0)=1/2.$$

人们已经编制了 $\Phi(x)$ 的函数值表,称为标准正态分布表(见附表 1).今后,凡是有关标准正态分布的概率计算问题,只要查表就行了.

我们下面给出几个在标准正态分布的概率计算中常用的公式(读者可自己证明)：若随机变量 $X\sim N(0,1)$,则

(1) $P(a<X\leqslant b)=\Phi(b)-\Phi(a)$;

(2) $P(|X|\leqslant a)=\Phi(a)-\Phi(-a)=2\Phi(a)-1\ (a>0)$;

(3) $P(|X|>a)=1-P(|X|\leqslant a)=2[1-\Phi(a)]\ (a>0)$.

例 3　设随机变量 $X\sim N(0,1)$,求 $P(1<X<2)$,$P(|X|<1)$,$P(|X|\geqslant 2)$.

解　$P(1<X<2)=\Phi(2)-\Phi(1)=0.9772-0.8413=0.1359$,

$$P(|X|<1)=2\Phi(1)-1=2\times 0.8413-1=0.6826,$$
$$P(|X|\geqslant 2)=2[1-\Phi(2)]=2(1-0.9772)=0.0456.$$

3. 一般正态分布的标准化及其计算

定理 若随机变量 $X\sim N(\mu,\sigma^2)$,则 $X^*=\dfrac{X-\mu}{\sigma}\sim N(0,1)$.

证明 X^* 的分布函数为

$$F(x)=P(X^*\leqslant x)=P\left(\frac{X-\mu}{\sigma}\leqslant x\right)=P(X\leqslant \sigma x+\mu)$$

$$=\int_{-\infty}^{\sigma x+\mu}\frac{1}{\sqrt{2\pi}\sigma}e^{-\frac{(t-\mu)^2}{2\sigma^2}}dt \xlongequal{\text{令 } u=\frac{t-\mu}{\sigma}} \int_{-\infty}^{x}\frac{1}{\sqrt{2\pi}}e^{-u^2/2}du=\Phi(x),$$

从而 $X^*=\dfrac{X-\mu}{\sigma}\sim N(0,1)$.

通常,我们把 $X^*=\dfrac{X-\mu}{\sigma}$ 称为 X 的**标准化随机变量**.

根据以上定理,就可把一般正态分布的计算问题转化为标准正态分布的查表计算问题.常用的计算公式有:

若随机变量 $X\sim N(\mu,\sigma^2)$,则

(1) $P(X\leqslant x)=P\left(\dfrac{X-\mu}{\sigma}\leqslant\dfrac{x-\mu}{\sigma}\right)=\Phi\left(\dfrac{x-\mu}{\sigma}\right)$;

(2) $P(a<X<b)=P\left(\dfrac{a-\mu}{\sigma}<\dfrac{X-\mu}{\sigma}<\dfrac{b-\mu}{\sigma}\right)=\Phi\left(\dfrac{b-\mu}{\sigma}\right)-\Phi\left(\dfrac{a-\mu}{\sigma}\right)$.

例 4 设随机变量 $X\sim N(1,4)$,试求 $P(0<X<1.6)$ 及 $P(X>5)$.

解
$$P(0<X<1.6)=\Phi\left(\frac{1.6-1}{2}\right)-\Phi\left(\frac{0-1}{2}\right)=\Phi(0.3)-\Phi(-0.5)$$
$$=0.6179-0.3085=0.3094,$$
$$P(X>5)=1-P(X\leqslant 5)=1-\Phi\left(\frac{5-1}{2}\right)=1-\Phi(2)=1-0.9772=0.0228.$$

例 5 设从甲地到乙地有两条路,所需时间(单位:min)分别为 $X\sim N(50,10^2)$ 和 $Y\sim N(60,4^2)$.若某人有 70 min 时间从甲地赶往乙地,为及时参加重要会议,应选哪条路?如果时间只有 65 min 又该选哪条路?

解 由题意知

$$P(X\leqslant 70)=\Phi\left(\frac{70-50}{10}\right)=\Phi(2),\qquad P(Y\leqslant 70)=\Phi\left(\frac{70-60}{4}\right)=\Phi(2.5),$$

$$P(X\leqslant 65)=\Phi\left(\frac{65-50}{10}\right)=\Phi(1.5),\qquad P(Y\leqslant 65)=\Phi\left(\frac{65-60}{4}\right)=\Phi(1.25).$$

所以,70 min 时应选第二条路,65 min 时应选第一条路.

4. 正态分布的 3σ-规则

例 6 设随机变量 $X \sim N(\mu, \sigma^2)$，试求：

(1) $P(\mu-\sigma<X<\mu+\sigma)$； (2) $P(\mu-2\sigma<X<\mu+2\sigma)$； (3) $P(\mu-3\sigma<X<\mu+3\sigma)$.

解 (1) $P(\mu-\sigma<X<\mu+\sigma)=P(-\sigma<X-\mu<\sigma)=P\left(-1<\dfrac{X-\mu}{\sigma}<1\right)$

$$=\Phi(1)-\Phi(-1)=0.8413-0.1587=0.6826;$$

(2) $P(\mu-2\sigma<X<\mu+2\sigma)=\Phi(2)-\Phi(-2)=0.9544$;

(3) $P(\mu-3\sigma<X<\mu+3\sigma)=\Phi(3)-\Phi(-3)=0.9973$.

由此可看出，正态变量 X 的取值大部分都落在区间$(\mu-\sigma, \mu+\sigma)$内，基本上都落在区间$(\mu-2\sigma, \mu+2\sigma)$内，几乎全部落在区间$(\mu-3\sigma, \mu+3\sigma)$内.

从理论上讲，服从正态分布的随机变量 X 的可能取值范围是$(-\infty, +\infty)$，但实际上 X 取区间$(\mu-3\sigma, \mu+3\sigma)$之外的数值的可能性微乎其微，一般可忽略不计. 因此，实际上常常认为正态变量的可能取值范围是有限区间$(\mu-3\sigma, \mu+3\sigma)$. 这就是所谓的正态分布的 **$3\sigma$-规则**. 在企业管理中，经常应用 3σ-规则进行质量检查和工艺过程的控制.

5. 标准正态分布的上 α 分位点

为了便于今后应用，对于标准正态分布，引入上 α 分位点的概念.

设随机变量 $X \sim N(0,1)$，其概率密度为 $\varphi(x)$. 对于给定的数 α $(0<\alpha<1)$，称满足条件

$$P(X>Z_\alpha)=\int_{Z_\alpha}^{+\infty}\varphi(x)\mathrm{d}x=\alpha$$

的数 Z_α 为标准正态分布的**上 α 分位点**，其几何意义如图 2-7 所示.

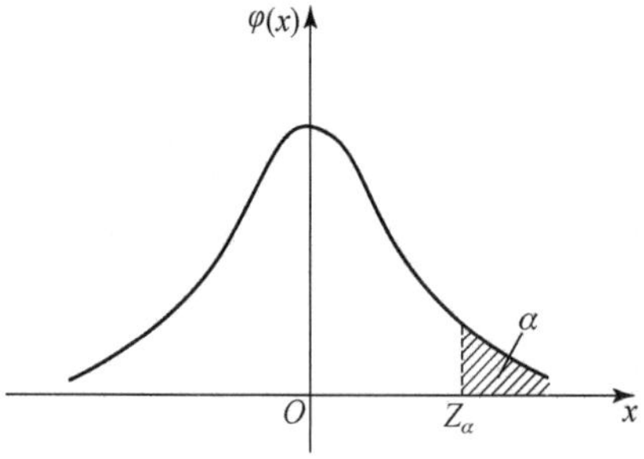

图 2-7

对于给定的 α，Z_α 的值这样求得：由于

$$P(X>Z_\alpha)=\int_{Z_\alpha}^{+\infty}\varphi(x)\mathrm{d}x=\int_{-\infty}^{+\infty}\varphi(x)\mathrm{d}x-\int_{-\infty}^{Z_\alpha}\varphi(x)\mathrm{d}x$$

$$=1-\Phi(Z_\alpha)=\alpha,$$

从而

$$\Phi(Z_\alpha)=1-\alpha.$$

由标准正态分布表(附表 1)可以查出 Z_α 的值. 例如，当 $\alpha=0.05$ 时，$\Phi(Z_{0.05})=0.95$，由附表 1 可以查出 $Z_{0.05}=1.645$.

习 题 2-4

A 组

1. 设随机变量 $X \sim U(0,5)$，求关于 t 的方程

$$4t^2+4Xt+X+2=0$$

有实根的概率.

2. 设随机变量 $X \sim U(1,4)$. 现对 X 进行 3 次独立试验,求至少有两次试验值大于 2 的概率.

3. 设随机变量 $X \sim E(\lambda)$,试求 $P(X \leqslant 1/\lambda)$.

4. 设随机变量 $X \sim E(2)$,且 $P(X \geqslant C) = 1/2$,求常数 C.

5. 设某电子元件的使用寿命服从指数分布,且已知其平均使用寿命为 1000 h. 今有 3 个该元件,求使用 500 h 仍无一损坏的概率.

6. 设随机变量 $X \sim N(0,4^2)$,试求:

(1) $P(X \leqslant 0)$; (2) $P(X > 10)$; (3) $P(|X-10| < 4)$; (4) $P(|X| < 12)$.

7. 设随机变量 $X \sim N(2,\sigma^2)$,且 $P(2 < X < 4) = 0.3$,求 $P(X < 0)$.

8. 设随机变量 $X \sim N(3,2^2)$.

(1) a 为何值时,才有 $P(|X-a| > a) = 0.1$? (2) 求 $P(|X| > 2)$.

9. 设某批工件的长度 $X \sim N(10, 0.02^2)$. 按规定,长度在 $[9.95, 10.05]$ 范围内的工件为合格品. 今从这批工件中任取 3 个,试求恰好有 2 个合格品的概率.

10. 已知随机变量 $X \sim N(160,\sigma^2)$,且 $P(120 < X < 200) = 0.8$,试求 σ 的值.

11. 设随机变量 $X \sim N(\mu,4^2)$,$Y \sim N(\mu,5^2)$. 记 $p_1 = P(X \leqslant \mu-4)$,$p_2 = P(Y \geqslant \mu+5)$,试比较 p_1 与 p_2 的大小.

12. 设公共汽车车门的高度 h 是按男子与车门顶碰头的机会在 1% 以下来设计的. 若已知男子的身高(单位: cm) $X \sim N(170,6^2)$,试问: 车门的高度 h 应如何设计?

13. 设某地区参加高考的考生 8000 人的成绩 X 服从正态分布 $N(410,11^2)$. 若要录取 5200 名考生,问: 应如何确定分数线?

B 组

1. 设某仪器装有 3 个独立的同型号电子元件,其使用寿命(单位: h) $X \sim E\left(\frac{1}{600}\right)$. 在仪器使用的最初 200 h 内,试求:

(1) 恰有一个电子元件损坏的概率; (2) 至少有一个电子元件损坏的概率;

(3) 最多有一个电子元件损坏的概率.

2. 设随机变量 X 的概率密度为 $f(x) = A\mathrm{e}^{-x^2+2x}$,试问: X 服从什么类型的分布? 并求常数 A.

3. 设某班级的考试成绩(单位: 分) $X \sim N(72,\sigma^2)$,且已知 $P(X \geqslant 96) = 0.02$,试求 $P(60 \leqslant X \leqslant 84)$.

4. 设某校某专业招收研究生 20 名,其中前 10 名免费,又设报考人数为 1000 人,考试满分为 500 分. 考试后知此专业考试总平均成绩为 $\mu = 300$,分数线定为 350 分. 某人得 360 分,有没有可能被录取为免费生?

§5 随机变量函数的分布

一般来说,随机变量 X 的函数 $Y = g(X)$(比如 $Y = \sin X$)仍是一个随机变量. 在许多实际问题中,我们需要根据已知的 X 的概率分布,来求 $Y = g(X)$ 的概率分布. 比如,当已知分子运动速度 X 的概率分布时,要求出其动能 $Y = \frac{1}{2}mX^2$ 的概率分布. 下面,我们分两种情况来讨论:

一、离散型情形

例 1 设随机变量 X 的分布律为

X	-2	-1	0	1	2
P	0.3	0.2	0.1	0.3	0.1

试求：

(1) $Y=3X+2$ 的分布律； (2) $Z=X^2$ 的分布律.

解 (1) 列表

X	-2	-1	0	1	2
$Y=3X+2$	-4	-1	2	5	8
P	0.3	0.2	0.1	0.3	0.1

由上表可得 $Y=3X+2$ 的分布律为

Y	-4	-1	2	5	8
P	0.3	0.2	0.1	0.3	0.1

(2) 列表

X	-2	-1	0	1	2
$Z=X^2$	4	1	0	1	4
P	0.3	0.2	0.1	0.3	0.1

由上表可得 $Z=X^2$ 的分布律为

Z	0	1	4
P	0.1	0.5	0.4

一般来说,若 X 的分布律为

X	x_1	x_2	$\cdots$	x_i	$\cdots$
P	p_1	p_2	$\cdots$	p_i	$\cdots$

则 $Y=g(X)$的分布律为

Y	$g(x_1)$	$g(x_2)$	$\cdots$	$g(x_i)$	$\cdots$
P	p_1	p_2	$\cdots$	p_i	$\cdots$

但要注意：若 $g(x_1),g(x_2),\cdots,g(x_i),\cdots$中有相同的值,则应合并同值列.

二、连续型情形

若 X 是连续型随机变量,一般来说,X 的函数 $Y=g(X)$ 也是一个连续型随机变量.若已知 X 的概率密度为 $f(x)$,通常可按下述方法(一般称为**分布函数法**),求出 $Y=g(X)$ 的概率密度 $\psi(y)$:

(1) 由 X 的值域 Ω_X 确定出 $Y=g(X)$ 的值域 Ω_Y;

(2) 对于 $y\in\Omega_Y$,Y 的分布函数为

$$\begin{aligned}F_Y(y)&=P(Y\leqslant y)=P(g(X)\leqslant y)=P(X\in G_y)\\&=\int_{G_y}f(x)\mathrm{d}x\quad(\text{其中 } G_y=\{x\,|\,g(x)\leqslant y\});\end{aligned}$$

(3) 写出 $F_Y(y)$ 在 $(-\infty,+\infty)$ 上的表达式;

(4) 求导数可得 $\psi(y)=F_Y'(y)$.

例 2 已知随机变量 $X\sim N(0,1)$,试求 $Y=\mathrm{e}^X$ 的概率密度 $\psi(y)$.

解 由 X 的值域 $\Omega_X=(-\infty,+\infty)$ 可确定出 $Y=\mathrm{e}^X$ 的值域 $\Omega_Y=(0,+\infty)$.

对于 $y\in\Omega_Y=(0,+\infty)$,Y 的分布函数为

$$F_Y(y)=P(Y\leqslant y)=P(\mathrm{e}^X\leqslant y)=P(X\leqslant\ln y)=\int_{-\infty}^{\ln y}\frac{1}{\sqrt{2\pi}}\mathrm{e}^{-x^2/2}\mathrm{d}x.$$

而当 $y\leqslant0$ 时,显然 $F_Y(y)=P(Y\leqslant y)=P(\varnothing)=0$.求导数可得

$$\psi(y)=F_Y'(y)=\begin{cases}0, & y\leqslant0,\\ \dfrac{1}{\sqrt{2\pi}}\mathrm{e}^{-\ln^2y/2}\cdot\dfrac{1}{y}, & y>0.\end{cases}$$

例 3 设随机变量 X 服从区间 $(0,\pi)$ 上的均匀分布,试求 $Y=\sin X$ 的概率密度 $\psi(y)$.

解 由 X 的值域 $\Omega_X=(0,\pi)$ 可确定出 $Y=\sin X$ 的值域 $\Omega_Y=(0,1]$.

当 $y\in(0,1]$ 时,Y 的分布函数为

$$\begin{aligned}F_Y(y)&=P(Y\leqslant y)=P(\sin X\leqslant y)\\&=P(X\in(0,\arcsin y]\cup[\pi-\arcsin y,\pi))\quad(\text{参见图 2-8})\\&=\int_0^{\arcsin y}\frac{1}{\pi}\mathrm{d}x+\int_{\pi-\arcsin y}^{\pi}\frac{1}{\pi}\mathrm{d}x=\frac{2}{\pi}\arcsin y,\end{aligned}$$

显然,当 $y\leqslant0$ 时,$F_Y(y)=0$;当 $y\geqslant1$ 时,$F_Y(y)=1$.所以,Y 的概率密度为

$$\psi(y)=F_Y'(y)=\begin{cases}\dfrac{2}{\pi}\cdot\dfrac{1}{\sqrt{1-y^2}}, & 0<y<1,\\ 0, & \text{其他}.\end{cases}$$

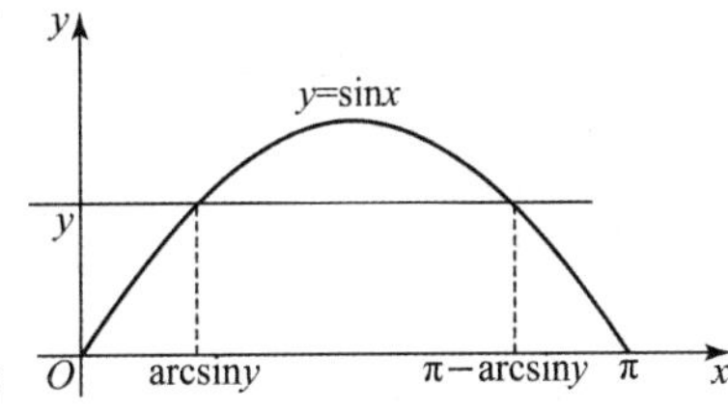

图 2-8

另外,我们再简要介绍一种求随机变量函数概率分布的**公式法**:

已知随机变量 X 的概率密度为 $f(x)$,$Y=g(X)$是 X 的函数.当 $y=g(x)$是一个处处可导的单调函数时,按照上述方法(分布函数法),我们不难推导出求 $Y=g(X)$的概率密度 $\psi(y)$的如下公式:

$$\psi(y)=\begin{cases}f(h(y))\,|h'(y)|, & y\in\Omega_Y,\\ 0, & y\notin\Omega_Y,\end{cases}\tag{2.5.1}$$

其中 $x=h(y)$是 $y=g(x)$的反函数,Ω_Y 是 $Y=g(X)$的值域.

今后,当 $y=g(x)$是单调函数时,通常使用公式(2.5.1)来求 $Y=g(X)$的概率分布.

例如,在例 2 中,$y=\mathrm{e}^x$ 是单调函数,其反函数为 $x=\ln y\ (y>0)$,而 $X\sim N(0,1)$,其概率密度为 $f(x)=\dfrac{1}{\sqrt{2\pi}}\mathrm{e}^{-x^2/2}$.易见 $Y=\mathrm{e}^X$ 的值域为 $\Omega_Y=(0,+\infty)$.由公式(2.5.1)立即可得 Y 的概率密度

$$\psi(y)=\begin{cases}\dfrac{1}{\sqrt{2\pi}}\mathrm{e}^{-\ln^2 y/2}\cdot\dfrac{1}{y}, & y>0,\\ 0, & y\leqslant 0.\end{cases}$$

注意,尽管一般来说,公式法仅适用于 $y=g(x)$是单调函数的情况,但是,对于非单调函数 $y=g(x)$,只要 $y=g(x)$是分段单调的,仍可利用公式法处理.若 $Y=g(X)$的定义域 Ω_X 可划分为两段 Ω_X' 及 Ω_X'',使 $y=g(x)$在 Ω_X' 及 Ω_X'' 之内分别是单调的(比如 $y=x^2$ 不是单调函数,但在$(-\infty,0)$及$(0,+\infty)$内 $y=x^2$ 都是单调的),设 $y=g(x)$在 Ω_X' 内的反函数为 $x=h_1(y)$,在 Ω_X'' 内的反函数为 $x=h_2(y)$,则 $Y=g(X)$的概率密度为

$$\psi(y)=\begin{cases}f(h_1(y))\,|h_1'(y)|+f(h_2(y))\,|h_2'(y)|, & y\in\Omega_Y,\\ 0, & y\notin\Omega_Y.\end{cases}$$

例如,在例 3 中,$y=\sin x$ 不是单调函数,但 $\Omega_X=(0,\pi)$可划分为两个区间 $\Omega_X'=\left(0,\dfrac{\pi}{2}\right)$及 $\Omega_X''=\left[\dfrac{\pi}{2},\pi\right)$,使 $y=\sin x$ 在$\left(0,\dfrac{\pi}{2}\right)$及$\left[\dfrac{\pi}{2},\pi\right)$内分别是单调的,其反函数分别为 $x=\arcsin y$ 及 $x=\pi-\arcsin y$,于是可得 $Y=\sin X$ 的概率密度

$$\psi(y)=\begin{cases}\dfrac{1}{\pi}[\,|(\arcsin y)'|+|(\pi-\arcsin y)'|\,], & 0<y<1,\\ 0, & \text{其他}\end{cases}$$

$$=\begin{cases}\dfrac{2}{\pi}\cdot\dfrac{1}{\sqrt{1-y^2}}, & 0<y<1,\\ 0, & \text{其他}.\end{cases}$$

在本节的最后,我们给出一个重要定理:

定理 1 若随机变量 $X\sim N(\mu,\sigma^2)$,$Y=kX+b\ (k\neq 0)$,则 $Y\sim N(k\mu+b,k^2\sigma^2)$,即服从正态分布的随机变量的线性函数仍服从正态分布.

证明 这里 $y=kx+b\ (k\neq 0)$是单调函数,其反函数为 $x=\dfrac{y-b}{k}$,$Y=kX+b$ 的值域为

$\Omega_Y=(-\infty,+\infty)$,$X$ 的概率密度为 $f(x)=\frac{1}{\sqrt{2\pi}\sigma}e^{-\frac{(x-\mu)^2}{2\sigma^2}}$. 由(2.5.1)式可得 $Y=kx+b$ 的概率密度

$$\psi(y)=\frac{1}{\sqrt{2\pi}\sigma}e^{-\frac{\left(\frac{y-b}{k}-\mu\right)^2}{2\sigma^2}}\cdot\frac{1}{|k|}=\frac{1}{\sqrt{2\pi}|k|\sigma}e^{-\frac{(y-k\mu-b)^2}{2k^2\sigma^2}}\quad(-\infty<y<+\infty),$$

即 $Y\sim N(k\mu+b,k^2\sigma^2)$.

习 题 2-5

A 组

1. 已知随机变量 X 的分布律为

X	0	$\pi/2$	π
P	1/4	1/2	1/4

试求:

(1) $\cos X$ 的分布律; (2) $\sin X$ 的分布律.

2. 设随机变量 X 的概率密度为 $f(x)=\begin{cases}x/8, & 0<x<4,\\ 0, & 其他,\end{cases}$ 试分别用公式法和分布函数法求 $Y=2X+8$ 的概率密度.

3. 设随机变量 $X\sim U(0,1)$,求 $Y=-\ln X$ 的概率密度.

4. 设随机变量 $X\sim N(0,1)$,求 $Y=|X|$ 的概率密度.

5. 设随机变量 X 服从参数为 2 的指数分布,试证明:$Y=1-e^{-2X}$ 服从区间(0,1)上的均匀分布.

B 组

1. 设随机变量 $X\sim N(0,4^2)$,试求 $Y=3X^2+1$ 的概率密度.

2. 设随机变量 X 的概率密度为 $f(x)=\begin{cases}2x/\pi^2, & 0<x<\pi,\\ 0, & 其他,\end{cases}$ 试用两种方法求 $Y=\cos X$ 的概率密度.

3. 设随机变量 X 的概率密度为 $f(x)=\frac{1}{\pi}\cdot\frac{1}{1+x^2}$,试求:

(1) $Y=\min(|X|,1)$ 的分布函数; (2) $P(Y=1)$.

(注:Y 的分布函数在 $y=1$ 处有一跳跃型间断点,其跃度为 1/2. 可见,Y 既不是连续型也不是离散型随机变量,而是所谓的“混合型随机变量”.)

§6 二维随机变量及其联合分布函数

本章上述几节,我们仅限于讨论能用一个随机变量所描述的随机现象. 但在实际问题中,许多随机试验的结果,仅用一个随机变量已不能确切地描述了,需要引入一对或更多个随机变量来描述随机试验的结果. 例如,某人向平面靶射击,弹着点的确切位置就需要用一

对随机变量(X,Y)来刻画,它们分别表示弹着点离靶心的水平和垂直方向上的有向距离. 又如,炮兵向一高地射击的弹着点,就需要引入三个随机变量的有序组(X,Y,Z)来描述. 因此,我们需要引入二维或多维随机变量的概念. 由于关于二维随机变量的讨论,不难推广到n $(n>2)$维随机变量的情况,所以,我们将着重研究二维随机变量及其分布.

一、二维随机变量的概念

定义 1 设$\Omega=\{\omega\}$是某一随机试验E的样本空间. 若对于任意的$\omega\in\Omega$,都有确定的两个实数$X(\omega),Y(\omega)$与之对应,则称有序二元整体$(X(\omega),Y(\omega))$为一个**二维随机变量**(或**二维随机向量**).

今后常常将$(X(\omega),Y(\omega))$简记为(X,Y),并称X和Y是二维随机变量(X,Y)的两个**分量**.

实际上,二维随机变量就是定义在同一样本空间上的一对随机变量. 相对于二维随机变量,有时我们也称前面介绍的随机变量X或Y为一维随机变量.

亦可类似地引入n维随机变量的定义.

从几何上看,一维随机变量可视为直线上的"随机点";二维随机变量可视为平面上的"随机点",即二维随机变量(X,Y)的取值可看成平面上随机点的坐标.

注意,我们之所以要把与同一随机试验所相应的两个随机变量X,Y作为一个二元整体(X,Y)加以研究,而不去分别研究两个一维随机变量X及Y,其目的在于要探讨X和Y二者之间的关系. 例如,考察某地区学龄前儿童的身体发育状况,需要观测儿童的身高X和体重Y. 但我们往往并不是单独分别去采集儿童的身高数据及体重数据,然后分别单独研究身高X的分布及体重Y的分布,而是成对地采集每个儿童的身高及体重数据,把X与Y作为一个二元整体(X,Y)加以研究,这样才能更好地反映出儿童的身体素质状况. 同时,亦可研究探讨儿童的身高与体重之间的相依关系.

一般来说,多维随机变量的概率分布规律,不仅仅依赖于各分量各自的概率分布规律,而且还依赖于各分量之间的关系. 研究多维随机变量的概率分布规律,从中就可发现各个分量之间的内在联系的统计规律. 这正是概率统计这门学科所关注的一个重要问题.

与一维随机变量的讨论类似,对于二维随机变量,我们基本上只讨论离散型和连续型两种情况.

下面,先研究描述任何类型的二维随机变量的概率分布规律的统一方法——联合分布函数,随后再分别引入描述二维离散型随机变量与二维连续型随机变量各自的概率分布规律的特定方法——联合分布律与联合概率密度.

二、联合分布函数的定义及意义

定义 2 设(X,Y)是一个二维随机变量,称定义在整个实平面上的二元函数

$$F(x,y)=P(X\leqslant x,Y\leqslant y)$$

(其中 $\{X\leqslant x,Y\leqslant y\}$表示事件$\{X\leqslant x\}$与事件$\{Y\leqslant y\}$之积)为 (X,Y) 的**联合分布函数**(joint distribution function),亦简称为**分布函数**.

$F(x,y)$在(x,y)处的函数值的几何意义是二维随机点(X,Y)落在以点(x,y)为右上顶点,而位于该点左下方的无穷矩形区域 D_{xy} 内的概率(参见图 2-9).故分布函数亦可表示为

$$F(x,y)=P((X,Y)\in D_{xy}).$$

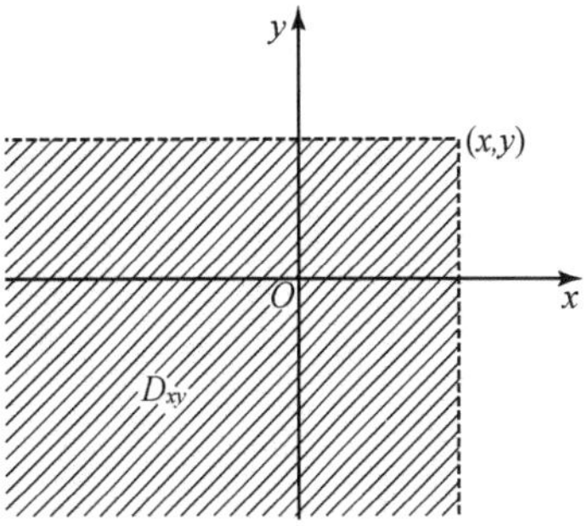

图 2-9

根据这一几何意义,不难推知

$$\begin{aligned}&P(x_1<X\leqslant x_2,y_1<Y\leqslant y_2)\\&=F(x_2,y_2)-F(x_2,y_1)-F(x_1,y_2)+F(x_1,y_1).\end{aligned}\tag{2.6.1}$$

由此可见,只要知道了(X,Y)的联合分布函数,那么(X,Y)取值于任一区域$\{(x,y)\mid x_1<x\leqslant x_2,y_1<y\leqslant y_2\}$内的概率即可求得.这也说明,联合分布函数完全刻画出了二维随机变量的概率分布规律.

三、联合分布函数的性质

与一维随机变量的分布函数的性质类似,不难推得二维随机变量(X,Y)的联合分布函数 $F(x,y)$具有如下性质:

(1) $0\leqslant F(x,y)\leqslant 1$, $F(+\infty,+\infty)=1$ 及

$$F(-\infty,y)=F(x,-\infty)=F(-\infty,-\infty)=0.$$

(2) $F(x,y)$关于 x 或关于 y 都是单调不减、右连续的.

(3) 对于任意的 $x_1<x_2,y_1<y_2$,有

$$F(x_2,y_2)-F(x_2,y_1)-F(x_1,y_2)+F(x_1,y_1)\geqslant 0.$$

通常,称此性质为**相容性**.

(4) $F(x,+\infty)=P(X\leqslant x)=F_X(x)$, $F(+\infty,y)=P(Y\leqslant y)=F_Y(y)$.

进一步还可以证明,任意一个满足以上四个性质的函数,都可以作为某二维随机变量的联合分布函数.

性质(4)中两式的右端分别为一维随机变量 X 及 Y 各自的分布函数,通常又分别称它们为(X,Y)关于 X 及关于 Y 的**边缘分布函数**,统称为(X,Y)的**边缘分布函数**.这说明,只要知道了(X,Y)的概率分布规律,那么(X,Y)的两个分量 X 及 Y 各自的概率分布规律也就随之而定了.但是,反之,若仅知道 X 及 Y 各自的概率分布规律,一般来说,还不能确定出二维随机变量(X,Y)的概率分布规律,因为它还有赖于 X 与 Y 之间的关系.

例 1 设二维随机变量(X,Y)的联合分布函数为

$$F(x,y)=A\left(B+\arctan\frac{x}{2}\right)\left(C+\arctan\frac{y}{3}\right),$$

试求:

(1) 常数 A,B,C； (2) $P(X\leqslant 2,Y\leqslant 3)$； (3) $P(X>2,Y>3)$；

(4) (X,Y)的两个边缘分布函数； (5) $P(X>2)$.

解 (1) 由联合分布函数的性质知

$$1=F(+\infty,+\infty)=A\left(B+\frac{\pi}{2}\right)\left(C+\frac{\pi}{2}\right),$$

$$0=F(x,-\infty)=A\left(B+\arctan\frac{x}{2}\right)\left(C-\frac{\pi}{2}\right),$$

$$0=F(-\infty,y)=A\left(B-\frac{\pi}{2}\right)\left(C+\arctan\frac{y}{3}\right).$$

由上面第一个式子可知 $A\neq 0$. 在第二、三个式子中，由 x,y 的任意性得 $B=C=\pi/2$. 代入第一式，得 $A=1/\pi^2$. 所以(X,Y)的联合分布函数为

$$F(x,y)=\frac{1}{\pi^2}\left(\frac{\pi}{2}+\arctan\frac{x}{2}\right)\left(\frac{\pi}{2}+\arctan\frac{y}{3}\right).$$

(2) $P(X\leqslant 2,Y\leqslant 3)=F(2,3)=\dfrac{1}{\pi^2}\left(\dfrac{\pi}{2}+\arctan 1\right)\left(\dfrac{\pi}{2}+\arctan 1\right)=\dfrac{9}{16}$；

(3) $$\begin{aligned}P(X>2,Y>3)&=F(+\infty,+\infty)-F(2,+\infty)-F(+\infty,3)+F(2,3)\\&=1-\frac{1}{\pi^2}\left(\frac{\pi}{2}+\arctan 1\right)\left(\frac{\pi}{2}+\frac{\pi}{2}\right)-\frac{1}{\pi^2}\left(\frac{\pi}{2}+\frac{\pi}{2}\right)\left(\frac{\pi}{2}+\arctan 1\right)+\frac{9}{16}=\frac{1}{16}.\end{aligned}$$

(4) $$F_X(x)=F(x,+\infty)=\frac{1}{\pi^2}\left(\frac{\pi}{2}+\arctan\frac{x}{2}\right)\left(\frac{\pi}{2}+\frac{\pi}{2}\right)=\frac{1}{\pi}\left(\frac{\pi}{2}+\arctan\frac{x}{2}\right),$$

$$F_Y(y)=F(+\infty,y)=\frac{1}{\pi^2}\left(\frac{\pi}{2}+\frac{\pi}{2}\right)\left(\frac{\pi}{2}+\arctan\frac{y}{3}\right)=\frac{1}{\pi}\left(\frac{\pi}{2}+\arctan\frac{y}{3}\right).$$

(5) $P(X>2)=1-P(X\leqslant 2)=1-F_X(2)=1-\dfrac{1}{\pi}\left(\dfrac{\pi}{2}+\arctan 1\right)=\dfrac{1}{4}$.

习 题 2-6

A 组

1. 已知二维随机变量(X,Y)的联合分布函数为

$$F(X,Y)=\begin{cases}k-\mathrm{e}^{-0.5x}-\mathrm{e}^{-0.5y}+\mathrm{e}^{-0.5(x+y)}, & x>0,y>0,\\ 0, & \text{其他},\end{cases}$$

试求：

(1) 常数 k； (2) (X,Y)的两个边缘分布函数； (3) $P(X>2)$及 $P(Y>2)$；

(4) $P(X>2,Y>2)$； (5) $P(1<X\leqslant 2,1<Y\leqslant 2)$.

2. 问：二元函数 $F(x,y)=\begin{cases}1, & x+y\geqslant 0,\\ 0, & x+y<0\end{cases}$ 是否可作为某二维随机变量的联合分布函数？

B 组

1. 下面四个二元函数，哪个能作为二维随机变量的联合分布函数？

(1) $F(x,y)=\begin{cases}1-e^{-x}(1-e^{-y}), & x>0,y>0,\\ 0, & \text{其他};\end{cases}$ (2) $F(x,y)=\begin{cases}1, & x+2y\geqslant 1,\\ 0, & x+2y<1;\end{cases}$

(3) $F(x,y)=\begin{cases}\sin x\sin y, & 0\leqslant x\leqslant \frac{\pi}{2},0\leqslant y\leqslant \frac{\pi}{2},\\ 0, & \text{其他};\end{cases}$ (4) $F(x,y)=1+2^{-x}-2^{-y}+2^{-x-y}$.

2. 设 X,Y 为两个随机变量,且 $P(X\geqslant 0,Y\geqslant 0)=3/7$,$P(X\geqslant 0)=P(Y\geqslant 0)=4/7$,求 $P(\max(X,Y)\geqslant 0)$.

§7 二维离散型随机变量

一、联合分布律

如果二维随机变量(X,Y)的所有可能取值只有有限个或者可列个,则称(X,Y)为**二维离散型随机变量**.

显然,二维离散型随机变量的两个分量 X,Y 都是离散型随机变量;反之亦然.

与一维离散型随机变量一样,我们不仅关心二维离散型随机变量(X,Y)都有哪些可能取值(x_i,y_j),更关心它们取这些值的相应概率.如果掌握了这两点,我们也就掌握了二维离散型随机变量及其所描述的随机现象的概率分布规律.为此,我们引入二维离散型随机变量的联合分布律的概念.

如果二维离散型随机变量(X,Y)的所有可能取值为(x_i,y_j) $(i,j=1,2,\cdots)$,我们称

$$P(X=x_i,Y=y_j)=p_{ij}\quad (i,j=1,2,\cdots)$$

或表 2-3 为(X,Y)的**联合分布律**,亦可简称为**分布律**.

表 2-3

$X \backslash Y$	y_1	y_2	$\cdots$	y_j	$\cdots$
x_1	p_{11}	p_{12}	$\cdots$	p_{1j}	$\cdots$
x_2	p_{21}	p_{22}	$\cdots$	p_{2j}	$\cdots$
$\vdots$	$\vdots$	$\vdots$		$\vdots$	
x_i	p_{i1}	p_{i2}	$\cdots$	p_{ij}	$\cdots$
$\vdots$	$\vdots$	$\vdots$		$\vdots$	

易见,联合分布律有如下基本性质:

(1) $p_{ij}\geqslant 0$ $(i,j=1,2,\cdots)$;

(2) $\sum\limits_i\sum\limits_j p_{ij}=1$.

反过来,可以证明,当 p_{ij} $(i,j=1,2,\cdots)$满足以上两个性质时,它一定可以作为某二维离散型随机变量的联合分布律.

由二维离散型随机变量(X,Y)的联合分布律可求得(X,Y)的联合分布函数

$$F(x,y)=\sum_{y_j\leqslant y}\sum_{x_i\leqslant x}p_{ij},$$

其中求和符号表示对满足 $x_i\leqslant x$ 且 $y_j\leqslant y$ 的那些 p_{ij} 求和.

例 1 设一个袋中装有 5 个球,其中 4 个红球,1 个白球.现每次从中随机抽取一个,抽后不放回,连抽两次.令

$$X=\begin{cases}1, & \text{若第 1 次抽到红球},\\ 0, & \text{若第 1 次抽到白球},\end{cases}\qquad Y=\begin{cases}1, & \text{若第 2 次抽到红球},\\ 0, & \text{若第 2 次抽到白球},\end{cases}$$

试求:

(1) (X,Y)的联合分布律; (2) $P(X\geqslant Y)$.

解 (1) (X,Y)的所有可能取值为

$$(0,0),\ (0,1),\ (1,0),\ (1,1).$$

由概率的乘法公式知

$$P(X=0,Y=0)=P(X=0)P(Y=0\mid X=0)=\frac{1}{5}\times 0=0,$$

$$P(X=0,Y=1)=P(X=0)P(Y=1\mid X=0)=\frac{1}{5}\times 1=\frac{1}{5},$$

$$P(X=1,Y=0)=P(X=1)P(Y=0\mid X=1)=\frac{4}{5}\times\frac{1}{4}=\frac{1}{5},$$

$$P(X=1,Y=1)=P(X=1)P(Y=1\mid X=1)=\frac{4}{5}\times\frac{3}{4}=\frac{3}{5},$$

即(X,Y)的联合分布律为

X \ Y	0	1
0	0	1/5
1	1/5	3/5

(2) 因为 $X\geqslant Y$ 相当于(X,Y)取值$(0,0),(1,0),(1,1)$,所以

$$\begin{aligned}P(X\geqslant Y)&=P(X=0,Y=0)+P(X=1,Y=0)+P(X=1,Y=1)\\&=0+1/5+3/5=4/5.\end{aligned}$$

二、边缘分布律

若已知二维离散型随机变量(X,Y)的联合分布律,就相当于已经知道了(X,Y)全面的概率分布规律,据此应可确定出其两个分量 X 及 Y 各自的分布律.容易得到:

X 的分布律为 $P(X=x_i)=\sum\limits_{j}p_{ij}\quad(i=1,2,\cdots)$;

Y 的分布律为 $P(Y=y_j)=\sum\limits_{i}p_{ij}\quad(j=1,2,\cdots)$.

通常,简记

$$p_{i\cdot} = \sum_j p_{ij}, \quad p_{\cdot j} = \sum_i p_{ij}.$$

我们又将 $P(X=x_i)=p_{i\cdot}\ (i=1,2,\cdots)$ 及 $P(Y=y_j)=p_{\cdot j}\ (j=1,2,\cdots)$ 分别称为(X,Y)关于X及关于Y的**边缘分布律**,统称为(X,Y)的**边缘分布律**.

如果(X,Y)的联合分布律用表格表示,通常就将它的两个边缘分布律填写在该表格的边缘上(参见表 2-4),这也许就是边缘分布律名称的来由.

表 2-4

$X \backslash Y$	y_1	y_2	$\cdots$	y_j	$\cdots$	X的分布律
x_1	p_{11}	p_{12}	$\cdots$	p_{1j}	$\cdots$	$p_{1\cdot}$
x_2	p_{21}	p_{22}	$\cdots$	p_{2j}	$\cdots$	$p_{2\cdot}$
$\vdots$	$\vdots$	$\vdots$		$\vdots$		$\vdots$
x_i	p_{i1}	p_{i2}	$\cdots$	p_{ij}	$\cdots$	$p_{i\cdot}$
$\vdots$	$\vdots$	$\vdots$		$\vdots$		$\vdots$
Y的分布律	$p_{\cdot 1}$	$p_{\cdot 2}$	$\cdots$	$p_{\cdot j}$	$\cdots$	

三、条件分布律

若对于某一固定的j,$P(Y=y_j)=p_{\cdot j}>0$,我们可以考虑在事件$\{Y=y_j\}$已发生的条件下,事件$\{X=x_i\}\ (i=1,2,\cdots)$发生的概率. 由条件概率公式可得

$$P(X=x_i|Y=y_j)=\frac{P(X=x_i,Y=y_j)}{P(Y=y_j)}=\frac{p_{ij}}{p_{\cdot j}} \quad (i=1,2,\cdots).$$

易见,这些概率$\frac{p_{1j}}{p_{\cdot j}},\frac{p_{2j}}{p_{\cdot j}},\cdots$ 满足作为概率分布律的两个条件:

(1) $\frac{p_{ij}}{p_{\cdot j}} \geqslant 0\ (i=1,2,\cdots)$;

(2) $\sum_i \frac{p_{ij}}{p_{\cdot j}}=\frac{p_{\cdot j}}{p_{\cdot j}}=1$.

于是,称

$$P(X=x_i|Y=y_j)=\frac{p_{ij}}{p_{\cdot j}}\ (i=1,2,\cdots)$$

为**在$Y=y_j$的条件下,X的条件分布律.**

类似地,对于任一固定的i,只要$P(X=x_i)=p_{i\cdot}>0$,则称

$$P(Y=y_j|X=x_i)=\frac{p_{ij}}{p_{i\cdot}} \quad (j=1,2,\cdots)$$

为**在$X=x_i$的条件下,Y的条件分布律.**

例 2 设 X,Y 同例 1.

(1) 写出在 $X=1$ 的条件下,Y 的条件分布律;

(2) 写出在 $Y=0$ 的条件下,X 的条件分布律.

解 由定义可知

$$P(Y=0|X=1)=\frac{P(X=1,Y=0)}{P(X=1)}=\frac{1/5}{4/5}=\frac{1}{4},$$

$$P(Y=1|X=1)=\frac{P(X=1,Y=1)}{P(X=1)}=\frac{3/5}{4/5}=\frac{3}{4},$$

则在 $X=1$ 的条件下,Y 的条件分布律为

Y	0	1
$P(Y=k\|X=1)$	1/4	3/4

同理可得在 $Y=0$ 的条件下,X 的条件分布律为

X	0	1
$P(X=k\|Y=0)$	0	1

习 题 2-7

A 组

1. 将一枚均匀的硬币连掷 3 次,以 X 表示在 3 次中出现正面的次数,以 Y 表示 3 次中出现正面次数与出现反面次数之差的绝对值,试求:

(1) (X,Y)的联合分布律;

(2) (X,Y)的两个边缘分布律;

(3) 在 $Y=1$ 的条件下,X 的条件分布律.

2. 一个整数 X 随机地在 1,2,3,4 四个整数中任取一个值,而另一个整数 Y 随机地从 1 到 X 中任取一个值,试求(X,Y)的联合分布律及两个边缘分布律.

B 组

1. 设二维随机变量(X,Y)的联合分布律为

X \ Y	0	1
0	0.1	0.2
1	0.3	0.4

试求(X,Y)的联合分布函数.

2. 把一颗质地均匀的骰子连掷 2 次,设 X 表示第 1 次得到的点数,Y 表示 2 次所得点数中的最大值,

试求：

(1) (X,Y)的联合分布律；　　(2) $P(X=Y)$；

(3) $P(X^2+Y^2<10)$；　　(4) (X,Y)的两个边缘分布律.

§8 二维连续型随机变量

与一维连续型随机变量相似，对于二维连续型随机变量 (X,Y)，我们引入联合概率密度来描述其概率分布规律.

一、联合概率密度

设二维随机变量(X,Y)的分布函数为 $F(x,y)$. 如果存在非负函数 $f(x,y)$，使对于任意的实数 x,y，有

$$F(x,y)=\int_{-\infty}^{x}\int_{-\infty}^{y}f(u,v)\mathrm{d}u\mathrm{d}v,$$

则称(X,Y)是**二维连续型随机变量**，而函数 $f(x,y)$称为(X,Y)的**联合概率密度**(joint probability density)，简称为**概率密度**.

显然，联合概率密度 $f(x,y)$有如下性质：

性质 1　$f(x,y)\geqslant 0$；

性质 2　$\int_{-\infty}^{+\infty}\int_{-\infty}^{+\infty}f(x,y)\mathrm{d}x\mathrm{d}y=F(+\infty,+\infty)=1.$

反过来，可以证明，任何一个满足以上两个性质的函数，都可以作为某二维连续型随机变量的联合概率密度.

在几何上，$z=f(x,y)$表示空间上的一张曲面，称为分布密度曲面. 性质 1 表示分布密度曲面总位于 Oxy 平面的上方，性质 2 表示介于分布密度曲面和 Oxy 平面之间的空间区域的全部体积等于 1.

由微积分知识易知有下面的性质：

性质 3　对平面上任一区域 D，有

$$P((X,Y)\in D)=\iint_D f(x,y)\mathrm{d}x\mathrm{d}y,$$

特别有

$$P(a<X<b,c<Y<d)=\int_a^b\int_c^d f(x,y)\mathrm{d}x\mathrm{d}y.$$

由此可见，联合概率密度 $f(x,y)$全面地描述了二维连续型随机变量取值的概率规律. 性质 3 的几何意义是：概率 $P((X,Y)\in D)$的值等于以 D 为底，以曲面 $z=f(x,y)$为顶面的曲顶柱体的体积(参见图 2-10).

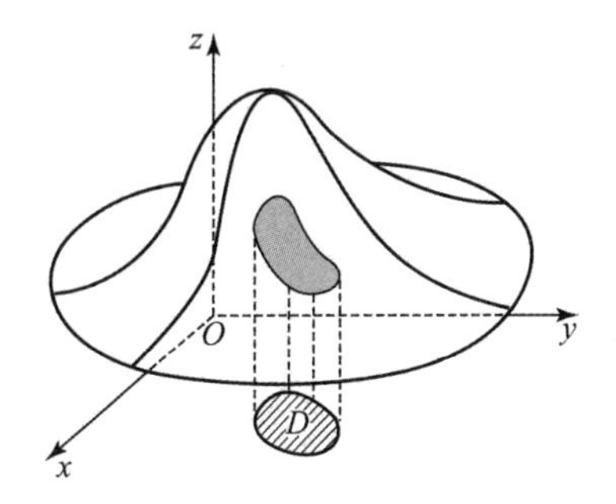

图 2-10

性质 4 当 $\Delta x,\Delta y$ 充分小时,在联合概率密度 $f(x,y)$ 的连续点处有

$$P(x<X\leqslant x+\Delta x,y<Y\leqslant y+\Delta y)\approx f(x,y)\Delta x\Delta y.$$

此性质由中值定理容易得到.该性质说明,如果 $f(x,y)$ 在点 (x_0,y_0) 处的函数值较大,则 (X,Y) 在点 (x_0,y_0) 附近取值的可能性就较大;反之,如果 $f(x,y)$ 在点 (x_0,y_0) 处的函数值较小,则 (X,Y) 在点 (x_0,y_0) 附近取值的可能性就较小.

性质 5 二维连续型随机变量的联合分布函数 $F(x,y)$ 在整个平面上是连续的,特别在 $f(x,y)$ 的连续点处,有

$$\frac{\partial^2 F(x,y)}{\partial x\partial y}=f(x,y).$$

性质 6 对于任一条平面曲线 L,有

$$P((X,Y)\in L)=0.$$

例 1 设二维随机变量 (X,Y) 的联合概率密度为

$$f(x,y)=\begin{cases}Ae^{-(2x+y)}, & x>0,y>0,\\ 0, & \text{其他},\end{cases}$$

试求:

(1) 常数 A; (2) $P(-1<X<1,-1<Y<1)$;

(3) $P(X+Y\leqslant 1)$; (4) (X,Y) 的联合分布函数 $F(x,y)$.

解 (1) 利用 $\int_{-\infty}^{+\infty}\int_{-\infty}^{+\infty}f(x,y)\mathrm{d}x\mathrm{d}y=1$,可得

$$\int_0^{+\infty}\int_0^{+\infty}Ae^{-(2x+y)}\mathrm{d}x\mathrm{d}y=A\int_0^{+\infty}e^{-2x}\mathrm{d}x\int_0^{+\infty}e^{-y}\mathrm{d}y=\frac{A}{2}=1,$$

所以 $A=2$.

(2) $$P(-1<X<1,-1<Y<1)=\int_{-1}^1\int_{-1}^1 f(x,y)\mathrm{d}x\mathrm{d}y=\int_0^1\int_0^1 2e^{-(2x+y)}\mathrm{d}x\mathrm{d}y$$

$$=\int_0^1 2e^{-2x}\mathrm{d}x\int_0^1 e^{-y}\mathrm{d}y=(1-e^{-2})(1-e^{-1}).$$

(3) $$P(X+Y\leqslant 1)=\iint\limits_{x+y\leqslant 1}f(x,y)\mathrm{d}x\mathrm{d}y=\iint\limits_{\{x+y\leqslant 1\}\cap\{x>0,y>0\}}2e^{-(2x+y)}\mathrm{d}x\mathrm{d}y$$

$$=\int_0^1\int_0^{1-x}2e^{-(2x+y)}\mathrm{d}x\mathrm{d}y=1-2e^{-1}+e^{-2}.$$

(4) 当 $x>0,y>0$ 时,

$$F(x,y)=\int_{-\infty}^x\int_{-\infty}^y f(u,v)\mathrm{d}u\mathrm{d}v=\int_0^x\int_0^y 2e^{-(2u+v)}\mathrm{d}u\mathrm{d}v$$

$$=\int_0^x 2e^{-2u}\mathrm{d}u\int_0^y e^{-v}\mathrm{d}v=(1-e^{-2x})(1-e^{-y});$$

当 $(x,y)\notin\{(x,y)\mid x>0,y>0\}$ 时,

$$F(x,y)=\int_{-\infty}^x\int_{-\infty}^y f(u,v)\mathrm{d}u\mathrm{d}v=\int_{-\infty}^x\int_{-\infty}^y 0\mathrm{d}u\mathrm{d}v=0.$$

例 2 设二维随机变量(X,Y)的联合概率密度为

$$f(x,y)=\begin{cases}Ae^{-y}, & 0<x<y,\\ 0, & \text{其他},\end{cases}$$

求：(1) 常数 A； (2) $P(X+Y>1)$.

解 (1) 由$\int_{-\infty}^{+\infty}\int_{-\infty}^{+\infty}f(x,y)\mathrm{d}x\mathrm{d}y=1$得

$$1=\int_0^{+\infty}\int_x^{+\infty}Ae^{-y}\mathrm{d}y\mathrm{d}x=A,\quad \text{所以}\quad A=1.$$

(2) $P(X+Y>1)=\iint\limits_{x+y\geqslant 1}f(x,y)\mathrm{d}x\mathrm{d}y=\int_0^{1/2}\int_x^{1-x}e^{-y}\mathrm{d}y\mathrm{d}x=1-2e^{-\frac{1}{2}}+e^{-1}$.

二、边缘概率密度

设(X,Y)是二维连续型随机变量.一般来说,这时(X,Y)的两个分量 X,Y 都是一维连续型随机变量.若已知(X,Y)的联合概率密度为$f(x,y)$,如何由 $f(x,y)$求得 X 及 Y 各自的概率密度$f_X(x)$及$f_Y(y)$呢？在本章§6 中,我们已经得到：X 的分布函数 $F_X(x)=P(X\leqslant x)=F(x,+\infty)$,即

$$F_X(x)=\int_{-\infty}^{x}\left[\int_{-\infty}^{+\infty}f(u,y)\mathrm{d}y\right]\mathrm{d}u.$$

于是
$$f_X(x)=F_X'(x)=\int_{-\infty}^{+\infty}f(x,y)\mathrm{d}y.$$

同理
$$f_Y(y)=\int_{-\infty}^{+\infty}f(x,y)\mathrm{d}x.$$

通常,又称 $f_X(x)$及 $f_Y(y)$分别为(X,Y)关于 X 及关于 Y 的**边缘概率密度**(marginal density),统称为(X,Y)的**边缘概率密度**.

例 3 求例 1 中的二维随机变量(X,Y)的两个边缘概率密度 $f_X(x)$及$f_Y(y)$.

解 二维随机变量(X,Y)的联合概率密度为

$$f(x,y)=\begin{cases}2e^{-(2x+y)}, & x>0,y>0,\\ 0, & \text{其他}.\end{cases}$$

当 $x>0$ 时，$f_X(x)=\int_{-\infty}^{+\infty}f(x,y)\mathrm{d}y=\int_0^{+\infty}2e^{-(2x+y)}\mathrm{d}y=2e^{-2x}$；

当 $x\leqslant 0$ 时,$f_X(x)=\int_{-\infty}^{+\infty}f(x,y)\mathrm{d}y=\int_0^{+\infty}0\mathrm{d}y=0$.

于是
$$f_X(x)=\begin{cases}2e^{-2x}, & x>0,\\ 0, & x\leqslant 0.\end{cases}$$

同理
$$f_Y(y)=\begin{cases}e^{-y}, & y>0,\\ 0, & y\leqslant 0.\end{cases}$$

例 4 求例 2 中的二维随机变量(X,Y)的两个边缘概率密度 $f_X(x)$及 $f_Y(y)$.

解 先求 X 的概率密度：当 $x>0$ 时，

$$f_X(x)=\int_{-\infty}^{+\infty}f(x,y)\mathrm{d}y=\int_x^{+\infty}\mathrm{e}^{-y}\mathrm{d}y=\mathrm{e}^{-x};$$

当 $x\leqslant 0$ 时，$f_X(x)=0$. 故

$$f_X(x)=\begin{cases}\mathrm{e}^{-x}, & x>0,\\ 0, & \text{其他}.\end{cases}$$

再求 Y 的概率密度：当 $y>0$ 时，

$$f_Y(y)=\int_{-\infty}^{+\infty}f(x,y)\mathrm{d}x=\int_0^{y}\mathrm{e}^{-y}\mathrm{d}x=y\mathrm{e}^{-y}.$$

当 $y\leqslant 0$ 时，$f_Y(y)=0$. 故

$$f_Y(y)=\begin{cases}y\mathrm{e}^{-y}, & y>0,\\ 0, & \text{其他}.\end{cases}$$

三、两种重要的二维连续型分布

1. 二维均匀分布

若二维随机变量(X,Y)的联合概率密度为

$$f(x,y)=\begin{cases}1/d, & (x,y)\in D,\\ 0, & \text{其他},\end{cases}$$

其中 d 为平面区域 D 的面积$(0<d<+\infty)$，则称(X,Y)服从**区域 D 上的均匀分布**(即二维均匀分布). 这时，(X,Y)取值于 D 内任何子区域的概率与该子区域的面积成正比，而与该子区域的具体位置无关. 可见，二维均匀分布描述的正是第一章所讲的二维几何概型.

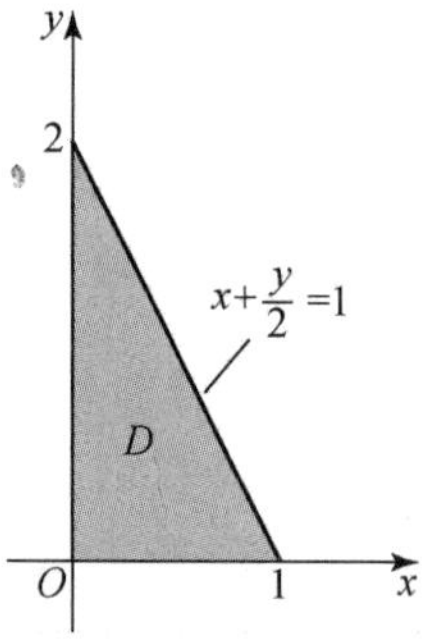

图 2-11

例 5 设区域 D 是由 x 轴，y 轴及直线 $x+\frac{y}{2}=1$ 所围的三角形区域(参见图 2-11)，(X,Y)服从区域 D 上的均匀分布，试求(X,Y)的两个边缘概率密度 $f_X(x)$及 $f_Y(y)$.

解 易见区域 D 的面积为 1，于是(X,Y)的联合概率密度为

$$f(x,y)=\begin{cases}1, & (x,y)\in D,\\ 0, & \text{其他}.\end{cases}$$

由于只有在区域 D 内 $f(x,y)$的值非零，从而当 $x<0$ 或 $x>1$ 时，$f_X(x)=0$；当 $0\leqslant x\leqslant 1$ 时，

$$f_X(x)=\int_{-\infty}^{+\infty}f(x,y)\mathrm{d}y=\int_{-\infty}^{0}0\mathrm{d}y+\int_0^{2(1-x)}1\mathrm{d}y+\int_{2(1-x)}^{+\infty}0\mathrm{d}y=2(1-x).$$

于是

$$f_X(x)=\begin{cases}2(1-x), & 0\leqslant x\leqslant 1,\\ 0, & \text{其他}.\end{cases}$$

同理，当 $y<0$ 或 $y>2$ 时，$f_Y(y)=0$；而当 $0\leqslant y\leqslant 2$ 时，

$$f_Y(y)=\int_{-\infty}^{+\infty}f(x,y)\mathrm{d}x=\int_{-\infty}^{0}0\mathrm{d}x+\int_{0}^{1-\frac{y}{2}}1\mathrm{d}x+\int_{1-\frac{y}{2}}^{+\infty}0\mathrm{d}x=1-\frac{y}{2}.$$

于是
$$f_Y(y)=\begin{cases}1-\dfrac{y}{2}, & 0\leqslant y\leqslant 2,\\ 0, & \text{其他}.\end{cases}$$

2. 二维正态分布

若二维随机变量(X,Y)的联合概率密度为

$$f(x,y)=\frac{1}{2\pi\sigma_1\sigma_2\sqrt{1-\rho^2}}\mathrm{e}^{-\frac{1}{2(1-\rho^2)}\left[\frac{(x-\mu_1)^2}{\sigma_1^2}-2\rho\frac{(x-\mu_1)(y-\mu_2)}{\sigma_1\sigma_2}+\frac{(y-\mu_2)^2}{\sigma_2^2}\right]},$$

其中 $\mu_1,\mu_2,\sigma_1>0,\sigma_2>0,|\rho|<1$ 是五个参数(对于这些参数的实际意义,我们将在第三章中讨论),则称(X,Y)服从**二维正态分布**,记为

$$(X,Y)\sim N(\mu_1,\mu_2,\sigma_1^2,\sigma_2^2,\rho).$$

二维正态分布的概率密度 $z=f(x,y)$的几何图形,是一张以(μ_1,μ_2)为极大值点的单峰钟形曲面(参见图 2-12).

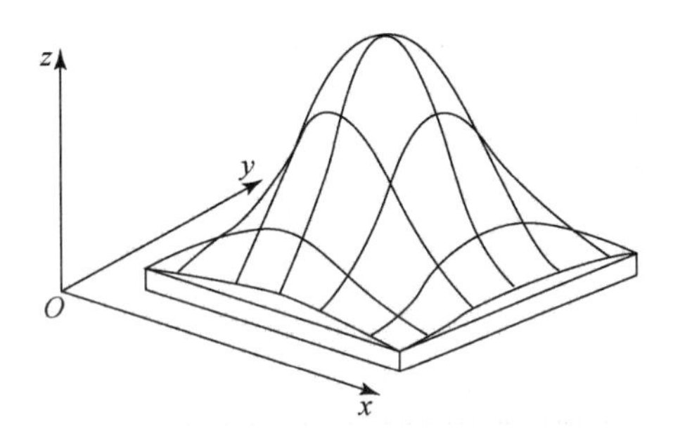

图 2-12

例 6 设二维随机变量$(X,Y)\sim N(0,0,1,1,\rho)$,试求$(X,Y)$的两个边缘概率密度$f_X(x)$及 $f_Y(y)$.

解 由题意有

$$f_X(x)=\int_{-\infty}^{+\infty}f(x,y)\mathrm{d}y=\int_{-\infty}^{+\infty}\frac{1}{2\pi\sqrt{1-\rho^2}}\mathrm{e}^{-\frac{1}{2(1-\rho^2)}(x^2-2\rho xy+y^2)}\mathrm{d}y.$$

注意,$x^2-2\rho xy+y^2=(y-\rho x)^2+(1-\rho^2)x^2$,于是

$$f_X(x)=\frac{1}{\sqrt{2\pi}}\mathrm{e}^{-x^2/2}\int_{-\infty}^{+\infty}\frac{1}{\sqrt{2\pi}\sqrt{1-\rho^2}}\mathrm{e}^{-\frac{(y-\rho x)^2}{2(1-\rho^2)}}\mathrm{d}y.$$

上式积分号内恰好是 $\mu=\rho x,\sigma=\sqrt{1-\rho^2}$ 的正态分布的概率密度,因此该积分值应为 1,故

$$f_X(x)=\frac{1}{\sqrt{2\pi}}\mathrm{e}^{-x^2/2}.$$

同理 $$f_Y(y)=\frac{1}{\sqrt{2\pi}}e^{-y^2/2}.$$

可见 $$X\sim N(0,1),\quad Y\sim N(0,1).$$

经过与例6类似的计算,可得如下定理:

定理1 若二维随机变量$(X,Y)\sim N(\mu_1,\mu_2,\sigma_1^2,\sigma_2^2,\rho)$,则$X\sim N(\mu_1,\sigma_1^2)$,$Y\sim N(\mu_2,\sigma_2^2)$,即二维正态分布的两个边缘分布均为一维正态分布.

值得指出,当参数ρ的值不同时,所对应的二维正态分布也不同,但它们的边缘分布却相同.这也说明,单由两个分量X及Y各自的分布,一般不能确定(X,Y)的联合分布.

四、条件概率密度

在上节中,对二维离散型随机变量,我们曾引入了条件分布律的概念.现在,我们对二维连续型随机变量,类似地引入条件概率密度的概念.

对于二维连续型随机变量(X,Y),记在$Y=y$的条件下(只要$f_Y(y)>0$),X的**条件概率密度**为$f_{X|Y}(x|y)$(亦可简记为$f(x|y)$),这里y固定,x变动.$f_{X|Y}(x|y)$刻画了在Y取固定值y时,随机变量X取值的概率分布规律.比如,当X和Y分别表示人的体重(单位:kg)和身高(单位:cm)时,$f_{X|Y}(x|180)$就刻画了身高为180 cm的人其体重的分布规律.可以证明:

$$f(x|y)=f_{X|Y}(x|y)=\frac{f(x,y)}{f_Y(y)}\quad (f_Y(y)>0),$$

这里$f(x,y)$为(X,Y)的联合概率密度.

若定义在$Y=y$的条件下($f_Y(y)>0$),X的**条件分布函数**为

$$F(x|y)=P(X\leqslant x|Y=y),$$

则 $$F(x|y)=\int_{-\infty}^{x}f(u|y)\mathrm{d}u.$$

类似可得,在$X=x$的条件下(只要$f_X(x)>0$),Y的条件概率密度为

$$f(y|x)=f_{Y|X}(y|x)=\frac{f(x,y)}{f_X(x)}\quad (f_X(x)>0),$$

Y的条件分布函数为

$$F(y|x)=P(Y\leqslant y|X=x)=\int_{-\infty}^{y}f(v|x)\mathrm{d}v.$$

例7 设二维随机变量(X,Y)的联合概率密度为

$$f(x,y)=\begin{cases}\dfrac{6}{(x+y+1)^4}, & x>0,y>0,\\ 0, & \text{其他},\end{cases}$$

试求:

(1) 条件概率密度$f_{X|Y}(x|y)$(其中$y>0$);

(2) $P(0\leqslant X\leqslant 1|Y=1)$.

解 (1) 当 $y>0$ 时,

$$f_Y(y)=\int_{-\infty}^{+\infty}f(x,y)\mathrm{d}x=\int_0^{+\infty}\frac{6}{(x+y+1)^4}\mathrm{d}x=\frac{2}{(y+1)^3}.$$

所以,当 $y>0$ 时,有

$$f_{X|Y}(x|y)=\frac{f(x,y)}{f_Y(y)}=\begin{cases}0, & x\leqslant 0,\\ \dfrac{6/(x+y+1)^4}{2/(y+1)^3}, & x>0,\end{cases}$$

即

$$f(x|y)=\begin{cases}0, & x\leqslant 0,\\ \dfrac{3(y+1)^3}{(x+y+1)^4}, & x>0.\end{cases}$$

(2) $P(0\leqslant X\leqslant 1|Y=1)=\int_0^1 f(x|1)\mathrm{d}x=\int_0^1\frac{3(1+1)^3}{(x+1+1)^4}\mathrm{d}x=\frac{19}{27}.$

习 题 2-8

A 组

1. 设二维随机变量(X,Y)的联合概率密度为

$$f(x,y)=\begin{cases}Cxy, & 0\leqslant x\leqslant 1, 0\leqslant y\leqslant 1,\\ 0, & \text{其他},\end{cases}$$

试求:

(1) 常数 C; (2) (X,Y)的联合分布函数; (3) $P(2X+Y\leqslant 1)$.

2. 设二维随机变量(X,Y)的联合分布函数为

$$F(x,y)=\frac{1}{\pi^2}\left(\frac{\pi}{2}+\arctan\frac{x}{2}\right)\left(\frac{\pi}{2}+\arctan y\right),$$

试求:

(1) (X,Y)的联合概率密度; (2) (X,Y)的两个边缘概率密度;

(3) $P(0<X<2,0<Y<1)$.

3. 设二维随机变量(X,Y)服从区域 G 上的均匀分布,其中 G 是由直线 $y=x$ 和抛物线 $y=x^2$ 所围成的区域,试求:

(1) (X,Y)的两个边缘概率密度; (2) $P\left(0<X<\frac{1}{2},0<Y<\frac{1}{2}\right)$.

B 组

1. 设二维随机变量(X,Y)的联合概率密度为

$$f(x,y)=\begin{cases}xe^{-y}, & 0<x<y,\\ 0, & \text{其他},\end{cases}$$

试求:

(1) (X,Y)的两个边缘概率密度; (2) 条件概率密度 $f_{X|Y}(x|y)$(其中 $y>0$); (3) $P(X+Y<1)$.

2. 设二维随机变量(X,Y)的联合概率密度为

$$f(x,y)=\begin{cases}x^2+\dfrac{1}{3}xy, & 0\leqslant x\leqslant 1,0\leqslant y\leqslant 2,\\ 0, & \text{其他},\end{cases}$$

试求:

(1) (X,Y)的两个边缘概率密度; (2) 条件概率密度 $f_{Y|X}(y|x)$(其中 $0\leqslant x\leqslant 1$);

(3) $P(X+Y>1)$; (4) $P(Y>X)$; (5) $P\left(Y<\frac{1}{2}\middle|X<\frac{1}{2}\right)$; (6) $P\left(Y<\frac{1}{2}\middle|X=\frac{1}{2}\right)$.

§9 随机变量的相互独立性

回忆在第一章中,我们称两个事件 A 与 B 相互独立,如果有

$$P(AB)=P(A)P(B).$$

引入随机变量后,就可把对随机事件的研究转化为对随机变量的研究.因此,有必要引入随机变量相互独立的概念.

一、随机变量相互独立的定义

定义 1 设 X,Y 是两个随机变量.若对任意的实数 x,y,都有

$$P(X\leqslant x,Y\leqslant y)=P(X\leqslant x)P(Y\leqslant y),$$

即(X,Y)的联合分布函数$F(x,y)$恰好等于两个边缘分布函数$F_X(x)$与 $F_Y(y)$的乘积,则称随机变量 X 与 Y **相互独立**,简称 X 与 Y **独立**(independent).

随机变量 X 与 Y 相互独立的实际意义是随机变量 X 所描述的随机现象或随机试验的结果与随机变量 Y 所描述的随机现象或随机试验的结果之间是相互独立的.据此,对于实际问题,我们判断两个随机变量是否相互独立,往往并不一定局限于使用上述抽象的定义,而是根据 X 与 Y 相互独立的实际意义去判断.例如,将一枚硬币连掷 2 次,若令

$$X=\begin{cases}1, & \text{第 1 次出现正面},\\ 0, & \text{第 1 次出现反面},\end{cases}\quad Y=\begin{cases}1, & \text{第 2 次出现正面},\\ 0, & \text{第 2 次出现反面},\end{cases}$$

即 X 与 Y 分别描述第 1 次与第 2 次掷硬币的结果,则根据问题的实际意义,直观上,容易判断 X 与 Y 是相互独立的.

二、离散型随机变量相互独立的充分必要条件

设(X,Y)是二维离散型随机变量,其联合分布律为

$$P(X=x_i,Y=y_j)=p_{ij}\quad (i,j=1,2,\cdots),$$

而

$$P(X=x_i)=p_{i\cdot}=\sum_j p_{ij}\quad (i=1,2,\cdots),$$

$$P(X=y_j)=p_{\cdot j}=\sum_i p_{ij} \quad (j=1,2,\cdots)$$

是(X,Y)的两个边缘分布律. 这时,我们通常用下述充分必要条件来判断 X 与 Y 的独立性:

定理 1 离散型随机变量 X 与 Y 相互独立的充分必要条件是 $p_{ij}=p_{i\cdot}p_{\cdot j}$ 对一切的 $i,j=1,2,\cdots$ 均成立(即联合分布律恰好等于两个边缘分布律的乘积).

我们不去严格地证明此定理,但不难从随机变量 X 与 Y 相互独立的实际意义,去理解该定理的结论.

回忆本章§7中的例1:设一个袋中装有5个球,其中4个红球,1个白球. 现每次从中随机抽取1个,连抽2次. 令

$$X=\begin{cases}1, & 若第1次抽到红球,\\ 0, & 若第1次抽到白球,\end{cases} \quad Y=\begin{cases}1, & 若第2次抽到红球,\\ 0, & 若第2次抽到白球.\end{cases}$$

(1) 当采取无放回抽取时,可得(X,Y)的联合分布律和边缘分布律如表2-5所示;

(2) 当采取有放回抽取时,可得(X,Y)的联合分布律和边缘分布律如表2-6所示.

表 2-5

X \ Y	0	1	$p_{i\cdot}$
0	0	1/5	1/5
1	1/5	3/5	4/5
$p_{\cdot j}$	1/5	4/5	

表 2-6

X \ Y	0	1	$p_{i\cdot}$
0	1/25	4/25	1/5
1	4/25	16/25	4/5
$p_{\cdot j}$	1/5	4/5	

在表2-5中,$P(X=0,Y=0)=0\neq P(X=0)P(Y=0)=1/25$,故当采取无放回抽取时,$X$ 与 Y 不相互独立. 这与问题的实际意义完全相符.

在表2-6中,显然 $p_{ij}=p_{i\cdot}p_{\cdot j}(i,j=1,2)$,故当采取有放回抽取时,$X$ 与 Y 相互独立. 这也与问题的实际意义完全相符.

注意,(1),(2)中的边缘分布完全相同,但联合分布却不一样. 这也说明,一般来说,联合分布不能由边缘分布唯一确定. 但是,当 X 与 Y 相互独立时,由边缘分布之积就可确定出联合分布.

三、连续型随机变量相互独立的充分必要条件

设(X,Y)是二维连续型随机变量,$f(x,y)$,$f_X(x)$,$f_Y(y)$分别是(X,Y)的联合概率密度和两个边缘概率密度. 这时,我们通常用下述充分必要条件来判断 X 与 Y 的独立性:

定理 2 连续型随机变量 X 与 Y 相互独立的充分必要条件是

$$f(x,y)=f_X(x)f_Y(y)$$

在 $f(x,y)$,$f_X(x)$,$f_Y(y)$的一切公共连续点上都成立.

证明 若 X 与 Y 相互独立,由定义知 $F(x,y)=F_X(x)F_Y(y)$. 两边先关于 x 求偏导数,然后再关于 y 求偏导数,就可得

$$f(x,y)=f_X(x)f_Y(y).$$

反之,若 $f(x,y)=f_X(x)f_Y(y)$,两边积分得

$$\int_{-\infty}^{x}\int_{-\infty}^{y}f(x,y)\mathrm{d}x\mathrm{d}y=\int_{-\infty}^{x}f_X(x)\mathrm{d}x\int_{-\infty}^{y}f_Y(y)\mathrm{d}y,$$

即 $F(x,y)=F_X(x)F_Y(y)$. 由定义知 X 与 Y 相互独立.

四、二维正态变量的两个分量相互独立的充分必要条件

定理 3 若二维随机变量 $(X,Y)\sim N(\mu_1,\mu_2,\sigma_1^2,\sigma_2^2,\rho)$,则 X 与 Y 相互独立的充分必要条件是 $\rho=0$.

证明 由本章§8 的定理知,若 $(X,Y)\sim N(\mu_1,\mu_2,\sigma_1^2,\sigma_2^2,\rho)$,则

$$X\sim N(\mu_1,\sigma_1^2),\quad Y\sim N(\mu_2,\sigma_2^2),$$

即 (X,Y) 的两个边缘概率密度分别为

$$f_X(x)=\frac{1}{\sqrt{2\pi}\sigma_1}\mathrm{e}^{-\frac{(x-\mu_1)^2}{2\sigma_1^2}},\quad f_Y(y)=\frac{1}{\sqrt{2\pi}\sigma_2}\mathrm{e}^{-\frac{(y-\mu_2)^2}{2\sigma_2^2}}.$$

回忆本章§8 中 $f(x,y)$ 的表达式,易见:

(1) 当 $\rho=0$ 时,有 $f(x,y)=f_X(x)f_Y(y)$,故 X 与 Y 相互独立.

(2) 反之,当 X 与 Y 相互独立时,由定理 2 有

$$f(\mu_1,\mu_2)=f_X(\mu_1)f_Y(\mu_2),\quad 即\quad \frac{1}{2\pi\sigma_1\sigma_2\sqrt{1-\rho^2}}=\frac{1}{\sqrt{2\pi}\sigma_1}\cdot\frac{1}{\sqrt{2\pi}\sigma_2},$$

故 $\rho=0$.

由此可见,二维正态分布中的参数 ρ 反映了二维正态变量的两个分量之间的联系. 在第三章中,我们将会知道,ρ 恰好就是两个分量的相关系数.

习 题 2-9

A 组

1. 设二维随机变量 (X,Y) 的联合分布律为

$X\backslash Y$	1	2	3
0	1/6	1/9	1/18
1	1/3	α	β

问: 当 α,β 为何值时,X 与 Y 相互独立?

2. 将两封信随机投入 3 个编号分别为 1,2,3 的信箱. 令 X,Y 分别表示投入第 1,2 号信箱的信的数目.

(1) 求 (X,Y) 的联合分布律;　　(2) 求 (X,Y) 的边缘分布律;

(3) 判断 X 与 Y 是否相互独立.

3. 已知二维随机变量(X,Y)的联合分布函数为

$$F(x,y)=\begin{cases}1-e^{-\alpha x}-e^{-\beta y}+e^{-(\alpha x+\beta y)}, & x>0,y>0,\\ 0, & \text{其他},\end{cases}$$

其中$\alpha>0,\beta>0$,判断X与Y是否相互独立.

4. 设二维随机变量(X,Y)服从单位圆$\{(x,y)\mid x^2+y^2\leqslant 1\}$上的均匀分布,判断$X$与$Y$是否相互独立.

5. 设随机变量X与Y相互独立,其概率密度分别为

$$f_1(x)=\begin{cases}2x, & 0<x<1,\\ 0, & \text{其他},\end{cases}\qquad f_2(y)=\begin{cases}e^{-y}, & y>0,\\ 0, & y\leqslant 0,\end{cases}$$

试求:

(1) (X,Y)的联合概率密度;　　(2) $P(X+Y\leqslant 2)$.

B 组

1. 设随机变量X与Y相互独立,其联合分布律与边缘分布律如下表所示:

X \ Y	y_1	y_2	y_3	$p_{i\cdot}$
x_1	a	1/8	b	c
x_2	1/8	d	e	r
$p_{\cdot j}$	1/6	s	t	1

试确定a,b,c,d,e,r,s,t的值.

2. 已知二维随机变量(X,Y)的联合概率密度为

$$f(x,y)=\begin{cases}\dfrac{1}{x^2}e^{-y+1}, & x>1,y>1,\\ 0, & \text{其他},\end{cases}$$

试判断X与Y是否相互独立.

3. 已知二维随机变量(X,Y)的联合概率密度为

$$f(x,y)=\begin{cases}8xy, & 0<x<y<1,\\ 0, & \text{其他},\end{cases}$$

试判断X与Y是否相互独立.

§10 两个随机变量的函数的分布

设(X,Y)是二维随机变量,$g(x,y)$是一个二元函数.一般来说,$Z=g(X,Y)$就是一个一维随机变量.当我们已知(X,Y)的联合分布时,如何求出$Z=g(X,Y)$的分布呢?下面,我们分两种情况举例说明:

一、离散型情形

例 1 设二维随机变量(X,Y)的联合分布律为

X \ Y	−1	1	2
0	5/20	2/20	6/20
1	3/20	3/20	1/20

试求 $Z_1=X-Y$ 及 $Z_2=XY$ 的分布律.

解 由(X,Y)的联合分布律可得下表：

P	5/20	2/20	6/20	3/20	3/20	1/20
(X,Y)	$(0,-1)$	$(0,1)$	$(0,2)$	$(1,-1)$	$(1,1)$	$(1,2)$
$X-Y$	1	−1	−2	2	0	−1
XY	0	0	0	−1	1	2

由此，容易求得 $Z_1=X-Y$ 及 $Z_2=XY$ 的分布律分别如下：

Z_1	−2	−1	0	1	2
P	$\frac{6}{20}$	$\frac{3}{20}$	$\frac{3}{20}$	$\frac{5}{20}$	$\frac{3}{20}$

Z_2	−1	0	1	2
P	$\frac{3}{20}$	$\frac{13}{20}$	$\frac{3}{20}$	$\frac{1}{20}$

二、连续型情形

若已知二维随机变量(X,Y)的联合概率密度为 $f(x,y)$，欲求 $Z=g(X,Y)$的概率密度 $f_Z(z)$，解决此类问题的一般思路是：

(1) 求出 $Z=g(X,Y)$的分布函数

$$F_Z(z)=P(Z\leqslant z)=P(g(X,Y)\leqslant z)=\iint_{G_z}f(x,y)\mathrm{d}x\mathrm{d}y$$

(其中 $G_z=\{(x,y)\mid g(x,y)\leqslant z\}$)，亦可记为

$$F_Z(z)=\iint_{g(x,y)\leqslant z}f(x,y)\mathrm{d}x\mathrm{d}y;$$

(2) 求导数，即可得 $Z=g(X,Y)$的概率密度

$$f_Z(z)=\frac{\mathrm{d}}{\mathrm{d}z}F_Z(z).$$

通常，我们称这种方法为**分布函数法**.

例 2 设随机变量 $X\sim N(0,1)$，$Y\sim N(0,1)$，且 X 与 Y 相互独立，试求 $Z=\sqrt{X^2+Y^2}$ 的概率密度.

解 先求 Z 的分布函数 $F_Z(z)$. 由于随机变量 X 与 Y 相互独立，因而(X,Y)的联合概率密度为

$$f(x,y)=f_X(x)f_Y(y)=\frac{1}{\sqrt{2\pi}}e^{-x^2/2}\cdot\frac{1}{\sqrt{2\pi}}e^{-y^2/2}=\frac{1}{2\pi}e^{-(x^2+y^2)/2}.$$

因为 $Z=\sqrt{X^2+Y^2}$ 非负,故当 $z<0$ 时,$F_Z(z)=0$;当 $z\geqslant 0$ 时,

$$F_Z(z)=P(Z\leqslant z)=\iint\limits_{\sqrt{x^2+y^2}\leqslant z}\frac{1}{2\pi}e^{-(x^2+y^2)/2}\mathrm{d}x\mathrm{d}y\xlongequal[y=r\sin\theta]{\text{令}x=r\cos\theta}\frac{1}{2\pi}\int_0^{2\pi}\int_0^z e^{-r^2/2}r\mathrm{d}r\mathrm{d}\theta$$

$$=\frac{1}{2\pi}\cdot 2\pi(1-e^{-z^2/2})=1-e^{-z^2/2}.$$

于是,Z 的分布函数为

$$F_Z(z)=\begin{cases}1-e^{-z^2/2}, & z\geqslant 0,\\ 0, & \text{其他}.\end{cases}$$

再求导数,可得 Z 的概率密度

$$f_Z(z)=F_Z'(z)=\begin{cases}ze^{-z^2/2}, & z\geqslant 0,\\ 0, & \text{其他}.\end{cases}$$

下面,我们仅就和的分布及极值分布进行讨论.

1. $Z=X+Y$ 的分布

设二维随机变量(X,Y)的联合概率密度为 $f(x,y)$,欲求 $Z=X+Y$ 的概率密度 $f_Z(z)$.可先求 Z 的分布函数 $F_Z(z)$.这时

$$F_Z(z)=\iint\limits_{x+y\leqslant z}f(x,y)\mathrm{d}x\mathrm{d}y\xlongequal{\text{参见图 2-13}}\int_{-\infty}^{+\infty}\mathrm{d}x\int_{-\infty}^{z-x}f(x,y)\mathrm{d}y$$

$$\xlongequal{\text{令 }y=u-x}\int_{-\infty}^{+\infty}\mathrm{d}x\int_{-\infty}^{z}f(x,u-x)\mathrm{d}u$$

$$=\int_{-\infty}^{z}\left[\int_{-\infty}^{+\infty}f(x,u-x)\mathrm{d}x\right]\mathrm{d}u.$$

再求导数,可得

$$f_Z(z)=\frac{\mathrm{d}}{\mathrm{d}z}F_Z(z)=\int_{-\infty}^{+\infty}f(x,z-x)\mathrm{d}x.$$

由对称性,又可得

$$f_Z(z)=\int_{-\infty}^{+\infty}f(z-y,y)\mathrm{d}y.$$

特别地,当 X 与 Y 相互独立时,$f(x,y)=f_X(x)f_Y(y)$.这时

$$f_Z(z)=\int_{-\infty}^{+\infty}f_X(x)f_Y(z-x)\mathrm{d}x$$

$$=\int_{-\infty}^{+\infty}f_X(z-y)f_Y(y)\mathrm{d}y,$$

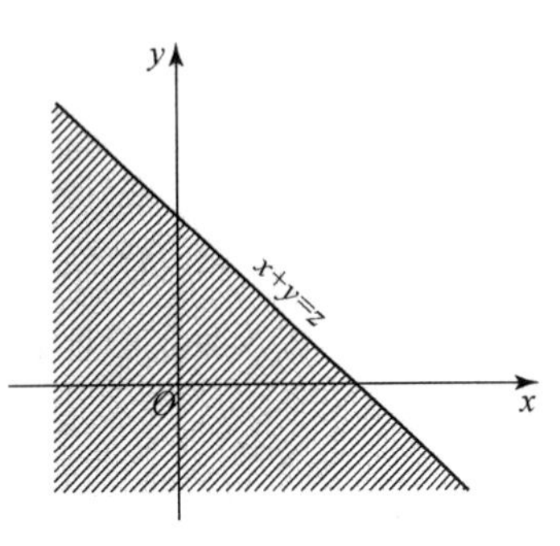

图 2-13

这就是所谓的**卷积公式**.

例 3 设随机变量 $X\sim N(0,1)$，$Y\sim N(0,1)$，且 X 与 Y 相互独立，试求 $Z=X+Y$ 的概率密度 $f_Z(z)$.

解 由卷积公式有

$$f_Z(z)=\int_{-\infty}^{+\infty}f_X(x)f_Y(z-x)\,\mathrm{d}x=\int_{-\infty}^{+\infty}\frac{1}{2\pi}\mathrm{e}^{-\frac{1}{2}[x^2+(z-x)^2]}\,\mathrm{d}x$$

$$=\frac{1}{2\pi}\mathrm{e}^{-z^2/4}\int_{-\infty}^{+\infty}\mathrm{e}^{-\left(x-\frac{z}{2}\right)^2}\,\mathrm{d}x\xlongequal{\text{令}\frac{t}{\sqrt{2}}=x-\frac{z}{2}}\frac{1}{2\pi}\mathrm{e}^{-z^2/4}\cdot\frac{1}{\sqrt{2}}\int_{-\infty}^{+\infty}\mathrm{e}^{-t^2/2}\,\mathrm{d}t$$

$$=\frac{1}{2\sqrt{\pi}}\mathrm{e}^{-z^2/4}\int_{-\infty}^{+\infty}\frac{1}{\sqrt{2\pi}}\mathrm{e}^{-t^2/2}\,\mathrm{d}t=\frac{1}{2\sqrt{\pi}}\mathrm{e}^{-z^2/4}=\frac{1}{\sqrt{2\pi}\cdot\sqrt{2}}\mathrm{e}^{-z^2/[2\cdot(\sqrt{2})^2]},$$

即 $Z\sim N(0,2)$.

类似地，由卷积公式，经计算可得如下两个重要定理：

定理 1(正态分布的可加性) 设随机变量 $X\sim N(\mu_1,\sigma_1^2)$，$Y\sim N(\mu_2,\sigma_2^2)$，且 X 与 Y 相互独立，则

$$X+Y\sim N(\mu_1+\mu_2,\sigma_1^2+\sigma_2^2).$$

再由数学归纳法可得：

定理 2 设随机变量 $X_i\sim N(\mu_i,\sigma_i^2)$ $(i=1,2,\cdots,n)$，且 $X_1,X_2,\cdots,X_n$ 相互独立，则有

$$\sum_{i=1}^{n}X_i\sim N\left(\sum_{i=1}^{n}\mu_i,\sum_{i=1}^{n}\sigma_i^2\right).$$

当 $f_X(x)$ 及 $f_Y(y)$ 在 $(-\infty,+\infty)$ 上有统一的解析表达式时，求 $Z=X+Y$ 的概率密度 $f_Z(z)$，就像例 3 所示，只要直接套用卷积公式积分即可. 但当 $f_X(x)$ 或 $f_Y(y)$ 是分段定义的函数时，在积分 $\int_{-\infty}^{+\infty}f_X(x)f_Y(z-x)\,\mathrm{d}x$ 中，$f_X(x)f_Y(z-x)$ 究竟代入什么表达式，就不是显而易见的了. 下面我们通过例子来说明处理此类问题的方法.

例 4 设随机变量 X 与 Y 相互独立，且它们的概率密度分别为

$$f_X(x)=\begin{cases}1, & 0\leqslant x\leqslant 1,\\ 0, & \text{其他},\end{cases}\qquad f_Y(y)=\begin{cases}\mathrm{e}^{-y}, & y>0,\\ 0, & \text{其他},\end{cases}$$

试求 $Z=X+Y$ 的概率密度 $f_Z(z)$.

解 解法 1 由卷积公式有

$$f_Z(z)=\int_{-\infty}^{+\infty}f_X(x)f_Y(z-x)\,\mathrm{d}x=\int_0^1 1\cdot f_Y(z-x)\,\mathrm{d}x$$

$$\xlongequal{\text{令}z-x=y}\int_{z-1}^{z}f_Y(y)\,\mathrm{d}y=\int_{[z-1,z]\cap(0,+\infty)}\mathrm{e}^{-y}\,\mathrm{d}y.$$

当 $z\leqslant 0$ 时，$[z-1,z]\cap(0,+\infty)=\varnothing$，$f_Z(z)=0$；

当 $0<z\leqslant 1$ 时，$[z-1,z]\cap(0,+\infty)=(0,z]$，$f_Z(z)=\int_0^z\mathrm{e}^{-y}\,\mathrm{d}y=1-\mathrm{e}^{-z}$；

当 $z>1$ 时,$[z-1,z]\cap(0,+\infty)=[z-1,z]$, $f_Z(z)=\int_{z-1}^{z}\mathrm{e}^{-y}\mathrm{d}y=\mathrm{e}^{-z}(\mathrm{e}-1)$.

故

$$f_Z(z)=\begin{cases}0, & z\leqslant 0,\\ 1-\mathrm{e}^{-z}, & 0<z\leqslant 1,\\ \mathrm{e}^{-z}(\mathrm{e}-1), & z>1.\end{cases}$$

解法 2　由卷积公式

$$f_Z(z)=\int_{-\infty}^{+\infty}f_X(x)f_Y(z-x)\mathrm{d}x,$$

欲使$f_X(x)f_Y(z-x)\neq 0$,积分变量 x 的变化范围必须满足如下联立不等式组:

$$\begin{cases}0\leqslant x\leqslant 1,\\ z-x>0,\end{cases}\quad \text{即}\quad \begin{cases}0\leqslant x\leqslant 1,\\ x<z.\end{cases}\tag{2.10.1}$$

这时 $f_X(x)f_Y(z-x)=\mathrm{e}^{-(z-x)}$.

下面分情况讨论联立不等式组(2.10.1)的解进而求出 $f_Z(z)$:

当 $z\leqslant 0$ 时,不等式组(2.10.1)无解,即对任意的 x,有

$$f_X(x)f_Y(z-x)\equiv 0,\quad \text{故}\quad f_Z(z)=0;$$

当 $0<z\leqslant 1$ 时,不等式组(2.10.1)的解为 $0\leqslant x<z$,这时

$$f_Z(z)=\int_0^z\mathrm{e}^{-(z-x)}\mathrm{d}x=1-\mathrm{e}^{-z};$$

当 $z>1$ 时,不等式组(2.10.1)的解为 $0\leqslant x\leqslant 1$,这时

$$f_Z(z)=\int_0^1\mathrm{e}^{-(z-x)}\mathrm{d}x=\mathrm{e}^{-z}(\mathrm{e}-1).$$

所以

$$f_Z(z)=\begin{cases}0, & z\leqslant 0,\\ 1-\mathrm{e}^{z}, & 0<z\leqslant 1,\\ \mathrm{e}^{-z}(\mathrm{e}-1), & z>1.\end{cases}$$

注　本题还可用分布函数法求解,请读者自行练习.

2. $\max(X,Y)$及 $\min(X,Y)$的分布

设随机变量 X 与 Y 相互独立,其分布函数分别为 $F_X(x)$, $F_Y(y)$. 现在来求 $M=\max(X,Y)$及 $N=\min(X,Y)$的分布函数 $F_M(z)$及 $F_N(z)$:

$$\begin{aligned}F_M(z)&=P(\max(X,Y)\leqslant z)=P(X\leqslant z,Y\leqslant z)\\&=P(X\leqslant z)P(Y\leqslant z)=F_X(z)F_Y(z),\\F_N(z)&=P(N\leqslant z)=1-P(N>z)=1-P(\min(X,Y)>z)\\&=1-P(X>z,Y>z)=1-P(X>z)P(Y>z)\\&=1-[1-F_X(z)][1-F_Y(z)].\end{aligned}$$

一般情况下,设随机变量 $X_1,X_2,\cdots,X_n$ 相互独立,其分布函数分别为 $F_1(x),F_2(x),\cdots,$

$F_n(x)$,则 $M=\max(X_1,X_2,\cdots,X_n)$的分布函数为

$$F_M(z)=F_1(z)F_2(z)\cdots F_n(z),$$

$N=\min(X_1,X_2,\cdots,X_n)$的分布函数为

$$F_N(z)=1-[1-F_1(z)][1-F_2(z)]\cdots[1-F_n(z)].$$

特别地,当 $X_1,X_2,\cdots,X_n$ 独立同分布时,设分布函数为 $F(x)$,则

$$F_M(z)=[F(z)]^n,\quad F_N(z)=1-[1-F(z)]^n.$$

例 5 已知随机变量 X 与 Y 相互独立,并且它们的概率密度分别为

$$f_X(x)=\begin{cases}1, & 0\leqslant x\leqslant 1,\\ 0, & \text{其他},\end{cases}\qquad f_Y(y)=\begin{cases}e^{-y}, & y>0,\\ 0, & \text{其他},\end{cases}$$

求 $M=\max(X,Y)$和 $N=\min(X,Y)$的概率密度.

解 随机变量 X,Y 的分布函数分别为

$$F_X(x)=\begin{cases}0, & x<0,\\ x, & 0\leqslant x\leqslant 1,\\ 1, & x>1,\end{cases}\quad F_Y(y)=\begin{cases}1-e^{-y}, & y>0,\\ 0, & \text{其他},\end{cases}$$

因此 $M=\max(X,Y)$的分布函数为

$$F_M(z)=P(M\leqslant z)=F_X(z)F_Y(z),$$

从而 $M=\max(X,Y)$的概率密度为

$$\begin{aligned}f_M(z)&=F'_M(z)=F_X(z)f_Y(z)+f_X(z)F_Y(z)\\&=\begin{cases}0, & z<0,\\ ze^{-z}-e^{-z}+1, & 0\leqslant z\leqslant 1,\\ e^{-z}, & z>1.\end{cases}\end{aligned}$$

同理可得 $N=\min(X,Y)$的概率密度为

$$\begin{aligned}f_N(z)&=F'_N(z)=[1-F_X(z)]f_Y(z)+f_X(z)[1-F_Y(z)]\\&=\begin{cases}0, & \text{其他},\\ (2-z)e^{-z}, & 0\leqslant z\leqslant 1.\end{cases}\end{aligned}$$

习 题 2-10

A 组

1. 设二维随机变量(X,Y)的联合分布律为

X \ Y	-1	0	1
0	0.10	0.15	0.25
1	0.20	0.15	0.15

试求:

(1) $(X+Y)^2$ 的分布律； (2) $\max(X,Y)$的分布律； (3) $\min(X,Y)$的分布律.

2. 设随机变量 $X_i(i=1,2,\cdots,n)$的分布律均为 $P(X_i=1)=p,P(X_i=0)=1-p$,且 $X_1,X_2,\cdots,X_n$ 相互独立,证明：

$$Z=X_1+X_2+\cdots+X_n\sim B(n,p).$$

3. 设随机变量 $X\sim P(\lambda_1),Y\sim P(\lambda_2)$,且 X 与 Y 相互独立,证明：

$$X+Y\sim P(\lambda_1+\lambda_2).$$

4. 设随机变量 $X\sim N(1,2^2),Y\sim N(0,1)$,且 X 与 Y 相互独立,试求 $Z=2X-Y$ 的概率分布.

5. 设随机变量 X 与 Y 相互独立,且均服从参数为 λ 的指数分布,试求 $Z=X+Y$ 的概率密度.

6. 设系统 L 由两个相互独立的子系统 L_1 和 L_2 连接而成,连接的方式分别为：(1) 串联;(2) 并联.已知 L_1 的使用寿命 X 及 L_2 的使用寿命 Y 分别服从参数为 $\alpha>0$ 和 $\beta>0$ 的指数分布,试分别就(1),(2)两种连接方式,求系统 L 的使用寿命 Z 的概率密度(提示：串联时 $Z=\min(X,Y)$,而并联时 $Z=\max(X,Y)$).

B 组

1. 设随机变量 $X\sim B(m,p),Y\sim B(n,p)$,且 X 与 Y 相互独立,证明：

$$X+Y\sim B(m+n,p).$$

2. 已知二维随机变量(X,Y)的联合概率密度为

$$f(x,y)=\begin{cases}e^{-(x+y)}, & x>0,y>0,\\ 0, & \text{其他},\end{cases}$$

试求 $Z=X-Y$ 的概率密度.

3. 设随机变量 X 与 Y 相互独立,且其概率密度分别为

$$f_X(x)=\begin{cases}1, & 0\leqslant x\leqslant 1,\\ 0, & \text{其他},\end{cases}\quad f_Y(y)=\begin{cases}y, & 0\leqslant y\leqslant 1,\\ 2-y, & 1<y\leqslant 2,\\ 0, & \text{其他},\end{cases}$$

试求 $Z=X+Y$ 的概率密度.

4. 已知二维随机变量(X,Y)的联合概率密度为

$$f(x,y)=\begin{cases}x+y, & 0\leqslant x\leqslant 1,0\leqslant y\leqslant 1,\\ 0, & \text{其他},\end{cases}$$

试求：

(1) $M=\max(X,Y)$的分布函数； (2) $N=\min(X,Y)$的分布函数.

5. 设随机变量 X 和 Y 的联合分布是正方形

$$G=\{(x,y)\,|\,1\leqslant x\leqslant 3,1\leqslant y\leqslant 3\}$$

上的均匀分布,试求随机变量 $U=|X-Y|$ 的概率密度.

§11 综合例题

一维部分

一、基本概念的理解

例 1 通常,随机变量 X 的分布函数 $F(x)$的定义有两种：

(1) $F(x)=P(X<x)$; (2) $F(x)=P(X\leqslant x)$.

试问:这两种定义有何异同?

解 可以证明,(1)中定义的 $F(x)$ 单调不减、左连续,且满足 $F(-\infty)=0$,$F(+\infty)=1$. (2)中定义的 $F(x)$ 单调不减、右连续,且满足 $F(-\infty)=0$,$F(+\infty)=1$. 它们的共同点是单调不减,且 $F(-\infty)=0$,$F(+\infty)=1$;不同点是前者左连续,后者右连续.采取任何一种定义都是可以的,本书采用的是第(2)种.

例 2 连续型随机变量的概率密度是连续函数吗?

解 不一定. 例如,若 $X\sim U[a,b]$,则 X 的概率密度为

$$f(x)=\begin{cases}\dfrac{1}{b-a}, & a\leqslant x\leqslant b,\\ 0, & \text{其他}.\end{cases}$$

显然,它在 $x=a$ 及 $x=b$ 处都是不连续的.

例 3 设 $F(x)=\begin{cases}e^{x}, & x\leqslant 0,\\ 1-e^{-x}, & x>0,\end{cases}$ 问:它能否看做某一随机变量的分布函数?

解 能,但是是非离散型也非连续型的随机变量的分布函数.

例 4 若随机变量 $X\sim N(\mu,\sigma^2)$,$Y=kX+b$ (k,b 为常数,且 $k\neq 0$),则 Y 是否服从正态分布?

解 是.

二、求随机变量概率分布中的未知参数

例 5 设随机变量 X 的分布律为 $P(X=k)=C\left(\dfrac{1}{3}\right)^k$ ($k=1,2,\cdots$),求常数 C.

解 由分布律的性质 $\sum\limits_{k=1}^{\infty}P(X=k)=1$ 得

$$1=\sum_{k=1}^{\infty}C\left(\frac{1}{3}\right)^k=\frac{C}{2},\quad 故\quad C=2.$$

例 6 设随机变量 X 的分布函数为 $F(x)=\dfrac{1}{2}\left(1+k\arctan\dfrac{x}{2}\right)$,求常数 k.

解 由分布函数的性质 $F(-\infty)=0$,$F(+\infty)=1$ 得 $k=2/\pi$.

例 7 设连续型随机变量 X 的分布函数为

$$F(x)=\begin{cases}0, & x\leqslant 0\\ kx^2, & 0<x<1,\\ 1, & x\geqslant 1\end{cases}$$

求常数 k.

解 由于连续型随机变量的分布函数是连续函数,于是有

$$F(1-0)=F(1),\quad 即\quad k=1.$$

例 8 设随机变量 X 的概率密度为

$$f(x)=\begin{cases}0, & x\leqslant 0,\\ \dfrac{x}{k}\mathrm{e}^{-\frac{x^2}{2k}}, & x>0,\end{cases}$$

求常数 k 的取值范围.

解 由概率密度的性质 $f(x)\geqslant 0$ 及 $\int_{-\infty}^{+\infty}f(x)\mathrm{d}x=1$ 可得 k 的取值范围为 $k>0$.

例 9 设随机变量 X 的概率密度为 $f(x)=\begin{cases}0, & |x|>a,\\ 2-|x|, & |x|\leqslant a,\end{cases}$ 求常数 a.

解 由概率密度的性质知

$$1=\int_{-\infty}^{+\infty}f(x)\mathrm{d}x=\int_{-a}^{a}(2-|x|)\mathrm{d}x=4a-a^2,\quad 解得\quad a=2\pm\sqrt{3}.$$

再由 $f(x)\geqslant 0$ 得 $a=2-\sqrt{3}$.

三、求分布律

例 10 已知袋中有 5 个球,其中 2 个白球,3 个红球.现从中任取 3 个,求取到的白球个数 X 的概率分布.

解 由题意知,X 是离散型随机变量,可能取值为 0,1,2.由古典概型概率公式得

$$P(X=k)=\frac{\mathrm{C}_2^k\mathrm{C}_3^{3-k}}{\mathrm{C}_5^3}\quad (k=0,1,2).$$

逐个计算可得 X 的分布律

X	0	1	2
P	1/10	6/10	3/10

例 11 设随机变量 X 的分布函数为

$$F(x)=\begin{cases}0, & x<-1,\\ 0.2, & -1\leqslant x<1,\\ 0.8, & 1\leqslant x<2,\\ 1, & x\geqslant 2,\end{cases}$$

求 X 的概率分布.

解 由题目条件知 X 是离散型随机变量,取值为 -1,1,2.由分布函数的定义得

$$0.2=F(-1)=P(X\leqslant -1)=P(X=-1),$$

$$0.8=F(1)=P(X\leqslant 1)=P(X=-1)+P(X=1)=0.2+P(X=1),$$

即 $P(X=1)=0.6$.同理可得 $P(X=2)=0.2$.因此可得 X 的分布律为

X	-1	1	2
P	0.2	0.6	0.2

四、求分布函数

例 12 设随机变量 X 的概率分布为

X	-1	1	2
P	0.2	0.6	0.2

求 X 的分布函数 $F(x)$.

解 由分布函数公式 $F(x)=\sum\limits_{x_k\leqslant x}p_k$ 可得分布函数为

$$F(x)=\begin{cases}0, & x<-1;\\ 0.2, & -1\leqslant x<1;\\ 0.8, & 1\leqslant x<2;\\ 1, & x\geqslant 2.\end{cases}$$

例 13 设随机变量 X 的概率密度为

$$f(x)=\begin{cases}x/6, & 0\leqslant x\leqslant 3,\\ 2-x/2, & 3\leqslant x\leqslant 4,\\ 0, & \text{其他},\end{cases}$$

求 X 的分布函数 $F(x)$.

解 因为 $F(x)=P(X\leqslant x)=\int_{-\infty}^{x}f(t)\mathrm{d}t$,且题目中 $f(x)$ 是分段函数,所以对分布函数 $F(x)$ 也应分段讨论.

当 $x<0$ 时,$F(x)=\int_{-\infty}^{x}0\mathrm{d}t=0$;

当 $0\leqslant x\leqslant 3$ 时,$F(x)=\int_{-\infty}^{0}0\mathrm{d}t+\int_{0}^{x}\frac{t}{6}\mathrm{d}t=\frac{x^2}{12}$;

当 $3\leqslant x\leqslant 4$ 时,$F(x)=\int_{-\infty}^{0}0\mathrm{d}t+\int_{0}^{3}\frac{t}{6}\mathrm{d}t+\int_{3}^{x}\left(2-\frac{t}{2}\right)\mathrm{d}t=-\frac{x^2}{4}+2x-3$;

当 $x>4$ 时,$F(x)=\int_{-\infty}^{0}0\mathrm{d}t+\int_{0}^{3}\frac{t}{6}\mathrm{d}t+\int_{3}^{4}\left(2-\frac{t}{2}\right)\mathrm{d}t+\int_{4}^{x}0\mathrm{d}t=1$.

综上所述,X 的分布函数为

$$F(x)=\begin{cases}0, & x<0;\\ x^2/12, & 0\leqslant x\leqslant 3;\\ -x^2/4+2x-3, & 3\leqslant x\leqslant 4;\\ 1, & x>4.\end{cases}$$

五、已知常见分布,求相关概率

例 14(二项分布) 某人进行射击,设每次射击的命中率为 0.02. 若独立射击 400 次,试求至少击中 2 次的概率.

解 设击中次数为 X,则 $X\sim B(400,0.02)$,从而 X 的分布律为

$$P(X=k)=C_{400}^{k}\times 0.02^{k}\times 0.98^{400-k}\quad (k=0,1,\cdots,400).$$

所以所求的概率为

$$\begin{aligned}P(X\geqslant 2)&=1-P(X=0)-P(X=1)\\&=1-0.98^{400}-400\times 0.02\times 0.98^{399}=0.9972.\end{aligned}$$

注 这一事件的结果说明,一次试验结果的概率尽管很小(为 0.02),但是只要试验次数很多,而且试验是独立地进行,那么{至少击中 2 次}这一事件的发生几乎是必然的.

例 15(二项分布) 设随机变量 X 的概率密度为 $f(x)=\begin{cases}2x, & 0<x<1,\\ 0, & \text{其他}.\end{cases}$ 现对 X 进行 3 次独立重复观测,试求至少有 2 次观测值不大于 0.1 的概率.

解 事件{观测值不大于 0.1}即事件$\{X\leqslant 0.1\}$,其概率为

$$p=P(X\leqslant 0.1)=\int_{-\infty}^{0.1}f(x)\mathrm{d}x=2\int_{0}^{0.1}x\mathrm{d}x=0.01.$$

设 Y 表示 3 次独立观测中观测值不大于 0.1 发生的次数,显然 $Y\sim B(3,0.01)$,故所求的概率为

$$P(Y\geqslant 2)=C_3^2\times 0.01^2\times 0.09^1+C_3^3\times 0.01^3\times 0.09^0=0.000028.$$

例 16(泊松分布) 设随机变量 $X\sim P(\lambda)$,且 $P(X=1)=P(X=2)$,求 $P(X\leqslant 1)$.

解 泊松分布的分布律为

$$P(X=k)=\frac{\lambda^k}{k!}\mathrm{e}^{-\lambda}\quad (k=0,1,2,\cdots,n),$$

所以由 $P(X=1)=P(X=2)$ 可得 $\frac{\lambda}{1!}\mathrm{e}^{-\lambda}=\frac{\lambda^2}{2!}\mathrm{e}^{-\lambda}$,故 $\lambda=2$. 所以

$$P(X\leqslant 1)=P(X=0)+P(X=1)=3\mathrm{e}^{-2}.$$

例 17(泊松分布) 假设在一定时间内通过某交叉路口的救护车的辆数服从泊松分布,而且通过该交叉路口的救护车的平均车辆与时间的长度成正比. 已知一小时内没有救护车通过此交叉路口的概率为 0.2,试求 2 小时内至少有 2 辆救护车通过该交叉路口的概率.

解 设 $X(t)$ 表示在 t 小时内通过此交叉路口的救护车的辆数. 由条件知 $X(t)\sim P(\lambda t)$,且 $P(X(1)=0)=\mathrm{e}^{-\lambda}=0.2$,解得 $\lambda=\ln 5$. 故所求的概率为

$$\begin{aligned}P(X(2)\geqslant 2)&=1-P(X(2)<2)=1-P(X(2)=0)-P(X(2)=1)\\&=1-\mathrm{e}^{-2\ln 5}-2\ln 5\,\mathrm{e}^{-2\ln 5}=1-\frac{1}{25}-\frac{2\ln 5}{25}\approx 0.8312.\end{aligned}$$

例 18(均匀分布) 设随机变量 $X \sim U(1,6)$. 对方程 $x^2+Xx+1=0$,求:

(1) 有两个不同实根的概率; (2) 有重根的概率.

解 因为随机变量 $X \sim U(1,6)$,所以 X 的概率密度为

$$f(x)=\begin{cases}1/5, & 1<x<6, \\ 0, & \text{其他}.\end{cases}$$

(1) 方程有两个不同实根的充分必要条件是 $\Delta=X^2-4>0$. 由此解得 $X<-2, X>2$. 由题意知舍去 $X<-2$,即得 $2<X<6$. 因此所求的概率为

$$P(\Delta>0)=P(2<X<6)=\int_2^6 \frac{1}{5} \mathrm{d} x=\frac{4}{5}.$$

(2) 方程有重根的充分必要条件是 $\Delta=X^2-4=0$. 由此解得 $X=\pm 2$,舍去 $X=-2$. 所以方程有重根的概率为 $P(\Delta=0)=P(X=2)=0$.

例 19(指数分布) 设顾客在某银行的窗口等待服务的时间 X (单位: min)服从 $\lambda=\frac{1}{5}$ 的指数分布. 某顾客在窗口等待服务,若超过 10 min 就离开,求此顾客某天去该银行因未等到服务而离开的概率.

解 由题意可知 X 的概率密度为

$$f(x)=\begin{cases}\frac{1}{5} \mathrm{e}^{-x/5}, & x>0, \\ 0, & \text{其他},\end{cases}$$

故所求的概率为

$$P(X \geqslant 10)=\int_{10}^{+\infty} \frac{1}{5} \mathrm{e}^{-x/5} \mathrm{d} x=\mathrm{e}^{-10/5}=\mathrm{e}^{-2}.$$

例 20(正态分布) 已知某公司招聘 155 人,按综合考试成绩从高分到低分依次录取. 设共有 526 人报名,考试成绩 $X \sim N(\mu, \sigma^2)$. 若 90 分以上的有 12 人,60 分以下的有 83 人,某人成绩为 78 分,问: 这个人能否被录取?

解 由题意知 $P(X>90)=\frac{12}{526} \approx 0.0228$,所以

$$P(X \leqslant 90)=1-P(X>90) \approx 0.9772, \quad \text{即} \quad \Phi\left(\frac{90-\mu}{\sigma}\right) \approx 0.9772,$$

反查附表 1 得

$$\frac{90-\mu}{\sigma}=2.0. \tag{2.11.1}$$

又 $P(X<60)=\Phi\left(\frac{60-\mu}{\sigma}\right)=\frac{83}{526} \approx 0.1578$,反查附表 1 得

$$\frac{\mu-60}{\sigma}=1.0. \tag{2.11.2}$$

由(2.11.1),(2.11.2)两式联立解得 $\mu=70, \sigma=10$,所以 $X \sim N(70,10^2)$.

录取率为 $\frac{155}{526}\approx 0.2947$. 所以

$$P(X>78)=1-P(X\leqslant 78)=1-\Phi\left(\frac{78-70}{10}\right)=1-\Phi(0.8)$$
$$=1-0.7881=0.2119<0.2947.$$

因成绩超过 78 分的比例小于录取率,故这个人能被录取.

六、随机变量函数的分布

例 21 设随机变量 $X\sim U(0,1)$,求 $Y=-2\ln X$ 的概率密度.

解 在区间(0,1)内,函数 $\ln x<0$,故 $y=-2\ln x>0$,$y'=-\frac{2}{x}<0$,反函数为 $x=h(y)=e^{-y/2}$. 由公式(2.5.1)得 Y 的概率密度为

$$f_Y(y)=\begin{cases} f_X(e^{-y/2})\left|\frac{d(e^{-y/2})}{dy}\right|, & 0<e^{-y/2}<1, \\ 0, & \text{其他}. \end{cases}$$

又已知 $X\sim U(0,1)$,所以 X 的概率密度为

$$f_X(x)=\begin{cases} 1, & 0<x<1, \\ 0, & \text{其他}. \end{cases}$$

代入 $f_Y(y)$ 得

$$f_Y(y)=\begin{cases} \frac{1}{2}e^{-y/2}, & y>0, \\ 0, & \text{其他}. \end{cases}$$

即 Y 服从参数为 $\frac{1}{2}$ 的指数分布.

注 利用公式(2.5.1)直接写出 $Y=g(X)$ 的概率密度时,要注意两点:

(1) 判断 $y=g(x)$ 是否严格单调,如果不满足严格单调,不能直接用公式;

(2) 在公式中,$h'(y)$ 要取绝对值,否则求出的 Y 的概率密度有可能为负的.

二 维 部 分

一、基本概念的理解

例 1 对任意的两个随机变量 X 和 Y,能否说(X,Y)是一个二维随机变量?

解 不能. 由二维随机变量的定义知,只有 X 和 Y 是定义在同一个概率空间上的两个随机变量时,(X,Y)才是一个二维随机变量.

例 2 如果二维随机变量(X,Y)服从均匀分布,那么其边缘分布是否是均匀分布?

解 不一定,如本章 §8 中的例 5.

例 3 二维正态分布的边缘分布是正态分布吗?

解 是,如本章§8中的例6.

例4 如果某二维随机变量的边缘分布均为正态分布,那么其联合分布一定是二维正态分布吗?

解 不一定.例如,设(X,Y)的联合概率密度为$f(x,y)=\frac{1}{2\pi}e^{-(x^2+y^2)/2}(1+\sin x\sin y)$,显然它不服从二维正态分布,但是可以证明它的两个边缘分布都是正态分布.

例5 若(X,Y)是二维正态变量,则$kX+Y\ (k\neq0)$是否是正态变量?

解 是.由例3知,二维正态分布的边缘分布都是正态分布,再由本章§5中的定理可知$kX+Y\ (k\neq0)$也是正态变量.

二、二维离散型随机变量

例6 将2封信随机地投入编号为1,2的2个信箱中,用X表示第1封信投入的信箱号码,Y表示第2封信投入的信箱号码,求:

(1) (X,Y)的联合分布律; (2) (X,Y)的联合分布函数;

(3) 关于X和关于Y的边缘分布律; (4) $P(X\geqslant Y)$;

(5) 在$Y=1$的条件下,X的条件分布律; (6) 判断X与Y是否相互独立?

解 由题意知(X,Y)的所有可能取值有(1,1),(1,2),(2,1),(2,2),且2封信投入哪一个信箱是独立的.

(1) (X,Y)的联合分布律为

X \ Y	1	2
1	0.25	0.25
2	0.25	0.25

(2) 设(X,Y)的联合分布函数为$F(x,y)$.

当$x<1$或$y<1$时,$F(x,y)=P(X\leqslant x,Y\leqslant y)=0$;

当$1\leqslant x<2,1\leqslant y<2$时,$F(x,y)=P(X\leqslant x,Y\leqslant y)=P(X=1,Y=1)=0.25$;

当$x>2,1\leqslant y<2$时,

$$F(x,y)=P(X\leqslant x,Y\leqslant y)=P(X=1,Y=1)+P(X=2,Y=1)=0.50;$$

当$1\leqslant x<2,y\geqslant2$时,

$$F(x,y)=P(X\leqslant x,Y\leqslant y)=P(X=1,Y=1)+P(X=1,Y=2)=0.50;$$

当$x\geqslant2,y\geqslant2$时,

$$\begin{aligned}F(x,y)&=P(X\leqslant x,Y\leqslant y)\\&=P(X=1,Y=1)+P(X=2,Y=1)+P(X=1,Y=2)\\&\quad+P(X=2,Y=2)=1.\end{aligned}$$

综上,可得

$$F(x,y)=\begin{cases}0, & x<1 \text{ 或 } y<1,\\ 0.25, & 1\leqslant x<2,1\leqslant y<2,\\ 0.5, & \begin{cases}x\geqslant 2,\\ 1\leqslant y<2\end{cases} \text{ 或 } \begin{cases}1\leqslant x<2,\\ y\geqslant 2,\end{cases}\\ 1, & x\geqslant 2,y\geqslant 2.\end{cases}$$

(3) 由边缘分布律的定义计算可得关于 X 和关于 Y 的边缘分布律如下表所示:

X \ Y	1	2	$p_{i\cdot}$
1	0.25	0.25	0.5
2	0.25	0.25	0.5
$p_{\cdot j}$	0.5	0.5	

(4) $P(X\geqslant Y)=P(X=1,Y=1)+P(X=2,Y=1)+P(X=2,Y=2)$
$=0.25+0.25+0.25=0.75.$

(5) $P(Y=1)=0.5$. 由条件分布律公式得

$$P(X=1|Y=1)=\frac{P(X=1,Y=1)}{P(Y=1)}=\frac{0.25}{0.5}=0.5,$$

$$P(X=2|Y=1)=\frac{P(X=2,Y=1)}{P(Y=1)}=\frac{0.25}{0.5}=0.5,$$

故在 $Y=1$ 的条件下,X 的条件分布律为

$X=k$	1	2
$P(X=k\|Y=1)$	0.5	0.5

(6) 因为

$$P(X=1,Y=1)=P(X=1)P(Y=1),\quad P(X=1,Y=2)=P(X=1)P(Y=2),$$
$$P(X=2,Y=1)=P(X=2)P(Y=1),\quad P(X=2,Y=2)=P(X=2)P(Y=2),$$

所以 X 与 Y 是相互独立的.

三、二维联合分布函数

例 7 设二维连续型随机变量(X,Y)的联合分布函数为

$$F(x,y)=\begin{cases}k-\mathrm{e}^{-2x}-\mathrm{e}^{-3y}+\mathrm{e}^{-(2x+3y)}, & x>0,y>0,\\ 0, & \text{其他}.\end{cases}$$

(1) 求常数 k; (2) 求概率密度 $f(x,y)$;

(3) 求关于 X 和关于 Y 的边缘分布函数;

(4) 求 $P(\max(X,Y)>1)$; (5) 求 $P(X\leqslant 1/2,Y\leqslant 1/3)$;

(6) 判断 X 与 Y 是否相互独立.

解 (1) 由联合分布函数的性质 $F(+\infty,+\infty)=1$ 可得 $k=1$.

(2) 当 $x>0,y>0$ 时,$f(x,y)=\dfrac{\partial^2 F(x,y)}{\partial x\partial y}=6\mathrm{e}^{-(2x+3y)}$,所以

$$f(x,y)=\begin{cases}6\mathrm{e}^{-(2x+3y)}, & x>0,y>0,\\ 0, & \text{其他}.\end{cases}$$

(3) 当 $x>0$ 时,$F_X(x)=F(x,+\infty)=1-\mathrm{e}^{-2x}$;

当 $y>0$ 时,$F_Y(y)=F(+\infty,y)=1-\mathrm{e}^{-3y}$.

所以 $F_X(x)=\begin{cases}1-\mathrm{e}^{-2x}, & x>0,\\ 0, & x\leqslant 0,\end{cases}$ $F_Y(y)=\begin{cases}1-\mathrm{e}^{-3y}, & y>0,\\ 0, & y\leqslant 0.\end{cases}$

(4) $$\begin{aligned}P(\max(X,Y)>1)&=P(X>1\cup Y>1)=P(X>1)+P(Y>1)-P(X>1,Y>1)\\&=1-F_X(1)+1-F_Y(1)-[1-F_X(1)-F_Y(1)+F(1,1)]\\&=\mathrm{e}^{-2}+\mathrm{e}^{-3}-\mathrm{e}^{-5}.\end{aligned}$$

(5) $P\left(X\leqslant\frac{1}{2},Y\leqslant\frac{1}{3}\right)=F\left(\frac{1}{2},\frac{1}{3}\right)=1-\mathrm{e}^{-2\cdot\frac{1}{2}}-\mathrm{e}^{-3\cdot\frac{1}{3}}+\mathrm{e}^{-(2\cdot\frac{1}{2}+3\cdot\frac{1}{3})}=1-2\mathrm{e}^{-1}+\mathrm{e}^{-2}$.

(6) 对任意的 x,y,有 $F(x,y)=F_X(x)F_Y(y)$,所以 X 与 Y 相互独立.

四、二维联合概率密度

例 8 设二维随机变量(X,Y)的联合概率密度为

$$f(x,y)=\begin{cases}kx^2y(1-y), & 0<x<1,0<y<1\\ 0, & \text{其他}.\end{cases}$$

(1) 求常数 k; (2) 求分布函数 $F(x,y)$; (3) 求 $P(X\geqslant Y)$;

(4) 求关于 X 和关于 Y 的边缘概率密度; (5) 求 $f_{X|Y}(x|y)$;

(6) 求 $P(X<1/2|Y\leqslant 1/2)$; (7) 求 $P(X<1/2|Y=1/2)$;

(8) 判断 X 与 Y 是否相互独立.

解 (1) 由联合概率密度的性质$\int_{-\infty}^{+\infty}\int_{-\infty}^{+\infty}f(x,y)\mathrm{d}x\mathrm{d}y=1$ 可得

$$1=\int_0^1\int_0^1 kx^2y(1-y)\mathrm{d}x\mathrm{d}y=\frac{k}{18},\quad \text{故}\quad k=18.$$

(2) $$F(x,y)=\int_{-\infty}^{x}\int_{-\infty}^{y}f(u,v)\mathrm{d}v\mathrm{d}u$$

$$=\begin{cases}0, & x\leqslant 0\text{ 或 }y\leqslant 0,\\ \int_0^x\int_0^y ku^2v(1-v)\mathrm{d}v\mathrm{d}u, & 0<x<1,0<y<1,\\ \int_0^x\int_0^1 ku^2v(1-v)\mathrm{d}v\mathrm{d}u, & 0<x<1,y\geqslant 1,\\ \int_0^1\int_0^y ku^2v(1-v)\mathrm{d}v\mathrm{d}u, & x\geqslant 1,0<y<1,\\ 1, & x\geqslant 1,y\geqslant 1\end{cases}$$

$$=\begin{cases}0, & x\leqslant 0 \text{ 或 } y\leqslant 0,\\ 3x^3y^2-2x^3y^3, & 0<x<1,0<y<1,\\ x^3, & 0<x<1,y\geqslant 1,\\ 3y^2-2y^3, & x\geqslant 1,0<y<1,\\ 1, & x\geqslant 1,y\geqslant 1.\end{cases}$$

(3) $P(X\geqslant Y)=\int_0^1\int_0^x 18x^2y(1-y)\mathrm{d}y\mathrm{d}x=\dfrac{4}{5}.$

(4) 当 $0<x<1$ 时, $f_X(x)=\int_0^1 18x^2y(1-y)\mathrm{d}y=3x^2$;

当 $0<y<1$ 时, $f_Y(y)=\int_0^1 18x^2y(1-y)\mathrm{d}x=6y(1-y)$.

所以 $f_X(x)=\begin{cases}3x^2, & 0<x<1,\\ 0, & \text{其他},\end{cases}$ $f_Y(y)=\begin{cases}6y(1-y), & 0<y<1,\\ 0, & \text{其他}.\end{cases}$

(5) $f_{X|Y}(x|y)=\begin{cases}\dfrac{f(x,y)}{f_Y(y)}, & 0<x<1,0<y<1,\\ 0, & \text{其他}\end{cases}=\begin{cases}3x^2, & 0<x<1,0<y<1,\\ 0, & \text{其他}.\end{cases}$

(6) $P\left(X<\dfrac{1}{2}\,\Big|\,Y\leqslant\dfrac{1}{2}\right)=\dfrac{P\left(X<\dfrac{1}{2},Y\leqslant\dfrac{1}{2}\right)}{P(Y\leqslant 1/2)}=\dfrac{\int_0^{1/2}\int_0^{1/2}18x^2y(1-y)\mathrm{d}x\mathrm{d}y}{\int_0^{1/2}6y(1-y)\mathrm{d}y}=\dfrac{\frac{1}{16}}{\frac{1}{2}}=\dfrac{1}{8}.$

(7) $P\left(X<\dfrac{1}{2}\,\Big|\,Y=\dfrac{1}{2}\right)=\int_0^{1/2}f_{X|Y}(x|y)\big|_{y=1/2}\mathrm{d}x=\int_0^{1/2}3x^2\mathrm{d}x=\dfrac{1}{8}.$

(8) 对任意的 x,y, 有 $f(x,y)=f_X(x)f_Y(y)$, 所以 X 与 Y 相互独立.

例 9 设二维随机变量 (X,Y) 的联合概率密度为 $f(x,y)=\begin{cases}k(x+y), & 0\leqslant y<x\leqslant 1,\\ 0, & \text{其他}.\end{cases}$

(1) 求常数 k; (2) 求 $P(X+Y\leqslant 1)$;

(3) 求关于 X 和关于 Y 的边缘概率密度;

(4) 求 $f_{X|Y}(x|y)$; (5) 求 $P(X>1/2|Y\geqslant 1/2)$;

(6) 求 $P(X>1/2|Y=1/2)$; (7) 判断 X 与 Y 是否相互独立.

解 (1) 由联合概率密度的性质 $\int_{-\infty}^{+\infty}\int_{-\infty}^{+\infty}f(x,y)\mathrm{d}x\mathrm{d}y=1$ 可得

$$1=\int_0^1\int_y^1 k(x+y)\mathrm{d}x\mathrm{d}y=\frac{k}{2},\quad \text{故}\quad k=2.$$

(2) $P(X+Y\leqslant 1)=\int_0^{1/2}\int_y^{1-y}2(x+y)\mathrm{d}x\mathrm{d}y=\dfrac{1}{3}.$

(3) 当 $0\leqslant x\leqslant 1$ 时, $f_X(x)=\int_0^x 2(x+y)\mathrm{d}y=3x^2$;

当 $0\leqslant y\leqslant 1$ 时, $f_Y(y)=\int_y^1 2(x+y)\mathrm{d}x=-3y^2+2y+1.$

所以

$$f_X(x)=\begin{cases}3x^2, & 0\leqslant x\leqslant 1,\\ 0, & \text{其他},\end{cases}\qquad f_Y(y)=\begin{cases}-3y^2+2y+1, & 0\leqslant y\leqslant 1,\\ 0, & \text{其他}.\end{cases}$$

(4) $$f_{X|Y}(x|y)=\begin{cases}\dfrac{f(x,y)}{f_Y(y)}, & 0\leqslant y<x\leqslant 1,\\ 0, & \text{其他}\end{cases}=\begin{cases}\dfrac{2(x+y)}{-3y^2+2y+1}, & 0\leqslant y<x\leqslant 1,\\ 0, & \text{其他}.\end{cases}$$

(5) $$P\left(X>\frac{1}{2}\,\middle|\,Y\geqslant\frac{1}{2}\right)=\frac{P\left(X>\frac{1}{2},Y\geqslant\frac{1}{2}\right)}{P\left(Y\geqslant\frac{1}{2}\right)}=\frac{\int_{1/2}^{1}\int_{y}^{1}2(x+y)\mathrm{d}x\mathrm{d}y}{\int_{1/2}^{1}(-3y^2+2y+1)\mathrm{d}y}=\frac{\frac{3}{8}}{\frac{3}{8}}=1.$$

(6) $$P\left(X>\frac{1}{2}\,\middle|\,Y=\frac{1}{2}\right)=\int_{1/2}^{1}f_{X|Y}(x|y)\big|_{y=1/2}\mathrm{d}x=\int_{1/2}^{1}\frac{8}{5}\left(x+\frac{1}{2}\right)\mathrm{d}x=1,$$

(7) 当 $0\leqslant y<x\leqslant 1$ 时,$f(x,y)\neq f_X(x)f_Y(y)$,所以 X 与 Y 不相互独立.

总习题二

一维部分

一、填空题:

1. 设随机变量 X 的分布律为 $P(X=i)=a\left(\frac{1}{2}\right)^i\ (i=1,2,\cdots)$,则 $a=$________.

2. 设随机变量 X 的分布律为 $P(X=k)=a\dfrac{\lambda^k}{k!}\ (k=0,1,2,\cdots)$,则 $a=$________.

3. 已知离散型随机变量 X 的分布函数为

$$F(x)=\begin{cases}0, & x<-1,\\ 0.4, & -1\leqslant x<1,\\ 0.8, & 1\leqslant x<3,\\ 1, & x\geqslant 3,\end{cases}$$

则 X 的分布律为________.

4. 设随机变量 X 服从泊松分布,且 $P(X=0)=P(X=1)$,则 $P(X=2)=$________.

5. 设汽车发动机无故障工作的时间服从指数分布.若平均无故障工作的时间为 100 h,则其实际无故障工作的时间不少于 80 h 的概率为________.

6. 同时掷 3 颗质地均匀的骰子,则至少有一颗出现 6 点的概率为________.

7. 设随机变量 $X\sim N(3,\sigma^2)$,且 $P(0<X<6)=0.4$,则 $P(X>0)=$________.

8. 设随机变量 X 的概率密度为

$$f(x)=\begin{cases}1/3, & 0\leqslant x\leqslant 1,\\ 2/9, & 3\leqslant x\leqslant 6,\\ 0, & \text{其他}.\end{cases}$$

若 k 使得 $P(X\geqslant k)=2/3$,则 k 的取值范围是________.

9. 设随机变量 X 的分布函数为

$$F(x)=\begin{cases}0, & x<-1,\\ a, & -1\leqslant x<1,\\ 2/3-a, & 1\leqslant x<2,\\ a+b, & x\geqslant 2,\end{cases}$$

且 $P(X=2)=1/2$,则 $a=$________,$b=$________.

10. 设随机变量 $X\sim U(0,2)$,则 $Y=X^2$ 的概率密度 $f_Y(y)=$________.

二、选择题:

1. 设随机变量 X 的分布律为 $P(X=k)=b\lambda^k(k=1,2,\cdots)$,且 $b>0$,则( ).

(A) λ 为大于零的任意常数 (B) $\lambda=b+1$

(C) $\lambda=\dfrac{1}{b+1}$ (D) $\lambda=\dfrac{1}{b-1}$

2. 设随机变量 X 的概率密度为 $f(x)$,且 $f(x)=f(-x)$,则( )成立.

(A) $F(-a)=1-\int_0^a f(x)\mathrm{d}x$ (B) $F(-a)=\dfrac{1}{2}-\int_0^a f(x)\mathrm{d}x$

(C) $F(-a)=F(a)$ (D) $F(-a)=2F(a)-1$

3. 设 $F_1(x)$ 与 $F_2(x)$ 分别为随机变量 X_1 和 X_2 的分布函数. 为了使 $F(x)=aF_1(x)-bF_2(x)$ 是某个随机变量的分布函数,在下列给定的各组值中应取( ).

(A) $a=3/5$, $b=-2/5$ (B) $a=2/3,b=2/3$

(C) $a=-1/2,b=3/2$ (D) $a=1/2,b=-3/2$

4. 设 $F(x)=\begin{cases}0, & x\leqslant 0,\\ x/2, & 0<x\leqslant 1,\\ 1, & x>1,\end{cases}$ 则 $F(x)$( ).

(A) 是某随机变量的分布函数 (B) 不是分布函数

(C) 是离散型分布函数 (D) 是连续型分布函数

5. 设随机变量 $X\sim P(\lambda)$,且 $P(X=3)=P(X=4)$,则 λ 为( ).

(A) 3 (B) 2 (C) 1 (D) 4

6. 设随机变量 $X\sim N(\mu,\sigma^2)$,则随着 σ 的增大,概率 $P(|X-\mu|<\sigma)$( ).

(A) 单调增大 (B) 单调减小 (C) 保持不变 (D) 增减不定

7. 设随机变量 $X\sim N(0,1)$,对给定的 $\alpha(0<\alpha<1)$,数 u_α 满足 $P(X>u_\alpha)=\alpha$. 若 $P(|X|<x)=\alpha$,则 x 等于( ).

(A) $u_{\alpha/2}$ (B) $u_{1-\alpha/2}$ (C) $u_{(1-\alpha)/2}$ (D) $u_{1-\alpha}$

8. 设随机变量 X 服从正态分布 $N(\mu_1,\sigma_1^2)$,随机变量 Y 服从正态分布 $N(\mu_2,\sigma_2^2)$,且 $P(|X-\mu_1|<1)>P(|Y-\mu_2|<1)$,则必有( ).

(A) $\sigma_1<\sigma_2$ (B) $\sigma_1>\sigma_2$ (C) $\mu_1<\mu_2$ (D) $\mu_1>\mu_2$

9. 设 $f_1(x)$ 为标准正态分布的概率密度,$f_2(x)$ 为 $[-1,3]$ 上的均匀分布的概率密度. 若 $f(x)=\begin{cases}af_1(x), & x\leqslant 0,\\ bf_2(x), & x>0\end{cases}$ $(a>0,b>0)$ 为概率密度,则 a,b 应满足( ).

(A) $2a+3b=4$ (B) $3a+2b=4$ (C) $a+b=1$ (D) $a+b=2$

10. 设随机变量 X 的分布函数为 $F(x)$,概率密度为 $f(x)$. 若 X 与 $-X$ 有相同的分布函数,则(　　).

(A) $F(x)=F(-x)$　　(B) $F(x)=-F(-x)$

(C) $f(x)=f(-x)$　　(D) $f(x)=-f(-x)$

11. 设连续型随机变量 X 的概率密度和分布函数分布为 $f(x)$和 $F(x)$,则(　　).

(A) $f(x)$可以是奇函数　　(B) $f(x)$可以是偶函数

(C) $F(x)$可以是奇函数　　(D) $F(x)$可以是偶函数

12. 设随机变量 X 的分布函数为 $F(x)=\begin{cases}0, & x<0,\\ 1/2, & 0\leqslant x<1,\\ 1-e^{-x}, & x\geqslant 1,\end{cases}$ 则 $P(X=1)=$(　　).

(A) 0　　(B) $\dfrac{1}{2}$　　(C) $\dfrac{1}{2}-e^{-1}$　　(D) $1-e^{-1}$

三、计算题:

1. 某人从家到学校的途中有 3 个交通岗,假设在各个交通岗遇到红灯的概率是相互独立的,且概率均是 0.4. 设 X 为途中遇到红灯的次数,试求:

(1) X 的概率分布;　　(2) X 的分布函数.

2. 设连续型随机变量 X 的分布函数为

$$F(x)=\begin{cases}A, & x<0,\\ Bx^2, & 0\leqslant x<1,\\ Cx-\dfrac{1}{2}x^2-1, & 1\leqslant x<2,\\ 1, & x\geqslant 2,\end{cases}$$

试求:

(1) 常数 A,B,C;　　(2) X 的概率密度 $f(x)$;

(3) $P(X>3/2\mid X>1/2)$.

3. 设随机变量 X 的概率密度为

$$f(x)=\begin{cases}Ax, & 1<x<2,\\ B, & 2<x<3,\\ 0, & 其他,\end{cases}$$

且 $P(1<X<2)=P(2<X<3)$,求:

(1) 常数 A,B;　　(2) X 的分布函数 $F(x)$.

4. 设随机变量 X 的概率密度为 $f(x)=\begin{cases}2x, & 0<x<1,\\ 0, & 其他,\end{cases}$ 且 $P(X>a)=P(X\leqslant a)$,求 a.

5. 假设一种电池的使用寿命服从指数分布,且这种电池的平均使用寿命为 200 h. 若一节电池已经使用了 80 h,求它至少还能再使用 80 h 的概率.

6. 某企业准备通过考试招聘 300 名职工,其中正式工 280 人,临时工 20 人. 已知报考的人数为 1657 人,考试满分是 400 分. 考试后得知,考试的平均成绩为 $\mu=166$ 分,360 分以上的高分考生有 31 人. 某考生得 256 分,问:他能否被录取?能否被聘为正式工?

7. 设一大型设备在时间段$[0,t]$内发生故障的次数 $N(t)$服从参数为 λt 的泊松分布.

(1) 求相继两次故障之间的时间间隔 T 的概率分布;

(2) 在设备已无故障工作 8 h 的情况下,求再无故障工作 8 h 的概率.

8. 设随机变量 X 的概率密度为 $f_X(x)=\begin{cases} e^{-x}, & x\geqslant 0, \\ 0, & x<0, \end{cases}$ 求随机变量 $Y=e^X$ 的概率密度 $f_Y(y)$.

二 维 部 分

一、填空题:

1. 设相互独立的两个随机变量 X,Y 具有同一分布律,且 X 的分布律为

X	0	1
P	0.5	0.5

则随机变量 $Z=\max(X,Y)$ 的分布律为________,$P(X=Y)=$________.

2. 设有随机变量 X,Y,且已知 $P(X\geqslant 0,Y\geqslant 0)=3/7$,$P(X\geqslant 0)=P(Y\geqslant 0)=4/7$,则 $P(\min(X,Y))<0$ =________.

3. 从数 1,2,3,4 中任取一个数,记为 X,再从 $1,2,\cdots,X$ 中任取一个数,记为 Y,则概率 $P(Y=2)$ =________.

4. 设随机变量 X 与 Y 相互独立,且均服从区间 $[0,3]$ 上的均匀分布,则概率 $P(\max(X,Y)\leqslant 1)$ =________.

5. 设二维随机变量 (X,Y) 的联合概率密度为 $f(x,y)=\begin{cases} 6x, & 0\leqslant x\leqslant y\leqslant 1, \\ 0, & \text{其他}, \end{cases}$ 则概率 $P(X+Y\leqslant 1)$ =________.

6. 设平面区域 D 由曲线 $y=\dfrac{1}{x}$ 及直线 $y=0,x=1,x=e^2$ 所围成,二维随机变量 (X,Y) 在区域 D 上服从均匀分布,则 (X,Y) 关于 X 的边缘概率密度在 $x=2$ 处的值为________.

7. 设随机变量 X 与 Y 相互独立,且均服从区间 $[0,1]$ 上均匀分布,则方程 $x^2+2Xx+Y=0$ 有实根的概率为________.

8. 已知 $P(X=k)=a/k$,$P(Y=-k)=b/k^2$ $(k=1,2,3)$,X 与 Y 相互独立,则 $a=$________,$b=$________.

二、选择题:

1. 设两个随机变量 X,Y 独立同分布:$P(X=-1)=P(Y=-1)=1/2$,$P(X=1)=P(Y=1)=1/2$,则下列成立的是( ).

(A) $P(X=Y)=1/2$ (B) $P(X=Y)=1$

(C) $P(X+Y=0)=1/4$ (D) $P(XY=0)=1/4$

2. 设二维随机变量 (X,Y) 的联合概率分布如下:

X \ Y	0	1
0	0.4	a
1	b	0.1

已知随机事件$\{X=0\}$与$\{X+Y=1\}$相互独立,则( ).

(A) $a=0.2,b=0.3$ (B) $a=0.4,b=0.1$

(C) $a=0.3,b=0.2$ (D) $a=0.1,b=0.4$

3. 设二维随机变量(X,Y)的联合概率密度为$f(x,y)=\begin{cases} e^{-(x+y)}, & x>0,y>0, \\ 0, & 其他, \end{cases}$则概率$P(X<Y)=$( ).

(A) 1/4 (B) 1/3 (C) 1/2 (D) 1/6

4. 设随机变量X与Y相互独立,其分布律为$P(X=0)=P(Y=0)=0.4,P(X=1)=P(Y=1)=0.6$,则有( ).

(A) $P(X\neq Y)=1$ (B) $P(X=Y)=0.52$

(C) $P(X=Y)=1$ (D) $P(X\neq Y)=0$

5. 设随机变量X,Y独立同分布,且X的分布函数为$F(x)$,则$Z=\max(X,Y)$的分布函数为( ).

(A) $F^2(x)$ (B) $F(x)F(y)$

(C) $1-[1-F(x)]^2$ (D) $[1-F(x)][1-F(y)]$

6. 设随机变量$X_i(i=1,2)$的分布律如下:

X_i	-1	0	1
P	1/4	1/2	1/4

$(i=1,2)$

且满足$P(X_1X_2=0)=1$,则$P(X_1=X_2)=$( ).

(A) 0 (B) 1/4 (C) 1/2 (D) 1

7. 设二维随机变量(X,Y)服从二维正态分布,且X与Y相互独立,$f_X(x),f_Y(y)$分别表示X,Y的概率密度,则在$Y=y$的条件下,X的条件概率密度为( ).

(A) $f_X(x)$ (B) $f_Y(y)$ (C) $f_X(x)f_Y(y)$ (D) $\dfrac{f_X(x)}{f_Y(y)}$

8. 设随机变量X与Y相互独立,且X服从标准正态分布$N(0,1)$,Y的分布律为$P(Y=0)=P(Y=1)=1/2$.记$F_Z(z)$为随机变量$Z=XY$的分布函数,则函数$F_Z(z)$的间断点个数为( ).

(A) 0 (B) 1 (C) 2 (D) 3

三、计算题:

1. 已知随机变量X,Y的分布律分别为

X	-1	0	1
P	1/4	1/2	1/4

Y	0	1
P	1/2	1/2

且$P(XY=0)=1$.

(1) 求X和Y的联合分布律; (2) 问:X与Y是否相互独立?为什么?

2. 设一袋中有1个红球,2个黑球和3个白球.现有放回地从袋中取2次,每次取一个球,以X,Y,Z分别表示2次取球所取得的红球、黑球与白球的个数,求:

(1) $P(X=1|Z=0)$; (2) 二维随机变量(X,Y)的概率分布.

3. 将3个球随机地放入4个盒子内,设X表示有球的盒子数,Y表示第1个盒子内球的数目,求(X,Y)的联合分布律.

4. 设二维随机变量(X,Y)的联合概率密度为

$$f(x,y)=\begin{cases}c-x-y, & 0<x<1,0<y<1\\0, & \text{其他},\end{cases}$$

试求：

(1) 常数c；　(2) $P(X>2Y)$；　(3) $f_X(x),f_Y(y)$；

(4) $f_{X|Y}(x|y)$(其中$0<y<1$)；　(5) $P(X>1/2|Y>1/2)$；

(6) $P(X>1/2|Y=1/2)$；　(7) 判断X与Y是否相互独立.

5. 已知二维随机变量(X,Y)的联合概率密度为$f(x,y)=\begin{cases}ke^{-y}, & 0<x<y,\\0, & \text{其他}.\end{cases}$

(1) 求常数k；(2) 求$P(X+Y\leqslant 1)$；(3) 求$f_X(x)$；(4) 求$f(x|y)$；

(5) 判断X与Y的独立性；(6) 求$P\left(Y\geqslant\frac{1}{2}\middle|X\geqslant\frac{1}{2}\right)$；　(7) 求$P\left(Y\geqslant\frac{1}{2}\middle|X=\frac{1}{2}\right)$.

6. 已知二维随机变量(X,Y)联合概率密度为

$$f(x,y)=\begin{cases}\dfrac{1}{Ax^2y}, & x\geqslant 1,\dfrac{1}{x}<y<x,\\0, & \text{其他}.\end{cases}$$

(1) 求常数A；　(2) 求$P(4Y>X)$；

(3) 求$f_X(x),f_Y(y)$；　(4) 判断X与Y的独立性.

7. 设一电子仪器由两个部件构成，以X和Y分别表示两部件的使用寿命(单位：10^3 h). 已知X和Y的联合分布函数为

$$F(x,y)=\begin{cases}1-e^{-0.5x}-e^{-0.5y}+e^{-0.5(x+y)}, & x\geqslant 0,y\geqslant 0,\\0, & \text{其他}.\end{cases}$$

(1) 问：X和Y是否独立？

(2) 求两个部件的使用寿命都超过100 h的概率α.

8. 设某班车起点站上客人数X服从参数为$\lambda(\lambda>0)$的泊松分布，每位乘客在中途下车的概率为$p\ (0<p<1)$，且中途下车与否相互独立. 以Y表示在中途下车的人数，求：

(1) 在发车时有n个乘客的条件下，中途有m人下车的概率；

(2) 二维随机变量(X,Y)的联合概率分布.

9. 设随机变量X与Y相互独立，其概率密度分别为

$$f_X(x)=\begin{cases}1, & 0\leqslant x\leqslant 1,\\0, & \text{其他},\end{cases}\qquad f_Y(y)=\begin{cases}e^{-y}, & y>0,\\0, & y\leqslant 0,\end{cases}$$

求$Z=2X+Y$的概率密度.

10. 设随机变量X与Y相互独立，X的分布律为$P(X=i)=1/3\ (i=-1,0,1)$，Y的概率密度为$f_Y(y)=\begin{cases}1, & 0\leqslant y<1,\\0, & \text{其他},\end{cases}$记$Z=X+Y$.

(1) 求$P(Z\leqslant 1/2|X=0)$；　(2) 求Z的概率密度$f_Z(z)$.

第三章 随机变量的数字特征

分布函数能完整地刻画随机变量的统计规律.但在实际问题中,并不需要全面考察随机变量的变化情况,如了解某班的概率统计成绩时,通常也只关心平均分及各个人成绩与这个平均分的整体偏离程度;又如考察一只股票的好坏时,通常只关注平均收益率;等等.也就是说,只要知道反映随机变量变化的一些数字特征就够了.本章将介绍随机变量的常用数字特征:期望、方差、协方差、相关系数、矩与协方差矩阵等.

§1 数学期望

在反映整体的数量特征时,人们经常使用平均值.例如,某班级一次考试成绩的平均分数反映了整个班级该项测试内容的掌握水平;两个地区人均年收入不同,则反映了两地区经济水平的差异,此时,使用两地区年总收入数值不能完全反映两地区的经济水平.

为有助于理解数学期望的平均意义,在介绍数学期望的定义之前,考虑以下例题.

例 1 某人购买了若干千克的苹果,其中 $\frac{3}{11}$ 的苹果价格为2 元/kg,$\frac{7}{11}$ 的苹果价格为 2.6 元/kg,$\frac{1}{11}$ 的苹果价格为 3 元/kg,求每千克苹果的平均价格.

解 苹果的平均价格为

$$\left(2\times\frac{3}{11}+2.6\times\frac{7}{11}+3\times\frac{1}{11}\right)\text{元}/\text{kg}=\frac{136}{55}\text{元}/\text{kg}\approx 2.47\text{元}/\text{kg}.$$

求平均价格时不妨设购买了 11 kg 苹果,则平均价格为

$$[(2\times 3+2.6\times 7+3\times 1)\div 11]\text{元}/\text{kg}=\frac{136}{55}\text{元}/\text{kg}\approx 2.47\text{元}/\text{kg}.$$

同理,设随机变量 X 的分布律为

X	2	2.6	3
P	3/11	7/11	1/11

则 $2\times\frac{3}{11}+2.6\times\frac{7}{11}+3\times\frac{1}{11}=\frac{136}{55}$ 是随机变量 X 的平均值.

一、离散型随机变量的数学期望

定义 1 设离散型随机变量 X 的分布律为

$$P(X=x_i)=p_i \quad (i=1,2,\cdots).$$

若级数 $\sum_{i=1}^{\infty}x_ip_i$ 绝对收敛,则称 $\sum_i x_ip_i$ 的值为 X 的**数学期望**(mathematical expectation) 或**均值**(average),记做 $\mathrm{E}(X)$,即

$$\mathrm{E}(X)=\sum_i x_ip_i.$$

这里要求 $\sum_i x_ip_i$ 绝对收敛保证了 $\sum_i x_ip_i$ 为无穷级数时,$\sum_i x_ip_i$ 的值不会因级数各项求和次序的改变而改变.

下面给出几个常用离散型随机变量的数学期望.

1. 两点分布

设随机变量 $X\sim B(1,p)$,其概率分布律为

$$P(X=1)=p,\quad P(X=0)=1-p,$$

则

$$\mathrm{E}(X)=0\cdot(1-p)+1\cdot p=p.$$

2. 二项分布(参数为 n,p)

设随机变量 $X\sim B(n,p)$,其概率分布律为

$$P(X=k)=\mathrm{C}_n^kp^k(1-p)^{n-k} \quad (k=0,1,\cdots,n),$$

则

$$\mathrm{E}(X)=\sum_{k=0}^{n}k\,\mathrm{C}_n^kp^k(1-p)^{n-k}=np\sum_{k=1}^{n}\frac{(n-1)!}{(k-1)!(n-k)!}p^{k-1}(1-p)^{n-k}$$

$$\xlongequal{令\,l=k-1}np\sum_{l=0}^{n-1}\mathrm{C}_{n-1}^{l}p^l(1-p)^{(n-1)-l}=np(p+1-p)^{n-1}=np.$$

3. 参数为 λ 的泊松分布

设随机变量 $X\sim P(\lambda)$,其概率函数为

$$P(X=k)=\mathrm{e}^{-\lambda}\frac{\lambda^k}{k!} \quad (k=0,1,2,\cdots),$$

则

$$\mathrm{E}(X)=\sum_{k=0}^{\infty}\left(k\cdot\mathrm{e}^{-\lambda}\frac{\lambda^k}{k!}\right)=\lambda\sum_{k=1}^{\infty}\mathrm{e}^{-\lambda}\frac{\lambda^{k-1}}{(k-1)!}\xlongequal{令\,l=k-1}\lambda\mathrm{e}^{-\lambda}\sum_{l=0}^{\infty}\frac{\lambda^l}{l!}=\lambda.$$

二、连续型随机变量的数学期望

连续型随机变量是随机试验的样本点与实数的对应. 对于连续型随机变量的均值,即数

学期望,定义如下:

定义 2 设 X 为连续型随机变量,其概率密度为 $f(x)$. 若 $\int_{-\infty}^{+\infty} xf(x)\mathrm{d}x$ 绝对收敛,则称 $\int_{-\infty}^{+\infty} xf(x)\mathrm{d}x$ 的值为 X 的**数学期望**或**均值**,记做 $\mathrm{E}(X)$,即

$$\mathrm{E}(X) = \int_{-\infty}^{+\infty} xf(x)\mathrm{d}x.$$

下面给出几个常见的连续型随机变量的数学期望.

1. 均匀分布

设随机变量 X 服从区间$[a,b]$上的均匀分布,其概率密度为

$$f(x) = \begin{cases} \dfrac{1}{b-a}, & x \in [a,b], \\ 0, & 其他, \end{cases}$$

其中 a,b 为常数,且 $a<b$,则

$$\mathrm{E}(X) = \int_{-\infty}^{+\infty} xf(x)\mathrm{d}x = \int_a^b \frac{x}{b-a}\mathrm{d}x = \frac{1}{b-a}\int_a^b x\mathrm{d}x = \frac{a+b}{2}.$$

2. 指数分布

设随机变量 X 服从参数为 $\lambda>0$ 的指数分布,其概率密度为

$$f(x) = \begin{cases} \lambda \mathrm{e}^{-\lambda x}, & x \geqslant 0, \\ 0, & x < 0, \end{cases}$$

则

$$\mathrm{E}(X) = \int_{-\infty}^{+\infty} xf(x)\mathrm{d}x = \int_0^{+\infty} x \cdot \lambda \mathrm{e}^{-\lambda x}\mathrm{d}x \xlongequal{令 t = \lambda x} \frac{1}{\lambda}\int_0^{+\infty} t\mathrm{e}^{-t}\mathrm{d}t = \frac{1}{\lambda}.$$

3. 正态分布

设随机变量 $X \sim N(\mu,\sigma^2)$,其概率密度为

$$f(x) = \frac{1}{\sqrt{2\pi}\sigma}\mathrm{e}^{-\frac{(x-\mu)^2}{2\sigma^2}} \quad (-\infty < x < +\infty),$$

则

$$\begin{aligned} \mathrm{E}(X) &= \int_{-\infty}^{+\infty} xf(x)\mathrm{d}x = \int_{-\infty}^{+\infty} x\frac{1}{\sqrt{2\pi}\sigma}\mathrm{e}^{-\frac{(x-\mu)^2}{2\sigma^2}}\mathrm{d}x \xlongequal{令 t = \frac{x-\mu}{\sigma}} \int_{-\infty}^{+\infty} \frac{\sigma t+\mu}{\sqrt{2\pi}}\mathrm{e}^{-t^2/2}\mathrm{d}t \\ &= \frac{\sigma}{\sqrt{2\pi}}\int_{-\infty}^{+\infty} t\mathrm{e}^{-t^2/2}\mathrm{d}t + \mu\int_{-\infty}^{+\infty}\frac{1}{\sqrt{2\pi}}\mathrm{e}^{-t^2/2}\mathrm{d}t = 0+\mu = \mu. \end{aligned}$$

三、随机变量函数的数学期望

数学期望是随机变量的均值.随机变量的函数仍为一维实数表达的随机变量,自然应对

它的数学期望进行研究.但在实际问题中,求随机变量函数的概率分布的运算较复杂.以下的定理给出由已知随机变量的概率分布,求出该随机变量的函数的数学期望的运算公式,而无须求出随机变量函数的概率分布.

定理 1 设 X 是随机变量,$Y=g(X)$是 X 的函数.

(1) 若 X 是离散型随机变量,其分布律为 $P(X=x_i)=p_i(i=1,2,\cdots)$,当级数 $\sum_{i=1}^{\infty}|g(x_i)|p_i$ 收敛时,随机变量 $Y=g(X)$ 的数学期望为

$$\mathrm{E}(Y)=\mathrm{E}[g(X)]=\sum_i g(x_i)p_i;$$

(2) 若 X 是连续型随机变量,概率密度为 $f(x)$,当积分$\int_{-\infty}^{+\infty}g(x)f(x)\mathrm{d}x$ 绝对收敛时,随机变量 $Y=g(X)$ 的数学期望为

$$\mathrm{E}(Y)=\mathrm{E}[g(X)]=\int_{-\infty}^{+\infty}g(x)f(x)\mathrm{d}x.$$

例 2 设 X 是离散型随机变量,分布律如下表:

X	0	1	2
P	1/4	1/3	5/12

求 $\mathrm{E}(X^2+X)$.

解 这里 $g(X)=X^2+X$,于是

$$\mathrm{E}(X^2+X)=\left[(0^2+0)\times\frac{1}{4}\right]+\left[(1^2+1)\times\frac{1}{3}\right]+\left[(2^2+2)\times\frac{5}{12}\right]=\frac{19}{6}.$$

例 3 设随机变量 X 服从$[0,2\pi]$上的均匀分布,求 $\mathrm{E}(\sin X)$.

解 这里 $g(X)=\sin X$,X 的概率密度为

$$f(x)=\begin{cases}\dfrac{1}{2\pi}, & x\in[0,2\pi],\\ 0, & \text{其他},\end{cases}$$

于是
$$\mathrm{E}(\sin X)=\int_{-\infty}^{+\infty}\sin x\cdot f(x)\mathrm{d}x=\int_0^{2\pi}\frac{\sin x}{2\pi}\mathrm{d}x=0.$$

例 4 已知某种产品的市场需求量是随机变量 X(单位: t),它服从[2000,4000]上的均匀分布.设每销售这种产品一吨,可得利润 3 万元;但若销售不出囤积仓库,每吨需保管费 1 万元.生产多少吨产品,可使获利最大?

解 设产品生产量为 a(单位: t),由题设知 a 是 2000~4000 之间的一个数,获利数 Y(单位: 万元)是随机变量,是市场需求量 X 的函数:

$$Y=g(X)=\begin{cases}3a, & X\geqslant a,\\ 3X-(a-X), & X<a.\end{cases}$$

于是

$$\mathrm{E}(Y)=\int_{-\infty}^{+\infty}g(x)f(x)\mathrm{d}x=\frac{1}{2000}\int_{2000}^{4000}g(x)\mathrm{d}x$$

$$= \frac{1}{2000}\int_{2000}^{a}(4x-a)\mathrm{d}x + \frac{1}{2000}\int_{a}^{4000}3a\mathrm{d}x$$

$$= \frac{1}{1000}(-a^2+7000a-4\times10^6).$$

当 $a=3500$ 时,E(Y)取得最大值,因此生产 3500 t 这种产品是合理的选择.

二维随机变量(X,Y)的函数 $g(X,Y)$仍为一维随机变量.设 $Z=g(X,Y)$,当已知(X,Y)的概率分布时,同样无须求出 Z 的概率分布,而通过对(X,Y)的概率分布以及函数 $g(X,Y)$的运算,即可得到 Z 的数学期望 E(Z).

定理 2 设(X,Y)是二维随机变量,$Z=g(X,Y)$是 X 和 Y 的函数.

(1) 若(X,Y)的联合分布律为

$$P(X=x_i,Y=y_j)=p_{ij} \quad (i,j=1,2,\cdots),$$

当级数 $\sum_{i=1}^{\infty}\sum_{j=1}^{\infty}|g(x_i,y_j)|p_{ij}$ 收敛时,$Z=g(X,Y)$ 的数学期望为

$$\mathrm{E}(Z)=\mathrm{E}[g(X,Y)]=\sum_i\sum_j g(x_i,y_j)p_{ij}.$$

特别地,有

$$\mathrm{E}(X)=\sum_i\sum_j x_i p_{ij}=\sum_i x_i p_{i\cdot}, \quad \mathrm{E}(Y)=\sum_j\sum_i y_j p_{ij}=\sum_j y_j p_{\cdot j}.$$

(2) 若(X,Y)的联合概率密度为 $f(x,y)$,当$\int_{-\infty}^{+\infty}\int_{-\infty}^{+\infty}|g(x,y)|f(x,y)\mathrm{d}x\mathrm{d}y$ 收敛时,则 $Z=g(X,Y)$ 的数学期望为

$$\mathrm{E}(Z)=\mathrm{E}[g(X,Y)]=\int_{-\infty}^{+\infty}\int_{-\infty}^{+\infty}g(x,y)f(x,y)\mathrm{d}x\mathrm{d}y.$$

特别地,有

$$\mathrm{E}(X)=\int_{-\infty}^{+\infty}\int_{-\infty}^{+\infty}xf(x,y)\mathrm{d}x\mathrm{d}y=\int_{-\infty}^{+\infty}xf_X(x)\mathrm{d}x,$$

$$\mathrm{E}(Y)=\int_{-\infty}^{+\infty}\int_{-\infty}^{+\infty}yf(x,y)\mathrm{d}x\mathrm{d}y=\int_{-\infty}^{+\infty}yf_Y(y)\mathrm{d}y.$$

严格证明这条定理超出了本课程的要求,故略去.

例 5 设二维随机变量(X,Y)的联合概率密度为

$$f(x,y)=\begin{cases}2xy, & (x,y)\in G,\\ 0, & \text{其他},\end{cases}$$

其中区域 G 如图 3-1 所示,求 E($2XY$),E(X),E(Y).

解
$$\mathrm{E}(2XY)=\int_{-\infty}^{+\infty}\int_{-\infty}^{+\infty}2xyf(x,y)\mathrm{d}x\mathrm{d}y=\int_0^2\mathrm{d}x\int_0^{x/2}2xy\cdot 2xy\mathrm{d}y$$

$$=4\int_0^2 x^2\mathrm{d}x\int_0^{x/2}y^2\mathrm{d}y=\frac{1}{6}\int_0^2 x^5\mathrm{d}x=\frac{16}{9},$$

$$\mathrm{E}(X)=\int_{-\infty}^{+\infty}\int_{-\infty}^{+\infty}xf(x,y)\mathrm{d}x\mathrm{d}y$$

$$= \int_0^2 \int_0^{x/2} x \cdot 2xy \, dy dx = \frac{8}{5},$$

$$E(Y) = \int_{-\infty}^{+\infty} \int_{-\infty}^{+\infty} y f(x,y) \, dx dy$$

$$= \int_0^2 \int_0^{\frac{x}{2}} y \cdot 2xy \, dy dx = \frac{8}{15}.$$

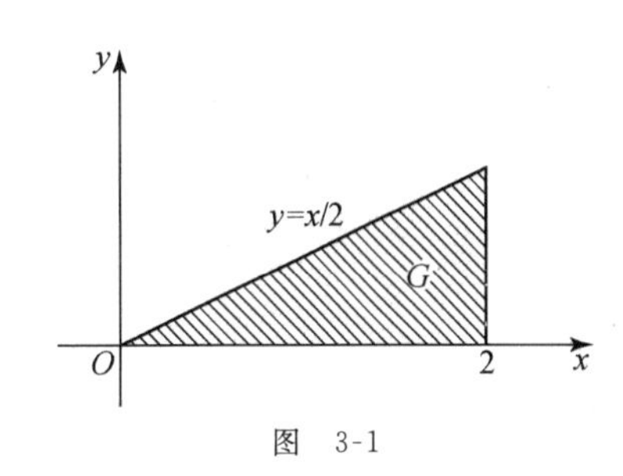

图 3-1

四、数学期望的性质

数学期望是随机变量基本的数字特征.本章介绍的其他各随机变量的数字特征,均使用了对随机变量的函数求数学期望的运算.下面介绍数学期望的运算性质.

性质 1 若 C 为常数,则 $E(C)=C$.

性质 2 若 C 为常数,X 为随机变量,则 $E(CX)=CE(X)$.

性质 3 若 X,Y 为任意两个随机变量,则有

$$E(X+Y) = E(X) + E(Y).$$

此性质可推广到 n 个随机变量 $X_1,X_2,\cdots,X_n$ 的情形,即有

$$E(X_1 + X_2 + \cdots + X_n) = E(X_1) + E(X_2) + \cdots + E(X_n).$$

性质 4 若随机变量 X 与 Y 相互独立,则 $E(XY)=E(X)E(Y)$.

此性质可推广到 n 个随机变量 $X_1,X_2,\cdots,X_n$ 相互独立的情形,即有

$$E(X_1X_2\cdots X_n) = E(X_1)E(X_2)\cdots E(X_n).$$

证明 对于性质 1,将常数 C 视为随机变量 X,则 $P(X=C)=1$,从而有

$$E(X)=C\times 1=C.$$

对于性质 2,设 $Y=g(X)=CX$ 即可证得.

对于性质 3,仅就连续型情况证明(离散型的证法类似).

设(X,Y)的联合概率密度为 $f(x,y)$,关于 X 和关于 Y 的边缘概率密度分别为 $f_X(x)$,$f_Y(y)$,又设 $g(X,Y)=X+Y$,则

$$E(X+Y) = \int_{-\infty}^{+\infty}\int_{-\infty}^{+\infty}(x+y)f(x,y)\,dxdy$$

$$= \int_{-\infty}^{+\infty}\int_{-\infty}^{+\infty} xf(x,y)\,dxdy + \int_{-\infty}^{+\infty}\int_{-\infty}^{+\infty} yf(x,y)\,dydx$$

$$= \int_{-\infty}^{+\infty} x\left[\int_{-\infty}^{+\infty} f(x,y)\,dy\right]dx + \int_{-\infty}^{+\infty} y\left[\int_{-\infty}^{+\infty} f(x,y)\,dx\right]dy$$

$$= \int_{-\infty}^{+\infty} xf_X(x)\,dx + \int_{-\infty}^{+\infty} yf_Y(y)\,dy = E(X) + E(Y).$$

对于性质 4,记 $g(X,Y)=XY$,当 X 与 Y 相互独立时,有 $f(x,y)=f_X(x)f_Y(y)$,于是得

$$E(XY) = \int_{-\infty}^{+\infty}\int_{-\infty}^{+\infty} xyf(x,y)\,dxdy = \int_{-\infty}^{+\infty}\int_{-\infty}^{+\infty} xyf_X(x)f_Y(y)\,dxdy$$

$$= \int_{-\infty}^{+\infty} x f_X(x) \mathrm{d}x \int_{-\infty}^{+\infty} y f_Y(y) \mathrm{d}y = \mathrm{E}(X)\mathrm{E}(Y).$$

(X,Y)为离散型随机变量时证法类似.

例 6　设随机变量 X,Y 的概率密度分别为

$$f_X(x) = \begin{cases} 2x, & 0 \leqslant x \leqslant 1, \\ 0, & \text{其他}, \end{cases} \quad f_Y(y) = \begin{cases} \mathrm{e}^{-(y-5)}, & y > 5, \\ 0, & \text{其他}, \end{cases}$$

X 与 Y 相互独立,求 $\mathrm{E}(XY)$.

解　由于 X 与 Y 相互独立,有

$$\begin{aligned} \mathrm{E}(XY) = \mathrm{E}(X)\mathrm{E}(Y) &= \int_0^1 x \cdot 2x \mathrm{d}x \int_5^{+\infty} y \mathrm{e}^{-(y-5)} \mathrm{d}y \\ &= \frac{2}{3}\mathrm{e}^5 \int_5^{+\infty} y \mathrm{e}^{-y} \mathrm{d}y = \frac{2}{3}\mathrm{e}^5 \cdot 6\mathrm{e}^{-5} = 4. \end{aligned}$$

例 7　设某飞机场送客汽车载有 20 位乘客,离开机场后共有 10 个车站可以下车.若某个车站无人下车,则该车站不停车,且乘客在每个车站下车的可能性相等.以 X 表示停车次数,求 $\mathrm{E}(X)$.

解　设随机变量

$$X_i = \begin{cases} 0, & \text{第 } i \text{ 个车站无人下车}, \\ 1, & \text{第 } i \text{ 个车站有人下车} \end{cases} \quad (i = 1,2,\cdots,10),$$

则 $X = X_1 + X_2 + \cdots + X_{10}$.由题意知,每个乘客在第 i 个车站不下车的概率为 9/10,因此 20 位乘客在第 i 个车站均不下车的概率为$(9/10)^{20}$,从而在第 i 个车站有人下车的概率为$1-(9/10)^{20}$,即有分布律

$$P(X_i = 0) = (9/10)^{20}, \quad P(X_i = 1) = 1 - (9/10)^{20} \quad (i = 1,2,\cdots,10).$$

于是

$$\mathrm{E}(X_i) = 1 - (9/10)^{20} \quad (i = 1,2,\cdots,10),$$

从而

$$\mathrm{E}(X) = \mathrm{E}(X_1 + X_2 + \cdots + X_{10}) = \mathrm{E}(X_1) + \cdots + \mathrm{E}(X_{10}) = 10[1 - (9/10)^{20}].$$

习　题　3-1

A　组

1. 设随机变量 X 的分布律为

X	-2	0	2
P	0.4	0.3	0.3

求 $\mathrm{E}(X)$,$\mathrm{E}(X^2)$和 $\mathrm{E}(3X^2+5)$.

2. 设随机变量 X 的概率密度为

$$f(x) = \begin{cases} \mathrm{e}^{-x}, & x > 0, \\ 0, & x \leqslant 0, \end{cases}$$

求 $E(X),E(2X),E(e^{-2X})$.

3. 设球的直径测量值 X 服从$[a,b]$上的均匀分布,求球体积 V 的数学期望.

4. 已知二维随机变量(X,Y)的联合概率密度为

$$f(x,y)=\begin{cases}\frac{1}{4}x(1+3y^2), & 0<x<2,0<y<1,\\ 0, & \text{其他},\end{cases}$$

求 $E(X),E(Y),E(XY),E(Y/X)$.

5. 二维随机变量(X,Y)的联合分布律为

X \ Y	0	1
0	0.1	0.2
1	0.3	0.4

求 $E(X),E(Y),E(XY)$.

B 组

1. 设随机变量 X,Y,Z 相互独立,且 $E(X)=9,E(Y)=20,E(Z)=12$,求 $E(2X+3Y+Z)$和 $E(5X+YZ)$.

2. 已知某射手每次射击射中目标的概率为 p. 现该射手对目标进行独立射击,直至击中目标. 设 X 为射击的次数,求 $E(X)$.

3. 设随机变量 $X\sim U(-1,2)$,$Y=\begin{cases}-1, & X<1,\\ 0, & X=1,\\ 1, & X>1,\end{cases}$ 求 Y 的期望.

4. 设随机变量 X 与 Y 相互独立,其概率密度分别为

$$f_X(x)=\begin{cases}x, & 0\leqslant x\leqslant 1,\\ 2-x, & 1<x\leqslant 2,\\ 0, & \text{其他},\end{cases}\qquad f_Y(y)=\begin{cases}e^{-y}, & y\geqslant 0,\\ 0, & \text{其他},\end{cases}$$

求 $E(XY)$.

5. 将 n 个球放入 M 个盒子中去,其中 $M\geqslant n$,盒子容量不限(即盒子中可以放一个球,也可以放 n 个球). 假设每个球落入各个盒子是等可能的,求有球的盒子个数 X 的数学期望.

§2 方　差

数学期望虽反映了随机变量分布的平均取值,但却不能反映随机变量分布的分散或集中的状况. 例如,两家工厂生产两种显示器,其使用寿命为两个随机变量 X_1 和 X_2,且知 $E(X_1)=E(X_2)$. 但一家工厂生产条件稳定,X_1 的取值集中在 $E(X_1)$的附近,即其产品使用寿命均接近于 $E(X_1)$值;另一家工厂生产条件不稳定,随机变量 X_2 取值较为分散. 因此,仅以数学期望无法反映两种显示器使用寿命的可信程度. 方差是刻画随机变量分布离散或集中程度的数字特征. 随机变量的方差大,其分布较为分散;方差小,其分布较为集中.

一、方差的定义

定义 1 设 X 为随机变量. 若 $E[X-E(X)]^2$ 存在,则称 $E\{[X-E(X)]^2\}$ 为 X 的**方差**(variance or deviation),记为 $D(X)$,即

$$D(X)=E\{[X-E(X)]^2\},$$

$[X-E(X)]^2$ 是 X 的函数. 从定义可知,方差 $D(X)$ 反映了 X 的分布的集中状况. 从方差的定义可知 $D(X)\geqslant 0$. 由于 $D(X)$ 与 X 的量纲不同,因此在工程技术应用中,经常使用与 X 有相同量纲的**标准差**(standard deviation): $\sigma(X)=\sqrt{D(X)}$.

利用数学期望的运算性质,可以得到计算方差的重要公式:

$$D(X)=E(X^2)-[E(X)]^2.$$

这是由于

$$\begin{aligned} D(X)&=E\{[X-E(X)]^2\}=E\{X^2-2XE(X)+[E(X)]^2\} \\ &=E(X^2)-2E(X)E(X)+[E(X)]^2=E(X^2)-[E(X)]^2. \end{aligned}$$

今后计算方差时,我们常常使用这一公式.

二、常见分布的方差

1. 两点分布

设随机变量 $X\sim B(1,p)$,则

$$E(X)=p,\quad E(X^2)=0^2\cdot(1-p)+1^2\cdot p=p.$$

因此,两点分布的方差为

$$D(X)=p-p^2=p(1-p).$$

2. 二项分布

设随机变量 $X\sim B(n,p)(n\geqslant 2)$,即

$$P(X=k)=C_n^k p^k(1-p)^{n-k}\quad (k=0,1,2,\cdots,n).$$

由 §1 已知 $E(X)=np$,于是

$$\begin{aligned} E(X^2)&=E[X+X(X-1)]=E(X)+E[X(X-1)] \\ &=np+\sum_{k=0}^{n}k(k-1)C_n^k p^k(1-p)^{n-k} \\ &=np+\sum_{k=2}^{n}k(k-1)C_n^k p^k(1-p)^{n-k} \\ &=np+\sum_{k=2}^{n}\frac{n!}{(k-2)!(n-k)!}p^k(1-p)^{n-k} \\ &\xlongequal{令 l=k-2} np+n(n-1)p^2\sum_{l=0}^{n-2}\frac{(n-2)!}{l!(n-2-l)!}p^l(1-p)^{n-2-l} \end{aligned}$$

$$
\begin{aligned}
&= np + n(n-1)p^2, \\
D(X) &= E(X^2) - [E(X)]^2 = np + n(n-1)p^2 - n^2p^2 \\
&= np(1-p) = npq.
\end{aligned}
$$

3. 泊松分布

设随机变量 $X \sim P(\lambda)$,即

$$
P(X=k) = \frac{\lambda^k e^{-\lambda}}{k!} \quad (k=0,1,2,\cdots).
$$

由§1已知 $E(X)=\lambda$,于是

$$
\begin{aligned}
E(X^2) &= \sum_{k=0}^{\infty} k^2 \frac{\lambda^k e^{-\lambda}}{k!} = \sum_{k=0}^{\infty}(k-1+1)k\frac{\lambda^k e^{-\lambda}}{k!} \\
&= \sum_{k=0}^{\infty} k(k-1)\frac{\lambda^k e^{-\lambda}}{k!} + \sum_{k=0}^{\infty} k\frac{\lambda^k e^{-\lambda}}{k!} = \sum_{k=2}^{\infty}\frac{\lambda^2\lambda^{k-2}e^{-\lambda}}{(k-1)!} + E(X) \\
&= \lambda^2 e^{-\lambda}\sum_{k-2=0}^{\infty}\frac{\lambda^{k-2}}{(k-2)!} + \lambda = \lambda^2 + \lambda,
\end{aligned}
$$

从而

$$
D(X) = E(X^2) - [E(X)]^2 = \lambda^2 + \lambda - \lambda^2 = \lambda.
$$

泊松分布中 $E(X)=D(X)$ 的直观意义可解释如下:设售票站单位时间接待的顾客人数服从参数为 λ 的泊松分布,当 λ 越大时,即出现顾客人数越多的时段,顾客数的离散程度也就越高,亦即越忙时,越会发生时忙时闲,忙闲不均的情况.

4. 均匀分布

设随机变量 X 服从区间 $[a,b]$ 上的均匀分布,其概率密度为

$$
f(x) = \begin{cases} \dfrac{1}{b-a}, & x \in [a,b], \\ 0, & x \notin [a,b], \end{cases}
$$

其中 a,b 为常数,且 $a<b$. 由§1已知 $E(X)=\dfrac{a+b}{2}$,而

$$
E(X^2) = \int_a^b x^2 f(x)\mathrm{d}x = \int_a^b \frac{x^2}{b-a}\mathrm{d}x = \frac{1}{3}(a^2+ab+b^2),
$$

从而

$$
D(X) = E(X^2) - [E(X)]^2 = \frac{(b-a)^2}{12}.
$$

5. 指数分布

设随机变量 X 服从参数为 λ 的指数分布,其概率密度为

$$
f(x) = \begin{cases} \lambda e^{-\lambda x}, & x \geqslant 0, \lambda > 0, \\ 0, & x < 0. \end{cases}
$$

由§1已知 $E(X)=\dfrac{1}{\lambda}$, 由此得

$$E(X^2)=\int_{-\infty}^{+\infty}x^2f(x)\mathrm{d}x=\int_0^{+\infty}x^2\lambda e^{-\lambda x}\mathrm{d}x=\frac{1}{\lambda^2}\int_0^{+\infty}t^2e^{-t}\mathrm{d}t=\frac{2}{\lambda^2},$$

$$D(X)=E(X^2)-[E(X)]^2=\frac{2}{\lambda^2}-\frac{1}{\lambda^2}=\frac{1}{\lambda^2}.$$

6. 正态分布

设随机变量 $X\sim N(\mu,\sigma^2)$，则

$$D(X)=\int_{-\infty}^{+\infty}[x-E(X)]^2f(x)\mathrm{d}x=\int_{-\infty}^{+\infty}(x-\mu)^2\frac{1}{\sqrt{2\pi}\sigma}e^{-\frac{(x-\mu)^2}{2\sigma^2}}\mathrm{d}x$$

$$\xlongequal{令 t=\frac{x-\mu}{\sigma}}\sigma^2\int_{-\infty}^{+\infty}\frac{t^2}{\sqrt{2\pi}}e^{-t^2/2}\mathrm{d}t=\sigma^2,$$

从而标准差为

$$\sigma(X)=\sqrt{D(X)}=\sigma.$$

三、方差的性质

性质 1 若 C 为常数，则 $D(C)=0$.

反之，若 $D(X)=0$，则存在常数 C，使 $P(X=C)=1$（这时，$C=E(X)$）.

性质 2 若 X 为随机变量，C 为常数，则 $D(CX)=C^2D(X)$.

性质 3 若 X_1,X_2 是任意两个随机变量，则

$$\begin{aligned}D(X_1\pm X_2)&=D(X_1)+D(X_2)\pm 2E\{[X_1-E(X_1)][X_2-E(X_2)]\}\\&=D(X_1)+D(X_2)\pm 2[E(X_1X_2)-E(X_1)E(X_2)].\end{aligned}$$

性质 4 若随机变量 X_1 与 X_2 相互独立，则

$$D(X_1\pm X_2)=D(X_1)+D(X_2).$$

推论 若 $X_1,X_2,\cdots,X_n$ 是 n 个相互独立的随机变量，则

$$D(X_1\pm X_2\pm\cdots\pm X_n)=D(X_1)+D(X_2)+\cdots+D(X_n).$$

证明 性质 1 由方差的运算公式有

$$D(C)=E(C^2)-[E(C)]^2=C^2-C^2=0.$$

这一性质说明，当随机变量只取一个值 C 时分布最集中，方差最小. 反之证明略.

性质 2 由方差的定义有

$$\begin{aligned}D(CX)&=E\{[CX-E(CX)]^2\}=E\{[CX-CE(X)]^2\}\\&=E\{C^2[X-E(X)]^2\}=C^2E\{[X-E(X)]^2\}\\&=C^2D(X).\end{aligned}$$

性质 3 由方差的定义有

$$\begin{aligned}D(X_1\pm X_2)&=E\{[(X_1\pm X_2)-E(X_1\pm X_2)]^2\}\\&=E\{\{[X_1-E(X_1)]\pm[X_2-E(X_2)]\}^2\}\end{aligned}$$

$$
\begin{aligned}
&= \mathrm{E}\{[X_1 - \mathrm{E}(X_1)]^2 + [X_2 - \mathrm{E}(X_2)]^2 \\
&\quad \pm 2[X_1 - \mathrm{E}(X_1)][X_2 - \mathrm{E}(X_2)]\} \\
&= \mathrm{E}\{[X_1 - \mathrm{E}(X_1)]^2\} + \mathrm{E}\{[X_2 - \mathrm{E}(X_2)]^2\} \\
&\quad \pm 2\mathrm{E}\{[X_1 - \mathrm{E}(X_1)][X_2 - \mathrm{E}(X_2)]\} \\
&= \mathrm{D}(X_1) + \mathrm{D}(X_2) \pm 2\mathrm{E}\{[X_1 - \mathrm{E}(X_1)][X_2 - \mathrm{E}(X_2)]\} \\
&= \mathrm{D}(X_1) + \mathrm{D}(X_2) \pm 2[\mathrm{E}(X_1X_2) - \mathrm{E}(X_1)\mathrm{E}(X_2)].
\end{aligned}
$$

性质 4　由 X_1 与 X_2 相互独立有 $\mathrm{E}(X_1X_2)=\mathrm{E}(X_1)\mathrm{E}(X_2)$，则由性质 3 的结论有

$$\mathrm{D}(X_1 \pm X_2) = \mathrm{D}(X_1) + \mathrm{D}(X_2).$$

例 1　设一袋中有 n 张卡片，号码分别为 $1,2,\cdots,n$. 现从袋有放回地抽出 k $(k\leqslant n)$张卡片，令 X 表示所抽得的 k 张卡片的号码之和，试求 $\mathrm{E}(X)$及 $\mathrm{D}(X)$.

解　令 X_i 表示第 i $(i=1,2,\cdots,k)$次抽到的卡片的号码，则

$$X = X_1 + X_2 + \cdots + X_k.$$

因为是有放回抽取，所以诸 X_i 相互独立，且对于 $i=1,2,\cdots,k$，有

$$
\begin{aligned}
&P(X_i = j) = \frac{1}{n} \quad (j = 1,2,\cdots,n), \\
&\mathrm{E}(X_i) = \sum_{j=1}^{n}\left(j \cdot \frac{1}{n}\right) = \frac{1}{n} \cdot \frac{n(n+1)}{2} = \frac{n+1}{2}, \\
&\mathrm{E}(X_i^2) = \sum_{j=1}^{n}\left(j^2 \cdot \frac{1}{n}\right) = \frac{1}{n} \cdot \frac{n(n+1)(2n+1)}{6} \\
&\qquad = \frac{1}{6}(n+1)(2n+1), \\
&\mathrm{D}(X_i) = \mathrm{E}(X_i^2) - [\mathrm{E}(X_i)]^2 = \frac{1}{6}(n+1)(2n+1) - \frac{(n+1)^2}{4} \\
&\qquad = \frac{1}{12}(n^2 - 1),
\end{aligned}
$$

从而

$$\mathrm{E}(X) = \sum_{i=1}^{k}\mathrm{E}(X_i) = \frac{k}{2}(n+1), \quad \mathrm{D}(X) = \sum_{i=1}^{k}\mathrm{D}(X_i) = \frac{k}{12}(n^2 - 1).$$

习　题　3-2

A　组

1. 设随机变量 X 的分布律为

X	-1	0	1	2
P	1/5	1/2	1/5	1/10

求 $\mathrm{D}(X)$.

2. 设二维随机变量(X,Y)的联合概率密度为

$$f(x,y)=\begin{cases}(x+y)/8, & 0\leqslant x\leqslant 2,0\leqslant y\leqslant 2,\\ 0, & 其他,\end{cases}$$

求 $D(X),D(Y)$.

3. 设两种自动设备生产同一种零件,每生产 1000 个该种零件出现次品数 X,Y 的分布律分别如下:

X	0	1	2	3
P	0.7	0.2	0.06	0.04

Y	0	1	2	3
P	0.8	0.06	0.04	0.1

问:哪一种设备性能更稳定?

4. 设随机变量 X 与 Y 相互独立,且已知 $E(X)=2,D(X)=1,E(Y)=1,D(Y)=4$,求 $D(X-2Y)$ 和 $D(2X-Y)$.

B 组

1. 设随机变量 X 与 Y 相互独立,且 $X\sim N(1,3),Y\sim N(2,4)$,求 $D(2X-3Y+1)$.

2. 设随机变量 X 的概率密度为

$$f(x)=\begin{cases}\dfrac{1}{2}\cos\dfrac{x}{2}, & 0<x<\pi,\\ 0, & 其他.\end{cases}$$

对 X 独立重复观测 4 次,用 Y 表示观测值大于 $\pi/3$ 的次数,求 Y^2 的数学期望.

3. 设二维随机变量(X,Y)的联合概率密度为 $f(x,y)=\begin{cases}1, & 0<x<1,|y|<x,\\ 0, & 其他,\end{cases}$ 求$D(X),D(Y)$.

4. 某人用 n 把钥匙去开房门,其中只有一把能打开.今逐个任取一把试开,试后放回,求打开此门所需开门次数 X 的数学期望和方差.

§3 协方差与相关系数

随机变量 X 与 Y 的数学期望 $E(X),E(Y)$ 反映了 X,Y 各自的平均值,方差 $D(X)$, $D(Y)$ 反映了 X,Y 各自离开均值的偏离程度.这两个数字特征对 X,Y 之间的相互联系不提供任何信息.如何有效地刻画随机变量之间的联系,对于我们研究和控制随机现象是个重要的问题.例如,一个儿童的智商与营养、教育、环境、遗传等许多因素有关,到底哪一个因素起的作用大呢?掌握这些情况,对培养儿童是很重要的.

从数学期望的性质 3 及性质 4 可知,当两个随机变量 X 与 Y 相互独立时,有

$$E\{[X-E(X)][Y-E(Y)]\}=0.$$

当 $E\{[X-E(X)][Y-E(Y)]\}\neq 0$ 时,X 与 Y 不相互独立,它们的取值有无联系?以下介绍的协方差和相关系数描述了两个随机变量 X 与 Y 之间存在的线性联系.

一、协方差

1. 协方差的概念

定义 1 设(X,Y)为二维随机变量.若 $E\{[X-E(X)][Y-E(Y)]\}$存在,则称该数值为 X 与 Y 的**协方差**(covariance),记为 $\mathrm{cov}(X,Y)$ 或 σ_{xy},即

$$\sigma_{xy} = \mathrm{cov}(X,Y) = \mathrm{E}\{[X-\mathrm{E}(X)][Y-\mathrm{E}(Y)]\}.$$

由定义可知,若(X,Y)是二维离散型随机变量,其联合分布律为

$$p_{ij} = P(X = x_i, Y = y_j) \quad (i,j = 1,2,\cdots),$$

则有

$$\mathrm{cov}(X,Y) = \sum_i \sum_j \{[x_i - \mathrm{E}(X)][y_j - \mathrm{E}(Y)]p_{ij}\};$$

若(X,Y)为二维连续型随机变量,其联合概率密度为 $f(x,y)$,则有

$$\mathrm{cov}(X,Y) = \int_{-\infty}^{+\infty}\int_{-\infty}^{+\infty} [x-\mathrm{E}(X)][y-\mathrm{E}(Y)]f(x,y)\mathrm{d}x\mathrm{d}y.$$

特别地,有

$$\mathrm{cov}(X,X) = \mathrm{E}\{[X-\mathrm{E}(X)]^2\} = \mathrm{D}(X).$$

注 $\mathrm{cov}(X,X)=\mathrm{D}(X)$,说明方差是协方差的一个特例,协方差是方差的推广.既然方差反映了随机变量本身的离散程度,那么用协方差反映两个随机变量之间的“离散”程度也就自然而然了.

在计算协方差时,经常使用如下公式:

$$\mathrm{cov}(X,Y) = \mathrm{E}(XY) - \mathrm{E}(X)\mathrm{E}(Y). \tag{3.3.1}$$

其推导过程为

$$\begin{aligned}\mathrm{cov}(X,Y) &= \mathrm{E}\{[X-\mathrm{E}(X)][Y-\mathrm{E}(Y)]\} \\ &= \mathrm{E}[XY - Y\mathrm{E}(X) - X\mathrm{E}(Y) + \mathrm{E}(X)\mathrm{E}(Y)] \\ &= \mathrm{E}(XY) - \mathrm{E}(X)\mathrm{E}(Y) - \mathrm{E}(Y)\mathrm{E}(X) + \mathrm{E}(X)\mathrm{E}(Y) \\ &= \mathrm{E}(XY) - \mathrm{E}(X)\mathrm{E}(Y).\end{aligned}$$

2. 协方差的性质

性质 1 $\mathrm{cov}(X,Y)=\mathrm{cov}(Y,X)$;

性质 2 $\mathrm{cov}(aX,Y)=a\mathrm{cov}(X,Y)$,$\mathrm{cov}(X,bY)=b\mathrm{cov}(X,Y)$,其中 a,b 是常数;

性质 3 $\mathrm{cov}(X+Y,Z)=\mathrm{cov}(X,Z)+\mathrm{cov}(Y,Z)$;

性质 4 $\mathrm{cov}(aX\pm b,Y)=a\mathrm{cov}(X,Y)$,其中 a,b 是常数.

以上性质均可通过协方差的定义与数学期望的运算性质证得.

例 1 化简 $\mathrm{cov}(aX\pm b,Y)$.

解
$$\begin{aligned}\mathrm{cov}(aX\pm b,Y) &= \mathrm{cov}(aX,Y)\pm\mathrm{cov}(b,Y) \\ &= a\mathrm{cov}(X,Y)\pm[\mathrm{E}(bY)-\mathrm{E}(b)\mathrm{E}(Y)] \\ &= a\mathrm{cov}(X,Y)\pm 0 = a\mathrm{cov}(X,Y).\end{aligned}$$

二、相关系数

定义 2 若二维随机变量(X,Y)的协方差存在,且有 $\mathrm{D}(X)>0$,$\mathrm{D}(Y)>0$,则称 $\dfrac{\mathrm{cov}(X,Y)}{\sqrt{\mathrm{D}(X)}\cdot\sqrt{\mathrm{D}(Y)}}$ 为 X 与 Y 的**相关系数**(correlation coefficient),记为 $\rho(X,Y)$或 ρ_{XY},即

$$\rho(X,Y)=\rho_{XY}=\mathrm{E}\left[\frac{X-\mathrm{E}(X)}{\sqrt{\mathrm{D}(X)}}\cdot\frac{Y-\mathrm{E}(Y)}{\sqrt{\mathrm{D}(Y)}}\right]=\frac{\operatorname{cov}(X,Y)}{\sqrt{\mathrm{D}(X)}\cdot\sqrt{\mathrm{D}(Y)}}.$$

令 $X^*=\dfrac{X-\mathrm{E}(X)}{\sqrt{\mathrm{D}(X)}}$,显然有 $\mathrm{E}(X^*)=0,\mathrm{D}(X^*)=1$. 我们称 X^* 为**标准化随机变量**. 易知

$$\rho(X,Y)=\mathrm{E}(X^*Y^*),$$

故称 $\rho(X,Y)$ 为 X 与 Y 的**标准协方差**.

定理 1 设 (X,Y) 是二维随机变量,则有

(1) $\rho(X,Y)=\rho(Y,X)$;

(2) $|\rho(X,Y)|\leqslant 1$;

(3) $|\rho(X,Y)|=1$ 的充分必要条件是,存在不为零的常数 k 和常数 b,使得

$$P(Y=kX+b)=1.$$

证明 (1) 由协方差的性质 1 可推出.

(2) 设 $X^*=\dfrac{X-\mathrm{E}(X)}{\sqrt{\mathrm{D}(X)}}$, $Y^*=\dfrac{Y-\mathrm{E}(Y)}{\sqrt{\mathrm{D}(Y)}}$,则有 $\mathrm{E}(X^*)=0$, $\mathrm{E}(Y^*)=0$, $\mathrm{D}(X^*)=1$, $\mathrm{D}(Y^*)=1$. 于是

$$\begin{aligned}\mathrm{D}(X^*\pm Y^*)&=\mathrm{D}(X^*)+\mathrm{D}(Y^*)\pm 2\operatorname{cov}(X^*,Y^*)\\&=1+1\pm 2\operatorname{cov}(X^*,Y^*)=2[1\pm\rho(X,Y)].\end{aligned}$$

而 $\mathrm{D}(X^*\pm Y^*)\geqslant 0$,因此

$$1\pm\rho(X,Y)\geqslant 0,\quad 即\quad -1\leqslant\rho(X,Y)\leqslant 1.$$

(3) *必要性* 当 $\rho(X,Y)=\pm 1$ 时,由(2)中的结果

$$\mathrm{D}(X^*\pm Y^*)=2[1\pm\rho(X,Y)]$$

知 $\mathrm{D}(X^*\mp Y^*)=0$. 由 $\mathrm{E}(X^*\mp Y^*)=0$ 和方差的性质 1 推得

$$P(X^*\mp Y^*=0)=1,\quad 即\quad P\left(\frac{X-\mathrm{E}(X)}{\sqrt{\mathrm{D}(X)}}\mp\frac{Y-\mathrm{E}(Y)}{\sqrt{\mathrm{D}(Y)}}=0\right)=1.$$

由上式可得

$$P\left(Y=\pm\sqrt{\frac{\mathrm{D}(Y)}{\mathrm{D}(X)}}X-\left(\mathrm{E}(Y)\mp\sqrt{\frac{\mathrm{D}(Y)}{\mathrm{D}(X)}}\mathrm{E}(X)\right)\right)=1.$$

必要性得证.

充分性 当 $P(Y=kX+b)=1$ 时,由 $P(Y-kX=b)=1$ 及方差的性质得

$$\begin{aligned}0=\mathrm{D}(Y-kX)&=\mathrm{D}(Y)+k^2\mathrm{D}(X)-2k\operatorname{cov}(X,Y)\\&=\mathrm{D}(Y)+k^2\mathrm{D}(X)-2k\rho(X,Y)\sqrt{\mathrm{D}(X)}\cdot\sqrt{\mathrm{D}(Y)}\\&=[\sqrt{\mathrm{D}(Y)}-k\rho(X,Y)\sqrt{\mathrm{D}(X)}]^2+k^2\mathrm{D}(X)[1-\rho^2(X,Y)].\end{aligned}$$

上式成立必有

$$1-\rho^2(X,Y)=0, \quad 即 \quad \rho(X,Y)=\pm 1.$$

充分性得证.

由(3)可知，当$|\rho(X,Y)|=1$时，X与Y之间存在线性关系，(X,Y)的联合分布在一条直线上.

当$\rho(X,Y)=1$时，称X与Y**正线性相关**；当$\rho(X,Y)=-1$时，称X与Y**负线性相关**；当$\rho(X,Y)=0$，称X与Y**不线性相关**(简称**不相关**(irrelevance)).

由式(3.3.1)知，若X与Y相互独立，则$\mathrm{cov}(X,Y)=0$. 因此，X与Y相互独立也必有$\rho(X,Y)=0$. 但X与Y相互独立是X与Y不相关的充分条件而非必要条件，即X与Y不相关($\rho(X,Y)=0$)，并不能保证X与Y相互独立.

特别地，可以证明，当(X,Y)服从二维正态分布时，“X与Y相互独立”与“X与Y不相关”等价，互为充分必要条件.

例 2 设二维连续型随机变量(X,Y)的联合概率密度为

$$f(x,y)=\begin{cases}\dfrac{1}{4}(1-x^3y+xy^3), & |x|<1,\ |y|<1,\\ 0, & 其他,\end{cases}$$

求证：X与Y不相关，但不相互独立.

证明 首先求出$\mathrm{E}(X)$和$\mathrm{E}(Y)$.

当$|x|<1$时，$f_X(x)=\int_{-\infty}^{+\infty}f(x,y)\mathrm{d}y=\int_{-1}^{1}\dfrac{1}{4}(1-x^3y+xy^3)\mathrm{d}y=\dfrac{1}{2}$；

当$|x|\geqslant 1$时，$f_X(x)=\int_{-\infty}^{+\infty}f(x,y)\mathrm{d}y=0$，

故

$$f_X(x)=\begin{cases}1/2, & |x|<1,\\ 0, & 其他.\end{cases}$$

所以

$$\mathrm{E}(X)=\int_{-1}^{1}\frac{1}{2}x\mathrm{d}x=0.$$

同样可求得

$$f_Y(y)=\begin{cases}1/2, & |x|<1,\\ 0, & 其他,\end{cases} \qquad \mathrm{E}(Y)=0,$$

且有

$$\mathrm{E}(XY)=\int_{-1}^{1}\int_{-1}^{1}xy\left[\frac{1}{4}(1-x^3y+xy^3)\right]\mathrm{d}x\mathrm{d}y=0.$$

于是$\mathrm{cov}(X,Y)=\mathrm{E}(XY)-\mathrm{E}(X)\mathrm{E}(Y)=0$. 因此$X$与$Y$不相关.

然而，在区域$|x|<1$，$|y|<1$中，当$xy\neq 0$时，$f(x,y)\neq f_X(x)f_Y(y)$，所以X与Y不相互独立.

例 3 设二维随机变量(X,Z)服从正态分布，且$Z=\dfrac{X}{3}+\dfrac{Y}{2}$，其中随机变量$X$与$Y$分别服从正态分布$N(1,3^2)$和$N(0,4^2)$，$\rho_{XY}=-1/2$，求：

(1) $E(Z),D(Z)$; (2) ρ_{XZ},并判断 X 与 Z 是否相互独立.

解 (1) $E(Z)=E\left(\frac{X}{3}+\frac{Y}{2}\right)=E\left(\frac{X}{3}\right)+E\left(\frac{Y}{2}\right)=\frac{1}{3}E(X)+\frac{1}{2}E(Y)=\frac{1}{3}$.

因为 $\rho_{XY}=-1/2$,所以 X 与 Y 不相互独立. 故

$$\begin{aligned}D(Z)&=D\left(\frac{X}{3}+\frac{Y}{2}\right)=D\left(\frac{X}{3}\right)+D\left(\frac{Y}{2}\right)+2\mathrm{cov}\left(\frac{X}{3},\frac{Y}{2}\right)\\&=\frac{1}{9}D(X)+\frac{1}{4}D(Y)+2\cdot\frac{1}{3}\cdot\frac{1}{2}\mathrm{cov}(X,Y).\end{aligned}$$

又 $\mathrm{cov}(X,Y)=\rho_{XY}\sqrt{D(X)D(Y)}=-\frac{1}{2}\sqrt{9\times16}=-6$,所以

$$\begin{aligned}D(Z)&=\frac{1}{9}D(X)+\frac{1}{4}D(Y)+2\cdot\frac{1}{3}\cdot\frac{1}{2}\mathrm{cov}(X,Y)\\&=\frac{1}{9}\cdot9+\frac{1}{4}\cdot16-2\cdot\frac{1}{3}\cdot\frac{1}{2}\cdot6=3.\end{aligned}$$

(2) 由于

$$\begin{aligned}\mathrm{cov}(X,Z)&=\mathrm{cov}\left(X,\frac{X}{3}+\frac{Y}{2}\right)=\frac{1}{3}\mathrm{cov}(X,X)+\frac{1}{2}\mathrm{cov}(X,Y)\\&=\frac{1}{3}D(X)+\frac{1}{2}\rho_{XY}\sqrt{D(X)D(Y)}=\frac{1}{3}\cdot9-\frac{1}{2}\cdot\frac{1}{2}\cdot3\cdot4=0,\end{aligned}$$

故 $\rho_{XZ}=\frac{\mathrm{cov}(X,Z)}{\sqrt{D(X)D(Z)}}=0$,从而 X 与 Z 相互独立.

三、相关系数的意义

相关系数 $\rho(X,Y)$ 反映了二维随机变量 (X,Y) 的两分量 X 与 Y 间的线性联系. 以离散型为例,当 $|\rho(X,Y)|=1$ 时,$P(X=x_i,Y=y_j)\neq0$ 的点 (x_i,y_j) 几乎全部落在直线 $Y=aX+b$ 上 (其中 a,b 为常数,它们的值与 (X,Y) 的分布状况有关). 若 $\rho(X,Y)=0$,则 X 与 Y 无线性联系,(X,Y) 的分布不在一条直线上. $|\rho(X,Y)|$ 的值越接近于 1 时,(X,Y) 的分布越接近于一条直线. 当 $a>0$ 时,该直线斜率为正;当 $a<0$ 时,该直线斜率为负. $|\rho(X,Y)|$ 的值接近 0 时,(X,Y) 的分布不在一条直线上.

当 $|\rho(X,Y)|$ 接近于 1 时,若知 $P(X=x_i,Y=y_j)\neq0$,可认为点 (x_i,y_j) 在直线 $Y=aX+b$ 附近. 因此,由 x_i 的值可大致估计 $y_j=ax_i+b$,或由 y_j 的值可大致估计 $x_i=\frac{y_j-b}{a}$. 这是预测估计的一种方法.

需要注意的是,$\rho(X,Y)$ 仅能反映随机变量 X 与 Y 的线性联系. 当 X 与 Y 具有非线性的联系时(如 (X,Y) 分布在一条抛物线上),$\rho(X,Y)$ 的值会接近于 0. 应该指出,本课程并未介绍能反映随机变量 X 与 Y 的非线性联系的数字特征. 而相关系数 $\rho(X,Y)$ 只有当其值接近于 ±1 时才能够说明 X 与 Y 的分布接近于一条直线.

再次强调,随机变量 X 与 Y 相互独立和 X 与 Y 不相关是两个不同的概念. X 与 Y 相互独立则必有 X 与 Y 不相关,而 X 与 Y 不相关则是说明 X 与 Y 无线性联系,X 与 Y 不一定相互独立.

我们以图形示意相关系数 $\rho(X,Y)$ 在 X 与 Y 具有各种关系时的取值情况,见图 3-2(a),(b),(c),(d),(e),(f).

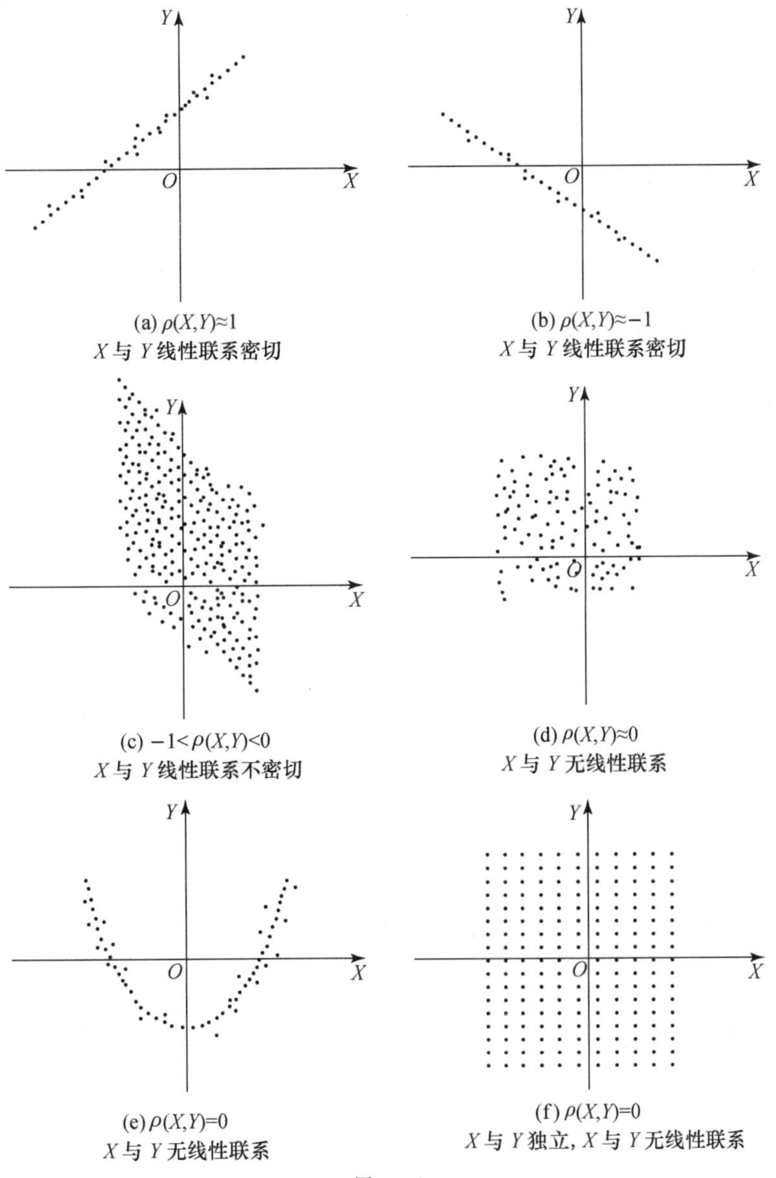

图 3-2

习 题 3-3

A 组

1. 设二维随机变量(X,Y)的联合分布律为

$X \backslash Y$	-1	0	1
-1	$1/8$	$1/8$	$1/8$
0	$1/8$	0	$1/8$
1	$1/8$	$1/8$	$1/8$

验证X与Y是不相关的,且X与Y也不相互独立.

2. 设二维随机变量(X,Y)服从区域D上的均匀分布,其中D由x轴,y轴及直线$x+y+1=0$所围成,求X与Y的相关系数$\rho(X,Y)$.

3. 设有两个随机变量X,Y,且已知$\mathrm{D}(X)=25,\mathrm{D}(Y)=36,\rho(X,Y)=0.4$,求$\mathrm{D}(X+Y)$和$\mathrm{D}(X-Y)$.

4. 设二维随机变量(X,Y)的联合概率密度为

$$f(x,y)=\begin{cases}1, & |y|<x,0<x<1,\\ 0, & \text{其他},\end{cases}$$

求$\mathrm{E}(X),\mathrm{E}(Y),\mathrm{cov}(X,Y)$.

5. 设二维随机变量(X,Y)的联合概率密度为

$$f(x,y)=\begin{cases}1/\pi, & x^2+y^2\leqslant 1,\\ 0, & x^2+y^2>1,\end{cases}$$

证明:$\rho(X,Y)=0$,但X与Y不相互独立.

B 组

1. 设随机变量X与Y不相关,且$\mathrm{D}(X)=\mathrm{D}(Y)=1$,求$ax+by,cx+dy$的相关系数,其中$a,b,c,d$为不全为0的常数.

2. 设某箱装有100件产品,其中一、二、三等品分别为80,10,10件.现从该箱中随机抽取一件,记$X_i=\begin{cases}1, & \text{若抽到}i\text{等品},\\ 0, & \text{其他}\end{cases}(i=1,2,3)$,试求:

(1) 二维随机变量(X_1,X_2)的联合分布律;　(2) 随机变量X_1与X_2的相关系数ρ.

3. 设二维连续型随机变量(X,Y)服从圆域$x^2+y^2<r^2$上的均匀分布.

(1) 求X与Y的相关系数ρ_{XY};　(2) 问:X与Y是否相互独立?

4. 设离散型随机变量X服从参数为2的泊松分布,又$Y=3X-2$,求:

(1) $\mathrm{cov}(X,Y)$;　(2) ρ_{XY}.

§4 矩与协方差矩阵

随机变量的数字特征还有原点矩和中心矩.

定义 1 设 X 为随机变量. 若 $\mathrm{E}(X^k)(k=1,2,\cdots)$ 存在,则称 $\mathrm{E}(X^k)$ 是 X 的 k **阶原点矩**.

定义 2 设 X 为随机变量, $\mu=\mathrm{E}(X)$ 存在. 若 $\mathrm{E}[(X-\mu)^k]$ $(k=1,2,\cdots)$ 存在,则称 $\mathrm{E}[(X-\mu)^k]$ 为 X 的 k **阶中心矩**.

定义 3 设 (X,Y) 为二维随机变量. 若 $\mathrm{E}(X^kY^l)$ $(k,l=1,2,\cdots)$ 存在,则称 $\mathrm{E}(X^kY^l)$ 是 X 与 Y 的 (k,l) **阶联合原点矩**.

定义 4 设 (X,Y) 为二维随机变量, $\mu_1=\mathrm{E}(X)$, $\mu_2=\mathrm{E}(Y)$ 存在. 若 $\mathrm{E}[(X-\mu_1)^k(Y-\mu_2)^l]$ $(k,l=1,2,\cdots)$ 存在,则称 $\mathrm{E}[(X-\mu_1)^k(Y-\mu_2)^l]$ 是 X 与 Y 的 (k,l) **阶联合中心矩**.

显然,X 的数学期望 $\mathrm{E}(X)$ 是 X 的一阶原点矩,方差 $\mathrm{D}(X)$ 是 X 的二阶中心矩,而 (X,Y) 的协方差 $\mathrm{cov}(X,Y)$ 是 X 与 Y 的 $(1,1)$ 阶联合中心矩.

对于二维随机变量 (X,Y),由其分量 X,Y 的数字特征,以及 X 与 Y 的联合矩,可构成 (X,Y) 的数字特征矩阵.

定义 5 设 (X,Y) 是二维随机变量,称向量 $\begin{bmatrix}\mathrm{E}(X)\\ \mathrm{E}(Y)\end{bmatrix}$ 为 (X,Y) 的**期望向量**(或**均值向量**);称矩阵

$$\begin{bmatrix}\mathrm{D}(X) & \mathrm{cov}(X,Y)\\ \mathrm{cov}(X,Y) & \mathrm{D}(Y)\end{bmatrix}=\begin{bmatrix}\mathrm{cov}(X,X) & \mathrm{cov}(X,Y)\\ \mathrm{cov}(X,Y) & \mathrm{cov}(Y,Y)\end{bmatrix}$$

为 (X,Y) 的**协方差矩阵**.

可定义 n 维随机向量 $(X_1,X_2,\cdots,X_n)$ 的协方差矩阵为

$$\begin{bmatrix}\mathrm{cov}(X_1,X_1) & \cdots & \mathrm{cov}(X_1,X_n)\\ \vdots & & \vdots\\ \mathrm{cov}(X_n,X_1) & \cdots & \mathrm{cov}(X_n,X_n)\end{bmatrix}.$$

二维正态分布 $N(\mu_1,\mu_2,\sigma_1^2,\sigma_2^2,\rho)$ 的概率密度可表示为

$$f(x_1,x_2)=\frac{1}{2\pi\,|\boldsymbol{C}|^{\frac{1}{2}}}\exp\left\{-\frac{1}{2}(\boldsymbol{x}-\boldsymbol{\mu})^{\mathrm{T}}\boldsymbol{C}^{-1}(\boldsymbol{x}-\boldsymbol{\mu})\right\}\quad(-\infty<x_1,x_2<+\infty),$$

其中

$$\boldsymbol{x}=\begin{bmatrix}x_1\\ x_2\end{bmatrix},\quad \boldsymbol{\mu}=\begin{bmatrix}\mu_1\\ \mu_2\end{bmatrix},\quad \boldsymbol{C}=\begin{bmatrix}\sigma_1^2 & \rho\sigma_1\sigma_2\\ \rho\sigma_1\sigma_2 & \sigma_2^2\end{bmatrix},$$

$\boldsymbol{C}^{-1}$ 为 $\boldsymbol{C}$ 的逆矩阵,$|\boldsymbol{C}|$ 为 $\boldsymbol{C}$ 的行列式,$(\boldsymbol{x}-\boldsymbol{\mu})^{\mathrm{T}}$ 为 $\boldsymbol{x}-\boldsymbol{\mu}$ 的转置向量.

一般 n 维正态分布的概率密度定义为

$$f(x_1,x_2,\cdots,x_n)=(2\pi)^{-n/2}\ |\boldsymbol{C}|^{-1/2}\exp\left\{-\frac{1}{2}(\boldsymbol{x}-\boldsymbol{\mu})^{\mathrm{T}}\boldsymbol{C}^{-1}(\boldsymbol{x}-\boldsymbol{\mu})\right\}$$
$$(-\infty<x_1,x_2,\cdots,x_n<+\infty),$$

其中 $\boldsymbol{x}=(x_1,x_2,\cdots,x_n)^{\mathrm{T}}$,$\boldsymbol{\mu}=(\mu_1,\mu_2,\cdots,\mu_n)^{\mathrm{T}}$,$\boldsymbol{C}$ 为 n 维正态分布的协方差矩阵.

习 题 3-4

1. 设 X 为 n 重伯努利试验中事件 A 发生的次数,$P(A)=p$,求 $\mathrm{E}(X^3)$.

2. 设二维随机变量(X,Y)的联合概率密度为

$$f(x,y)=\begin{cases}\cos x\cos y, & 0\leqslant x\leqslant \pi/2, 0\leqslant y\leqslant \pi/2,\\ 0, & \text{其他},\end{cases}$$

求(X,Y)的协方差矩阵.

§5 综合例题

一、基本概念的理解

例 1 在数学期望的定义中,为什么要求$\sum\limits_{i=1}^{\infty}x_ip_i$或$\int_{-\infty}^{+\infty}xf(x)\mathrm{d}x$绝对收敛?

解 在离散型随机变量数学期望的定义中,要求$\sum\limits_{i=1}^{\infty}x_ip_i$绝对收敛是因为数学期望是一个确定的量,不受$x_ip_i$在级数中的排列次序而改变.类似可理解连续型的情况.

例 2 如果随机变量X的数学期望存在,那么其方差一定存在吗?

解 不一定.例如,设(X,Y)的联合概率密度为$f(x,y)=\dfrac{1}{\pi(x^2+y^2+1)^2}$ $(x,y\in\mathbf{R})$,则

$$\mathrm{E}(X)=0,\quad \mathrm{D}(X)=\infty.$$

例 3 如果随机变量X的期望不存在,那么其方差是否存在?

解 不存在.由方差的定义可知.

例 4 如果随机变量X的方差存在,那么其数学期望一定存在吗?

解 存在.由数学期望的定义可知.

例 5 如果随机变量X,Y的方差存在,那么$\mathrm{cov}(X,Y)$一定存在吗?

解 存在.由协方差的定义可知.

二、数学期望和方差的应用

例 6(开房门问题) 某人用n把钥匙去开房门,其中只有一把能打开.今逐个任取一把试开,试后不放回,求打开房门所需开门次数X的数学期望和方差.

解 设X表示直到打开房门为止的试开次数,A_i表示第$i(i=1,2,\cdots,n)$次打开房门.由题意可知,所需开门次数X的所有可能取值为$1,2,\cdots,n$,于是

$$\begin{aligned}P(X=i)&=P(\overline{A}_1)P(\overline{A}_2)\cdots P(\overline{A}_{i-1})P(A_i)\\&=\frac{n-1}{n}\cdot\frac{n-2}{n-1}\cdot\cdots\cdot\frac{n-i+1}{n-i+2}\cdot\frac{1}{n-i+1}\\&=\frac{1}{n}\quad(i=1,2,\cdots,n).\end{aligned}$$

故

$$\mathrm{E}(X) = \sum_{i=1}^{n} i\,\frac{1}{n} = \frac{1}{n}(1+2+\cdots+n) = \frac{n+1}{2},$$

$$\begin{aligned}\mathrm{E}(X^2) &= \sum_{i=1}^{n} i^2 \cdot \frac{1}{n} = \frac{1}{n}(1^2+2^2+\cdots+n^2)\\ &= \frac{1}{n}\cdot\frac{1}{6}n(n+1)(2n+1) = \frac{(n+1)(2n+1)}{6},\end{aligned}$$

$$\mathrm{D}(X) = \mathrm{E}(X^2) - [\mathrm{E}(X)]^2 = \frac{(n+1)(2n+1)}{6} - \left(\frac{n+1}{2}\right)^2 = \frac{1}{12}(n+1)(n-1).$$

例 7(巧合个数问题) 设有 n 个小球,编号为 $1\sim n$;另有 n 个盒子,编号也是 $1\sim n$. 现将这 n 个小球随机地投到 n 个盒子中去,每盒投一个球. 记 X 为投后球号与盒号相同的个数,求 $\mathrm{E}(X)$.

解 设

$$X_i = \begin{cases} 1, & \text{第 } i \text{ 个小球投到第 } i \text{ 个盒子},\\ 0, & \text{否则} \end{cases} \quad (i=1,2,\cdots,n).$$

由题意知 $X=X_1+X_2+\cdots+X_n$,且 X_i 的分布律为

X_i	0	1
P	$1-\frac{(n-1)!}{n!}$	$\frac{(n-1)!}{n!}$

$(i=1,2,\cdots,n)$

所以 $\mathrm{E}(X_i)=\frac{1}{n}\ (i=1,2,\cdots,n)$. 故

$$\mathrm{E}(X) = \mathrm{E}(X_1+X_2+\cdots+X_n) = n\mathrm{E}(X_i) = n\cdot\frac{1}{n} = 1.$$

例 8(乘电梯问题) 设 m 个人在楼的底层进入电梯,楼中有 n 层,每个乘客在任何一层下电梯的概率是相同的. 如到某一层无乘客下电梯,电梯就不停,求直到乘客都下完时电梯停的次数 X 的数学期望.

解 设

$$X_i = \begin{cases} 1, & \text{第 } i \text{ 层有人下电梯},\\ 0, & \text{否则} \end{cases} \quad (i=1,2,\cdots,n).$$

由题意知 $X=X_1+X_2+\cdots+X_n$,且 X_i 的分布律为

X_i	0	1
P	$\left(1-\frac{1}{n}\right)^m$	$1-\left(1-\frac{1}{n}\right)^m$

$(i=1,2,\cdots,n)$,

所以 $\mathrm{E}(X_i)=1-\left(1-\frac{1}{n}\right)^m (i=1,2,\cdots,n)$. 故

$$\mathrm{E}(X) = \mathrm{E}(X_1+X_2+\cdots+X_n) = n\mathrm{E}(X_i) = n\left[1-\left(1-\frac{1}{n}\right)^m\right].$$

三、有关数字特征的计算

例 9 设随机变量 X,Y 的方差皆为 1,其相关系数为 0.25,求随机变量 $U=X+Y$ 与 $V=X-2Y$ 的协方差.

解 由题意知 $\mathrm{cov}(X,Y)=0.25$,因此

$$\begin{aligned}\mathrm{cov}(U,V)&=\mathrm{cov}(X+Y,X-2Y)=\mathrm{cov}(X,X-2Y)+\mathrm{cov}(Y,X-2Y)\\&=\mathrm{cov}(X,X)-2\mathrm{cov}(X,Y)+\mathrm{cov}(Y,X)-2\mathrm{cov}(Y,Y)\\&=\mathrm{D}(X)-2\mathrm{D}(Y)-\mathrm{cov}(X,Y)=1-2-0.25=-1.25.\end{aligned}$$

例 10 设随机变量 X 与 Y 相互独立,都服从参数为 λ 的泊松分布,求随机变量 $U=X+2Y$ 和 $V=X-2Y$ 的相关系数.

解 由题意知 $\mathrm{E}(X)=\mathrm{E}(Y)=\mathrm{D}(X)=\mathrm{D}(Y)=\lambda$,则

$$\mathrm{E}(X^2)=\mathrm{E}(Y^2)=\mathrm{D}(Y)+[\mathrm{E}(Y)]^2=\lambda+\lambda^2,$$

$$\mathrm{D}(U)=\mathrm{D}(V)=\mathrm{D}(X)+4\mathrm{D}(Y)=5\lambda,$$

$$\mathrm{E}(UV)=\mathrm{E}(X^2-4Y^2)=\mathrm{E}(X^2)-4\mathrm{E}(Y^2)=-3\lambda(1+\lambda),$$

$$\mathrm{cov}(U,V)=\mathrm{E}(UV)-\mathrm{E}(U)\mathrm{E}(V)=-3\lambda(1+\lambda)-3\lambda\cdot(-\lambda)=-3\lambda.$$

于是

$$\rho_{UV}=\frac{\mathrm{cov}(U,V)}{\sqrt{\mathrm{D}(U)}\sqrt{\mathrm{D}(V)}}=\frac{-3\lambda}{5\lambda}=-\frac{3}{5}.$$

例 11 设二维随机变量 (X,Y) 的联合概率密度为

$$f(x,y)=\begin{cases}2-x-y, & 0\leqslant x\leqslant 1,0\leqslant y\leqslant 1,\\0, & \text{其他}.\end{cases}$$

(1) 判断 X 与 Y 是否相互独立,是否相关;

(2) 求 $\mathrm{D}(X-Y)$; (3) 求 X 与 Y 的相关系数 ρ_{XY}.

解 (1) 先求关于 X 和关于 Y 的边缘概率密度 $f_X(x),f_Y(y)$.

当 $0\leqslant x\leqslant 1$ 时,$f_X(x)=\int_0^1(2-x-y)\mathrm{d}y=\frac{3}{2}-x$;

当 $0\leqslant y\leqslant 1$ 时,$f_Y(y)=\int_0^1(2-x-y)\mathrm{d}x=\frac{3}{2}-y$.

所以关于 X 和关于 Y 的边缘概率密度分别为

$$f_X(x)=\begin{cases}3/2-x, & 0\leqslant x\leqslant 1,\\0, & \text{其他},\end{cases}\qquad f_Y(y)=\begin{cases}3/2-y, & 0\leqslant y\leqslant 1,\\0, & \text{其他}.\end{cases}$$

由于当 $0\leqslant x\leqslant 1,0\leqslant y\leqslant 1$ 时,

$$f_X(x)f_Y(y)=\left(\frac{3}{2}-x\right)\left(\frac{3}{2}-y\right)\neq 2-x-y=f(x,y),$$

所以 X 与 Y 不相互独立.

由于

$$E(X)=\int_{-\infty}^{+\infty}xf_X(x)\mathrm{d}x=\int_0^1 x\left(\frac{3}{2}-x\right)\mathrm{d}x=\frac{5}{12},$$

$$E(Y)=\int_{-\infty}^{+\infty}yf_Y(y)\mathrm{d}y=\int_0^1 y\left(\frac{3}{2}-y\right)\mathrm{d}y=\frac{5}{12},$$

$$E(XY)=\int_{-\infty}^{+\infty}\int_{-\infty}^{+\infty}xyf(x,y)\mathrm{d}x\mathrm{d}y=\int_0^1\int_0^1 xy(2-x-y)\mathrm{d}x\mathrm{d}y=\frac{1}{6},$$

因此 $$\operatorname{cov}(X,Y)=E(XY)-E(X)E(Y)=\frac{1}{6}-\frac{5}{12}\cdot\frac{5}{12}=-\frac{1}{144}\neq 0.$$

所以 X 与 Y 相关.

(2) 因为

$$E(X^2)=\int_{-\infty}^{+\infty}x^2f_X(x)\mathrm{d}x=\int_0^1 x^2\left(\frac{3}{2}-x\right)\mathrm{d}x=\frac{1}{4},$$

$$E(Y^2)=\int_{-\infty}^{+\infty}y^2f_Y(y)\mathrm{d}y=\int_0^1 y^2\left(\frac{3}{2}-y\right)\mathrm{d}y=\frac{1}{4},$$

$$D(X)=E(X^2)-[E(X)]^2=\frac{1}{4}-\left(\frac{5}{12}\right)^2=\frac{11}{144},$$

$$D(Y)=E(Y^2)-[E(Y)]^2=\frac{1}{4}-\left(\frac{5}{12}\right)^2=\frac{11}{144},$$

所以

$$\begin{aligned}D(X-Y)&=D(X)+D(Y)-2\operatorname{cov}(X,Y)=D(X)+D(Y)-2[E(XY)-E(X)E(Y)]\\&=\frac{11}{144}+\frac{11}{144}-2\left(\frac{1}{6}-\frac{5}{12}\cdot\frac{5}{12}\right)=\frac{1}{6}.\end{aligned}$$

(3) $\rho_{XY}=\dfrac{\operatorname{cov}(X,Y)}{\sqrt{D(X)D(Y)}}=\dfrac{-1/144}{11/144}=-\dfrac{1}{11}.$

例 12 设二维随机变量(X,Y)的联合概率密度为

$$f(x,y)=\begin{cases}15x^2y, & 0\leqslant x\leqslant y\leqslant 1,\\ 0, & \text{其他}.\end{cases}$$

(1) 判断 X 与 Y 是否相互独立,是否相关;

(2) 求 $D(X),D(Y)$;　　(3) 求 X 与 Y 的相关系数 ρ_{XY}.

解 (1) 先求关于 X 和关于 Y 的边缘概率密度 $f_X(x),f_Y(y)$,

当 $0\leqslant x\leqslant 1$ 时,$f_X(x)=\displaystyle\int_x^1 15x^2y\mathrm{d}y=\frac{15}{2}x^2-\frac{15}{2}x^4$;

当 $0\leqslant y\leqslant 1$ 时,$f_Y(y)=\displaystyle\int_0^y 15x^2y\mathrm{d}x=5y^4$.

所以关于 X 和关于 Y 的边缘概率密度分别为

$$f_X(x)=\begin{cases}\dfrac{15}{2}x^2-\dfrac{15}{2}x^4, & 0\leqslant x\leqslant 1,\\ 0, & \text{其他},\end{cases}\qquad f_Y(y)=\begin{cases}5y^4, & 0\leqslant y\leqslant 1,\\ 0, & \text{其他}.\end{cases}$$

由于当 $0\leqslant x\leqslant 1,0\leqslant y\leqslant 1$ 时，

$$f_X(x)f_Y(y)=\left(\frac{15}{2}x^2-\frac{15}{2}x^4\right)\cdot 5y^4\neq 15x^2y=f(x,y),$$

所以 X 与 Y 不相互独立.

由于

$$\mathrm{E}(X)=\int_{-\infty}^{+\infty}xf_X(x)\mathrm{d}x=\int_0^1 x\left(\frac{15}{2}x^2-\frac{15}{2}x^4\right)\mathrm{d}x=\frac{5}{8},$$

$$\mathrm{E}(Y)=\int_{-\infty}^{+\infty}yf_Y(y)\mathrm{d}y=\int_0^1 y\cdot 5y^4\mathrm{d}y=\frac{5}{6},$$

$$\mathrm{E}(XY)=\int_{-\infty}^{+\infty}\int_{-\infty}^{+\infty}xyf(x,y)\mathrm{d}x\mathrm{d}y=\int_0^1\int_0^y xy\cdot 15x^2y\mathrm{d}x\mathrm{d}y=\frac{15}{28},$$

因此 $$\mathrm{cov}(X,Y)=\mathrm{E}(XY)-\mathrm{E}(X)\mathrm{E}(Y)=\frac{15}{28}-\frac{5}{8}\cdot\frac{5}{6}=\frac{5}{336}\neq 0.$$

所以 X 与 Y 相关.

(2) $$\mathrm{E}(X^2)=\int_{-\infty}^{+\infty}x^2f_X(x)\mathrm{d}x=\int_0^1 x^2\left(\frac{15}{2}x^2-\frac{15}{2}x^4\right)\mathrm{d}x=\frac{3}{7},$$

$$\mathrm{E}(Y^2)=\int_{-\infty}^{+\infty}y^2f_Y(y)\mathrm{d}y=\int_0^1 y^2\cdot 5y^4\mathrm{d}y=\frac{5}{7},$$

$$\mathrm{D}(X)=\mathrm{E}(X^2)-[\mathrm{E}(X)]^2=\frac{3}{7}-\left(\frac{5}{8}\right)^2=\frac{17}{448},$$

$$\mathrm{D}(Y)=\mathrm{E}(Y^2)-[\mathrm{E}(Y)]^2=\frac{5}{7}-\left(\frac{5}{6}\right)^2=\frac{5}{252}.$$

(3) $$\rho_{XY}=\frac{\mathrm{cov}(X,Y)}{\sqrt{\mathrm{D}(X)\mathrm{D}(Y)}}=\frac{5/336}{\sqrt{17/448}\cdot\sqrt{5/252}}=\sqrt{\frac{5}{17}}.$$

总 习 题 三

一、填空题:

1. 已知随机变量 X 服从参数为 2 的泊松分布,即 $P(X=k)=\dfrac{2^k}{k!}\mathrm{e}^{-2}(k=0,1,2\cdots)$,则随机变量 $Z=3X-2$ 的数学期望 $\mathrm{E}(Z)=$__________.

2. 已知随机变量 X 服从参数为 1 的指数分布, 则 $\mathrm{E}(X+\mathrm{e}^{-2X})=$__________.

3. 设 X 表示 10 次独立重复射击命中目标的次数,每次射中目标的概率为 0.4,则 $\mathrm{E}(X^2)=$__________.

4. 设随机变量 $X\sim P(\lambda)$,且 $\mathrm{E}[(X-1)(X-2)]=1$,则 $\lambda=$__________.

5. 设 X 是随机变量,其概率密度为

$$f(x)=\begin{cases}1+x, & -1\leqslant x\leqslant 0\\ 1-x, & 0<x\leqslant 1,\\ 0, & \text{其他},\end{cases}$$

则方差 $D(X)$为__________.

6. 设随机变量 X 与 Y 相互独立,且 $X\sim N(-3,1)$,$Y\sim N(2,1)$,$Z=X-2Y+7$,则$Z\sim$__________.

7. 设随机变量 X 和 Y 的相关系数为 0.9.若 $Z=X-0.4$,则 Y 与 Z 的相关系数为__________.

8. 设随机变量 X 与 Y 的相关系数为 0.5,且 $E(X)=E(Y)=0$,$E(X^2)=E(Y^2)=2$,则$E(X+Y)^2$ =__________.

9. 设二维随机变量$(X,Y)\sim N(\mu,\mu,\sigma^2,\sigma^2,0)$,则 $E(XY^2)=$__________.

10. 设随机变量 X 服从参数为λ 的指数分布,则 $P(X>\sqrt{D(X)})=$__________.

11. 设随机变量 X 的概率密度为 $f(x)=\begin{cases}ax^2+bx+c, & 0<x<1,\\ 0, & 其他,\end{cases}$ 且 $E(X)=0.5$,$D(X)=0.15$,则 $a=$__________,$b=$__________,$c=$__________.

12. 设随机变量 X_1,X_2,X_3 相互独立,其中 X_1 服从区间$[0,6]$上的均匀分布,$X_2\sim N(0,2^2)$,$X_3\sim P(3)$.记 $Y=X_1-2X_2+3X_3$,则 $D(Y)=$__________.

13. 设一次试验的成功率为 p.现进行 100 次独立重复试验,当 $p=$__________时,成功次数的标准差的值最大,其最大值为__________.

14. 设随机变量 X 的均值、方差都存在,且 $D(X)\neq 0$.令 $Y=\dfrac{X-E(X)}{\sqrt{D(X)}}$,则 $E(Y)=$__________,$D(Y)=$__________.

二、选择题:

1. 若随机变量 X 与 Y 满足 $E(XY)=E(X)E(Y)$,则下列结论必正确的是(　　).

(A) $D(XY)=D(X)D(Y)$　　(B) $D(X+Y)=D(X)+D(Y)$

(C) X 与 Y 相互独立　　(D) X 与 Y 不相互独立

2. 已知随机变量 $X\sim B(n,p)$,且 $E(X)=2.4$,$D(X)=1.44$,则 n,p 的值为(　　).

(A) $n=4,p=0.6$;　　(B) $n=6,p=0.4$

(C) $n=8,p=0.3$　　(D) $n=24,p=0.1$

3. 从 1,2,3,4,5 中任取一个数,记为 X,再从 $1,\cdots,X$ 中任取一个数,记为 Y,则 Y 的期望 $E(Y)=$(　　).

(A) 5　　(B) 4　　(C) 3　　(D) 2

4. 设两个相互独立的随机变量 X 和 Y 的方差分别为 4 和 2,则随机变量 $3X-2Y$ 的方差是(　　).

(A) 8　　(B) 16　　(C) 28　　(D) 44

5. 设随机变量 X,Y 独立同分布.记 $U=X-Y$,$V=X+Y$,则 U 与 V 必然(　　).

(A) 相互独立　　(B) 不相互独立　　(C) 相关系数不为 0　　(D) 相关系数为 0

6. 设随机变量 X 的分布函数为 $F(x)=0.3\Phi(x)+0.7\Phi\left(\dfrac{x-1}{2}\right)$,其中 $\Phi(x)$为标准正态分布的分布函数,则 $E(X)=$(　　).

(A) 0　　(B) 0.3　　(C) 0.7　　(D) 1

7. 设二维随机变量(X,Y)服从正态分布,则随机变量 $\xi=X+Y$ 与 $\eta=X-Y$ 不相关的充分必要条件为(　　).

(A) $E(X)=E(Y)$　　(B) $E(X^2)-[E(X)]^2=E(Y^2)-[E(Y)]^2$

(C) $E(X^2)=E(Y^2)$　　(D) $E(X^2)+[E(X)]^2=E(Y^2)+[E(Y)]^2$

8. 将一枚均匀硬币重复掷 n 次,以 X 和 Y 分别表示正面朝上和反面朝上的次数,则 X 与 Y 的相关系数等于( ).

(A) -1　　(B) 0　　(C) 1/2　　(D) 1

9. 设随机变量 $X_1,X_2,\cdots,X_n\ (n>1)$ 独立同分布,且其方差为 $\sigma^2>0$. 令 $Y=\frac{1}{n}\sum_{i=1}^{n}X_i$,则( ).

(A) $\mathrm{cov}(X_1,Y)=\frac{\sigma^2}{n}$　　(B) $\mathrm{cov}(X_1,Y)=\sigma^2$

(C) $\mathrm{D}(X_1+Y)=\frac{n+2}{n}\sigma^2$　　(D) $\mathrm{D}(X_1-Y)=\frac{n+1}{n}\sigma^2$

10. 设 X 是一个随机变量,且 $\mathrm{E}(X)=\mu,\mathrm{D}(X)=\sigma^2\ (\mu,\sigma>0$ 为常数),则对任意常数 c,必有( ).

(A) $\mathrm{E}(X-c)^2=\mathrm{E}(X^2)-c^2$　　(B) $\mathrm{E}(X-c)^2=\mathrm{E}(X-\mu)^2$

(C) $\mathrm{E}(X-c)^2<\mathrm{E}(X-\mu)^2$　　(D) $\mathrm{E}(X-c)^2\geqslant\mathrm{E}(X-\mu)^2$

11. 现有 10 张奖券,其中 8 张为 2 元,2 张为 5 元. 某人从中随机无放回地抽取 3 张,则此人得奖的金额的数学期望为( ).

(A) 6　　(B) 12　　(C) 7.8　　(D) 9

12. 设随机变量 X 服从正态分布 $N(0,1)$,$Y=2X^2+X+3$,则 X 与 Y 的相关系数为( ).

(A) 1　　(B) 0　　(C) 1/2　　(D) -1

13. 设随机变量 $X\sim N(0,1)$,$Y\sim N(1,4)$,且 $\rho_{XY}=1$,则( ).

(A) $P(Y=-2X-1)=1$　　(B) $P(Y=2X-1)=1$

(C) $P(Y=-2X+1)=1$　　(D) $P(Y=2X+1)=1$

14. 设随机变量 X 与 Y 相互独立,且 $\mathrm{E}(X)$,$\mathrm{E}(Y)$ 均存在. 记 $U=\max(X,Y)$,$V=\min(X,Y)$,则 $\mathrm{E}(UV)=$( ).

(A) $\mathrm{E}(U)\mathrm{E}(V)$　　(B) $\mathrm{E}(X)\mathrm{E}(Y)$　　(C) $\mathrm{E}(U)\mathrm{E}(Y)$　　(D) $\mathrm{E}(X)\mathrm{E}(V)$

三、计算题:

1. 已知随机变量 X,Y 的分布律分别为

X	-1	1
P	$1/2$	$1/2$

Y	0	1
P	$1/4$	$3/4$

且 $P(X=Y)=1/4$,求:

(1) 二维随机变量 (X,Y) 的概率分布;　　(2) X 与 Y 的相关系数 ρ_{XY}.

2. 设某班有学生 n 名,在新年联欢会上,每人带一份礼物互赠,礼物集中放在一起,并将礼物编了号. 当交换礼物时,每人随机地拿到一个号码,并以此去领取礼物,试求恰好拿到自己准备的礼物的人数 X 的期望和方差.

3. 设 $\mathrm{E}(X)=2,\mathrm{E}(Y)=4,\mathrm{D}(X)=4,\mathrm{D}(Y)=9,\rho_{XY}=0.5$,求:

(1) $U=3X^2-2XY+Y^2-3$ 的数学期望;　　(2) $V=3X-2Y+5$ 的方差.

4. 设随机变量 X 服从参数为 2 的泊松分布. 记 $Y=3X-2$,试求 $\mathrm{E}(Y)$,$\mathrm{D}(Y)$,$\mathrm{cov}(X,Y)$,ρ_{XY}.

5. 从学校乘汽车到火车站的途中有 3 个交通岗,假设在各个交通岗遇到红灯的事件是相互独立的,并且概率都是 2/5. 设 X 为途中遇到红灯的次数,求随机变量 X 的数学期望.

6. 已知甲、乙两箱中装有同种产品,其中甲箱中装有 3 件合格品和 3 件次品,乙箱中仅装有 3 件合格

品.从甲箱中任取 3 件产品放入乙箱后,求:乙箱中有次品件数 X 的数学期望.

7. 设 A,B 为两个随机事件,且 $P(A)=1/4,P(B|A)=1/3,P(A|B)=1/2$.令

$$X=\begin{cases}1, & A\text{发生},\\0, & A\text{不发生},\end{cases}\qquad Y=\begin{cases}1, & B\text{发生},\\0, & B\text{不发生},\end{cases}$$

求 X 与 Y 的相关系数 ρ_{XY}.

8. 设二维随机变量(X,Y)的联合概率密度为

$$f(x,y)=\begin{cases}(x+y)/3, & 0<x<1,0<y<2,\\0, & \text{其他}.\end{cases}$$

(1) 判断 X 与 Y 是否相互独立; (2) 求 $\mathrm{E}(X),\mathrm{E}(Y)$;

(3) 求 $\mathrm{cov}(X,Y)$; (4) 求 ρ_{XY},并判断 X 与 Y 是否相关.

9. 已知随机变量 X,Y 分别服从正态分布 $N(0,1)$ 和 $N(2,4^2)$,且 X 与 Y 的相关系数为 $\rho_{XY}=0$.设 $Z=3X+2Y$,试求:

(1) $\mathrm{E}(Z),\mathrm{D}(Z)$; (2) ρ_{XZ}.

10. 设随机变量 X,Y 的分布律分别为

X	0	1
P	1/3	2/3

Y	-1	0	1
P	1/3	1/3	1/3

且 $P(X^2=Y^2)=1$,求:

(1) (X,Y)的概率分布; (2) $Z=XY$ 的概率分布; (3) X 与 Y 的相关系数.

11. 设随机变量 X,Y 独立同分布,且 X 的概率分布为

X	1	2
P	2/3	1/3

记 $U=\max(X,Y),V=\min(X,Y)$,求 U,V 的协方差 $\mathrm{cov}(U,V)$.

12. 假设一部机器在一天内发生故障的概率为 0.2,机器发生故障时全天停止工作.若一周五个工作日里无故障,可获得利润 10 万元;发生一次故障仍可获得利润 5 万元;发生两次故障能获得利润 0 元;发生三次或三次以上故障就要亏损 2 万元.求一周内的期望利润.

第四章 大数定律与中心极限定理

在统计活动中，人们发现，在相同条件下大量重复进行一种随机试验时，一事件发生的次数与试验次数的比值，即该事件发生的频率值会趋近于某一数值. 重复试验的次数越多，这一结论越显著. 这就是最早的大数定律. 一般的大数定律讨论了 n 个随机变量的平均值的稳定性. 大数定律是对随机现象进行概型化研究的重要基础. 然而在前三章，概率论的理论是以公理化定义为基础的，进而演绎推导，对公理化定义的概率并未明确揭示概率与现实试验中事件发生的频率值的内在联系. 中心极限定理证明了，在很一般的条件下，n 个随机变量的和当 $n\to\infty$ 时的极限分布是正态分布. 在本章的内容中，使用前三章的理论及工具对随机事件发生的次数频率的稳定性进行研究，并使用极限工具揭示正态分布广泛存在的原因，以及使用正态分布处理实际问题的近似方法.

§1 大数定律

设 X 为随机变量，$E(X)=\mu$，$D(X)=\sigma^2$，欲求 $P(|X-\mu|\geqslant a)$ 的值，在已知 X 的概率密度或分布律时，通过积分或求和可以得到. 实际上，若有事件 $A=\{\omega\,|\,|X(\omega)-\mu|<a\}$，则 $P(|X-\mu|\geqslant a)=P(\bar{A})$. 在未知 X 的概率密度或分布律时，则由下述的切比雪夫不等式，可求出 $P(|X-\mu|\geqslant a)$ 的上界.

定理 1(切比雪夫不等式) 设 X 为随机变量，$E(X)=\mu$，$D(X)=\sigma^2$，则对任意实数 $\varepsilon>0$，有

$$P(|X-\mu|\geqslant\varepsilon)\leqslant\frac{\sigma^2}{\varepsilon^2}.$$

它的等价不等式是

$$P(|X-\mu|<\varepsilon)\geqslant 1-\frac{\sigma^2}{\varepsilon^2}.$$

证明 设 X 是连续型随机变量，X 的概率密度为 $f(x)$，则有

$$D(X)=\int_{-\infty}^{+\infty}[x-E(X)]^2f(x)\,\mathrm{d}x$$

$$\geqslant \int_{|X-E(X)|\geqslant \varepsilon} [x-E(X)]^2 f(x)\mathrm{d}x$$
$$\geqslant \int_{|X-E(X)|\geqslant \varepsilon} \varepsilon^2 f(x)\mathrm{d}x = \varepsilon^2 \int_{|X-E(X)|\geqslant \varepsilon} f(x)\mathrm{d}x$$
$$= \varepsilon^2 P(|X-E(X)|\geqslant \varepsilon),$$

所以
$$P(|X-\mu|\geqslant\varepsilon)\leqslant\frac{D(X)}{\varepsilon^2}=\frac{\sigma^2}{\varepsilon^2},$$

即
$$P(|X-\mu|<\varepsilon)=1-P(|X-\mu|\geqslant\varepsilon)\geqslant1-\frac{\sigma^2}{\varepsilon^2}.$$

对离散型随机变量,可类似证明.

从上式可见,方差 $D(X)$ 越小,随机变量 X 在区间 $[\mu-\varepsilon,\mu+\varepsilon]$ 以外取值的概率越小,即 X 的分布集中在 $E(X)$ 附近.

质量管理中的 3σ-规则是切比雪夫不等式的一个应用.对任意的随机变量 X,记 $E(X)=\mu$,$D(X)=\sigma^2$,取 $\varepsilon=3\sigma$,由切比雪夫不等式有
$$P(|X-\mu|<3\sigma)\geqslant 1-\frac{\sigma^2}{(3\sigma)^2}=\frac{8}{9}\approx 0.89.$$
由此可以认为,对任意分布的随机变量 X,若 X 的值落在区间 $[\mu-3\sigma,\mu+3\sigma]$ 之外,系统则处于非管理状态.

定义 1 如果对于任何的 $n>1$,$X_1,X_2,\cdots,X_n$ 是相互独立的,那么称随机变量列 $X_1,X_2,\cdots,X_n,\cdots$ 是相互独立的.此时,若所有的 X_i 都有共同的分布,则称 $X_1,X_2,\cdots,X_n,\cdots$ 是**独立同分布的随机变量列**.

定义 2 设 $\{X_n\}$ 为随机变量列.若存在随机变量 X,对任意 $\varepsilon>0$,有
$$\lim_{n\to\infty}P(|X_n-X|\geqslant\varepsilon)=0 \quad 或 \quad \lim_{n\to\infty}P(|X_n-X|<\varepsilon)=1,$$
则称随机变量列 $\{X_n\}$ **依概率收敛**于随机变量 X,并用符号表示为
$$X_n\xrightarrow{P}X \quad 或 \quad \lim_{n\to\infty}X_n=X \quad (P).$$

定义 3 设 $\{X_n\}$ 为随机变量列,并且 $E(X_n)(n=1,2,\cdots)$ 存在.令 $\overline{X}_n=\frac{1}{n}\sum_{i=1}^{n}X_i$.若
$$\lim_{n\to\infty}P(|\overline{X}_n-E(\overline{X}_n)|\geqslant\varepsilon)=0,$$
则称随机变量列 $\{X_n\}$ **服从大数定律**.

以下的切比雪夫大数定律及伯努利大数定律阐述了重复同样的随机试验时,以事件发生的频率值作为事件在一次随机试验中发生的概率的合理性及稳定性.

定理 2(切比雪夫大数定律的特殊情况) 设随机变量列 $X_1,X_2,\cdots,X_n,\cdots$ 独立同分布,$E(X_1)$ 及 $D(X_1)$ 存在,$\overline{X}_n=\frac{1}{n}\sum_{i=1}^{n}X_i$,则对任意 $\varepsilon>0$,有
$$\lim_{n\to\infty}P(|\overline{X}_n-E(\overline{X}_n)|\geqslant\varepsilon)=0 \quad 或 \quad \lim_{n\to\infty}P(|\overline{X}_n-E(\overline{X}_n)|<\varepsilon)=1.$$

证明 因为 $X_1,X_2,\cdots,X_n,\cdots$ 独立同分布,所以

$$E(X_1)=E(X_2)=\cdots=E(X_n)=\cdots,$$
$$D(X_1)=D(X_2)=\cdots=D(X_n)=\cdots,$$
$$E(\overline{X}_n)=E\left(\frac{1}{n}\sum_{i=1}^{n}X_i\right)=\frac{nE(X_1)}{n}=E(X_1),$$
$$D(\overline{X}_n)=D\left(\frac{1}{n}\sum_{i=1}^{n}X_i\right)=\frac{1}{n^2}\sum_{i=1}^{n}D(X_i)=\frac{1}{n}D(X_1).$$

由切比雪夫不等式知,对任意 $\varepsilon>0$,有

$$P(|\overline{X}_n-E(\overline{X}_n)|\geqslant\varepsilon)\leqslant\frac{D(\overline{X}_n)}{\varepsilon^2}=\frac{D(X_1)}{n\varepsilon^2}.$$

令 $n\to\infty$,则有

$$\lim_{n\to\infty}P(|\overline{X}_n-E(\overline{X}_n)|\geqslant\varepsilon)\leqslant\lim_{n\to\infty}\frac{D(X_1)}{n\varepsilon^2}=0,$$

或者

$$\lim_{n\to\infty}P(|\overline{X}_n-E(\overline{X}_n)|<\varepsilon)=1.$$

切比雪夫大数定律更一般的形式中,当 $X_1,X_2,\cdots,X_n,\cdots$ 两两不相关,存在常数 C,$D(X_i)\leqslant C\ (i=1,2,\cdots)$ 时,定理 2 的结论即可成立.

切比雪夫大数定律表明,在定理条件下,当 n 很大时,n 个随机变量的算术平均值 $\overline{X}_n$ 与各随机变量相同的数学期望值 $E(X_1)$ 相差很小. 在测量工作中,对某物理量独立测量 n 次,设测量值为 $x_1,x_2,\cdots,x_n$,视这 n 个值为独立同分布的随机变量 $X_1,X_2,\cdots,X_n$ 的观察值,切比雪夫大数定律可以说明取 $x_1,x_2,\cdots,x_n$ 的算术平均值作为该物理量的近似值是合理的.

定理 3(伯努利大数定律) 设 $f_n(A)$ 是 n 次独立重复试验中事件 A 发生的频率,p 是事件 A 在每次试验中发生的概率,则对任意 $\varepsilon>0$,有

$$\lim_{n\to\infty}P(|f_n(A)-p|<\varepsilon)=1 \quad 或 \quad \lim_{n\to\infty}P(|f_n(A)-p|\geqslant\varepsilon)=0.$$

证明 设

$$X_i=\begin{cases}1, & 第\ i\ 次试验事件\ A\ 发生,\\ 0, & 第\ i\ 次试验事件\ A\ 不发生\end{cases}\quad(i=1,2,\cdots,n),$$

n_A 为 n 次独立重复试验中事件 A 发生的次数,则有

$$n_A=\sum_{i=1}^{n}X_i,\quad f_n(A)=\frac{n_A}{n}=\frac{1}{n}\sum_{i=1}^{n}X_i=\overline{X}_n,$$

且随机变量 $X_i\ (i=1,2,\cdots,n)$ 相互独立、同分布,均服从参数为 p 的两点分布 $B(1,p)$,从而

$$E(X_1)=E(X_2)=\cdots=E(X_n)=p,$$
$$D(X_1)=D(X_2)=\cdots=D(X_n)=pq.$$

由定理 2 有

$$\lim_{n\to\infty}P(|f_n(A)-p|<\varepsilon)=1 \quad 或 \quad \lim_{n\to\infty}P(|f_n(A)-p|\geqslant\varepsilon)=0.$$

伯努利大数定律是最早的一个大数定律,它刻画了频率的稳定性. 因此,当独立试验次

数 n 很大时,可以用事件 A 发生的频率 $f_n(A)$ 估算一次试验时事件 A 发生的概率.例如,估计某种商品的不合格率时,可以从这种商品中随机抽取 n 件进行测试,当 n 足够大时,不合格产品的频率 f_n 可以作为该种商品不合格率(概率)p 的估计值.

定理 4(辛钦大数定律) 设 $X_1,X_2,\cdots,X_n,\cdots$ 是独立同分布的随机变量列,且 $\mathrm{E}(X_n)=\mu$,则

$$\lim_{n\to\infty}P\left(\left|\frac{1}{n}\sum_{i=1}^{n}X_i-\mu\right|<\varepsilon\right)=1 \quad 或 \quad \frac{1}{n}\sum_{i=1}^{n}X_i\xrightarrow{P}\mu.$$

习 题 4-1

A 组

1. 设随机变量 X 服从区间$(-1,1)$上的均匀分布.

(1) 求 $P(|X|<0.6)$; (2) 试用切比雪夫不等式估计 $P(|X|<0.6)$的下界.

2. 在 n 重伯努利试验中,若已知每次试验事件 A 发生的概率为 0.75,试利用切比雪夫不等式估计 n,使 A 发生的频率在 0.74 至 0.76 之间的概率不小于 0.9.

3. 随机地掷 6 颗质地均匀的骰子,试利用切比雪夫不等式估计事件{6 颗骰子点数之和在 15 点到 27 点之间}的概率.

B 组

1. 设 X 为非负的随机变量,证明:当 $x>0$ 时,$P(X<x)\geqslant 1-\dfrac{\mathrm{E}(X)}{x}$.

2. 已知正常成人男性血液中,每毫升白细胞数的均值为 7300,方差为 700^2,试用切比雪夫不等式估计每毫升血液含白细胞数在 5200 到 9400 之间的概率.

3. 设随机变量 X_1,X_2,X_3 相互独立,且 $\mathrm{E}(X_k)=2,\mathrm{D}(X_k)=k\ (k=1,2,3)$,试用切比雪夫不等式估计 $P(3<X_1+X_2+X_3<9)$.

§2 中心极限定理

人们在统计工作中发现,正态分布在自然界中极为普遍.例如,人群的身高或体重、大面积农作物的亩产量、大量学生参加的考试成绩均服从正态分布.观察表明,如果某个观察量是由大量相互独立的随机影响产生的,而这些随机因素在总的影响上所起的作用都不是很大,则这个观察量一般均服从或近似服从正态分布.

历史上,关于这个论题的第一个结果是法国数学家 De Moivre 在研究二项分布的正态近似问题时于 1733 年给出的.在此后的大约 200 年当中,有关独立随机变量和的极限分布的讨论,一直是概率论研究的一个中心,故称做中心极限定理.

在实际问题中,有许多试验的结果常常受到多个随机因素的影响,而其中每个因素对该试验的结果所产生的影响又是非常微小的. 如果我们只关心试验最后的结果,而不关心个别因素的作用,则只需要考虑许多随机因素所产生的总的影响.例如测量某物体的长度,测

量中会有许多随机因素影响测量结果：温度对测量仪器的影响，会使测量产生误差 X_1；湿度对测量仪器的影响，会使测量产生误差 X_2；测量者观察的角度会产生测量误差 X_3……这些误差都是微小的、随机的，而且是独立的. 为了掌握测量的精度，我们关心的是测量的总误差，它是上述各因素产生的误差之和 $X_1+X_2+\cdots+X_n$. 一般情况下，我们很难求出总误差 $X_1+X_2+\cdots+X_n$ 的分布的确切形式，但当 n 很大时，可以求出近似分布. 不过有时，当 $n\to\infty$ 时，随机变量之和 $X_1+X_2+\cdots+X_n$ 的取值可能会是无穷大. 比如，若 $X_i(i=1,2,\cdots)$ 是独立、同服从 0-1 分布的随机变量列，则 $\lim\limits_{n\to\infty}\sum\limits_{i=1}^{n}X_i$ 可以取到 $+\infty$. 为此，我们将随机变量的和标准化，以避免它取值趋向无穷大，即取

$$Y_n=\frac{\sum\limits_{i=1}^{n}[X_i-\mathrm{E}(X_i)]}{\sqrt{\mathrm{D}(\sum\limits_{i=1}^{n}X_i)}}.$$

可以证明，在一定的条件下，上述随机变量 Y_n 的极限分布是标准正态分布.

定义 1 对独立随机变量列 $\{X_i\}$，若当 $n\to\infty$ 时，上述 Y_n 的分布函数 $F_n(x)=P(Y_n\leqslant x)\to\Phi(x)$，$x\in\mathbf{R}$，其中 $\Phi(x)=\int_{-\infty}^{x}\frac{1}{\sqrt{2\pi}}\mathrm{e}^{-x^2/2}\mathrm{d}t$ 为标准正态分布函数，则称随机变量列 $\{X_i\}$ 满足**中心极限定理**(central limit theorem).

中心极限定理研究的就是在什么条件下，Y_n 当 $n\to\infty$ 时的极限分布是标准正态分布. 我们只介绍独立同分布的中心极限定理.

定理 1(独立同分布条件下的中心极限定理) 设随机变量列 $X_1,X_2,\cdots,X_n,\cdots$ 独立同分布，它们具有有限的数学期望和方差：$\mathrm{E}(X_k)=\mu$，$\mathrm{D}(X_k)=\sigma^2\neq0\ (k=1,2,\cdots)$，则随机变量

$$Y_n=\frac{\sum\limits_{k=1}^{n}X_k-n\mu}{\sqrt{n\sigma^2}}$$

的分布函数 $F_n(x)$ 对任意 x，有

$$\lim_{n\to\infty}F_n(x)=\lim_{n\to\infty}P\left(\frac{\sum\limits_{k=1}^{n}X_k-n\mu}{\sqrt{n\sigma^2}}\leqslant x\right)=\int_{-\infty}^{x}\frac{1}{\sqrt{2\pi}}\mathrm{e}^{-t^2/2}\mathrm{d}t.$$

从定理 1 可知，当 n 很大时，近似地有

$$Y_n=\frac{\sum\limits_{k=1}^{n}X_k-n\mu}{\sqrt{n\sigma^2}}\sim N(0,1)$$

或
$$\sum_{k=1}^{n} X_k \sim N(n\mu, n\sigma^2).$$

由于定理 1 的证明超出本课程的要求,不予证明.

定理 1 说明,某种量若由具有相同分布(可以是各种分布)、相互独立的很多影响因素所决定,这种量的分布近似于正态分布.

定理 2(德莫佛-拉普拉斯中心极限定理) 设 $X_1, X_2, \cdots, X_n, \cdots$ 是独立同分布的随机变量序列,X_k 服从参数为 p 的两点分布 $B(1,p)$ $(k=1,2,\cdots)$,则对任意 x,有

$$\lim_{n\to\infty} P\left(\frac{\sum_{k=1}^{n} X_k - np}{\sqrt{np(1-p)}} \leqslant x\right) = \int_{-\infty}^{x} \frac{1}{\sqrt{2\pi}} e^{-t^2/2} dt.$$

证明 由 $X_k \sim B(1,p)$ $(k=1,2,\cdots)$有

$$E(X_k) = p, \quad D(X_k) = p(1-p) \quad (k = 1,2,\cdots).$$

由定理 1 知

$$\lim_{n\to\infty} P\left(\frac{\sum_{k=1}^{n} X_k - np}{\sqrt{np(1-p)}} \leqslant x\right) = \int_{-\infty}^{x} \frac{1}{\sqrt{2\pi}} e^{-t^2/2} dt.$$

例 1 设某单位内部有 260 部电话分机,每部分机有 4%的时间使用外线,各分机是否使用外线是相互独立的,问:总机至少要有多少条外线才能有 95%的把握保证各部分机使用外线时不必等候?

解 设 X 表示某一时刻同时使用外线的分机数,并设

$$X_i = \begin{cases} 1, & \text{第 } i \text{ 个分机使用外线}, \\ 0, & \text{第 } i \text{ 个分机不使用外线} \end{cases} \quad (i=1,2,\cdots,260).$$

由题意知 $X_i \sim B(1, 0.04)$ $(i = 1,2,\cdots,260)$,$X = \sum_{i=1}^{260} X_i$,所以

$$E(X_i) = 0.04, \quad D(X_i) = 0.0384 \quad (i = 1,2,\cdots,260).$$

设总机至少需有 x 条外线,则由题意有 $P(X<x)=0.95$. 由独立同分布下的中心极限定理得

$$P\left(\frac{X - 260 \times 0.04}{\sqrt{260 \times 0.04 \times 0.96}} < \frac{x - 260 \times 0.04}{\sqrt{260 \times 0.04 \times 0.96}}\right) = 0.95,$$

即 $\Phi\left(\frac{x-260\times 0.04}{\sqrt{260\times 0.04\times 0.96}}\right)=0.95$. 查附表 1 得

$$\frac{x - 260 \times 0.04}{\sqrt{260 \times 0.04 \times 0.96}} \approx 1.65, \quad \text{解得} \quad x \approx 15.61.$$

取整数 $x=16$,即至少需要 16 条外线.

例 2 一加法器同时收到 20 个噪声电压 $V_k (k = 1,2,\cdots,20)$,设这 20 个噪声电压是独

立产生的,均服从区间(0,10)上的均匀分布.若 $V=\sum_{k=1}^{20}V_k$,求 $P(V>105)$.

解 由于 V_k 均服从(0,10)上的均匀分布,则有

$$E(V_k)=5,\quad D(V_k)=25/3\quad (k=1,2,\cdots,20).$$

由定理 1 知,随机变量

$$Y_{20}=\frac{\sum_{k=1}^{20}V_k-20\times 5}{\sqrt{20\times(25/3)}}=\frac{V-100}{\sqrt{500/3}}$$

近似地服从正态分布 $N(0,1)$. 于是

$$P(V>105)=1-P(V\leqslant 105)=1-P\left(\frac{V-100}{\sqrt{500/3}}\leqslant\frac{105-100}{\sqrt{500/3}}\right)$$

$$=1-P\left(\frac{V-100}{\sqrt{500/3}}\leqslant 0.387\right)\approx 1-\Phi(0.387)=0.348.$$

例 3 设某车间有 150 台机床独立工作,每台机床工作时耗电量均为 5 kW,每台机床平均只有 60%的时间在运转,问:该车间应供电多少千瓦,才能以 99.9%的概率保证车间的机床能够正常运转?

解 150 台机床的运转与否可以视为 150 次的独立重复试验. 运转机床的台数 X 服从 $n=150,p=0.6$ 的二项分布.

设供电量为 $5l$ kW,即当运转的机床台数不超过 l 台时,机床正常运转. 只需求出满足

$$P(0\leqslant X\leqslant l)=0.999$$

的 l,就能求出保证车间的机床以 99.9%的概率正常工作的供电量.

由

$$P\left\{\frac{0-np}{\sqrt{np(1-p)}}\leqslant\frac{X-np}{\sqrt{np(1-p)}}\leqslant\frac{l-np}{\sqrt{np(1-p)}}\right\}=0.999$$

及定理 2 有

$$P\left\{-15\leqslant\frac{X-np}{\sqrt{np(1-p)}}\leqslant\frac{l-90}{6}\right\}=\Phi\left(\frac{l-90}{6}\right)-\Phi(-15)=0.999.$$

查附表 1 得 $\Phi(-15)=0$;$\Phi\left(\frac{l-90}{6}\right)=0.999$ 时,$\frac{l-90}{6}=3.1$,解得 $l\approx 108.6$. 取 $l=109$. 因此,车间供电量为 5×109 kW$=545$ kW 时,能以 99.9%的概率正常工作.

例 4 在一家保险公司里有 10000 个人参加寿命保险,每人每年付 12 元保险费. 已知在一年内一个人死亡的概率为 0.6%,死亡时其家属可向保险公司领 1000 元,问:保险公司亏本的概率有多大?

解 设 X 表示一年内死亡的人数,则 $X\sim B(n,p)$,其中 $n=10000,p=0.6\%$. 设 Y 表示保险公司一年的利润,则 $Y=10000\times 12-1000X$. 于是由定理 2 得

$$
\begin{aligned}
P(Y<0) &= P(10000\times 12-1000X<0)=1-P(X\leqslant 120)\\
&=1-P\left(\frac{X-np}{\sqrt{np(1-p)}}\leqslant\frac{120-np}{\sqrt{np(1-p)}}\right)=1-\Phi\left(\frac{120-10000\times 0.6\%}{10000\times 0.6\%\times(1-0.6\%)}\right)\\
&=1-\Phi(7.75)=0.
\end{aligned}
$$

启发：可见保险公司根本不会亏本.因此他们总是乐于开展保险业务.可以说，没有什么比生命更不确定，没有什么比人寿保险公司的利润更确定.

中心极限定理在理论上阐述了正态分布所以能够广泛存在的原因.因此，在大样本统计的推断中，中心极限定理是一个重要的理论工具.

习 题 4-2

A 组

1. 一保险公司多年的统计资料表明，在索赔户中被盗的索赔户占 20%.以 X 表示在任意调查的 100 个索赔户中被盗索赔户的总数，求 $P(14<X<30)$.

2. 设某公司有 200 名员工参加一种资格证书考试.按往年经验，该考试通过率为 0.8.试计算这 200 名员工至少有 150 名考试通过的概率.

3. 设某批产品的次品率为 0.005，试求在 10000 件产品中次品不多于 70 件的概率.

4. 已知男孩的出生率为 51.5%，试求 10000 个出生的婴儿中男孩多于女孩的概率.

B 组

1. 一生产线生产的产品成箱包装，每箱的重量是随机的，假设每箱平均的重量为50 kg，标准差为 5 kg.若用最大载重量为 5 t 的汽车承运，试用中心极限定理说明每车最多可以装多少箱，才能保障不超载的概率大于 0.977.

2. 电视台做节目 A 收视率的调查，在每天节目 A 播出时随机地向当地居民打电话，问是否在看电视，如在看电视，再问是否在看节目 A.设回答在看电视的居民数为 n，问：为了保证以 95%的概率使调查误差在 10%内，n 应取多大？

3. 设有 1000 名旅客每天需同时从甲地出发到乙地，每名旅客乘汽车的概率均为 1/2.若能够保证一年(365 天)中 355 天汽车上都有足够的座位，则汽车应设多少个座位？

§3 综合例题

一、基本概念的理解

例 1 切比雪夫大数定律要求随机变量列满足哪些条件？

解 要求满足三个条件：

(1) 随机变量之间相互独立；　(2) 每个变量的期望和方差都存在；

(3) 方差一致有界，即 $D(X_i)\leqslant L$，其中 L 是与 i 无关的常数.

例 2 独立同分布下的中心极限定理要求随机变量列满足哪些条件？

解 要求满足三个条件：

(1) 随机变量之间相互独立； (2) 每个变量具有相同的分布；
(3) 期望、方差都存在.

二、中心极限定理的应用

例 3(给定 n 和 x,求概率) 已知一个复杂系统由 100 个相互独立的元件组成,在系统运行期间每个元件损坏的概率为 0.1,又知为使系统正常运行,至少必须有 85 个元件工作,求系统正常运行的概率.

解 设 X 为系统正常运行时完好的元件数,又设

$$X_k = \begin{cases} 1, & \text{第 } k \text{ 个元件正常工作}, \\ 0, & \text{第 } k \text{ 个元件损坏} \end{cases} \quad (k = 1,2,\cdots,100),$$

则 $X = \sum\limits_{k=1}^{100} X_k \sim B(100,0.9)$. 于是

$$\mathrm{E}(X) = np = 90, \quad \mathrm{D}(X) = npq = 9.$$

故所求的概率为

$$P(X > 85) = 1 - P(X \leqslant 85) = 1 - \Phi\left(\frac{85-90}{\sqrt{9}}\right) = 1 - \Phi\left(-\frac{5}{3}\right) = \Phi\left(\frac{5}{3}\right) = 0.9525.$$

例 4(给定概率和 x,求 n) 在例 3 所述的系统中,假设有 n 个相互独立的元件组成,而且又要求至少有 80%的元件工作才能使整个系统正常运行,问: n 至少为多大时才能保证系统的可靠度为 0.95?

解 由题意可知 $P(X \geqslant 0.8n) = 0.95$, $\mathrm{E}(X) = 0.9n$, $\mathrm{D}(X) = 0.09n$, 又

$$P(X \geqslant 0.8n) = 1 - P(X < 0.8n) = 1 - \Phi\left(\frac{0.8n - 0.9n}{\sqrt{0.09n}}\right) = 1 - \Phi\left(-\frac{0.1n}{0.3\sqrt{n}}\right) = \Phi\left(\frac{\sqrt{n}}{3}\right),$$

故 $\Phi\left(\frac{\sqrt{n}}{3}\right) = 0.95$. 查附表 1 得 $\frac{\sqrt{n}}{3} = 1.645$, 即 $n = 24.35$. 取 $n = 25$.

例 5(给定概率和 n,求 x) 设有 1000 人独立行动,每个人能够按时进入掩蔽体的概率为 0.9,以 95%的概率估计,在一次行动中,至少有多少人能够进入掩蔽体.

解 设 X_i 表示第 i $(i = 1,2,\cdots,1000)$ 人能够进入掩蔽体, X 表示进入掩蔽体的总人数,则

$$X = X_1 + X_2 + \cdots + X_{1000} \sim B(1000,0.9).$$

设至少有 x 人能够进入掩蔽体,则依题意有

$$P(x \leqslant X \leqslant 1000) \geqslant 95\%.$$

根据中心极限定理得

$$P(x \leqslant X \leqslant 1000) = \Phi\left(\frac{1000-900}{\sqrt{90}}\right) - \Phi\left(\frac{x-900}{\sqrt{90}}\right) = 1 - \Phi\left(\frac{x-900}{\sqrt{90}}\right) \geqslant 0.95.$$

查附表 1 得 $\frac{x-900}{\sqrt{90}} = -1.65$, 故 $x = 900 - 15.65 = 884.35$. 取 $x = 884$.

注 凡是求解"概率分布已知的若干个独立随机变量组成的系统满足某种关系的概率(或已知概率求随机变量个数)"的问题,通常用中心极限定理求解.

例 6 甲、乙两个戏院在竞争 1000 名观众. 假定每个观众随意地选择一个戏院,且观众之间的选择是彼此独立的,问:每个戏院应设有多少个座位才能保证因缺少座位而使观众离去的概率小于 1%?

解 以甲院为例,设甲戏院需要设 m 个座位,定义随机变量

$$X_i = \begin{cases} 1, & \text{第 } i \text{ 个观众选择甲戏院}, \\ 0, & \text{第 } i \text{ 个观众选择乙戏院} \end{cases} \quad (i = 1, 2, \cdots, 100),$$

则甲戏院的观众数为 $X = X_1 + \cdots + X_{1000}$. 又

$$\mathrm{E}(X_i) = 1/2, \quad \mathrm{D}(X_i) = 1/4 \quad (i = 1, 2, \cdots, 1000).$$

由中心极限定理及题设要求知

$$P(X \leqslant m) \approx \Phi\left(\frac{m - 500}{5\sqrt{10}}\right) \geqslant 99\%, \quad \text{即} \quad m \geqslant 500 + 2.33 \times 5\sqrt{10} \approx 536.84.$$

故每个戏院应设 537 个座位才能符合需要.

例 7 将一枚均匀硬币抛多少次,才能使其正面出现的频率在 0.4 和 0.6 之间的概率至少为 0.9? 试分别用切比雪夫不等式和中心极限定理来解.

解 设 X 表示抛 n 次时出现的正面次数,则 $X \sim B(n, 1/2)$. 所以有

$$\mathrm{E}(X) = 0.5n, \quad \mathrm{D}(X) = 0.25n, \quad \text{且} \quad P\left(0.4 < \frac{X}{n} < 0.6\right) \geqslant 0.9.$$

(1) 由切比雪夫不等式得

$$P\left(0.4 < \frac{X}{n} < 0.6\right) = P\left(-0.1 < \frac{X}{n} - \mathrm{E}\left(\frac{X}{n}\right) < 0.1\right) = P\left(\left|\frac{X}{n} - \mathrm{E}\left(\frac{X}{n}\right)\right| < 0.1\right)$$

$$\geqslant 1 - \frac{\mathrm{D}\left(\frac{X}{n}\right)}{0.1^2} = 1 - \frac{25}{n},$$

即有 $1 - \frac{25}{n} \geqslant 0.9$. 解此不等式得 $n \geqslant 250$.

(2) 由中心极限定理得

$$\begin{aligned} P\left(0.4 < \frac{X}{n} < 0.6\right) &= P(0.4n < X < 0.6n) \\ &= P\left(\frac{0.4n - 0.5n}{\sqrt{0.25n}} < \frac{X - 0.5n}{\sqrt{0.25n}} < \frac{0.6n - 0.5n}{\sqrt{0.25n}}\right) \\ &= 2\Phi(0.2\sqrt{n}) - 1, \end{aligned}$$

即有 $2\Phi(0.2\sqrt{n}) - 1 \geqslant 0.9$. 解此不等式得 $n \geqslant 68$.

注 利用切比雪夫不等式时,应努力凑成 $|X - \mathrm{E}(X)|$ 的形式;用中心极限定理时,应努力凑成 $\frac{X - \mathrm{E}(X)}{\sqrt{\mathrm{D}(X)}}$ 的形式. 由两种计算方法的结果可见,中心极限定理可能更实用,结果更精确.

总习题四

一、填空题:

1. 设随机变量 X 的方差为 2,则根据切比雪夫不等式有估计 $P(|X-\mathrm{E}(X)|\geqslant 2)\leqslant$________.

2. 设随机变量 X 和 Y 的数学期望分别为 -2 和 2,方差分别为 1 和 4,而相关系数为 -0.5,则根据切比雪夫不等式有 $P(|X+Y|\geqslant 6)\leqslant$________.

3. 设随机变量序列 $X_1,X_2,\cdots,X_n,\cdots$ 独立同分布,均服从参数为 2 的指数分布,则当 $n\to\infty$ 时,$Y_n=\frac{1}{n}\sum_{i=1}^{n}X_i^2$ 依概率收敛于________.

4. 设随机变量 X 的期望是 1,方差为 1,则由切比雪夫不等式可得 $P(|X-1|<2)$ ________.

5. 设随机变量 $X_1,X_2,\cdots,X_{120}$ 相互独立,且它们都服从 $\lambda=1$ 的泊松分布,则由中心极限定理有 $P\left(\sum_{i=1}^{120}X_i\leqslant 120\right)=$ ________.

二、选择题:

1. 设 $X_1,X_2,\cdots,X_n,\cdots$ 是相互独立的随机变量列,X_n 服从参数为 $n(n=1,2,\cdots)$ 的指数分布,则下列随机变量列不服从切比雪夫大数定律的是( ).

(A) $X_1,X_2,\cdots,X_n,\cdots$ (B) $X_1,\frac{1}{2}X_2,\cdots,\frac{1}{n}X_n,\cdots$

(C) $X_1,2X_2,\cdots,nX_n,\cdots$ (D) $X_1,2^2X_2,\cdots,n^2X_n,\cdots$

2. 若随机变量 X 的期望和方差 $\mathrm{D}(X)=\sigma^2$ 都存在,则由切比雪夫不等式知 $P(|X-\mathrm{E}(X)|\geqslant 3\sigma)\leqslant$( ).

(A) $\sigma^2/9$ (B) $1/9$ (C) $1/3$ (D) $1/6$

3. 设 X 为随机变量. 若 $\mathrm{E}(X^2)=1.1,\mathrm{D}(X)=0.1$,则一定有( ).

(A) $P(-1<X<1)\geqslant 0.9$ (B) $P(0<X<2)\geqslant 0.9$

(C) $P(|X+1|\geqslant 1)\leqslant 0.9$ (D) $P(|X|\geqslant 1)\leqslant 0.1$

4. 设 $X_1,X_2,\cdots,X_n,\cdots$ 为独立同分布的随机变量列,且均服从参数为 $\lambda\ (\lambda>1)$ 的指数分布. 记 $\Phi(x)$ 为标准正态分布函数,则( ).

(A) $\lim\limits_{n\to\infty}P\left(\frac{\sum_{i=1}^{n}X_i-n\lambda}{\lambda\sqrt{n}}\leqslant x\right)=\Phi(x)$ (B) $\lim\limits_{n\to\infty}P\left(\frac{\sum_{i=1}^{n}X_i-n\lambda}{\sqrt{n\lambda}}\leqslant x\right)=\Phi(x)$

(C) $\lim\limits_{n\to\infty}P\left(\frac{\lambda\sum_{i=1}^{n}X_i-n}{\sqrt{n}}\leqslant x\right)=\Phi(x)$ (D) $\lim\limits_{n\to\infty}P\left(\frac{\sum_{i=1}^{n}X_i-\lambda}{\sqrt{n\lambda}}\leqslant x\right)=\Phi(x)$

三、计算题:

1. 某人对目标独立地发射 400 发炮弹,已知每一发炮弹的命中率为 0.2,试用中心极限定理计算命中 60 发到 100 发的概率($\Phi(0.31)=0.6217,\Phi(0.32)=0.6255,\Phi(1.5)=0.9332,\Phi(2.5)=0.9938$).

2. 设某宿舍有学生 500 人,每人在傍晚大约有 10%的时间要占用一个水龙头. 若每人需要水龙头是相互独立的,问:该宿舍至少需要安装多少个水龙头,才能以 95%以上的概率保证用水需要?

3. 抽样检验产品质量时,若发现次品多于 10 个,则拒绝接受该批产品.设某批产品的次品率为 10%,则应至少抽取多少个产品,才能保证拒绝该批产品的概率为 0.9?

4. 某保险公司接受了 10000 份电动自行车的保险,每辆车每年的保费为 12 元.假设车的丢失率为 0.006.若车丢失,则车主得到 1000 元赔偿.对于此项业务,试求:

(1) 保险公司亏损的概率;

(2) 保险公司一年获利润不少于 40000 元的概率;

(3) 保险公司一年获利润不少于 60000 元的概率.

5. 设连续抛掷一枚均匀的硬币 200 次,正面出现次数在 80 次到 120 次之间的概率记为 p.

(1) 用切比雪夫不等式估计 p;　　(2) 用中心极限定理近似计算 p.

第五章 统计量及其分布

前四章我们讨论了概率论的基本内容,从本章开始,我们将讨论数理统计.数理统计是一门内容丰富、应用广泛的数学分支学科,它以概率论为理论基础,通过对试验或观察得到的数据进行分析来研究随机现象,以达到对研究对象的客观规律性做出种种合理估计和推断的目的.因此,有效地收集、整理、分析受随机影响的数据,对所观察的问题做出尽可能精确且满意可靠的推断就成为数理统计的重要任务.在以后四章中,我们将简要介绍数理统计的基本理论与基本方法,从而为概率统计的实际应用打下初步基础.

§1 总体与随机样本

数理统计所要解决的问题是,由对随机现象的观测所取得的资料推断随机现象的规律性.而在实际中,我们常常把对随机现象的观测看成从某个总体中的随机取样,此时观测资料(即随机取样的结果)就称为样本.因此,正确理解总体与样本两个基本概念,自然也就成为学习数理统计的一个至关重要的问题.

一、总体与个体

在数理统计中,我们把研究对象的全体称为**总体**(population),而把组成总体的每个基本单元称为**个体**(individual)(或**样品**).例如,我们要研究某批灯泡的平均使用寿命时,该批灯泡的全体就组成了总体,而其中每个灯泡就是个体.又如,我们在研究一批钢筋的强度时,这批钢筋的全体就组成一个总体,而每根钢筋则是个体.

总体依其包含的个体总数可分为**有限总体**和**无限总体**.例如,某工厂8月份生产的灯泡所组成的总体中,个体的总数就是8月份生产的灯泡数,这是一个有限总体;而该工厂生产的所有灯泡组成的总体是一个无限总体.当有限总体所包含的个体的总数很大时,可以近似地将它看成无限总体.

实际上,我们所关心的并不是总体中个体的一切方面,而往往是主要关心研究对象的某项数量指标 X,如灯泡的寿命、钢筋的强度.通常,它可看做一个随机变量.而总体可看做该随机变量可能取值的全体,其中每一个个体就是该随机变量的一个具体取值.以后我们就把总体和数量指标 X 可能取值的全体组成的集合等同起来,即又可将总体等同于随机变量 X,因而随机变量 X 的分布函数和数字特征也分别称为总体的分布函数和数字特征.这种把总体与随机变量联系起来的做法大有好处.有了这种联系,我们就可以将概率论中对随机变量及其概率分布的许多研究结果应用到统计问题的研究之中,从而使数理统计的研究不断深入下去.为了方便,今后常用大写字母 X,Y,Z 等来表示总体.

二、随机样本与样本值

我们知道,总体是一个带有确定概率分布的随机变量.为了对总体 X 的分布规律进行各种所需的研究,就必须对总体进行抽样观察,再根据抽样观察所得到的结果来推断总体的性质.这种从总体 X 中抽取若干个体来观察某种数量指标取值的过程,称为**抽样**(又称**取样**或**采样**).这种做法称为**抽样法**.抽样法的基本思想是从要研究的对象的全体中抽取一小部分进行观察和研究,从而对整体进行推断.

从一个总体 X 中,随机地抽取 n 个个体进行观察,记第 i 个个体的观察结果为 x_i,则可得到一组观察值:$x_1,x_2,\cdots,x_n$.对于某一次具体的抽样结果来说,$x_1,x_2,\cdots,x_n$ 是完全确定的一组数.但由于抽样的随机性,所以每个 x_i 的取值也带有随机性,这样每个 x_i 又可以看做某个随机变量 $X_i(i=1,2,\cdots,n)$所取的观察值.我们将 $X_1,X_2,\cdots,X_n$ 称为来自总体 X 的**容量为 n 的样本**(sample),又称各个 $X_i(i=1,2,\cdots,n)$为**样品**,而 $x_1,x_2,\cdots,x_n$ 就是样本 $X_1,X_2,\cdots,X_n$ 的一组观察值,称为**样本观察值**,简称**样本值**(sample value).

抽取样本的目的是为了对总体 X 的概率分布进行各种分析推断.对总体 X 的抽样方法,将直接影响到由样本推断总体的效果.一般来说,选取的样本应具有与总体相似的结构,只有这样的样本才能代表总体.为此,我们往往采用在完全相同的条件下,对总体 X 进行 n 次独立重复试验或观测的方法来取样.这种取样方法称为**简单随机抽样**(simple random sampling),所取得的样本称为**简单随机样本**.比如,从某厂生产的一批产品中,采取有放回抽样的方式,随机抽取 n 件产品,就可得到一个简单随机样本.这里所说的**随机抽取**,即是该厂所生产的每件产品都有同等的中选机会,而不存在任何优先中选或滞后中选的特殊条件,这样就可以保证被选样本具有与总体相似的结构.

对于简单随机样本 $X_1,X_2,\cdots,X_n$,这里需强调两点:

(1) 由于 n 次试验或观测是在完全相同的条件下进行的,每个样品 $X_i(i=1,2,\cdots,n)$都应该与总体 X 具有相同的分布,因此这种样本对于总体具有很好的代表性.

(2) 由于 n 次试验或观测是独立进行的,所以各 $X_1,X_2,\cdots,X_n$ 之间应该是相互独立的.在这种样本中,每次试验的结果,既不影响其他试验结果,也不受其他试验结果的影响,因而不会因个别样品 X_i 的偏差或失误而影响其余样品的可靠性和精确性.同时,$X_1,X_2,\cdots,X_n$ 的相互独立性,在理论研究中,也会给我们带来极大的方便.

今后如无特殊声明,我们所提到的样本都是指简单随机样本.

综上所述,所谓总体就是一个随机变量 X,所谓来自总体 X 的容量为 n 的样本就是 n 个相互独立且与总体 X 具有相同概率分布的随机变量 $X_1,X_2,\cdots,X_n$,它们作为一个整体可看成一个 n 维随机变量. 显然,若总体 X 具有分布函数 $F(x)$,则 $(X_1,X_2,\cdots,X_n)$ 的联合分布函数为

$$F^*(x_1,x_2,\cdots,x_n)=\prod_{i=1}^{n}F(x_i);$$

若 X 具有概率密度 $f(x)$,则 $(X_1,X_2,\cdots,X_n)$ 的联合概率密度为

$$f^*(x_1,x_2,\cdots,x_n)=\prod_{i=1}^{n}f(x_i).$$

习 题 5-1

1. 何谓简单随机样本?请举例说明.
2. 设总体 X 分别服从正态分布与指数分布,$X_1,X_2,\cdots,X_n$ 是来自 X 的样本,试分别写出 $(X_1,X_2,\cdots,X_n)$ 的联合概率密度.
3. 设总体 X 服从参数为 $\lambda>0$ 的泊松分布,$(X_1,X_2,\cdots,X_n)$ 是来自 X 的样本,试写出 $(X_1,X_2,\cdots,X_n)$ 的联合分布律.

§2 统计量与抽样分布

样本是进行统计推断的依据. 为了使由样本对总体所做的推断具有一定的可靠性,在抽取样本之后,我们往往并不直接利用样本的 n 个观测值进行推断,而是针对要推断的问题对样本进行"加工"和"提炼",把样本中我们所需要的信息集中起来,构成样本的一个适当的函数,用以推断我们所关心的问题. 这些样本函数称为统计量.

定义 1 设 $X_1,X_2,\cdots,X_n$ 是来自总体 X 的样本, $g(X_1,X_2,\cdots,X_n)$ 是 $X_1,X_2,\cdots,X_n$ 的函数. 若 g 是连续函数且 g 中不含任何未知参数,则称 $g(X_1,X_2,\cdots,X_n)$ 为**统计量**(statistic). 若 $x_1,x_2,\cdots,x_n$ 是样本 $X_1,X_2,\cdots,X_n$ 的观察值,则称 $g(x_1,x_2,\cdots,x_n)$ 是统计量 $g(X_1,X_2,\cdots,X_n)$ 的**观察值(统计值)**.

例如,设 $X_1,X_2,\cdots,X_n$ 是从正态总体 $N(\mu,\sigma^2)$ 中抽取的样本,其中 μ,σ^2 是未知参数,则 $\frac{1}{n}\sum_{i=1}^{n}(X_i-\mu)^2$ 及 $\frac{1}{\sigma^2}\sum_{i=1}^{n}X_i^2$ 都不是统计量,因为它们分别含有未知参数 μ,σ;而 $\overline{X}=\frac{1}{n}\sum_{i=1}^{n}X_i$ 及 $\frac{1}{n}\sum_{i=1}^{n}X_i^2$ 都是统计量,因为它们都不含未知参数. 但当 μ 已知时, $\frac{1}{n}\sum_{i=1}^{n}(X_i-\mu)^2$ 就是统计量了.

从统计量的定义可以看出,由于样本 $X_1,X_2,\cdots,X_n$ 是随机变量,所以作为样本的函数的统计量 $g(X_1,X_2,\cdots,X_n)$ 也是随机变量. 当已知总体 X 的分布时,统计量应有确定的概率

分布.我们称统计量的分布为**抽样分布**(sampling distribution).

下面介绍几种常用的统计量.

设 $X_1,X_2,\cdots,X_n$ 是来自总体 X 的样本,$x_1,x_2,\cdots,x_n$ 是该样本的观察值,则可定义下列统计量:

样本均值

$$\overline{X}=\frac{1}{n}\sum_{i=1}^{n}X_i;$$

样本方差

$$S^2=\frac{1}{n-1}\sum_{i=1}^{n}(X_i-\overline{X})^2=\frac{1}{n-1}\left(\sum_{i=1}^{n}X_i^2-n\overline{X}^2\right);$$

样本标准差

$$S=\sqrt{S^2}=\sqrt{\frac{1}{n-1}\sum_{i=1}^{n}(X_i-\overline{X})^2};$$

样本 k 阶(原点)矩

$$A_k=\frac{1}{n}\sum_{i=1}^{n}X_i^k\quad(k=1,2,\cdots);$$

样本 k 阶中心矩

$$B_k=\frac{1}{n}\sum_{i=1}^{n}(X_i-\overline{X})^k\quad(k=1,2,\cdots).$$

它们的观察值分别为

$$\bar{x}=\frac{1}{n}\sum_{i=1}^{n}x_i;\quad s^2=\frac{1}{n-1}\sum_{i=1}^{n}(x_i-\bar{x})^2=\frac{1}{n-1}\left(\sum_{i=1}^{n}x_i^2-n\bar{x}^2\right);$$

$$s=\sqrt{\frac{1}{n-1}\sum_{i=1}^{n}(x_i-\bar{x})^2};\quad a_k=\frac{1}{n}\sum_{i=1}^{n}x_i^k\quad(k=1,2,\cdots);$$

$$b_k=\frac{1}{n}\sum_{i=1}^{n}(x_i-\bar{x})^k\quad(k=1,2,\cdots).$$

这些观察值仍分别称为样本均值、样本方差、样本标准差、样本 k 阶矩、样本 k 阶中心矩.

若总体 X 的 k 阶矩 $E(X^k)\xlongequal{\text{def}}\mu_k$ 存在,则当 $n\to\infty$ 时,$A_k\xrightarrow{P}\mu_k$.事实上,因为 $X_1,X_2,\cdots,X_n$ 相互独立且与 X 同分布,故有 $X_1^k,X_2^k,\cdots,X_n^k$ 相互独立且与 X^k 同分布,从而

$$E(X_1^k)=E(X_2^k)=\cdots=E(X_n^k)=\mu_k.$$

于是由第四章§1的辛钦大数定理知,当 $n\to\infty$ 时,有

$$A_k=\frac{1}{n}\sum_{i=1}^{n}X_i^k\xrightarrow{P}\mu_k\quad(k=1,2,\cdots).$$

而当 $k=1$ 时,显然有 $\overline{X}\xrightarrow{P}\mu$,这里 $\mu=E(X)$.

以上结果表明,当 n 很大时,可用样本 k 阶矩 A_k 来近似总体的 k 阶矩 μ_k,用样本均值 $\bar{x}$ 来近似总体的均值.

由此可知,统计量是对总体的概率分布或数字特征进行推断的基础,因此求统计量的分布是数理统计的基本问题之一.

另外,由依概率收敛的随机变量列的性质不难推知,当 $n\to\infty$ 时,

$$g(A_1,A_2,\cdots,A_k)\xrightarrow{P}g(\mu_1,\mu_2,\cdots,\mu_k),$$

其中 g 为连续函数.这是下一章所要介绍的矩估计法的理论根据.

在使用统计量进行统计推断时常常需要知道它的分布.当总体的分布已知时,抽样分布是确定的,然而要求出统计量的精确分布,一般来说是困难的.以下介绍来自正态总体的几个常用统计量的分布.

一、χ^2 分布

设 $X_1,X_2,\cdots,X_n$ 是来自总体 $N(0,1)$ 的样本,则称统计量

$$\chi^2=X_1^2+X_2^2+\cdots+X_n^2 \tag{5.2.1}$$

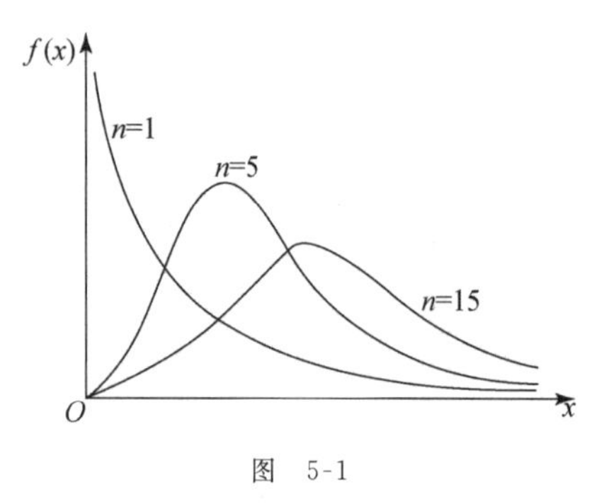

图 5-1

服从自由度(degree of freedom)为 n 的 χ^2 **分布**(chi-square distribution),记为 $\chi^2\sim\chi^2(n)$.此处,自由度是指(5.2.1)式右端包含的独立变量的个数.

经理论推导可知,χ^2 分布的概率密度为

$$f(x)=\begin{cases}\dfrac{1}{2^{n/2}\Gamma(n/2)}x^{n/2-1}\mathrm{e}^{-x/2}, & x>0,\\ 0, & x\leqslant 0.\end{cases} \tag{5.2.2}$$

$f(x)$ 的图形如图 5-1 所示,其形状与自由度 n 有关.

χ^2 分布具有如下性质:

(1) 设随机变量 $\chi_1^2\sim\chi^2(n_1)$,$\chi_2^2\sim\chi^2(n_2)$,且 χ_1^2 与 χ_2^2 相互独立,则

$$\chi_1^2+\chi_2^2\sim\chi^2(n_1+n_2), \tag{5.2.3}$$

即 χ^2 分布具有可加性.

(2) 若 $\chi^2\sim\chi^2(n)$,则

$$\mathrm{E}(\chi^2)=n,\quad \mathrm{D}(\chi^2)=2n. \tag{5.2.4}$$

事实上,由于 $X_i\sim N(0,1)$,故有

$$\mathrm{E}(\chi^2)=\mathrm{E}\Big(\sum_{i=1}^{n}X_i^2\Big)=\sum_{i=1}^{n}\mathrm{E}(X_i^2)=\sum_{i=1}^{n}\mathrm{E}[X_i-\mathrm{E}(X_i)]^2$$

$$= \sum_{i=1}^{n} D(X_i) = \sum_{i=1}^{n} 1 = n,$$

$$D(\chi^2) = D\left(\sum_{i=1}^{n} X_i^2\right) = \sum_{i=1}^{n} D(X_i^2) = \sum_{i=1}^{n} 2 = 2n,$$

其中

$$D(X_i^2) = E(X_i^4) - [E(X_i^2)]^2 = E(X_i^4) - 1$$

$$= \frac{1}{\sqrt{2\pi}} \int_{-\infty}^{+\infty} x^4 e^{-\frac{x^2}{2}} dx - 1 = 3 - 1 = 2.$$

若对于给定的 α $(0<\alpha<1)$,存在 $\chi_\alpha^2(n)$,使

$$P(\chi^2 > \chi_\alpha^2(n)) = \int_{\chi_\alpha^2(n)}^{+\infty} f(x) dx = \alpha, \tag{5.2.5}$$

则称点 $\chi_\alpha^2(n)$ 为 $\chi^2(n)$ **分布的上 α 分位点**,如图 5-2 所示.

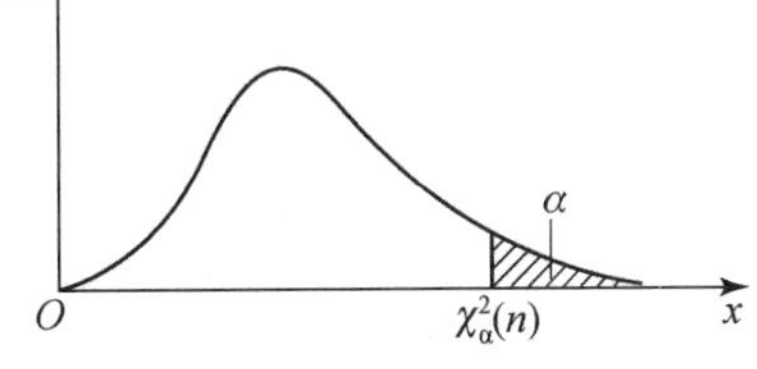

图 5-2

为方便计算,数学工作者按 $P(\chi^2 > \chi_\alpha^2(n)) = \alpha$ $(0<\alpha<1)$制成了χ^2 分布表,以供查阅(见附表 4).请读者务必掌握查表方法.例如,给定 $\alpha=0.1, n=20$,查 χ^2 分布表可得 $\chi_{0.1}^2(20)=28.412$,即

$$P(\chi^2 > 28.412) = \int_{28.412}^{+\infty} \frac{1}{2^{20/2}\Gamma(20/2)} x^{20/2-1} e^{-x/2} dx = 0.1.$$

表中最大可取到 $n=45$.当 n 充分大时,费歇(R. A. Fisher)曾证明近似地有

$$\sqrt{2\chi^2} \sim N(\sqrt{2n-1}, 1), \quad \frac{\sqrt{2\chi^2} - \sqrt{2n-1}}{1} \sim N(0,1),$$

从而 $\sqrt{2\chi_\alpha^2(n)} - \sqrt{2n-1} \approx Z_\alpha$,即

$$\chi_\alpha^2(n) \approx \frac{1}{2}(Z_\alpha + \sqrt{2n-1})^2, \tag{5.2.6}$$

其中 Z_α 为标准正态分布的上 α 分位点.

利用(5.2.6)式可求得当 $n \geqslant 45$ 时 $\chi^2(n)$分布的上 α 分位点的近似值.例如,$\chi_{0.05}^2(50) \approx \frac{1}{2}(1.645+\sqrt{99})^2 = 67.221$(其精确值为$\chi_{0.05}^2(50)=67.505$).

二、t 分布

设随机变量 $X \sim N(0,1)$, $Y \sim \chi^2(n)$,且 X 与 Y 相互独立,则称随机变量

$$T = \frac{X}{\sqrt{Y/n}} \tag{5.2.7}$$

服从自由度为 n 的 t **分布**(t-distribution),记做 $T\sim t(n)$. t 分布又称为**学生氏分布**(student distribution).

经理论推导可知,t 分布的概率密度为

$$f(t)=\frac{\Gamma[(n+1)/2]}{\sqrt{\pi n}\cdot\Gamma(n/2)}\left(1+\frac{t^2}{n}\right)^{-(n+1)/2}\quad(-\infty<t<+\infty).\tag{5.2.8}$$

t 分布的概率密度的图形如图 5-3 所示.

不难看出,t 分布的概率密度 $f(t)$ 随 n 不同而不同,且 $f(t)$ 是偶函数,关于 $t=0$ 对称. 当 $n\to\infty$ 时,利用 Γ 函数的性质可得

$$\lim_{n\to\infty}f(t)=\frac{1}{\sqrt{2\pi}}\mathrm{e}^{-t^2/2}.$$

故当 $n\to\infty$ 时,t 分布趋近于 $N(0,1)$ 分布. 但 n 较小时,t 分布与 $N(0,1)$ 分布相差很大,见标准正态分布表与 t 分布表(附表 3).

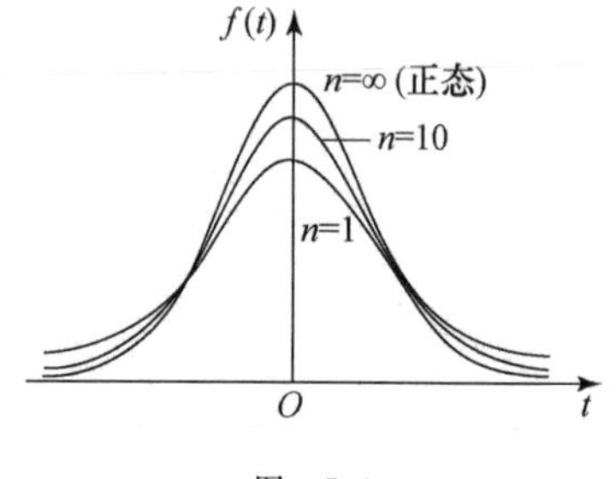

图 5-3

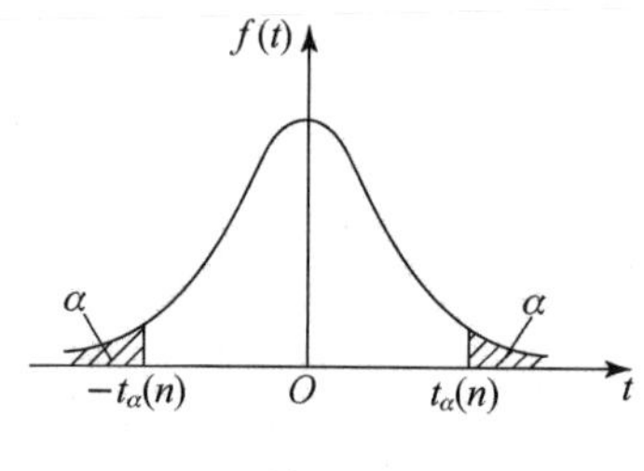

图 5-4

对于给定的 α $(0<\alpha<1)$,称满足

$$P(t>t_\alpha(n))=\int_{t_\alpha(n)}^{+\infty}f(t)\mathrm{d}t=\alpha$$

的点 $t_\alpha(n)$ 为 $t(n)$ **分布的上 α 分位点**,如图 5-4 所示.

由于 $f(t)=f(-t)$,故

$$\int_{-t_\alpha(n)}^{+\infty}f(t)\mathrm{d}t=1-\alpha.$$

所以

$$t_{1-\alpha}(n)=-t_\alpha(n).\tag{5.2.9}$$

这样,在附表 3 中,只对接近于零的 α 给出了 $t_\alpha(n)$ 的值,对于接近于 1 的 α,$t_\alpha(n)$ 的值可由(5.2.9)式计算出. 例如,当 $\alpha=0.95$, $n=5$ 时,$t_{0.95}(5)=t_{1-0.05}(5)=-t_{0.05}(5)=-2.0150$.

t 分布的上 α 分位点可由附表 3 查得. 当 $n>45$ 时,则用正态近似:

$$t_\alpha(n)\approx Z_\alpha.$$

三、F 分布

设随机变量 $U\sim\chi^2(n_1)$,$V\sim\chi^2(n_2)$,且 U 与 V 相互独立,则称随机变量

$$F=\frac{U/n_1}{V/n_2} \tag{5.2.10}$$

服从自由度为(n_1,n_2)的 F **分布**(F-distribution),记为 $F\sim F(n_1,n_2)$. 此时,通常称 n_1 为**第一自由度**,n_2 为**第二自由度**.

经理论推导可知,$F(n_1,n_2)$分布的概率密度为

$$f(y)=\begin{cases}\dfrac{\Gamma[(n_1+n_2)/2](n_1/n_2)^{n_1/2}y^{(n_1/2)-1}}{\Gamma(n_1/2)\Gamma(n_2/2)[1+(n_1y/n_2)]^{(n_1+n_2)/2}}, & y>0,\\ 0, & \text{其他}.\end{cases} \tag{5.2.11}$$

F 分布的概率密度的图形如图 5-5 所示.

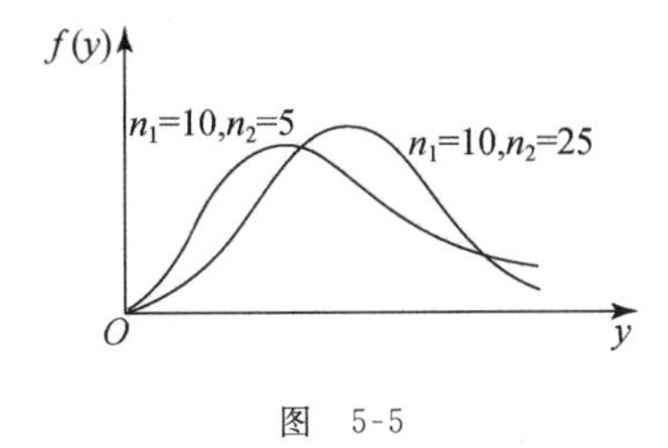

图 5-5

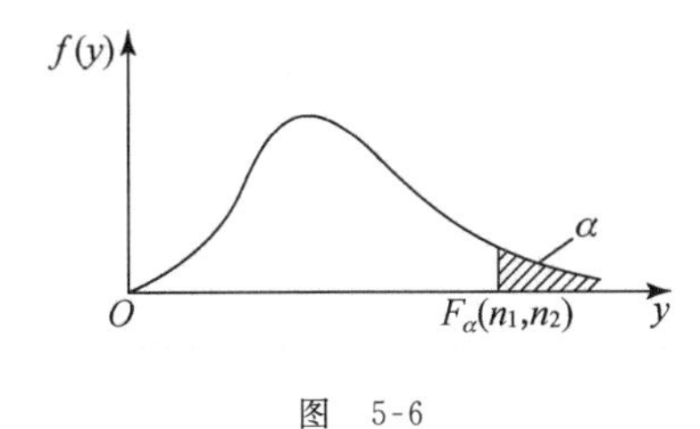

图 5-6

由定义可知,若 $F\sim F(n_1,n_2)$,则

$$\frac{1}{F}\sim F(n_2,n_1). \tag{5.2.12}$$

对于给定的 α $(0<\alpha<1)$,称满足

$$P(F>F_\alpha(n_1,n_2))=\int_{F_\alpha(n_1,n_2)}^{+\infty}f(y)\mathrm{d}y=\alpha \tag{5.2.13}$$

的点 $F_\alpha(n_1,n_2)$为 $F(n_1,n_2)$**分布的上 α 分位点**,如图 5-6 所示. F 分布的上 α 分位点可由 F 分布表(附表 5)查得.

F 分布的上 α 分位点还有如下性质:

(1) 当第一自由度 $n_1=1$ 时,有

$$F(1,n)=[t(n)]^2.$$

事实上,由

$$t(n)=\frac{X}{\sqrt{Y/n}},\quad X\sim N(0,1),\quad Y\sim\chi^2(n),\quad X\text{ 与 }Y\text{ 相互独立}$$

即得
$$[t(n)]^2=\frac{X^2/1}{Y/n}=F(1,n).$$

(2) $F_{1-\alpha}(n_1,n_2)=\dfrac{1}{F_\alpha(n_2,n_1)}.$ (5.2.14)

事实上,设 $F\sim F(n_1,n_2)$,按定义有

$$1-\alpha=P(F>F_{1-\alpha}(n_1,n_2))=P\left(\frac{1}{F}<\frac{1}{F_{1-\alpha}(n_1,n_2)}\right)$$
$$=1-P\left(\frac{1}{F}\geqslant\frac{1}{F_{1-\alpha}(n_1,n_2)}\right)=1-P\left(\frac{1}{F}>\frac{1}{F_{1-\alpha}(n_1,n_2)}\right),$$

从而有

$$P\left(\frac{1}{F}>\frac{1}{F_{1-\alpha}(n_1,n_2)}\right)=\alpha. \tag{5.2.15}$$

再由 $\dfrac{1}{F}\sim F(n_2,n_1)$ 知

$$P\left(\frac{1}{F}>F_\alpha(n_2,n_1)\right)=\alpha. \tag{5.2.16}$$

比较(5.2.15),(5.2.16)两式得

$$\frac{1}{F_{1-\alpha}(n_1,n_2)}=F_\alpha(n_2,n_1),\quad 即\quad F_{1-\alpha}(n_1,n_2)=\frac{1}{F_\alpha(n_2,n_1)}.$$

(5.2.14)式常常用来求 F 分布表中未列出的一些上 α 分位点,例如

$$F_{0.95}(10,12)=\frac{1}{F_{0.05}(12,10)}=\frac{1}{2.91}=0.344.$$

四、正态总体样本均值与样本方差的抽样分布

下面介绍总体为正态分布时的几个重要的抽样分布定理,它们在以后各章的学习中都有着重要的作用.

定理 1 设 $X_1,X_2,\cdots,X_n$ 是来自正态总体 $N(\mu,\sigma^2)$ 的样本,$\overline{X},S^2$ 分别为样本均值和样本方差,则有

(1) $\overline{X}\sim N(\mu,\sigma^2/n)$;

(2) $\dfrac{(n-1)}{\sigma^2}S^2\sim\chi^2(n-1)$; (5.2.17)

(3) $\overline{X}$ 与 S^2 相互独立.

此定理的结论(1)是显然的,结论(2)和(3)的证明因超出本课程要求的范围,证明从略.

定理 2 设 $X_1,X_2,\cdots,X_n$ 是来自正态总体 $N(\mu,\sigma^2)$ 的样本,$\overline{X},S^2$ 分别为样本均值和样本方差,则有

$$T=\frac{(\overline{X}-\mu)\sqrt{n}}{S}\sim t(n-1). \tag{5.2.18}$$

证明 由 $\overline{X}\sim N(\mu,\sigma^2/n)$ 知

$$\frac{\overline{X}-\mu}{\sigma/\sqrt{n}} \sim N(0,1).$$

又由定理 1 知

$$\frac{(n-1)S^2}{\sigma^2} \sim \chi^2(n-1),$$

且 $\frac{(\overline{X}-\mu)\sqrt{n}}{\sigma}$ 与 $\frac{(n-1)S^2}{\sigma^2}$ 相互独立,则由 t 分布的定义得

$$\frac{\overline{X}-\mu}{\sigma/\sqrt{n}} \Bigg/ \sqrt{\frac{(n-1)S^2}{\sigma^2(n-1)}} = \frac{(\overline{X}-\mu)\sqrt{n}}{S} \sim t(n-1).$$

定理 3 设 $X_1,X_2,\cdots,X_{n_1}$ 与 $Y_1,Y_2,\cdots,Y_{n_2}$ 分别是从总体 $N(\mu_1,\sigma^2)$, $N(\mu_2,\sigma^2)$中抽取的样本,且这两样本相互独立,则有

$$T = \frac{(\overline{X}-\overline{Y})-(\mu_1-\mu_2)}{S_w\sqrt{\frac{1}{n_1}+\frac{1}{n_2}}} \sim t(n_1+n_2-2), \tag{5.2.19}$$

其中

$$S_w^2 = \frac{(n_1-1)S_1^2+(n_2-1)S_2^2}{(n_1+n_2-2)},$$

$\overline{X}$,$\overline{Y}$ 分别是两样本的均值,S_1^2,S_2^2 分别是两样本的方差.

证明 由 $\overline{X}\sim N\left(\mu_1,\frac{\sigma^2}{n_1}\right)$,$\overline{Y}\sim N\left(\mu_2,\frac{\sigma^2}{n_2}\right)$知

$$\overline{X}-\overline{Y} \sim N\left(\mu_1-\mu_2,\frac{\sigma^2}{n_1}+\frac{\sigma^2}{n_2}\right),$$

故有

$$U = \frac{\overline{X}-\overline{Y}-(\mu_1-\mu_2)}{\sqrt{\frac{\sigma^2}{n_1}+\frac{\sigma^2}{n_2}}} \sim N(0,1).$$

再由定理的条件知

$$\frac{(n_1-1)S_1^2}{\sigma^2} \sim \chi^2(n_1-1), \quad \frac{(n_2-1)S_2^2}{\sigma^2} \sim \chi^2(n_2-1),$$

且它们相互独立,从而由 χ^2 分布的可加性有

$$V = \frac{(n_1-1)S_1^2+(n_2-1)S_2^2}{\sigma^2} \sim \chi^2(n_1+n_2-2).$$

又由定理 1 的结论(3)推广可知 U 与 V 相互独立,故由 t 分布的定义得

$$T=\frac{U}{\sqrt{V/(n_1+n_2-2)}} = \frac{\overline{X}-\overline{Y}-(\mu_1-\mu_2)}{S_w\sqrt{\frac{1}{n_1}+\frac{1}{n_2}}} \sim t(n_1+n_2-2).$$

定理 4 设 $X_1,X_2,\cdots,X_{n_1}$ 与 $Y_1,Y_2,\cdots,Y_{n_2}$ 分别是从总体 $N(\mu_1,\sigma_1^2)$, $N(\mu_2,\sigma_2^2)$中抽取的样本,且这两样本相互独立,则有

$$F=\frac{S_1^2/\sigma_1^2}{S_2^2/\sigma_2^2}\sim F(n_1-1,\ n_2-1),$$

其中 S_1^2,S_2^2 分别是两样本的方差.

证明 由定理的条件及定理1知 $\frac{(n_1-1)S_1^2}{\sigma_1^2}$ 与 $\frac{(n_2-1)S_2^2}{\sigma_2^2}$ 相互独立,且

$$\frac{(n_1-1)S_1^2}{\sigma_1^2}\sim\chi^2(n_1-1),\quad \frac{(n_2-1)S_2^2}{\sigma_2^2}\sim\chi^2(n_2-1),$$

故由 F 分布的定义得

$$F=\left[\frac{(n_1-1)S_1^2}{\sigma_1^2}\Big/(n_1-1)\right]\Big/\left[\frac{(n_2-1)S_2^2}{\sigma_2^2}\Big/(n_2-1)\right]\sim F(n_1-1,n_2-1),$$

即

$$F=\frac{S_1^2/\sigma_1^2}{S_2^2/\sigma_2^2}\sim F(n_1-1,n_2-1).$$

本节四个定理都很重要,它们是以后各章的理论基础,其结论应熟记.

例1 在总体 $X\sim N(80,\ 400)$ 中抽取容量为100的样本,求样本均值与总体期望之差的绝对值大于3的概率.

解 由定理1知 $\overline{X}\sim N(80,400/100)=N(80,\ 4)$,故所求的概率为

$$\begin{aligned}P(|\overline{X}-80|>3)&=P(\overline{X}-80>3)+P(\overline{X}-80<-3)\\&=P(\overline{X}>83)+P(\overline{X}<77)\\&=1-\Phi\left(\frac{83-80}{2}\right)+\Phi\left(\frac{77-80}{2}\right)\\&=1-\Phi(1.5)+\Phi(-1.5)\\&=2[1-\Phi(1.5)]=0.1336.\end{aligned}$$

例2 在总体 $X\sim N(\mu,\sigma^2)$ 中抽取容量为16的样本,这里 μ,σ^2 均未知,求概率 $P\left(\frac{S^2}{\sigma^2}\leqslant 2.04\right)$,其中 S^2 为样本方差.

解 由定理1知 $\frac{(n-1)S^2}{\sigma^2}\sim\chi^2(n-1)$. 把 $n=16$ 代入即知 $\chi^2=\frac{15S^2}{\sigma^2}\sim\chi^2(15)$. 于是

$$\begin{aligned}P\left(\frac{S^2}{\sigma^2}\leqslant 2.04\right)&=P\left(\frac{15S^2}{\sigma^2}\leqslant 15\times 2.04\right)=P(\chi^2\leqslant 30.6)\\&=1-P(\chi^2>30.6).\end{aligned}$$

设 $P(\chi^2>30.6)=\alpha$,由 χ^2 分布上 α 分位点的定义有 $P(\chi^2>\chi_\alpha^2(15))=\alpha$, 从而 $\chi_\alpha^2(15)=30.6$. 查 χ^2 分布表得 $\alpha=0.01$. 于是

$$P\left(\frac{S^2}{\sigma^2}\leqslant 2.04\right)=1-0.01=0.99.$$

习 题 5-2

A 组

1. 设 $X_1,X_2,\cdots,X_n$ 是来自总体 X 的样本,样本均值 $\overline{X}=\frac{1}{n}\sum_{i=1}^{n}X_i$ 与 $E(X)$ 有何异同?

2. 设总体 X 服从正态分布 $N(\mu,\sigma^2)$,其中 μ 已知,σ^2 未知,又设 X_1,X_2,X_3 为来自 X 的样本,试问:$X_1+X_2+X_3$,$X_1-2\mu$,$\max(X_1,X_2,X_3)$ 及 $\sum_{i=1}^{3}\frac{X_i}{\sigma^2}$,$\frac{X_3-X_2}{2}$ 之中,哪些是统计量?哪些不是?为什么?

3. 在总体 $N(52,6.3^2)$ 中抽取容量为 36 的样本,求样本均值 $\overline{X}$ 落在 50.8 至 53.8 之间的概率.

4. 设总体 $X\sim N(\mu,6)$. 从中抽取容量为 25 的样本,求样本方差 S^2 小于 9.1 的概率.

5. 求下列"上 α 分位点"的值:

$$t_{0.05}(6),\ t_{0.10}(10);\quad \chi^2_{0.05}(13),\ \chi^2_{0.025}(8);\quad F_{0.05}(5,10),\ F_{0.95}(10,5).$$

B 组

1. 设 $X_1,X_2,\cdots,X_{10}$ 为来自总体 $N(0,0.3^2)$ 的样本,求 $P\left(\sum_{i=1}^{10}X_i^2>1.44\right)$.

2. 设总体 $X\sim N(12,2^2)$. 今从中抽取容量为 5 的样本 $X_1,X_2,\cdots,X_5$.

(1) 求样本均值 $\overline{X}$ 大于 13 的概率; (2) 求 $E(\overline{X})$,$D(\overline{X})$ 及 $E(S_5^2)$;

(3) 如果 1,0,3,1,2 是样本的一个观察值,它的样本均值和方差是多少?

3. 设 $X_1,X_2,\cdots,X_n$ 是来自总体 X 的样本,就下列情况分别求 $E(\overline{X})$,$D(\overline{X})$,$E(S^2)$:

(1) $X\sim N(\mu,\sigma^2)$; (2) X 服从参数为 λ 的泊松分布;

(3) X 服从参数为 p 的两点分布; (4) X 服从参数为 λ 的指数分布.

4. 设总体 $X\sim N(12,4^2)$,$X_1,X_2,\cdots,X_6$ 是来自 X 的样本,求:

(1) $\overline{X}$ 服从的分布; (2) $P(\overline{X}>13)$.

5. 证明:$\frac{1}{n}\sum_{i=1}^{n}(X_i-\overline{X})^2=\frac{1}{n}\sum_{i=1}^{n}X_i^2-\overline{X}^2$.

§3 总体分布的近似描述

总体 X 是随机变量,其概率分布是客观存在的,但又是未知的. 在实际问题中,由于时间、人力、物力等因素限制,我们不可能对总体的每个个体进行观察,因而要精确确定总体分布是困难的. 那么,我们如何根据样本分布信息求出总体 X 的近似概率分布呢?以下介绍利用样本频率分布表、频率直方图、经验分布函数来近似描述总体概率分布的方法.

一、样本频数分布表与频率分布表

设总体 X 是离散型随机变量,且有一组样本值 $x_1,x_2,\cdots,x_n$. 样本频数分布是指样本值中不同数值在样本值中出现的频数(即次数);而样本频率分布则是指样本值中不同数值在样本值中出现的频率(即频数除以样本容量).

综上所述,设样本值中不同的值为 $x_1^*,x_2^*,\cdots,x_k^*$,其相应频数为 $m_1,m_2,\cdots,m_k$,其中 $x_1^*<x_2^*<\cdots<x_k^*$,且 $\sum_{i=1}^{k}m_i=n$,则样本频数分布可用表 5-1 表示,样本频率分布可用表 5-2 表示.

表 5-1

指标 X	x_1^*	x_2^*	$\cdots$	x_k^*
频数 m_i	m_1	m_2	$\cdots$	m_k

表 5-2

指标 X	x_1^*	x_2^*	$\cdots$	x_k^*
频率 $\frac{m_i}{n}$	$\frac{m_1}{n}$	$\frac{m_2}{n}$	$\cdots$	$\frac{m_k}{n}$

例 1 从某大学 2000 名一年级学生中随机选出 15 名学生,调查其年龄,得样本值 18,18,17,19,18,19,16,17,18,20,18,19,19,18,17,则样本频数分布为

年龄 X	16	17	18	19	20
频数 m_i	1	3	6	4	1

样本频率分布为

年龄 X	16	17	18	19	20
频率 $\frac{m_i}{n}$	$\frac{1}{15}$	$\frac{3}{15}$	$\frac{6}{15}$	$\frac{4}{15}$	$\frac{1}{15}$

若总体 X 为离散型随机变量,则 x_i^* $(i=1,2,\cdots,k)$都是 X 的可能取值. 设事件$\{X=x_i^*\}$的概率为 $P(X=x_i^*)=p_i$. 由伯努利大数定理知,当 n 很大时,事件$\{X=x_i^*\}$的频率 $\frac{m_i}{n}$ 应接近于概率 p_i. 故当 n 很大时,可用样本频率分布作为总体分布律的近似.

若总体 X 为连续型随机变量,从理论上讲事件$\{X=x_i^*\}$的概率都是零,此时,考察样本频率分布意义不大,而需考察样本频率直方图.

二、频率直方图

设总体 X 是连续型随机变量,且具有概率密度 $f(x)$,又设 $x_1,x_2,\cdots,x_n$ 是来自总体 X 的一组样本值. 下面结合例子介绍如何通过频率直方图来近似求出总体 X 的概率密度曲线 $y=f(x)$.

例 2 对一批钢材,抽样测试其抗张力,随机获得容量为 76 的样本观察值(单位:kg/cm^2):

41.0, 37.0, 33.0, 44.2, 30.5, 27.0, 45.0, 28.5, 31.2, 33.5, 38.5,
41.5, 43.0, 45.5, 42.5, 39.0, 38.8, 35.5, 32.5, 29.5, 32.6, 34.5,
37.5, 39.5, 42.8, 45.1, 42.8, 45.8, 39.8, 37.2, 33.8, 31.2, 29.0,
35.2, 37.8, 41.2, 43.8, 48.0, 43.6, 41.8, 36.6, 34.8, 31.0, 32.0,
33.5, 37.4, 40.8, 44.7, 40.2, 41.3, 38.8, 34.1, 31.8, 34.6, 38.3,
41.3, 30.0, 35.2, 37.5, 40.5, 38.1, 37.3, 37.1, 41.5, 29.5, 29.1,
27.5, 34.8, 36.5, 44.2, 40.0, 44.5, 40.6, 36.2, 35.8, 31.5.

为了获得这批钢材的抗张力分布规律,可按如下步骤对样本观察值进行处理:

(1) 数据整理:先将样本观察值 $x_1, x_2, \cdots, x_n$ 按由小到大的顺序排列如下:

$$x_{(1)} \leqslant x_{(2)} \leqslant \cdots \leqslant x_{(n)}.$$

排列后不仅可看出其最大值 $x_{(n)}$ 与最小值 $x_{(1)}$,还可看出大部分值在哪个范围内. 如在本例中,$n=76$,$x_{(1)}=27.0$,$x_{(76)}=48.0$,$R=x_{(76)}-x_{(1)}=21.0$(称为极差),且大部分值集中在区间(30,45)之内.

(2) 分组:确定分组数 k 和组距 h. 分组数不宜过大,也不宜过小,通常根据样本容量的大小选择在 7 至 15 之间,n 大时分组多些,反之分组少些. 如本例中可取组数 $k=7$,且采用等分,组距为

$$h_i=\frac{R}{k}=3 \quad (i=1,2,\cdots,7).$$

(3) 列分组频率分布表:以 m_i 表示观察值落入第 i 组 $(t_{i-1}, t_i]$(注:一般每组的上下限取值应比原始数据多取 1 位小数,而第 1 组的下限要比 $x_{(1)}$ 小一点)的频数,则 $f_i=m_i/n$ 称为该组的频率. 记 $y_i=f_i/h_i$,将分组整理的数据列成表. 本例的分组频率分布表如表 5-3 所示.

表 5-3

分组	组中值	频数 m_i	频率 f_i	y_i
[27,30]	28.5	8	0.105	0.035
(30,33]	31.5	10	0.132	0.044
(33,36]	34.5	12	0.158	0.053
(36,39]	37.5	17	0.224	0.074
(39,42]	40.5	14	0.184	0.061
(42,45]	43.5	11	0.145	0.048
(45,48]	46.5	4	0.053	0.018

(4) 作频率直方图:在 Oxy 坐标平面上,分别以 x 轴上的各区间 $(t_{i-1}, t_i]$ 为底,以 $y_i=f_i/h_i$ 为高画一排竖立的矩形,即得频率直方图. 本例的频率直方图如图 5-7 所示.

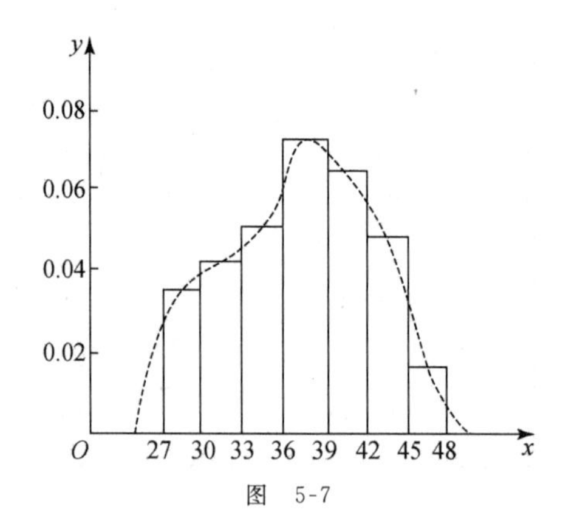

图 5-7

根据大数定律，当 n 充分大时，频率 f_i 可以作为总体 X 落入区间 $(t_{i-1},t_i]$ 内的概率 p_i 的近似值，即

$$f_i \approx p_i = \int_{t_{i-1}}^{t_i} f(x)\mathrm{d}x = f(\xi_i)h_i, \quad \xi_i \in (t_{i-1},t_i]. \tag{5.3.1}$$

又 $f_i = y_i h_i$，所以

$$y_i \approx f(\xi_i), \quad \xi_i \in (t_{i-1},t_i]. \tag{5.3.2}$$

由(5.3.1)式知，可用直方图估计概率. 例如，在本例中为估计钢材的抗张力 X 在 34 与 43 之间的概率，利用直方图可得

$$P(34 \leqslant X \leqslant 43) \approx \frac{2}{3} \times 0.158 + 0.224 + 0.184 + \frac{1}{3} \times 0.145 = 0.562.$$

式中系数 2/3,1,1,1/3 分别表示抗张力在 34 与 43 之间的钢材样本观察值落入相应区间 $(t_{i-1},t_i]$ 后，所应占该区间内频率的比值.

(5) 作概率密度曲线：将频率直方图中各矩形上边的中点联结起来得到一条折线. 由(5.3.2)式，当 n 与 k 充分大时，这条折线近似于 X 的密度曲线 $y=f(x)$. 由此，即可粗略给出一条光滑曲线作为 X 的密度曲线 $y=f(x)$ 的估计. 显然，样本容量越大(即 n 越大)，分组越细(即 k 越大)，则提供的密度曲线越准确，即频率直方图的阶梯形轮廓线就越能反映密度曲线的形状，并由此大致可以估计出总体分布属于哪种分布. 本例中由频率直方图提供的密度曲线如图 5-7 所示.

三、经验分布函数

下面介绍一种更为普遍的估计总体分布的方法，即经验分布函数法，它对连续型总体与离散型总体均适用.

设 $x_1,x_2,\cdots,x_n$ 是来自总体 X 的一组样本观察值，将其按大小顺序重新排列为 $x_1^* \leqslant x_2^* \leqslant \cdots \leqslant x_n^*$. 对于任意实数 x，现在寻求总体分布函数 $F(x)=P(X\leqslant x)$ 的近似值. 显然，在 n 次独立重复试验中，若事件 $\{X\leqslant x\}$ 发生 k 次(即有 k 个样品值不大于 x)，则 k/n 便是事件

$\{X \leqslant x\}$发生的频率. 由大数定律知,用 k/n 作为 $P(X \leqslant x)$的近似值是合适的. 因此,对于任意实数 x,构造函数

$$F_n(x) = \begin{cases} 0, & x < x_1^*, \\ k/n, & x_k^* \leqslant x < x_{k+1}^* \ (k = 1,2,\cdots,n-1), \\ 1, & x \geqslant x_n^*, \end{cases}$$

称 $F_n(x)$为总体 X 的**经验分布函数**. 从 $F_n(x)$的构造不难看出,它具有分布函数的基本性质:单调不减;右连续;$0 \leqslant F_n(x) \leqslant 1$, $F_n(-\infty) = 0$, $F_n(+\infty) = 1$. 值得注意的是,对于任何 x,经验分布函数 $F_n(x)$的取值由事件$\{X \leqslant x\}$发生的频率给定,它与样本有关,因而具有随机性;而总体理论分布函数 $F(x) = P(X \leqslant x)$的取值是由事件$\{X \leqslant x\}$发生的概率确定的,虽属未知,但不具有随机性. 理论研究表明,当样本容量 n 很大时,$F_n(x)$是 $F(x)$的良好近似,且 n 越大,一般来说近似程度越好. 当样本观察值全相异时(即 $x_1^* < x_2^* < \cdots < x_n^*$),$F_n(x)$的图形如图 5-8 所示,显然 $F_n(x)$是一个上升的阶梯形函数.

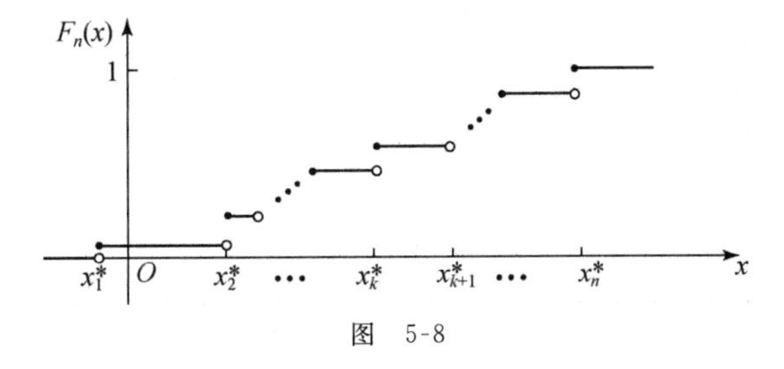

图 5-8

例 3 对于例 1 中的样本值,经验分布函数为

$$F_n(x) = \begin{cases} 0, & x < 16, \\ 1/15, & 16 \leqslant x < 17, \\ 4/15, & 17 \leqslant x < 18, \\ 10/15, & 18 \leqslant x < 19, \\ 14/15, & 19 \leqslant x < 20, \\ 1, & x \geqslant 20, \end{cases}$$

其图形如图 5-9 所示.

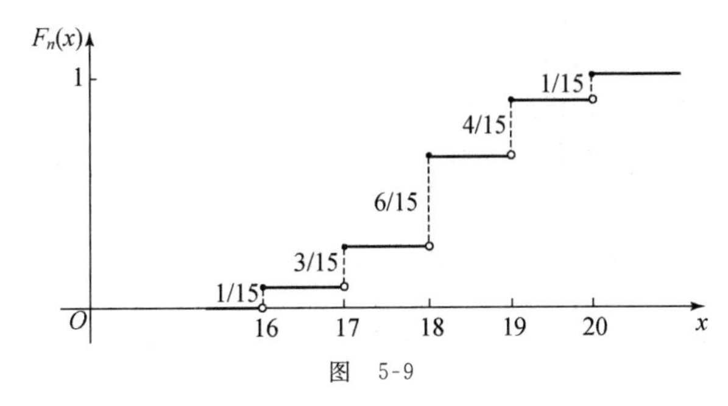

图 5-9

习 题 5-3

A 组

1. 试叙述作直方图的方法.

2. 经验分布函数 $F_n(x)$与总体 X 的分布函数 $F(x)$有何不同? 有何联系?

3. 为了研究玻璃产品在集装箱托运过程中的损坏情况,现随机抽取 20 个集装箱检查其产品损坏的件数,记录结果为:1,1,1,1,2,0,0,1,3,1,0,0,2,4,0,3,1,4,0,2. 试写出样本频率分布,再写出经验分布函数并画出其图形.

B 组

1. 某教育管理部门对某次单科统一考试试卷随机抽取 70 份,其成绩如下:

57, 58, 61, 63, 65, 66, 67, 67, 68, 68, 70, 71, 71, 71, 72, 72,
72, 72, 73, 73, 74, 74, 75, 75, 75, 76, 76, 76, 77, 77, 77, 77,
78, 78, 78, 79, 79, 79, 79, 79, 79, 79, 80, 80, 80, 80, 80, 80,
81, 81, 81, 82, 82, 84, 84, 84, 84, 85, 85, 85, 85, 87, 87, 88,
88, 88, 90, 90, 93, 94.

试将这些数据分成 7 组,在区间[55.5,95.5]上作频率直方图.

2. 下面是 100 个学生身高的测量情况:

身高/cm	154～158	158～162	162～166	166～170	170～174	174～178	178～182
学生数	10	14	26	28	12	8	2

试作出学生身高的频率直方图,并用直方图估计学生身高在 160 cm 与 175 cm 之间的概率.

§4 综 合 例 题

一、基本概念的理解

例 1 设总体 $X\sim B(1,p)$,即 X 服从 0-1 分布,X_1,X_2,X_3 为来自 X 的样本.

(1) 写出样本(X_1,X_2,X_3)的所有可能观测值;

(2) 写出样本(X_1,X_2,X_3)的联合概率分布.

解 (1) 样本(X_1,X_2,X_3)所有观测值为

$$(0,0,0),(0,0,1),(0,1,0),(0,1,1),(1,0,0),(1,0,1)(1,1,0),(1,1,1).$$

(2) 样本(X_1,X_2,X_3)的联合分布律为

$$p_{ijk}=P(X_1=i,X_2=j,X_3=k)=p^{i+j+k}(1-p)^{3-i-j-k}\quad (i,j,k=0,1).$$

例 2 设抽样得到样本观察值为 1250,1265,1245,1260,1275, 计算样本均值和样本标准差.

解 样本均值为

$$\bar{x}=\frac{1}{n}\sum_{i=1}^{n}x_i=\frac{1}{5}(1250+1265+1245+1260+1275)=1259,$$

样本方差为

$$\begin{aligned}s^2&=\frac{1}{n-1}\sum_{i=1}^{n}(x_i-\bar{x})^2\\&=\frac{1}{4}[(1250-1259)^2+(1265-1259)^2+(1245-1259)^2\\&\quad+(1260-1259)^2+(1275-1259)^2]\\&=142.5,\end{aligned}$$

样本标准差为 $s=\sqrt{s^2}=\sqrt{142.5}=11.94$.

二、统计量的数字特征

例 3 设 $X_1,X_2,\cdots,X_n(n>2)$为来自总体 $X\sim N(\mu,\sigma^2)$的样本,其样本均值为 $\overline{X}$,求 $E\left[\frac{1}{n-1}\sum_{i=1}^{n}(X_i-\overline{X})^2\right]$.

解 由于个体与总体同分布,故有

$$E(X_i)=E(X)=\mu,\quad D(X_i)=D(X)=\sigma^2,$$

$$E(X_i^2)=D(X_i)+[E(X_i)]^2=\sigma^2+\mu^2,$$

$$E(\overline{X})=\mu,\quad D(\overline{X})=\frac{1}{n}\sigma^2,\quad E(\overline{X}^2)=D(\overline{X})+[E(\overline{X})]^2=\frac{1}{n}\sigma^2+\mu^2,$$

$$\begin{aligned}E\left[\sum_{i=1}^{n}(X_i-\overline{X})^2\right]&=E\left(\sum_{i=1}^{n}X_i^2-n\overline{X}^2\right)=\sum_{i=1}^{n}E(X_i^2)-nE(\overline{X}^2)\\&=n(\sigma^2+\mu^2)-n\left(\frac{1}{n}\sigma^2+\mu^2\right)=(n-1)\sigma^2.\end{aligned}$$

所以
$$E\left[\frac{1}{n-1}\sum_{i=1}^{n}(X_i-\overline{X})^2\right]=\frac{1}{n-1}(n-1)\sigma^2=\sigma^2.$$

注 对于任意分布的总体 X,若 $E(X)=\mu,D(X)=\sigma^2$,则

$$E(\overline{X})=\mu,\quad D(\overline{X})=\frac{1}{n}\sigma^2,\quad E(S^2)=E\left[\frac{1}{n-1}\sum_{i=1}^{n}(X_i-\overline{X})^2\right]=\sigma^2.$$

例 4 设总体 X 的概率密度为 $f(x)=\frac{1}{2}e^{-|x|}(-\infty<x<+\infty)$,$X_1,X_2,\cdots,X_n$ 为来自总体 X 的样本,其样本方差为 S^2,求 $E(S^2)$.

解 $E(S^2)=D(X)=E(X^2)-[E(X)]^2$,而

$$E(X)=\int_{-\infty}^{+\infty}xf(x)dx=\int_{-\infty}^{+\infty}x\frac{1}{2}e^{-|x|}dx=0,$$

$$E(X^2)=\int_{-\infty}^{+\infty}x^2f(x)dx=2\int_{-\infty}^{0}x^2\frac{1}{2}e^{x}dx=\int_{-\infty}^{0}x^2de^{x}$$

$$= x^2 e^x \Big|_{-\infty}^{0} - 2\int_{-\infty}^{0} x e^x \mathrm{d}x = -2\int_{-\infty}^{0} x \mathrm{d}e^x$$

$$= -2xe^x \Big|_{-\infty}^{0} + 2\int_{-\infty}^{0} e^x \mathrm{d}x = 2,$$

所以
$$E(S^2) = E(X^2) - [E(X)]^2 = 2.$$

三、统计量的分布

例 5 设 $X_1, X_2, \cdots, X_9$ 为来自正态总体 $N(0, 2^2)$ 的样本,问:常数 a, b, c 为何值时,才能使统计量

$$Y = a(X_1 + X_2)^2 + b(X_3 + X_4 + X_5)^2 + c(X_6 + X_7 + X_8 + X_9)^2$$

服从 $\chi^2(3)$ 分布?

解 由 $X_1, X_2, \cdots, X_9$ 相互独立且都服从 $N(0, 2^2)$ 知

$$X_1 + X_2 \sim N(0, 8), \quad 即 \quad Y_1 = \frac{1}{2\sqrt{2}}(X_1 + X_2) \sim N(0, 1),$$

$$X_3 + X_4 + X_5 \sim N(0, 12), \quad 即 \quad Y_2 = \frac{1}{2\sqrt{3}}(X_3 + X_4 + X_5) \sim N(0, 1),$$

$$X_6 + X_7 + X_8 + X_9 \sim N(0, 16), \quad 即 \quad Y_3 = \frac{1}{4}(X_6 + X_7 + X_8 + X_9) \sim N(0, 1),$$

所以

$$\begin{aligned} Y &= a(X_1 + X_2)^2 + b(X_3 + X_4 + X_5)^2 + c(X_6 + X_7 + X_8 + X_9)^2 \\ &= 8aY_1^2 + 12bY_2^2 + 16cY_3^2, \end{aligned}$$

且 Y_1, Y_2, Y_3 相互独立. 于是,要使 Y 服从 $\chi^2(3)$ 分布,必须有

$$\begin{cases} 8a = 1, \\ 12b = 1, \\ 16c = 1, \end{cases} \quad 即 \quad a = \frac{1}{8},\ b = \frac{1}{12},\ c = \frac{1}{16}.$$

例 6 设 $X_1, X_2, \cdots, X_6$ 是来自正态总体 $N(1, 2)$ 的样本,求统计量

$$Y = \frac{\sqrt{2}(X_1 + X_2 - 2)}{\sqrt{(X_3 + X_4 - 2)^2 + (X_5 + X_6 - 2)^2}}$$

所服从的分布.

解 因为 $X_1, X_2, \cdots, X_6$ 相互独立,且都服从正态分布 $N(1, 2)$,所以有

$$X_1 + X_2 - 2 \sim N(0, 4), \quad 即 \quad Y_1 = \frac{X_1 + X_2 - 2}{2} \sim N(0, 1).$$

同理
$$Y_2 = \frac{X_3 + X_4 - 2}{2} \sim N(0, 1), \quad Y_3 = \frac{X_5 + X_6 - 2}{2} \sim N(0, 1).$$

于是,由 Y_2 与 Y_3 相互独立得 $Y_2^2 + Y_3^2 \sim \chi^2(2)$,由 Y_1 与 $Y_2^2 + Y_3^2$ 相互独立得

$$Y=\frac{\sqrt{2}(X_1+X_2-2)}{\sqrt{(X_3+X_4-2)^2+(X_5+X_6-2)^2}}=\frac{2\sqrt{2}Y_1}{2\sqrt{2}\sqrt{(Y_2^2+Y_3^2)/2}}$$

$$=\frac{Y_1}{\sqrt{(Y_2^2+Y_3^2)/2}}\sim t(2).$$

例 7 设总体 $X\sim N(0,2^2)$, $X_1,X_2,\cdots,X_{15}$ 是来自总体 X 的样本. 记统计量 $Y=\dfrac{X_1^2+X_2^2+\cdots+X_{10}^2}{2(X_{11}^2+X_{12}^2+\cdots+X_{15}^2)}$,求 Y 所服从的分布.

解 因为 $X_1,X_2,\cdots,X_{15}$ 相互独立,且都服从正态分布 $N(0,2^2)$,所以有

$$\left(\frac{X_1}{2}\right)^2+\left(\frac{X_2}{2}\right)^2+\cdots+\left(\frac{X_{10}}{2}\right)^2\sim\chi^2(10),$$

$$\left(\frac{X_{11}}{2}\right)^2+\left(\frac{X_{12}}{2}\right)^2+\cdots+\left(\frac{X_{15}}{2}\right)^2\sim\chi^2(5).$$

于是

$$Y=\frac{X_1^2+X_2^2+\cdots+X_{10}^2}{2(X_{11}^2+X_{12}^2+\cdots+X_{15}^2)}$$

$$=\frac{\left[\left(\frac{X_1}{2}\right)^2+\left(\frac{X_2}{2}\right)^2+\cdots+\left(\frac{X_{10}}{2}\right)^2\right]\Big/10}{\left[\left(\frac{X_{11}}{2}\right)^2+\left(\frac{X_{12}}{2}\right)^2+\cdots+\left(\frac{X_{15}}{2}\right)^2\right]\Big/5}\sim F(10,5).$$

例 8 已知总体 X 与 Y 相互独立且都服从 $N(0,1)$ 分布, $X_1,X_2,\cdots,X_8$ 和 $Y_1,Y_2,\cdots,Y_9$ 是分别来自总体 X 和 Y 的样本. 记 $Q=\sum\limits_{i=1}^{8}(X_i-\overline{X})^2+\sum\limits_{i=1}^{9}(Y_i-\overline{Y})^2$,求统计量 $T=3\overline{Y}\sqrt{15/Q}$ 的分布.

解 对于总体 $X\sim N(0,1)$,方差为 $\sigma_1^2=1$,样本方差为

$$S_1^2=\frac{1}{7}\sum_{i=1}^{8}(X_i-\overline{X})^2.$$

对于总体 $Y\sim N(0,1)$,方差为 $\sigma_2^2=1$,样本方差为

$$S_2^2=\frac{1}{8}\sum_{i=1}^{9}(Y_i-\overline{Y})^2.$$

由§2中的定理1得 $\overline{Y}\sim N(0,1/9)$,故 $3\overline{Y}\sim N(0,1)$. 由于

$$\frac{(8-1)S_1^2}{\sigma_1^2}=7S_1^2=\sum_{i=1}^{8}(X_i-\overline{X})^2\sim\chi^2(7),$$

$$\frac{(9-1)S_2^2}{\sigma_2^2}=8S_2^2=\sum_{i=1}^{9}(Y_i-\overline{Y})^2\sim\chi^2(8),$$

由χ^2分布的可加性得

$$Q=\sum_{i=1}^{8}(X_i-\overline{X})^2+\sum_{i=1}^{9}(Y_i-\overline{Y})^2\sim\chi^2(15).$$

根据§2中的定理1,知$\overline{Y}$与Q相互独立,所以由t分布的定义得

$$T=3\overline{Y}\sqrt{\frac{15}{Q}}=\frac{3\overline{Y}}{\sqrt{Q/15}}\sim t(15).$$

总习题五

一、填空题:

1. 设$X_1,X_2,\cdots,X_n$为来自泊松分布总体$P(\lambda)$的样本,$\overline{X},S^2$分别为样本均值和样本方差,则$\mathrm{E}(\overline{X})=$________,$\mathrm{D}(\overline{X})=$________,$\mathrm{E}(S^2)=$________.

2. 设$X_1,X_2,\cdots,X_m$为来自二项分布总体$B(n,p)$的样本,$\overline{X},S^2$分别为样本均值和样本方差.记统计量$T=\overline{X}-S^2$,则$\mathrm{E}(T)=$________.

3. 若$X_1,X_2,\cdots,X_n$为来自正态总体$N(\mu,\sigma^2)(\sigma>0)$的样本.记统计量$T=\frac{1}{n}\sum_{i=1}^{n}X_i^2$,则$\mathrm{E}(T)=$________.

4. 设X_1,X_2,X_3,X_4是来自正态总体$N(0,2^2)$的样本.记

$$X=a(X_1-2X_2)^2+b(3X_3-4X_4)^2,$$

则当$a=$________,$b=$________时,统计量X服从χ^2分布,其自由度为________.

5. 设总体X和Y相互独立,且都服从正态分布$N(0,3^2)$,而$X_1,X_2,\cdots,X_9$和$Y_1,Y_2,\cdots,Y_9$为分别来自X和Y的样本,则统计量$U=\dfrac{X_1+X_2+\cdots+X_9}{\sqrt{Y_1^2+Y_2^2+\cdots Y_9^2}}$服从________分布,参数为________.

6. 设总体X服从标准正态分布,而$X_1,X_2,\cdots,X_n$是来自X的样本,则统计量$Y=\left(\frac{n}{5}-1\right)\sum_{i=1}^{5}X_i^2\Big/\sum_{i=6}^{n}X_i^2\ (n>5)$服从________分布,参数为________.

二、选择题:

1. 设$X_1,X_2,\cdots,X_n$为来自总体$X\sim N(\mu,\sigma^2)$的样本,其中μ,σ^2未知,则下面不是统计量的是( ).

(A) X_i (B) $\overline{X}=\frac{1}{n}\sum_{i=1}^{n}X_i$

(C) $\frac{1}{n-1}\sum_{i=1}^{n}(X_i-\overline{X})^2$ (D) $\frac{1}{n}\sum_{i=1}^{n}(X_i-\mu)^2$

2. 设总体$X\sim N(\mu,\sigma^2)$,$X_1,X_2,\cdots,X_n$是来自X的样本,$\overline{X},S^2$分别是样本均值和样本方差,则( ).

(A) $\mathrm{E}(\overline{X}^2-S^2)=\mu^2-\sigma^2$ (B) $\mathrm{E}(\overline{X}^2+S^2)=\mu^2+\sigma^2$

(C) $\mathrm{E}(\overline{X}-S^2)=\mu-\sigma^2$ (D) $\mathrm{E}(\overline{X}-S^2)=\mu+\sigma^2$

3. 设随机变量 $X\sim N(1,4)$, $X_1,X_2,\cdots,X_{100}$ 为来自总体 X 的样本, $\overline{X}$ 为样本均值. 已知 $Y=a\overline{X}+b\sim N(0,1)$, 则(　　).

(A) $a=5,b=-5$　　(B) $a=5,b=5$

(C) $a=1/5,b=-1/5$　　(D) $a=-1/5,b=1/5$

4. 设总体 $X\sim N(\mu,\sigma^2)$, $X_1,X_2,\cdots,X_n$ 是来自 X 的样本, $\overline{X}$ 是样本均值. 记

$$S_1^2=\frac{1}{n}\sum_{i=1}^{n}(X_i-\mu)^2,\qquad S_2^2=\frac{1}{n}\sum_{i=1}^{n}(X_i-\overline{X})^2,$$

$$S_3^2=\frac{1}{n-1}\sum_{i=1}^{n}(X_i-\mu)^2,\quad S_4^2=\frac{1}{n-1}\sum_{i=1}^{n}(X_i-\overline{X})^2,$$

则服从自由度为 $n-1$ 的 t 分布的随机变量是(　　).

(A) $T=\dfrac{\overline{X}-\mu}{S_1/\sqrt{n-1}}$　　(B) $T=\dfrac{\overline{X}-\mu}{S_2/\sqrt{n-1}}$　　(C) $T=\dfrac{\overline{X}-\mu}{S_3/\sqrt{n-1}}$　　(D) $T=\dfrac{\overline{X}-\mu}{S_4/\sqrt{n-1}}$

5. 设 $X_1,X_2,\cdots,X_n(n>1)$ 是来自总体 $X\sim N(0,1)$ 的样本, $\overline{X}$ 与 S 分别为样本均值和样本标准差, 则(　　).

(A) $\overline{X}\sim N(0,1)$　　(B) $n\overline{X}\sim N(0,1)$　　(C) $\sum\limits_{i=1}^{n}X_i^2\sim\chi^2(n)$　　(D) $\dfrac{\overline{X}}{S}\sim t(n-1)$

6. 设总体 $X\sim N(\mu,\sigma^2)$, $X_1,X_2,\cdots,X_n$ 为来自总体 X 的样本, $\overline{X}$ 为样本均值, 则(　　).

(A) $\dfrac{1}{\sigma^2}\sum\limits_{i=1}^{n}(X_i-\mu)^2\sim\chi^2(n-1)$　　(B) $\dfrac{n-1}{\sigma^2}\sum\limits_{i=1}^{n}(X_i-\mu)^2\sim\chi^2(n-1)$

(C) $\dfrac{1}{\sigma^2}\sum\limits_{i=1}^{n}(X_i-\overline{X})^2\sim\chi^2(n-1)$　　(D) $\dfrac{n-1}{\sigma^2}\sum\limits_{i=1}^{n}(X_i-\overline{X})^2\sim\chi^2(n-1)$

7. 设随机变量 $X\sim t(n)(n>1)$, $Y=\dfrac{1}{X^2}$, 则(　　).

(A) $Y\sim\chi^2(n)$　　(B) $Y\sim\chi^2(n-1)$　　(C) $Y\sim F(n,1)$　　(D) $Y\sim F(1,n)$

三、计算题和证明题:

1. 设从总体 X 得到一组容量为 10 的样本观察值: 4.5, 2.0, 1.0, 1.5, 3.4, 4.5, 6.5, 5.0, 3.5, 4.0, 试分别计算统计量

$$\overline{X}=\frac{1}{n}\sum_{i=1}^{n}X_i\quad 及\quad S^2=\frac{1}{n-1}\sum_{i=1}^{n}(X_i-\overline{X})^2$$

的值.

2. 在总体 $X\sim N(12,4)$ 中抽取容量为 5 的样本 $X_1,X_2,\cdots,X_5$, 求:

(1) 样本均值与总体均值之差的绝对值大于 1 的概率;

(2) $P(\max(X_1,X_2,X_3,X_4,X_5)>15)$; (3) $P(\min(X_1,X_2,X_3,X_4,X_5)<10)$.

3. 设总体 $X\sim N(20,3)$, 求容量分别为 10, 15 的两独立样本均值差的绝对值大于 0.3 的概率.

4. 设 $X_1,X_2,\cdots,X_n$ 是来自区间 $(-1,1)$ 上均匀分布总体的样本, 试求样本均值的数学期望和方差.

5. 设 $X_1,X_2,\cdots,X_n$ 是来自总体 $N(0,\sigma^2)$ 的样本, 试求 $Y=\left(\sum\limits_{i=1}^{n}X_i\right)^2$ 的概率密度.

6. 设总体 $X\sim N(\mu,\sigma^2)$. 从总体 X 中抽取容量为 20 的样本 $X_1,X_2,\cdots,X_{20}$, 试求概率

$$P\left(11.7\sigma^2\leqslant\sum_{i=1}^{n}(X_i-\overline{X})^2\leqslant 38.6\sigma^2\right).$$

7. 试证：$\sum_{i=1}^{n}(X_i-a)^2=\sum_{i=1}^{n}(X_i-\overline{X})^2+n(\overline{X}-a)^2$ 对任何实数 a 均成立(提示：$X_i-a=X_i-\overline{X}+\overline{X}-a$).

8. 试证：当 $a=\overline{X}$ 时，$\sum_{i=1}^{n}(X_i-a)^2$ 达到极小.

9. 设 $x_1,x_2,\cdots,x_n$ 是一样本值. 令 $\bar{x}_0=0,\bar{x}_k=\frac{1}{k}\sum_{i=1}^{k}x_i$，证明递推公式：

$$\bar{x}_k=\bar{x}_{k-1}+\frac{1}{k}(x_k-\bar{x}_{k-1})\quad(k=1,2,\cdots,n).$$

10. 设 $X_i\sim N(\mu,\sigma^2)(i=1,2,\cdots,n,n+1)$ 相互独立. 记

$$\overline{X}=\frac{1}{n}\sum_{i=1}^{n}X_i,\quad S_n^2=\frac{1}{n-1}\sum_{i=1}^{n}(X_i-\overline{X})^2,$$

求证：

$$T=\sqrt{\frac{n}{n+1}}\cdot\frac{X_{n+1}-\overline{X}}{S_n}\sim t(n-1).$$

第六章 参数估计

数理统计的基本问题是根据样本所提供的信息，对总体的分布以及分布的数字特征做出统计推断．统计推断的主要内容分为两大类：一类是参数估计，另一类是假设检验．本章主要讨论总体参数的点估计和区间估计．

§1 点 估 计

参数估计（parameter estimation）是数理统计中最重要的基本问题之一．这里的参数是指总体分布中的未知参数，它也可以是总体的某个数字特征．若总体分布形式已知，但它的一个或多个参数未知或总体的某个数字特征未知时，就需借助总体 X 的样本来估计未知参数．通常称参数全部可容许值组成的集合为**参数空间**，记为 Θ．例如，总体服从两点分布 $B(1,p)$，其中 p 未知，则 p 是参数，参数空间为 $\Theta=(0,1)$；若总体服从正态分布 $N(\mu,\sigma^2)$，其中 μ,σ^2 均未知，则 μ,σ^2 是参数，参数空间为

$$\Theta=\{(\mu,\sigma^2)\mid -\infty<\mu<+\infty,\sigma^2>0\}.$$

所谓点估计（point estimate），就是对总体 X 的未知参数 θ，构造一个相应的统计量 $\hat{\theta}=\hat{\theta}(X_1,X_2,\cdots,X_n)$ 去估计该未知参数 θ，即对于样本 $X_1,X_2,\cdots,X_n$ 的一组观察值 $x_1,x_2,\cdots,x_n$，用 $\hat{\theta}(x_1,x_2,\cdots,x_n)$ 之值作为未知参数 θ 的近似值：$\theta\approx\hat{\theta}(x_1,x_2,\cdots,x_n)$．通常，称 $\hat{\theta}(X_1,X_2,\cdots,X_n)$ 为未知参数 θ 的一个**点估计量**．注意，点估计量作为样本 $X_1,X_2,\cdots,X_n$ 的函数是随机变量．而称 $\hat{\theta}(x_1,x_2,\cdots,x_n)$ 为未知参数 θ 的一个**点估计值**，它是一个具体的数值．但在不致混淆的情况下，我们为方便起见，又统称点估计量和点估计值为**估计**，并都简记为 $\hat{\theta}$．

下面介绍点估计量的三种求法：矩估计法、顺序统计量法与极大似然估计法．

一、矩估计法

所谓矩估计法就是用样本矩去估计相应的总体矩，用样本矩的连续

函数去估计相应的总体矩的连续函数.矩估计法的理论基础是大数定律.因为大数定律告诉我们,样本矩依概率收敛于相应的总体矩,样本矩的连续函数依概率收敛于相应总体矩的连续函数.

矩估计法(moment estimation method)的一般做法如下:若总体 X 中包含 k 个未知参数 $\theta_1,\theta_2,\cdots,\theta_k$,则可建立如下 k 个方程:

$$\begin{cases} A_1=\dfrac{1}{n}\sum\limits_{i=1}^{n}X_i=\mathrm{E}(X), \\ A_2=\dfrac{1}{n}\sum\limits_{i=1}^{n}X_i^2=\mathrm{E}(X^2), \\ \cdots\cdots\cdots\cdots\cdots\cdots \\ A_k=\dfrac{1}{n}\sum\limits_{i=1}^{n}X_i^k=\mathrm{E}(X^k). \end{cases}$$

注意,上述方程的右端实际上包含有未知参数 $\theta_1,\theta_2,\cdots,\theta_k$.这是一个包含 k 个未知量,k 个方程的方程组.一般来说,我们可从中解得

$$\theta_1=\hat{\theta}_1(X_1,X_2,\cdots,X_n),\quad \theta_2=\hat{\theta}_2(X_1,X_2,\cdots,X_n),\quad \cdots,\quad \theta_k=\hat{\theta}_k(X_1,X_2,\cdots,X_n).$$

它们就是未知参数 $\theta_1,\theta_2,\cdots,\theta_k$ 的矩估计量.

例 1 设总体 X 服从区间$[a,b]$上的均匀分布,a,b 未知,$X_1,X_2,\cdots,X_n$ 是来自 X 的样本,试求 a,b 的矩估计量.

解 由 X 服从$[a,b]$上的均匀分布知

$$\mathrm{E}(X)=\frac{a+b}{2},\quad \mathrm{E}(X^2)=\mathrm{D}(X)+[\mathrm{E}(X)]^2=\frac{(b-a)^2}{12}+\frac{(a+b)^2}{4}.$$

由矩估计法,令

$$\frac{a+b}{2}=A_1=\frac{1}{n}\sum_{i=1}^{n}X_i,\quad \frac{(b-a)^2}{12}+\frac{(a+b)^2}{4}=A_2=\frac{1}{n}\sum_{i=1}^{n}X_i^2,$$

即

$$\begin{cases} a+b=2A_1, \\ b-a=\sqrt{12(A_2-A_1^2)}. \end{cases}$$

解上述联立方程组,得 a,b 的矩估计量分别为

$$\hat{a}=A_1-\sqrt{3(A_2-A_1^2)}=\overline{X}-\sqrt{\frac{3}{n}\sum_{i=1}^{n}(X_i-\overline{X})^2},$$

$$\hat{b}=A_1+\sqrt{3(A_2-A_1^2)}=\overline{X}+\sqrt{\frac{3}{n}\sum_{i=1}^{n}(X_i-\overline{X})^2}.$$

例 2 设总体 X 具有概率密度

$$f(x)=\begin{cases} \lambda \mathrm{e}^{-\lambda(x-\theta)}, & x>\theta, \\ 0, & x\leqslant\theta, \end{cases}$$

其中 λ ($\lambda>0$),θ 都是未知参数,$X_1,X_2,\cdots,X_n$ 是来自总体 X 的样本,求 θ,λ 的矩估计量.

解 因为

$$E(X)=\int_{\theta}^{+\infty}x\lambda e^{-\lambda(x-\theta)}dx=\theta+\frac{1}{\lambda},$$

$$E(X^2)=\int_{\theta}^{+\infty}x^2\lambda e^{-\lambda(x-\theta)}dx=\left(\theta+\frac{1}{\lambda}\right)^2+\frac{1}{\lambda^2},$$

所以,由矩估计法,令

$$\begin{cases}\theta+\dfrac{1}{\lambda}=\dfrac{1}{n}\sum\limits_{i=1}^{n}X_i=\overline{X},\\ \left(\theta+\dfrac{1}{\lambda}\right)^2+\dfrac{1}{\lambda^2}=\dfrac{1}{n}\sum\limits_{i=1}^{n}X_i^2.\end{cases}$$

解之,得 θ,λ 的矩估计量分别为

$$\hat{\theta}=\overline{X}-\sqrt{B_2}=\overline{X}-\sqrt{\frac{1}{n}\sum_{i=1}^{n}(X_i-\overline{X})^2},\quad \hat{\lambda}=B_2^{-1/2}=\left[\frac{1}{n}\sum_{i=1}^{n}(X_i-\overline{X})^2\right]^{-1/2}.$$

例 3 设总体 X 的均值 μ 及方差 σ^2 都存在,且 $\sigma^2>0$,但 μ,σ^2 均未知,又设 $X_1,X_2,\cdots,X_n$ 是来自 X 的样本,求 μ,σ^2 的矩估计量.

解 由题设有

$$E(X)=\mu,\quad E(X^2)=D(X)+[E(X)]^2=\sigma^2+\mu^2.$$

令

$$\begin{cases}\mu=A_1=\dfrac{1}{n}\sum\limits_{i=1}^{n}X_i,\\ \sigma^2+\mu^2=A_2=\dfrac{1}{n}\sum\limits_{i=1}^{n}X_i^2,\end{cases}$$

解以上方程组,得 μ 和 σ^2 的矩估计量分别为

$$\hat{\mu}=A_1=\overline{X},\quad \hat{\sigma}^2=A_2-A_1^2=\frac{1}{n}\sum_{i=1}^{n}X_i^2-\overline{X}^2=\frac{1}{n}\sum_{i=1}^{n}(X_i-\overline{X})^2.$$

例 3 所得结果表明,对于任何分布,只要总体均值与方差存在,则其均值及方差的矩估计量的表达式相同. 例如,设 $X\sim N(\mu,\sigma^2)$,μ,σ^2 未知,即得 μ,σ^2 的矩估计量为

$$\hat{\mu}=\overline{X},\quad \hat{\sigma}^2=\frac{1}{n}\sum_{i=1}^{n}(X_i-\overline{X})^2.$$

最后特别指出,在数理统计中,我们常常用样本方差

$$S^2=\frac{1}{n-1}\sum_{i=1}^{n}(X_i-\overline{X})^2$$

来估计总体 X 的方差,但不称它为矩估计. 在下一节中,我们将进一步阐明这样做的理由.

二、顺序统计量估计法

先介绍样本顺序统计量的概念.

设 $X_1,X_2,\cdots,X_n$ 是来自总体 X 的样本，$x_1,x_2,\cdots,x_n$ 是该样本的任一组观察值，将它们按由小到大的顺序排列为

$$x_{(1)} \leqslant x_{(2)} \leqslant \cdots \leqslant x_{(n)}.$$

若记 $X_{(k)}=x_{(k)}(k=1,2,\cdots,n)$，则称统计量 $X_{(1)},X_{(2)},\cdots,X_{(n)}$ 为**样本顺序统计量**，并称 $R=X_{(n)}-X_{(1)}$ 为**样本极差**.

下面介绍数学期望的顺序统计量估计法.

设 $X_1^*,X_2^*,\cdots,X_n^*$ 为总体 X 的样本顺序统计量，称

$$\widetilde{X}=\begin{cases} X_{k+1}^*, & n=2k+1, \\ \dfrac{X_k^*+X_{k+1}^*}{2}, & n=2k \end{cases}$$

为**样本中位数**. 样本中位数观察值 $\tilde{x}$ 的取值规则是：将样本观察值 $x_1,x_2,\cdots,x_n$ 自小到大排成顺序统计量观察值 $x_1^*,x_2^*,\cdots,x_n^*$. 当 n 为奇数(即 $n=2k+1$)时，$\tilde{x}$ 取居中的数据 x_{k+1}^*；当 n 为偶数($n=2k$)时，$\tilde{x}$ 取居中的两数据的平均值 $\dfrac{x_k^*+x_{k+1}^*}{2}$. 由中位数 $\tilde{x}$ 的定义可见，它带有总体 X 取值的平均数的信息，因此当总体为连续型且概率密度对称时，常常用 $\tilde{x}$ 来估计总体 X 的数学期望. 用样本中位数 $\widetilde{X}$ 来估计总体 X 的数学期望的方法，称为数学期望的**顺序统计量估计法**(order statistics estimation method).

例 4 为了估计某批灯泡的平均使用寿命 μ(即使用寿命 X 的数学期望 $\mathrm{E}(X)$)，随机抽取 7 个灯泡测得使用寿命数据(单位：h)为：

$$1575,\ 1503,\ 1346,\ 1630,\ 1575,\ 1453,\ 1950.$$

试分别用矩估计法与顺序统计量估计法求均值 μ 的估计值.

解 (1) 由矩估计法得 $\hat{\mu}=\bar{x}=\dfrac{1}{7}\sum\limits_{i=1}^{7}x_i=1576$.

(2) 因为样本顺序统计量的观察值为 1346,1453,1503,1575,1575,1630,1950，$n=7$ 为奇数，所以

$$\hat{\mu}=\tilde{x}=x_4^*=1575.$$

用样本中位数 $\widetilde{X}$ 估计总体 X 的数学期望的优点是：

(1) 计算简便. 这一优点可直接从中位数 $\widetilde{X}$ 的取值规定看出.

(2) 所得估计值不易受个别异常数据影响. 例如，在使用寿命试验的样本值中，发现某一数据异常小(如在例 4 所得的样本观察值中，由于观察粗心，将 1346 误记为 134)，则在统计推断时，一定会提出疑问：此异常小的数据是总体 X 的随机性造成的，还是受外来干扰造成的？若原因属于后者(如观察错误)，则用样本均值 $\overline{X}$ 估计 $\mathrm{E}(X)$ 时显然会受影响(使估计值偏低). 但用样本中位数 $\widetilde{X}$ 估计 $\mathrm{E}(X)$ 时，由于一个(甚至几个)异常小(或异常大)的数据不易改变中位数 $\widetilde{X}$ 的取值，则估计值不易受到个别异常数据的影响. 这种特点常常说成具有**稳健性**.

(3) 简化试验过程. 在使用寿命试验中,个别样品使用寿命很长,这是常有的现象(如例 4 中,有一个灯泡使用寿命为 1950 h,比平均使用寿命 1576 h 长很多),但待 n 个使用寿命试验全部完成后,再对平均使用寿命作估计,这样时间花得太多. 若改用顺序统计量估计法估计总体数学期望,则将 n 个试验同时进行,只要有超过半数的试验得到了使用寿命数据,无论其余试验结果如何,都可得到样本中位数 $\widetilde{X}$ 的取值. 例如,在例 4 中,7 个使用寿命试验同时进行,只要完成 4 个试验,并得 $x_4^*=1575$ h,便得到了总体平均使用寿命的顺序统计量估计值为 $\hat{\mu}=\widetilde{x}=1575$ h. 若无其他需要,使用寿命试验即可结束.

下面介绍方差点估计中的顺序统计量估计法.

设 $X_1^*, X_2^*, \cdots, X_n^*$ 是样本顺序统计量,样本极差

$$R = X_n^* - X_1^*$$

带有总体 X 取值离散程度的信息,故可对 R 进行适当的修正,用来估计总体 X 的标准差 σ (R 与 σ 量纲相同). 用样本极差对总体 X 的标准差作估计的方法称为**极差估计法**. 该方法的优点是计算简便,但不如用 S 来得可靠. n 愈大,两者可靠的程度差别也愈大.

当总体 $X\sim N(\mu,\sigma^2)$ 时,标准差 σ 的估计可取作

$$\hat{\sigma} = R/d_n \quad (2 \leqslant n \leqslant 15).$$

这是因为可以证明,对于随机变量 R,有 $\mathrm{E}(R)=\sigma d_n$,其中 d_n, $1/d_n$ 见表 6-1.

表 6-1

n	2	3	4	5	6	7	8
d_n	1.128	1.693	2.059	2.326	2.534	2.704	2.847
$1/d_n$	0.886	0.591	0.486	0.429	0.395	0.369	0.351
n	9	10	11	12	13	14	15
d_n	2.970	3.078	3.173	3.258	3.336	3.407	3.472
$1/d_n$	0.337	0.325	0.315	0.307	0.300	0.294	0.288

当 $n>15$ 时,可把样本随机等分为 k 组,最好每组不超过 10 个样品,然后分别计算各组的极差 $R_1, R_2, \cdots, R_k$,再令 $R=\dfrac{1}{k}(R_1+R_2+\cdots+R_k)$,则标准差 σ 的估计可取作 $\hat{\sigma}=\dfrac{R}{d_m}$(这里 $m=n/k$,即各组中所含的样品数).

例 5 用极差估计法估计例 4 中灯泡使用寿命的标准差 σ.

解 $R=1950-1346=604$, $\hat{\sigma}=R/d_7=604/2.704\approx 223.37$.

三、极大似然估计法

由上面的介绍可以看出,矩估计法和顺序统计量估计法都不涉及总体的分布类型,而实际问题中总体的分布类型常常是已知的,这正是估计总体参数的最好信息. 在估计参数时,我们应该充分利用这些信息. 以下介绍在总体分布类型已知时的极大似然估计法.

所谓**极大似然估计法**(maximum likelihood estimation method),就是利用总体 X 的分

布 $F(x;\theta_1,\theta_2,\cdots,\theta_k)$ 的已知表达式及样本所提供的信息，来建立未知参数 θ_i 的估计量 $\hat{\theta}_i(X_1,X_2,\cdots,X_n)(i=1,2,\cdots,k)$ 的一种基于极大似然原理的统计方法. 而极大似然原理的直观想法是：一个随机试验如有若干可能结果 $A,B,C,\cdots$，若在一次试验中结果 A 出现了，则一般认为 A 出现的概率最大. 为了说明极大似然原理，我们先来考察一个简单的估计问题.

设袋中装有许多白球和黑球，只知两种球的数目之比是3∶1. 显然，从袋中任取一球为黑球的概率是 1/4 或 3/4，如果是 1/4，则袋中的白球多；如果是 3/4，就是黑球多. 现从袋中有放回地任取 3 个球，则样本中的黑球数 X 服从二项分布：

$$P(X=x)=\mathrm{C}_3^x p^x(1-p)^{3-x}\quad \left(x=0,1,2,3;\ p=\frac{1}{4},\frac{3}{4}\right),$$

其中 p 为取得黑球的概率. 那么，我们应如何根据抽样结果(即样本中的黑球数 X)，对 p 做出估计呢？实际上，我们只需在 $p=1/4$ 和 $p=3/4$ 两者之间做出选择. 对此，我们先分别计算 $p=1/4$ 和 $p=3/4$ 时 $P(X=x)$ 的值，结果如下：

x	0	1	2	3
$p=1/4$ 时 $P(X=x)$ 的值	27/64	27/64	9/64	1/64
$p=3/4$ 时 $P(X=x)$ 的值	1/64	9/64	27/64	27/64

由于样本来自总体，因而样本应很好地反映总体的特征. 如果样本中的黑球数为 0，则应估计 p 为 1/4. 因为此时，当 $p=1/4$ 时 $P(X=0)=27/64$，而当 $p=3/4$ 时 $P(X=0)=1/64$，显然 $27/64>1/64$，因此应当认为，具有 $X=0$ 的样本来自 $p=1/4$ 的总体的可能性要比来自 $p=3/4$ 的总体的可能性更大，所以取 1/4 作为 p 的估计比取 3/4 作为 p 的估计更合理. 类似地，当 $X=1$ 时，也应取 1/4 作为 p 的估计，而当 $X=2,3$ 时，则应取 3/4 作为 p 的估计. 综上所述，可定义估计量 $\hat{p}$ 为

$$\hat{p}(x)=\begin{cases}1/4, & x=0,1,\\ 3/4, & x=2,3.\end{cases}$$

此例求解的思想方法是：在由样本观察值来选择未知参数的估计值时，自然应当选择使样本观察值出现的概率最大的 $\hat{p}$ 作为未知参数 p 的估计值. 一般来说，极大似然估计的思想方法是使我们的估计能够最有利于我们已经观察到的结果的出现.

以下分离散型总体和连续型总体两种情形介绍极大似然估计法.

1. 离散型总体情形

设总体 X 的分布律 $P(X=x)=P(x;\theta)(\theta\in\Theta)$ 的形式为已知，θ 为待估参数，Θ 是 θ 可能取值的范围. 若 $X_1,X_2,\cdots,X_n$ 是来自 X 的样本，则 $X_1,X_2,\cdots,X_n$ 的联合分布律为

$$\prod_{i=1}^{n}P(x_i;\theta).$$

又设 $x_1,x_2,\cdots,x_n$ 是相应于样本 $X_1,X_2,\cdots,X_n$ 的一组样本值. 易知样本 $X_1,X_2,\cdots,X_n$ 取

到观察值 $x_1,x_2,\cdots,x_n$ 的概率,亦即事件$\{X_1=x_1,X_2=x_2,\cdots,X_n=x_n\}$发生的概率为

$$L(\theta)=L(x_1,x_2,\cdots,x_n;\theta)=\prod_{i=1}^{n}P(x_i;\theta)\quad(\theta\in\Theta).\tag{6.1.1}$$

此概率随 θ 的取值而变化,它是 θ 的函数. 称 $L(\theta)$ 为样本的**似然函数**. 所谓极大似然估计法,就是固定样本观察值 $x_1,x_2,\cdots,x_n$,在 θ 可能取值的范围 Θ 内选取使概率 $L(x_1,x_2,\cdots,x_n;\theta)$ 达到最大的参数值 $\hat{\theta}$,作为参数 θ 的估计值,即取 $\hat{\theta}$ 使

$$L(x_1,x_2,\cdots,x_n;\hat{\theta})=\max_{\theta\in\Theta}L(x_1,x_2,\cdots,x_n;\theta).\tag{6.1.2}$$

这样得到的 $\hat{\theta}$ 与样本值 $x_1,x_2,\cdots,x_n$ 有关,常记为 $\hat{\theta}(x_1,x_2,\cdots,x_n)$,并称它为参数 θ 的**极大似然估计值**,而相应的统计量 $\hat{\theta}(X_1,X_2,\cdots,X_n)$ 称为参数 θ 的**极大似然估计量**.

若 $L(\theta)$对 θ 可导,则可用微积分求极值的方法计算估计值,只要令

$$\frac{\mathrm{d}}{\mathrm{d}\theta}L(\theta)=0,$$

解出 $\theta=\hat{\theta}$ 即可. 又因 $L(\theta)$与 $\ln L(\theta)$具有相同的最大值点,而求 $\ln L(\theta)$的最大值比较方便,故 θ 的极大似然估计 $\hat{\theta}$ 常常由方程

$$\frac{\mathrm{d}}{\mathrm{d}\theta}\ln L(\theta)=0$$

求得. 通常把 $\ln L(\theta)$称为**对数似然函数**.

例 6 设总体 X 服从参数为 $\lambda>0$ 的泊松分布,即

$$P(X=x)=\frac{\lambda^x}{x!}\mathrm{e}^{-\lambda}\quad(x=0,1,2,\cdots),$$

$X_1,X_2,\cdots,X_n$ 是来自 X 的样本,试求未知参数 λ 的极大似然估计量.

解 设 $x_1,x_2,\cdots,x_n$ 是相应于样本 $X_1,X_2,\cdots,X_n$ 的一组样本值,故似然函数为

$$L(\lambda)=\prod_{i=1}^{n}\frac{\lambda^{x_i}}{x_i!}\mathrm{e}^{-\lambda}=\mathrm{e}^{-n\lambda}\prod_{i=1}^{n}\frac{\lambda^{x_i}}{x_i!},$$

取对数得

$$\ln L(\lambda)=-n\lambda+\sum_{i=1}^{n}x_i\ln\lambda-\ln(x_1!x_2!\cdots x_n!).$$

令

$$\frac{\mathrm{d}}{\mathrm{d}\lambda}\ln L(\lambda)=-n+\frac{1}{\lambda}\sum_{i=1}^{n}x_i=0,$$

解得 λ 的极大似然估计值为

$$\hat{\lambda}=\frac{1}{n}\sum_{i=1}^{n}x_i=\bar{x}.$$

于是 λ 的极大似然估计量为

$$\hat{\lambda} = \frac{1}{n}\sum_{i=1}^{n} X_i = \overline{X}.$$

可以看出这一估计量与矩估计量是相同的.

2. 连续型总体分布情形

设总体 X 的概率密度 $f(x;\theta)(\theta\in\Theta)$ 的形式已知,θ 为待估参数,Θ 是 θ 可能取值的范围. 若 $X_1,X_2,\cdots,X_n$ 是来自总体 X 的样本,则 $X_1,X_2,\cdots,X_n$ 的联合概率密度为

$$\prod_{i=1}^{n} f(x_i,\theta).$$

设 $x_1,x_2,\cdots,x_n$ 是相应于样本 $X_1,X_2,\cdots,X_n$ 的一组样本值,则随机点$(X_1,X_2,\cdots,X_n)$落在点$(x_1,x_2,\cdots,x_n)$的邻近(边长分别为 $\mathrm{d}x_1,\mathrm{d}x_2,\cdots,\mathrm{d}x_n$ 的 n 维立方体)的概率近似为

$$\prod_{i=1}^{n} f(x_i;\theta)\mathrm{d}x_i, \tag{6.1.3}$$

其值随θ的取值而变化. 与离散型的情形一样,我们应选取θ的估计值$\hat{\theta}$使已经观察到的结果(样本落在观察值$(x_1,x_2,\cdots,x_n)$附近)出现的概率最大,即使概率(6.1.3)取到最大值. 由于因子$\prod\limits_{i=1}^{n}\mathrm{d}x_i$ 不随θ 而变,故只需考虑**似然函数**

$$L(\theta) = L(x_1,x_2,\cdots,x_n;\theta) = \prod_{i=1}^{n} f(x_i;\theta) \quad (\theta\in\Theta) \tag{6.1.4}$$

的最大值. 若当 $\theta=\hat{\theta}(x_1,x_2,\cdots,x_n)$时,有

$$L(x_1,x_2,\cdots,x_n;\hat{\theta}) = \max_{\theta\in\Theta} L(x_1,x_2,\cdots,x_n;\theta),$$

则称 $\hat{\theta}(x_1,x_2,\cdots,x_n)$为 θ 的**极大似然估计值**,而称 $\hat{\theta}(X_1,X_2,\cdots,X_n)$为 θ 的**极大似然估计量**.

若 $L(\theta)$对 θ 可导,$\hat{\theta}$ 亦可从方程

$$\frac{\mathrm{d}}{\mathrm{d}\theta}L(\theta) = 0$$

解得. 又因 $L(\theta)$与 $\ln L(\theta)$具有相同最大值点,故 θ 的极大似然估计 $\hat{\theta}$ 也可从方程

$$\frac{\mathrm{d}}{\mathrm{d}\theta}\ln L(\theta) = 0 \tag{6.1.5}$$

求得,且由(6.1.5)式求解比较方便.

极大似然估计法也适用于分布中含有多个未知参数 $\theta_1,\theta_2,\cdots,\theta_k$ 的情形. 此时,似然函数为

$$L(x_1,x_2,\cdots,x_n;\theta_1,\theta_2,\cdots,\theta_k) = \prod_{i=1}^{n} P(x_i;\theta_1,\theta_2,\cdots,\theta_k) \quad (\text{离散型})$$

或
$$L(x_1,x_2,\cdots,x_n;\theta_1,\theta_2,\cdots,\theta_k) = \prod_{i=1}^{n} f(x_i;\theta_1,\theta_2,\cdots,\theta_k) \quad (\text{连续型}). \tag{6.1.6}$$

令

$$\frac{\partial}{\partial\theta_i}L(\theta_1,\theta_2,\cdots,\theta_k)=0\quad(i=1,2,\cdots,k)\tag{6.1.7}$$

或

$$\frac{\partial}{\partial\theta_i}\ln L(\theta_1,\theta_2,\cdots,\theta_k)=0\quad(i=1,2,\cdots,k),\tag{6.1.8}$$

求解上述方程组即可得到各未知参数 $\theta_i(i=1,2,\cdots,k)$的极大似然估计值 $\hat{\theta}_i$.

例 7 设总体 $X\sim N(\mu,\sigma^2)$,其中参数 μ,σ^2 未知,$x_1,x_2,\cdots,x_n$ 是来自总体 X 的一组样本值,试求 μ,σ^2 的极大似然估计值.

解 X 的概率密度为

$$f(x;\mu,\sigma^2)=\frac{1}{\sqrt{2\pi}\sigma}\exp\left\{-\frac{1}{2\sigma^2}(x-\mu)^2\right\},$$

似然函数为

$$L(\mu,\sigma^2)=\prod_{i=1}^{n}\frac{1}{\sqrt{2\pi}\sigma}\exp\left\{-\frac{1}{2\sigma^2}(x_i-\mu)^2\right\},$$

对数似然函数为

$$\ln L(\mu,\sigma^2)=-\frac{n}{2}\ln 2\pi-\frac{n}{2}\ln\sigma^2-\frac{1}{2\sigma^2}\sum_{i=1}^{n}(x_i-\mu)^2.$$

令

$$\begin{cases}\dfrac{\partial\ln L(\mu,\sigma^2)}{\partial\mu}=\dfrac{1}{\sigma^2}\displaystyle\sum_{i=1}^{n}(x_i-\mu)=0,\\[2ex]\dfrac{\partial\ln L(\mu,\sigma^2)}{\partial\sigma^2}=-\dfrac{n}{2\sigma^2}+\dfrac{1}{2\sigma^4}\displaystyle\sum_{i=1}^{n}(x_i-\mu)^2=0\end{cases}$$

(特别注意,这里是对 σ^2 求导,而不是对 σ 求导),解之,得 μ,σ^2 的极大似然估计值分别为

$$\hat{\mu}=\frac{1}{n}\sum_{i=1}^{n}x_i=\bar{x},\quad \hat{\sigma}^2=\frac{1}{n}\sum_{i=1}^{n}(x_i-\bar{x})^2.$$

它们与相应的矩估计值相同.

例 8 设总体 X 服从区间$[a,b]$上的均匀分布,参数 a,b 未知,$x_1,x_2,\cdots,x_n$ 是来自总体 X 的一组样本值,试求 a,b 的极大似然估计值.

解 因为 X 的概率密度是

$$f(x;a,b)=\begin{cases}\dfrac{1}{b-a}, & a\leqslant x\leqslant b,\\ 0, & \text{其他},\end{cases}$$

故似然函数为

$$L(a,b)=\begin{cases}\dfrac{1}{(b-a)^n}, & a\leqslant x_1,x_2,\cdots,x_n\leqslant b,\\ 0, & \text{其他}.\end{cases}$$

由于方程组

$$\begin{cases}\dfrac{\partial}{\partial a}L(a,b)=\dfrac{n}{(b-a)^{n+1}}=0,\\ \dfrac{\partial}{\partial b}L(a,b)=-\dfrac{n}{(b-a)^{n+1}}=0\end{cases}$$

无解,故不能用此法求 $L(a,b)$ 的最大值点.

易见,$L(a,b)$ 取到最大值的充分必要条件是 $b-a$ 取到最小值,但是 b,a 应满足条件 $a\leqslant x_1,x_2,\cdots,x_n\leqslant b$. 可见,当取 $a=\min(x_1,x_2,\cdots,x_n)$,$b=\max(x_1,x_2,\cdots,x_n)$ 时,$b-a$ 达到最小值,从而 $L(a,b)$ 达到最大值,于是我们得到 a,b 的极大似然估计值分别为

$$\hat{a}=\min(x_1,x_2,\cdots,x_n),\quad \hat{b}=\max(x_1,x_2,\cdots,x_n).$$

注 本例中的似然函数的最大值点不能由似然函数求导得到. 比较此例与例 1 可知,用矩估计法和极大似然估计法所求的估计不同.

例 9 从批量很大的一批产品中,随机抽查 n 件,发现 m 件次品,求次品率 p 的极大似然估计.

解 由于批量很大,可以认为样本 $X_1,X_2,\cdots,X_n$ 是相互独立的,且都与总体 X 同服从参数是 p 的两点分布,分布律为

$$P(x;p)=p^x(1-p)^{1-x}\quad (x=0,1).$$

设 $x_1,x_2,\cdots,x_n$ 为随机抽查所得的一组样本值,则似然函数为

$$L(p)=\prod_{i=1}^{n}p^{x_i}(1-p)^{1-x_i}=p^{\sum\limits_{i=1}^{n}x_i}(1-p)^{n-\sum\limits_{i=1}^{n}x_i},$$

对数似然函数为

$$\ln L(p)=\left(\sum_{i=1}^{n}x_i\right)\ln p+\left(n-\sum_{i=1}^{n}x_i\right)\ln(1-p)\quad (x_i=0,1).$$

解似然方程

$$\frac{\mathrm{d}\ln L}{\mathrm{d}p}=\frac{\sum\limits_{i=1}^{n}x_i}{p}-\frac{n-\sum\limits_{i=1}^{n}x_i}{1-p}=0,$$

得 p 的极大似然估计为

$$\hat{p}=\frac{1}{n}\sum_{i=1}^{n}x_i=\bar{x}=\frac{m}{n}.$$

到此为止,我们介绍了参数点估计的三种求法,其中矩估计法和极大似然估计法是两种常用方法. 这两种方法各有特点,矩估计法可以不知道总体的分布类型,它的理论基础是大数定律,所以,一般要求样本容量比较大,且只能估计与矩有关的参数;而极大似然估计法则必须知道总体分布的类型,它不仅可以估计与矩有关的参数,还可以估计其他复杂的参数.

由于极大似然估计法充分利用了总体分布类型的信息,因而它有许多优良性质,在一定意义下可说,没有比极大似然估计更好的估计.但有时求解似然方程较为困难,此时,为了获得参数的极大似然估计,亦可设法求似然方程的近似解.

习 题 6-1

A 组

1. 从某正态总体 X 取得样本观察值为:

14.7, 15.1, 14.8, 15.0, 15.2, 14.6.

(1) 试用矩估计法与顺序统计量估计法估计总体均值 μ;

(2) 用矩估计法与顺序统计量估计法估计总体方差 σ^2(或标准差 σ);

(3) 用样本方差估计总体方差 σ^2.

2. 从一批炮弹中,随机取 10 发进行射击,得射程数据(单位:m)为:

5345, 5330, 5305, 5290, 5315, 5322, 5306, 5340, 5353, 5329.

试估计射程的均值 μ 与方差 σ^2(用矩估计法与顺序统计量估计法).

3. 对某一距离进行独立测量,设测量值 $X\sim N(\mu,\sigma^2)$. 今测量了 5 次,得数据(单位:m)为:

2781, 2836, 2807, 2763, 2858.

试求 μ 与 σ^2 的矩估计值.

4. 设 $X_1, X_2, \cdots, X_n$ 是来自正态总体 $N(0,\sigma^2)$ 的样本,试求 σ^2 的极大似然估计量.

5. 已知白炽灯泡的使用寿命 $X\sim N(\mu,\sigma^2)$. 今从一批这种灯泡中抽测 10 个,得使用寿命(单位:h)观察值为:

1067, 919, 1196, 1126, 936, 918, 1156, 920, 948, 785.

试求 μ, σ^2 与 $P(X>1300)$ 的极大似然估计值.

6. 已知总体 X 的概率密度为

$$f(x;\theta)=\begin{cases}\theta x^{\theta-1}, & 0<x<1,\\ 0, & \text{其他},\end{cases}$$

试求未知参数 θ 的极大似然估计.

B 组

1. 设用测距仪对某两点之间的距离进行 13 次独立测量,得测量数据(单位:m)为:

321.30, 321.47, 321.60, 321.45, 321.05, 321.48, 321.30,

321.45, 321.53, 321.15, 321.48, 321.50, 321.40.

设测量值 $X\sim N(\mu,\sigma^2)$,其中 μ 是距离真值,σ 是测距仪精度.

(1) 用矩估计法与顺序统计量估计法估计 μ;

(2) 求 σ^2 的矩估计值与 σ 的顺序统计量估计值.

2. 设从一大批产品中随机抽取 100 件,发现次品 10 件,试估计这批产品的次品率(用极大似然估计法).

3. 设 $X_1, X_2, \cdots, X_n$ 是来自总体 X 的样本,X 的概率密度为

$$f(x;\theta)=\begin{cases}(\theta+1)x^{\theta}, & 0<x<1,\ \theta>-1,\\ 0, & \text{其他},\end{cases}$$

试求未知参数 θ 的矩估计与极大似然估计.

4. 已知某型号的电子元件的使用寿命服从正态分布.今在一周内所生产的一大批该型号电子元件中随机抽取 10 个,测得使用寿命(单位:h)为:

$$1267,1119,1396,985,1326,1136,1118,1156,1120,1148.$$

设总体参数都未知,试用极大似然估计法计算这周内生产的这种电子元件能使用 1500 h 以上的概率.

5. 设 $X_1,X_2,\cdots,X_n$ 是来自总体 X 的样本,试用极大似然估计法估计总体 X 的未知参数 θ,其中总体 X 的概率密度如下:

(1) $f(x;\theta)=\begin{cases}\theta(\theta x)^{r-1}\mathrm{e}^{-\theta x}, & x>0\ (r\text{ 已知}),\\ 0, & \text{其他};\end{cases}$

(2) $f(x;\theta)=\begin{cases}\dfrac{\theta^x\mathrm{e}^{-\theta}}{x!}, & x=0,1,2,\cdots,n,\ \theta>0,\\ 0, & \text{其他};\end{cases}$

(3) $f(x;\theta)=\begin{cases}\dfrac{1}{\theta}\mathrm{e}^{-|x|/\theta}, & x>0,\ 0<\theta<+\infty,\\ 0, & \text{其他}.\end{cases}$

§2　估计量的评价标准

由上节可见,对于总体 X 的同一个未知参数,往往有着多种不同的估计方法,即存在着几种不同的统计量来作为该参数的估计量.这就自然提出一个问题:当总体的同一个参数存在不同的估计量时,究竟采用哪一个好呢?这就涉及用什么样的标准来评价估计量的好坏问题.对此,下面介绍几个常用的评价标准.

一、无偏性

估计量是随机变量,对于不同的样本值就会得到不同的估计值.这样,我们要确定一个估计量的好坏,就不能仅仅依据某次抽样的结果来衡量,而必须由多次抽样的结果来衡量.对此,一个自然而基本的衡量标准是要求估计量无系统偏差.也就是说,尽管在一次抽样中得到的估计值不一定恰好等于待估参数的真值,但在大量重复抽样(样本容量相同)时,所得到的估计值平均起来应与待估参数的真值相同.换句话说,我们希望估计量的数学期望应等于未知参数的真值.这就是所谓无偏性的要求.这一直观要求用概率语言来描述就是以下的定义:

定义 1　设 $X_1,X_2,\cdots,X_n$ 是来自总体 X 的样本,$\theta\in\Theta$ 是包含在总体 X 的分布中的待估参数.若估计量 $\hat{\theta}=\hat{\theta}(X_1,X_2,\cdots,X_n)$ 的数学期望 $\mathrm{E}(\hat{\theta})$ 存在,且对于任意 $\theta\in\Theta$,有

$$\mathrm{E}(\hat{\theta})=\theta,$$

则称 $\hat{\theta}$ 是 θ 的**无偏估计量**(unbiased estimator).

在科学技术中,$\mathrm{E}(\hat{\theta})-\theta$ 称为以 $\hat{\theta}$ 作为 θ 的估计的**系统误差**(system error).无偏估计的

实际意义就是**无系统误差**.

若 $E(\hat{\theta})-\theta\neq 0$,但当样本容量 $n\to\infty$ 时,有

$$\lim_{n\to\infty}[E(\hat{\theta})-\theta]=0,$$

则称 $\hat{\theta}$ 为 θ 的**渐近无偏估计量**.

一个估计量如果不是无偏的就称它是**有偏估计量**.

例 1 设总体 X 的 k 阶矩 $\mu_k=E(X^k)$ $(k\geqslant 1)$存在,又设 $X_1,X_2,\cdots,X_n$ 是来自 X 的样本,试证无论总体服从什么分布,k 阶样本矩 $A_k=\dfrac{1}{n}\sum\limits_{i=1}^{n}X_i^k$ 是 k 阶总体矩 μ_k 的无偏估计.

证明 因为 $X_1,X_2,\cdots,X_n$ 与 X 同分布且相互独立,故有

$$E(X_i^k)=E(X^k)=\mu_k\quad(i=1,2,\cdots,n),$$

即有

$$E(A_k)=E\left(\frac{1}{n}\sum_{i=1}^{n}X_i^k\right)=\frac{1}{n}\sum_{i=1}^{n}E(X_i^k)=\mu_k. \tag{6.2.1}$$

特别地,不论总体 X 服从什么分布,只要它的均值 μ 存在,必有 $E(\overline{X})=\mu$,即 $\overline{X}$ 是 μ 的无偏估计.

例 2 设总体 X 的均值 μ,方差 $\sigma^2>0$ 都存在,μ,σ^2 为未知参数,证明:σ^2 的估计量

$$\hat{\sigma}^2=\frac{1}{n}\sum_{i=1}^{n}(X_i-\overline{X})^2$$

是有偏估计量.

证明 由于

$$\hat{\sigma}^2=\frac{1}{n}\sum_{i=1}^{n}(X_i-\overline{X})^2=\frac{1}{n}\sum_{i=1}^{n}X_i^2-\overline{X}^2,$$

$$E(\hat{\sigma}^2)=E\left(\frac{1}{n}\sum_{i=1}^{n}X_i^2\right)-E(\overline{X}^2)=\frac{1}{n}\sum_{i=1}^{n}E(X_i^2)-E(\overline{X}^2), \tag{6.2.2}$$

而

$$E(X_i^2)=D(X_i)+[E(X_i)]^2=\sigma^2+\mu^2,$$

又

$$E(\overline{X}^2)=D(\overline{X})+[E(\overline{X})]^2=\frac{\sigma^2}{n}+\mu^2,$$

将以它们分别代入(6.2.2)式,得

$$E(\hat{\sigma}^2)=\sigma^2+\mu^2-\left(\frac{\sigma^2}{n}+\mu^2\right)=\frac{n-1}{n}\sigma^2\neq\sigma^2.$$

所以 $\hat{\sigma}^2$ 是有偏的,若用 $\hat{\sigma}^2$ 去估计 σ^2,则平均偏小. 但它是 σ^2 的渐近无偏估计量.

易见,有

$$S^2=\frac{1}{n-1}\sum_{i=1}^{n}(X_i-\overline{X})^2=\frac{n}{n-1}\hat{\sigma}^2,$$

$$\mathrm{E}(S^2)=\frac{n}{n-1}\mathrm{E}(\hat{\sigma}^2)=\frac{n}{n-1}\cdot\frac{n-1}{n}\sigma^2=\sigma^2.$$

这就是说,样本方差 S^2 是总体方差 σ^2 的无偏估计. 故一般都采用 S^2 作为总体方差 σ^2 的估计量.

例 3　设 $X_1,X_2,\cdots,X_n$ 是来自参数为 λ 的泊松分布总体 X 的样本,试证: 对任一值 $\alpha\ (0\leqslant\alpha\leqslant 1)$,$\alpha\overline{X}+(1-\alpha)S^2$ 都是参数 λ 的无偏估计.

证明　由 $X\sim P(\lambda)$ 知 $\mathrm{E}(X)=\lambda$,　$\mathrm{D}(X)=\lambda$,故有

$$\mathrm{E}(\overline{X})=\mathrm{E}(X)=\lambda,\quad \mathrm{E}(S^2)=\mathrm{D}(X)=\lambda,$$

即 $\overline{X}$,S^2 都是 λ 的无偏估计.

又因为

$$\mathrm{E}[\alpha\overline{X}+(1-\alpha)S^2]=\alpha\mathrm{E}(\overline{X})+(1-\alpha)\mathrm{E}(S^2)=\alpha\lambda+(1-\alpha)\lambda=\lambda,$$

所以估计量 $\alpha\overline{X}+(1-\alpha)S^2$ 也是 λ 的无偏估计.

二、有效性

在许多情况下,总体参数 θ 的无偏估计量不是唯一的. 那么,如何衡量一个参数的两个无偏估计量何者更好呢? 一个重要标准就是观察它们谁的取值更集中于待估计参数的真值附近,即哪一个估计量的方差更小. 这就是下面的有效性概念.

定义 2　设 $\hat{\theta}_1=\hat{\theta}_1(X_1,X_2,\cdots,X_n)$ 与 $\hat{\theta}_2=\hat{\theta}_2(X_1,X_2,\cdots,X_n)$都是 θ 的无偏估计. 若

$$\mathrm{D}(\hat{\theta}_1)\leqslant\mathrm{D}(\hat{\theta}_2),$$

则称 $\hat{\theta}_1$ **比** $\hat{\theta}_2$ **有效**(effective).

考察 θ 的所有无偏估计量,如果其中存在一个估计量 $\hat{\theta}_0$,它的方差最小,则此估计量应当最好,并称此估计量 $\hat{\theta}_0$ 为 θ 的**最小方差无偏估计**(minimum variance unbiased estimator). 可以证明,对于正态总体 $N(\mu,\sigma^2)$,$\overline{X}$,S^2 分别是 μ,σ^2 的最小方差无偏估计.

有效性的意义是,用 $\hat{\theta}$ 估计 θ 时,除无系统偏差外,还要求估计精度更高.

例 4　设总体 X 的均值 μ,方差 σ^2 均存在,$X_1,X_2,\cdots,X_n$ 是来自 X 的样本,证明: 估计 μ 时,$\hat{\mu}_1=\overline{X}=\frac{1}{n}\sum\limits_{i=1}^{n}X_i$ 比 $\hat{\mu}_2=\sum\limits_{i=1}^{n}c_iX_i$ 有效,其中 $c_i>0$,$\sum\limits_{i=1}^{n}c_i=1$.

证明　因为

$$\mathrm{E}(\hat{\mu}_1)=\mathrm{E}(\overline{X})=\mathrm{E}\left(\frac{1}{n}\sum_{i=1}^{n}X_i\right)=\frac{1}{n}\sum_{i=1}^{n}\mathrm{E}(X_i)=\frac{1}{n}\sum_{i=1}^{n}\mu=\mu,$$

$$\mathrm{E}(\hat{\mu}_2)=\mathrm{E}\left(\sum_{i=1}^{n}c_iX_i\right)=\sum_{i=1}^{n}c_i\mathrm{E}(X_i)=\sum_{i=1}^{n}c_i\mu=\mu\sum_{i=1}^{n}c_i=\mu,$$

所以 $\hat{\mu}_1$,$\hat{\mu}_2$ 都是 $\mathrm{E}(X)=\mu$ 的无偏估计.

又因为

$$D(\hat{\mu}_1)=D(\overline{X})=\frac{\sigma^2}{n},\quad D(\hat{\mu}_2)=D\Big(\sum_{i=1}^n c_iX_i\Big)=\sum_{i=1}^n c_i^2D(X_i)=\sigma^2\sum_{i=1}^n c_i^2,$$

而由柯西不等式或数学归纳法可得 $\left(\sum_{i=1}^n c_i\right)^2\leqslant n\sum_{i=1}^n c_i^2$，从而

$$D(\hat{\mu}_2)=\sigma^2\sum_{i=1}^n c_i^2\geqslant\sigma^2\cdot\frac{1}{n}\Big(\sum_{i=1}^n c_i\Big)^2=\frac{\sigma^2}{n}=D(\hat{\mu}_1),$$

故 $\hat{\mu}_1$ 比 $\hat{\mu}_2$ 有效.

三、一致性

估计量 $\hat{\theta}$ 的无偏性和有效性都是在样本容量 n 固定的情况下讨论的.然而，由于估计量 $\hat{\theta}(X_1,X_2,\cdots,X_n)$ 依赖于样本容量 n，我们自然想到，一个好的估计量 $\hat{\theta}$，当样本容量 n 越大时，关于总体的信息也随之增加，该估计理应越精确、越可靠，特别是当 $n\to\infty$ 时，估计值将与参数真值几乎完全一致.这就是估计量的一致性(或称相合性).一致性的严格定义如下：

定义 3 设 $\hat{\theta}(X_1,X_2,\cdots,X_n)$ 为未知参数 θ 的估计量.若对于任意 $\theta\in\Theta$，当 $n\to\infty$ 时，$\hat{\theta}(X_1,X_2,\cdots,X_n)$ 依概率收敛于 θ，即对任意 $\varepsilon>0$，有

$$\lim_{n\to\infty}P(|\hat{\theta}-\theta|<\varepsilon)=1,$$

则称 $\hat{\theta}$ 为 θ 的**一致估计量**(consistent estimator)或**相合估计量**，记为 $\hat{\theta}\xrightarrow{P}\theta\ (n\to\infty)$.

若当 $n\to\infty$ 时，$\hat{\theta}$ 均方收敛于 θ，即

$$\lim_{n\to\infty}E[(\hat{\theta}-\theta)^2]=0,$$

则称 $\hat{\theta}$ 为 θ 的**均方一致估计量**，记为 $\hat{\theta}\xrightarrow{L^2}\theta\ (n\to\infty)$.

例 5 设总体 X 的 $2m$ 阶矩存在，$X_1,X_2,\cdots,X_n$ 是来自该总体的样本，试证：样本 k 阶矩 A_k 作为总体 k 阶矩 $\mu_k(1\leqslant k\leqslant m)$ 的估计量，既是一致估计量，又是均方一致估计量.

证明 由第五章§2易知，A_k 是 μ_k 的一致估计量.又因为 X 的 $2m$ 阶矩存在，所以 $D(X^k)(1\leqslant k\leqslant m)$ 存在，且

$$E(A_k)=\frac{1}{n}\sum_{i=1}^n E(X_i^k)=E(X^k)=\mu_k,$$

$$D(A_k)=\frac{1}{n^2}\sum_{i=1}^n D(X_i^k)=\frac{1}{n}D(X^k),$$

$$\lim_{n\to\infty}E[(A_k-\mu_k)^2]=\lim_{n\to\infty}D(A_k)=\lim_{n\to\infty}\frac{D(X^k)}{n}=0.$$

故 A_k 又是 μ_k 的均方一致估计量.

特别地，当总体 X 的方差存在时，样本均值 $\overline{X}$ 是总体均值 $E(X)$ 的一致估计量及均方一致估计量.

关于一致估计,还有如下结论:

(1) 若 $\hat{\theta}$ 是 θ 的一致估计,$f(t)$ 是 t 的连续函数,则 $f(\hat{\theta})$ 是 $f(\theta)$ 的一致估计,且该结论对 f 是多元函数时也成立;

(2) 若 $\hat{\theta}$ 是 θ 的一致估计,常数列 $C_n(n=1,2,\cdots)$ 满足 $\lim\limits_{n\to\infty}C_n=1$,则 $C_n\hat{\theta}$ 也是 θ 的一致估计.

例 6 若总体 X 的四阶矩存在,试证:样本方差 S^2 和样本二阶中心矩 B_2 都是总体方差 σ^2 的一致估计,S 和 $\sqrt{B_2}$ 都是总体标准差 σ 的一致估计.

证明 因为 X 的四阶矩存在,所以 X^2 的方差 $\mathrm{D}(X^2)$ 存在. 对 $X_1^2,X_2^2,\cdots,X_n^2$ 应用独立同分布时的大数定律,有

$$\frac{1}{n}\sum_{i=1}^{n}X_i^2 \xrightarrow{P} \mathrm{E}(X^2)=\sigma^2+\mu^2.$$

而当 $n\to\infty$ 时,有 $\overline{X}\xrightarrow{P}\mu$. 故由依概率收敛随机变量列的性质不难推知

$$S^2=\frac{n}{n-1}\left(\frac{1}{n}\sum_{i=1}^{n}X_i^2-\overline{X}^2\right)\xrightarrow{P}\sigma^2.$$

可见,S^2 是 σ^2 的一致估计. 又由例 5 的结论可知 B_2 也是 σ^2 的一致估计.

又因为 $f(t)=\sqrt{t}$ 在 $t>0$ 是连续的,故由上述关于一致估计的结论(1)知,S 和 $\sqrt{B_2}$ 都是 σ 的一致估计.

习 题 6-2

A 组

1. 设总体 X 的均值 $\mathrm{E}(X)=\mu$ 已知,$X_1,X_2,\cdots,X_n$ 是来自 X 的样本,证明:

$$\hat{\sigma^2}=\frac{1}{n}\sum_{i=1}^{n}(X_i-\mu)^2$$

是总体方差 $\mathrm{D}(X)$ 的无偏估计量.(提示:注意方差的定义,以及 $X_1,X_2,\cdots,X_n$ 相互独立且与总体 X 同分布的特点)

2. 估计量 $\hat{\theta}$ 无偏性、有效性、一致性的定义是什么?

3. 设总体 $X\sim N(\mu,\sigma^2)$,其中 μ 未知,σ^2 已知,又设 $X_1,X_2,\cdots,X_n$ 是来自总体 X 的样本,试指出下列各个量是不是统计量,哪个是最佳(最有效)估计量:

(1) $\frac{1}{2}X_1+\frac{2}{3}X_2-\frac{1}{6}X_3$; (2) $\frac{1}{3}(X_2+2\mu)$; (3) X_3;

(4) $\frac{3}{4}X_1+\frac{7}{12}X_2-\frac{1}{3}X_3$; (5) $\min(X_1,X_2,X_3)$.

4. 设 $X_1,X_2,\cdots,X_n$ 是来自正态总体 $N(\mu,\sigma^2)$ 的样本,试选择适当的常数 C,使得 $C\sum\limits_{i=1}^{n-1}(X_{i+1}-X_i)^2$ 为 σ^2 的无偏估计量.

B 组

1. 设总体 X 的均值 $E(X)=\mu$ 及方差 $D(X)=\sigma^2$ 均存在，X_1,X_2,X_3 是来自 X 的样本，试验证估计量

$$\hat{\mu}_1=\frac{1}{3}X_1+\frac{1}{3}X_2+\frac{1}{3}X_3,\quad \hat{\mu}_2=\frac{1}{5}X_1+\frac{2}{5}X_2+\frac{2}{5}X_3,\quad \hat{\mu}_3=\frac{1}{6}X_1+\frac{1}{3}X_2+\frac{1}{2}X_3$$

都是 μ 的无偏估计量，并判断 $\hat{\mu}_1,\hat{\mu}_2,\hat{\mu}_3$ 作为 μ 的估计量，哪一个最有效.

2. 设 $\hat{\theta}_1(X_1,X_2,\cdots,X_n)$ 和 $\hat{\theta}_2(X_1,X_2,\cdots,X_n)$ 是参数 θ 的两个独立的无偏估计量，并且已知 $D(\hat{\theta}_1)=kD(\hat{\theta}_2)$，试确定常数 C_1 及 C_2，使 $C_1\hat{\theta}_1+C_2\hat{\theta}_2$ 是参数 θ 的无偏估计量，而且在所有这样形式的估计中方差最小.

3. 设总体 X 服从均匀分布，其概率密度为

$$f(x;\theta)=\begin{cases}\dfrac{1}{\theta-1}, & 1<x<\theta,\\ 0, & \text{其他},\end{cases}$$

试求 θ 的矩估计量 $\hat{\theta}$，并验证无偏性与一致性.

4. 设 X 服从两点分布 $B(1,p)\,(0<p<1)$，X_1 是来自总体 X 的样本，试证：这时 p^2 不存在无偏估计量.

5. 设 $\hat{\theta}$ 是 θ 的无偏估计量，试证：若 $\hat{\theta}$ 是 θ 的均方一致估计，则 $\hat{\theta}$ 一定是 θ 的一致估计.

§3 区间估计

在§2中介绍的点估计方法，是针对总体的某一未知参数 θ，构造 θ 的一个估计量 $\hat{\theta}=\hat{\theta}(X_1,X_2,\cdots,X_n)$，对于某次抽样的结果，即一组样本观察值 $x_1,x_2,\cdots,x_n$，可用估计值 $\hat{\theta}(x_1,x_2,\cdots,x_n)$ 作为 θ 的一个近似值，即认为 $\hat{\theta}(x_1,x_2,\cdots,x_n)\approx\theta$. 但是，人们要问：这种估计的精确性如何？可信程度(或可靠性)如何？对此点估计是无法回答的. 显然，因受到估计量构造方法和抽样随机性的影响，往往估计值 $\hat{\theta}$ 只能近似落在真值 θ 的附近，即 θ 被包含在 $(\hat{\theta}-\delta,\hat{\theta}+\delta)$ 内，而且由于抽样的随机性，又决定了 θ 被该区间包含具有一定的概率，即 $P(\hat{\theta}-\delta<\theta<\hat{\theta}+\delta)=1-\alpha$. 找出了与这一概率相联系的区间，也就解决了人们需要确切知道的未知参数 θ 的估计值 $\hat{\theta}$ 的精确程度与可信程度的问题. 区间 $(\hat{\theta}-\delta,\hat{\theta}+\delta)$ 的长度就反映了估计的精确程度，$100(1-\alpha)\%$ 则反映了估计的可信程度. 为了解决这一问题，下面介绍参数的**区间估计**(interval estimate).

定义 1 设总体 X 的分布函数 $F(x;\theta)$ 含有一未知参数 θ. 对于给定值 $\alpha\ (0<\alpha<1)$，若由样本 $X_1,X_2,\cdots,X_n$ 确定的两个统计量 $\hat{\theta}_1(X_1,X_2,\cdots,X_n)$ 和 $\hat{\theta}_2(X_1,X_2,\cdots,X_n)$ 满足

$$P(\hat{\theta}_1(X_1,X_2,\cdots,X_n)<\theta<\hat{\theta}_2(X_1,X_2,\cdots,X_n))=1-\alpha,\qquad(6.3.1)$$

则称随机区间 $(\hat{\theta}_1,\hat{\theta}_2)$ 是参数 θ 的置信度为 $1-\alpha$ 的**双侧置信区间**，简称**置信区间**(confidence interval)，其中 $\hat{\theta}_1$ 和 $\hat{\theta}_2$ 分别称为置信度为 $1-\alpha$ 的双侧置信区间的**置信下限与置信上限**，$1-\alpha$

称为**置信度或置信水平**(confidence level).

置信区间的意义是它以 $1-\alpha$ 的概率包含未知参数 θ. 被估参数 θ 虽然未知,但它是一个常数,没有随机性,而区间 $(\hat{\theta}_1,\hat{\theta}_2)$ 的两个端点则是随机的. (6.3.1)式的频率解释是:重复抽样多次(各次的样本容量都是 n),每次抽样得到的样本值都对应一个确定的区间 $(\hat{\theta}_1,\hat{\theta}_2)$,每个这样的区间要么包含 θ 的真值,要么不包含 θ 的真值. 按伯努利大数定理,当抽样次数充分大时,在这些区间中包含 θ 真值的频率接近于置信度(即概率) $1-\alpha$,即在这些区间中包含 θ 真值的约占 $100(1-\alpha)\%$,不包含 θ 真值的约占 $100\alpha\%$. 例如,若 $\alpha=0.01$,重复抽样 1000 次,则得到的 1000 个区间中不包含 θ 真值的约有 10 个.

一般可从点估计量出发来构造置信区间,以下举例加以说明.

例 1 设总体 $X\sim N(\mu,\sigma^2)$,其中 σ^2 为已知, μ 为未知. 若 $X_1,X_2,\cdots,X_n$ 是来自 X 的样本,试求 μ 的置信度为 $1-\alpha$ 的置信区间.

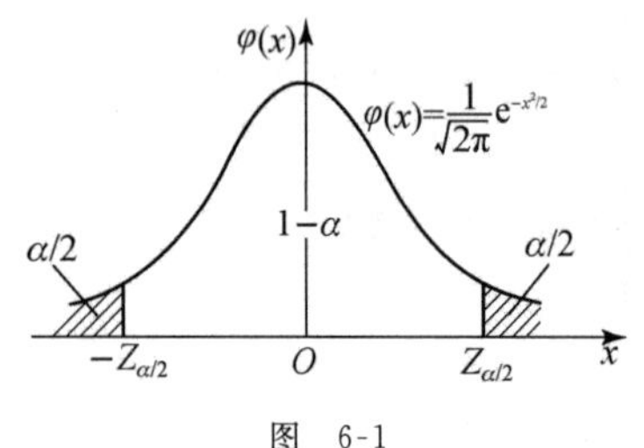

图 6-1

解 由第五章 §2 的定理 1 知

$$U=\frac{\overline{X}-\mu}{\sigma/\sqrt{n}}\sim N(0,1). \tag{6.3.2}$$

而标准正态分布 $N(0,1)$ 是不依赖于任何未知参数的. 按标准正态分布的上 α 分位点的定义,有(参见图 6-1)

$$P\left(\left|\frac{\overline{X}-\mu}{\sigma/\sqrt{n}}\right|<Z_{\alpha/2}\right)=1-\alpha, \tag{6.3.3}$$

其中 $Z_{\alpha/2}$ 是标准正态分布的上 $\alpha/2$ 分位点,即

$$\int_{Z_{\alpha/2}}^{+\infty}\varphi(x)\mathrm{d}x=\frac{\alpha}{2}.$$

$Z_{\alpha/2}$ 可从附表 1 查得.

(6.3.3)式可改写为

$$P\left(\overline{X}-\frac{\sigma}{\sqrt{n}}Z_{\alpha/2}<\mu<\overline{X}+\frac{\sigma}{\sqrt{n}}Z_{\alpha/2}\right)=1-\alpha, \tag{6.3.4}$$

从而得到 μ 的一个置信度为 $1-\alpha$ 的置信区间

$$\left(\overline{X}-\frac{\sigma}{\sqrt{n}}Z_{\alpha/2},\ \overline{X}+\frac{\sigma}{\sqrt{n}}Z_{\alpha/2}\right). \tag{6.3.5}$$

此置信区间常常简写为 $\left(\overline{X}\pm\frac{\sigma}{\sqrt{n}}Z_{\alpha/2}\right)$.

在此例中,若取 $\alpha=0.05$,即 $1-\alpha=0.95$,又设 $\sigma=1,n=16$,则查附表 1 可得 $Z_{\alpha/2}=Z_{0.025}=1.96$,于是得到一个置信度为 0.95 的置信区间

$$\left(\overline{X}\pm\frac{1}{\sqrt{16}}\times 1.96\right),\quad 即\quad (\overline{X}\pm 0.49). \tag{6.3.6}$$

若还可由一组样本值计算得样本均值的观察值为 $\bar{x}=6.80$,进而得到 μ 的置信度为

0.95 的一个置信区间

$$(6.80 \pm 0.49), \quad 即 \quad (6.31, 7.29).$$

显然这已不是随机区间了.但其意义表示：若反复抽样多次,每组样本值($n=16$)按(6.3.6)式确定一个区间,则在这么多的区间中,包含 μ 的约占 95%,不包含 μ 的约占 5%.而今抽样得到区间(6.31,7.29),则可认为该区间包含 μ 这一事实的可信度为 95%.

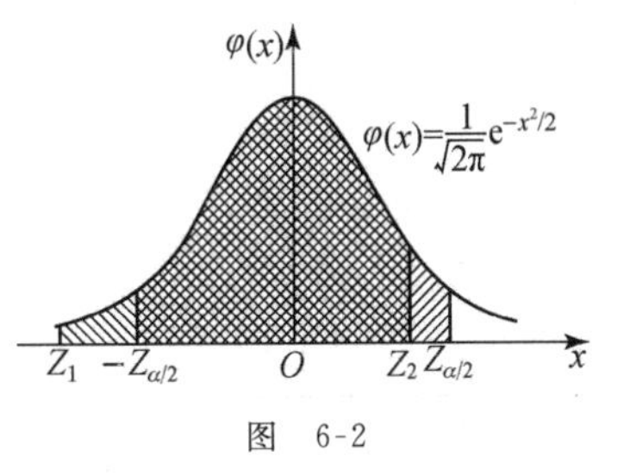

图 6-2

由(6.3.5)式可见,置信区间的中心是 $\overline{X}$,置信区间的长度为 $2\frac{\alpha}{\sqrt{n}}Z_{\alpha/2}$. 然而,置信度为 $1-\alpha$ 的置信区间并非是唯一的,若取 Z_1, Z_2(参见图 6-2),使

$$P\left\{Z_1 < \frac{\overline{X}-\mu}{\sigma/\sqrt{n}} < Z_2\right\} = 1-\alpha, \quad 即 \quad P\left(\overline{X}-\frac{\sigma}{\sqrt{n}}Z_2 < \mu < \overline{X}-\frac{\sigma}{\sqrt{n}}Z_1\right) = 1-\alpha,$$

于是又可得到不以 $\overline{X}$ 为中心的置信区间

$$\left(\overline{X}-\frac{\sigma}{\sqrt{n}}Z_2, \overline{X}-\frac{\sigma}{\sqrt{n}}Z_1\right). \tag{6.3.7}$$

由图 6-2 可见,$Z_2-Z_1>2Z_{\alpha/2}$,故两个置信区间长度有下列关系：

$$(Z_2-Z_1)\frac{\sigma}{\sqrt{n}} > 2Z_{\alpha/2}\frac{\sigma}{\sqrt{n}}.$$

上式说明,当 n 固定时,$\left(\overline{X}-\frac{\sigma}{\sqrt{n}}Z_{\alpha/2}, \overline{X}+\frac{\sigma}{\sqrt{n}}Z_{\alpha/2}\right)$的长度最短.置信区间短表示估计的精度高,故由(6.3.5)式给出的区间较(6.3.7)式为优.

若记置信区间(6.3.5)的长度为 L,则 $L=\frac{2\sigma}{\sqrt{n}}Z_{\alpha/2}$.解出 n,得

$$n = \left(\frac{2\sigma}{L}Z_{\alpha/2}\right)^2.$$

不难看出,当 α 给定时,L 随 n 的增加而减少.这说明,我们获取的观测数据越多,估计就越精确.为了使置信区间具有预先给定的长度,我们就要确定相应的样本容量 n.若要区间长度较小,n 就必须取得较大.又当 n 一定时,置信度 $1-\alpha$ 越大,则 $Z_{\alpha/2}$ 就越大,从而置信区间就越长.直观上看,样本容量一定时,要求估计的可信度高,估计的范围肯定就大,估计的精确性就差.一般来说,估计的可信度和精确性不可兼优.这里,有一个综合优化的问题.通常选取 $\alpha=0.05, 0.01$ 或 0.1.

综上所述,可得寻求未知参数 θ 的双侧置信区间的方法如下：

(1) 寻求一个样本 $X_1, X_2, \cdots, X_n$ 的函数

$$Z = Z(X_1, X_2, \cdots, X_n; \theta),$$

它包含待估参数 θ,而不含其他未知参数.求出 Z 的分布,且此分布不依赖于任何未知参数,当然也不依赖于待估参数 θ.

(2) 对于给定的置信度 $1-\alpha$，定出两个常数 a,b，使

$$P(a< Z(X_1,X_2,\cdots,X_n;\theta)<b)=1-\alpha.$$

(3) 若能从不等式 $a<Z(X_1,X_2,\cdots,X_n;\theta)<b$ 得到等价的不等式 $\hat{\theta}_1<\theta<\hat{\theta}_2$，其中 $\hat{\theta}_1=\hat{\theta}_1(X_1,X_2,\cdots,X_n)$，$\hat{\theta}_2=\hat{\theta}_2(X_1,X_2,\cdots,X_n)$ 都是统计量，则 $(\hat{\theta}_1,\hat{\theta}_2)$ 就是 θ 的一个置信度为 $1-\alpha$ 的置信区间.

(4) 根据一次具体抽样得到的样本值 $x_1,x_2,\cdots,x_n$ 计算出(3)中的统计量 $\hat{\theta}_1,\hat{\theta}_2$ 的观察值 $\hat{\theta}_1=\hat{\theta}_1(x_1,x_2,\cdots,x_n)$，$\hat{\theta}_2=\hat{\theta}_2(x_1,x_2,\cdots,x_n)$，就得到一个具体的区间 $(\hat{\theta}_1,\hat{\theta}_2)$. 这个区间已不是随机区间了，但我们仍称它为参数 θ 的置信度为 $1-\alpha$ 的置信区间.

回忆例 1，分布式(6.3.2)是个确切分布，因而得出的置信区间，其置信度也是确切的. 然而，有时确切分布无法找到或过于复杂不便应用，此时我们则需考虑其近似分布. 一般当样本容量较大时可以使用其极限分布，但这时所得到的置信区间，其置信度也是近似的.

例如，设有一容量为 $n>50$ 的大样本来自两点分布总体 X，X 的分布律为

$$P(x;p)=p^x(1-p)^{1-x}\quad (x=0,1), \tag{6.3.8}$$

其中 p 为未知参数. 以下来求 p 的置信度为 $1-\alpha$ 的置信区间.

我们知道，两点分布的均值和方差分别为

$$\mu=p,\quad \sigma^2=p(1-p). \tag{6.3.9}$$

设 $X_1,X_2,\cdots,X_n$ 是样本，因样本容量较大，由中心极限定理知

$$U=\frac{\sum_{i=1}^{n}X_i-np}{\sqrt{np(1-p)}}=\frac{n\overline{X}-np}{\sqrt{np(1-p)}}\overset{\text{近似}}{\sim}N(0,1), \tag{6.3.10}$$

于是有

$$P\left\{-Z_{\alpha/2}<\frac{n\overline{X}-np}{\sqrt{np(1-p)}}<Z_{\alpha/2}\right\}\approx 1-\alpha. \tag{6.3.11}$$

而不等式

$$-Z_{\alpha/2}<\frac{n\overline{X}-np}{\sqrt{np(1-p)}}<Z_{\alpha/2} \tag{6.3.12}$$

等价于

$$(n+Z_{\alpha/2}^2)p^2-(2n\overline{X}+Z_{\alpha/2}^2)p+n\overline{X}^2<0. \tag{6.3.13}$$

记

$$p_1=\frac{1}{2a}(-b-\sqrt{b^2-4ac}), \tag{6.3.14}$$

$$p_2=\frac{1}{2a}(-b+\sqrt{b^2-4ac}), \tag{6.3.15}$$

此处 $a=n+Z_{\alpha/2}^2$，$b=-(2n\overline{X}+Z_{\alpha/2}^2)$，$c=n\overline{X}^2$，于是由(6.3.12)式得 p 的置信度近似为 $1-\alpha$ 的置信区间为 (p_1,p_2).

例 2 设自一大批产品的 100 个样品中得一级品 60 个，求这批产品的一级品率 p 的置信度为 0.95 的置信区间.

解 一级品率 p 是两点分布的参数,此处 $n=100,\bar{x}=60/100=0.6,1-\alpha=0.95,\alpha/2=0.025,Z_{\alpha/2}=1.96$,依(6.3.14),(6.3.15)两式来求 p 的置信区间,其中

$$a=n+Z_{\alpha/2}^2=103.84,\quad b=-(2n\bar{x}+Z_{\alpha/2}^2)=-123.84,\quad c=n\bar{x}^2=36,$$

进而可得 $p_1=0.50,p_2=0.69$,所以 p 的置信度近似为 0.95 的置信区间为(0.50,0.69).

习 题 6-3

1. 何谓参数 θ 的置信区间?
2. 当获得参数 θ 的一个置信度为 $1-\alpha$ 的置信区间(这里指常数区间)时,置信度 $1-\alpha$ 的意义是什么?
3. 当给定置信度 $1-\alpha$,对总体 X 的参数进行区间估计时,置信区间长度与置信度有何关系?
4. 设用某仪器间接测量温度,重复测量 5 次,得温度数据(单位:℃)如下:

$$1250,\ 1265,\ 1245,\ 1260,\ 1275.$$

已知测量值 X 服从正态分布,且知 $\sigma=12$,试求 X 的均值的置信度为 0.90 的置信区间.

5. 设总体 $X\sim N(\mu,\sigma^2)$,$x_1,x_2,\cdots,x_n$ 是来自 X 的一组样本观察值.若 σ^2 已知,问:n 取多大时,才能保证均值 μ 的置信区间(置信度为 0.95)的长度不大于给定的 L?
6. 设在 105 次射击中,有 60 次命中目标,试求命中率的置信度为 95%的置信区间.

§4 正态总体参数的区间估计

在实际应用中,正态变量是最常见的随机变量,正态分布是一种最重要的分布.本节将利用§3 中介绍的区间估计方法,确定正态总体参数的双侧置信区间.

一、单个总体 $N(\mu,\sigma^2)$的情形

在以下的讨论中,我们给定置信度为 $1-\alpha$,并设 $X_1,X_2,\cdots,X_n$ 为来自总体 $N(\mu,\sigma^2)$的样本,且 $\overline{X},S^2$ 分别为样本均值和样本方差.

1. 均值 μ 的区间估计

对均值 μ 的区间估计,分方差 σ^2 为已知和未知两种情形讨论.

1.1 方差 σ^2 已知,对均值 μ 的区间估计

此时,§3 中的例 1 已经得到 μ 的置信度为 $1-\alpha$ 的置信区间为

$$\left(\overline{X}\pm\frac{\sigma}{\sqrt{n}}Z_{\alpha/2}\right).\tag{6.4.1}$$

例 1 已知某种滚珠的直径服从正态分布,且方差为 0.06 mm².现从某日生产的一批该种滚珠中随机抽取 6 颗,测得直径的数据(单位:mm)如下:

$$14.6,\ 15.1,\ 14.9,\ 14.8,\ 15.2,\ 15.1.$$

试求该批滚珠平均直径的置信度为 95%的置信区间.

解 $\sigma=\sqrt{0.06}$,$n=6$,经计算得 $\bar{x}=14.95$.

当 $\alpha=0.05$ 时，查附表 1 得 $Z_{\alpha/2}=Z_{0.025}=1.96$，于是

$$\bar{x}-\frac{\sigma}{\sqrt{n}}Z_{\alpha/2}=14.95-\frac{\sqrt{0.06}}{\sqrt{6}}\times 1.96=14.75,$$

$$\bar{x}+\frac{\sigma}{\sqrt{n}}Z_{\alpha/2}=14.95+\frac{\sqrt{0.06}}{\sqrt{6}}\times 1.96=15.15,$$

故所求的置信区间为(14.75, 15.15).

例 2 上例中，若要求绝对误差不大于 0.1 mm，置信度仍为 95%，问：应抽几颗滚珠？

解 因为要求

$$P\left\{\frac{|\overline{X}-\mu|}{\sigma/\sqrt{n}}\leqslant Z_{0.05/2}\right\}=0.95,\quad |\overline{X}-\mu|\leqslant\frac{\sigma}{\sqrt{n}}Z_{0.025},$$

故有 $\frac{\sigma}{\sqrt{n}}Z_{0.025}=0.1$. 将 $\sigma=\sqrt{0.06}$，$Z_{0.025}=1.96$ 代入，解得 $n=23.05$，则应实际抽样 24 颗.

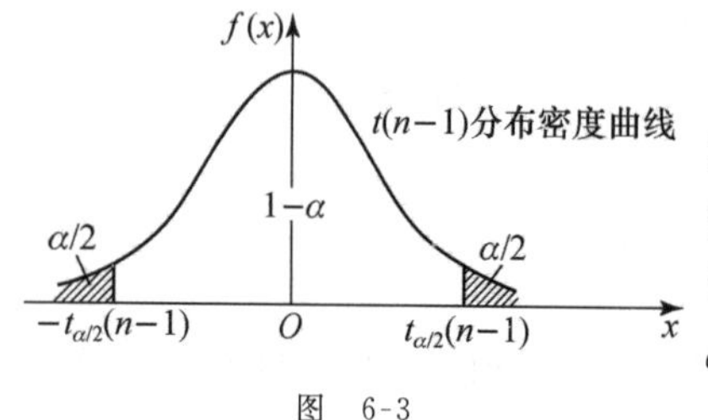

图 6-3

1.2 方差 σ^2 未知，对均值 μ 的区间估计

在实际应用中，我们会经常遇到方差 σ^2 未知的情形. 此时由于(6.4.1)式包含了未知参数 σ，所以就不能使用该式来进行区间估计. 但考虑到 S^2 是 σ^2 的无偏估计，一个很自然的想法就是利用 S 代替(6.3.2)式中的 σ. 由第五章§2 的定理 2 知

$$T=\frac{\overline{X}-\mu}{S/\sqrt{n}}\sim t(n-1),\tag{6.4.2}$$

且上式右边的分布 $t(n-1)$ 不含任何未知参数. 于是，对给定的 α $(0<\alpha<1)$，查附表 3 可得临界值 $t_{\alpha/2}(n-1)$，使(参见图 6-3)

$$P\left\{\left|\frac{\overline{X}-\mu}{S/\sqrt{n}}\right|<t_{\alpha/2}(n-1)\right\}=1-\alpha,$$

即

$$P\left(\overline{X}-\frac{S}{\sqrt{n}}t_{\alpha/2}(n-1)<\mu<\overline{X}+\frac{S}{\sqrt{n}}t_{\alpha/2}(n-1)\right)=1-\alpha.$$

故可得 μ 的置信度为 $1-\alpha$ 的置信区间

$$\left(\overline{X}-\frac{S}{\sqrt{n}}t_{\alpha/2}(n-1),\ \overline{X}+\frac{S}{\sqrt{n}}t_{\alpha/2}(n-1)\right),\tag{6.4.3}$$

简记为 $\left(\overline{X}\pm\frac{S}{\sqrt{n}}t_{\alpha/2}(n-1)\right)$.

例 3 设有一批零件，随机抽取 9 个，测得其长度(单位：mm)如下：

21.1, 21.3, 21.4, 21.5, 21.3, 21.7, 21.4, 21.3, 21.6.

若零件长度近似服从正态分布，试求总体均值 μ 的置信度为 0.95 的置信区间.

解 此处 $1-\alpha=0.95, \alpha/2=0.025$，自由度 $n-1=9-1=8, t_{0.025}(8)=2.3060$. 由给出的数据计算得 $\bar{x}=21.4, s=0.18$，从而由(6.4.3)式得 μ 的置信度为 0.95 的置信区间

$$\left(21.4 \pm \frac{0.18}{\sqrt{9}} \times 2.3060\right), \quad \text{即} \quad (21.262, 21.538),$$

亦即估计零件长度的均值在 21.262 mm 与 21.538 mm 之间，这个估计的可信度为 95%.

2. 方差 σ^2 的区间估计

根据实际需要，只讨论 μ 未知的情形，μ 已知的情形由读者自己讨论.

考虑到 S^2 是 σ^2 的无偏估计，由第五章§2 的定理 1 知

$$\frac{(n-1)S^2}{\sigma^2} \sim \chi^2(n-1), \tag{6.4.4}$$

且 $\chi^2(n-1)$ 分布不含任何未知参数. 于是，对给定的 $\alpha(0<\alpha<1)$，查附表 4 可得临界值 $\chi^2_{\alpha/2}(n-1)$ 及 $\chi^2_{1-\alpha/2}(n-1)$，使(参见图 6-4)

$$P\left(\chi^2_{1-\alpha/2}(n-1) < \frac{(n-1)S^2}{\sigma^2} < \chi^2_{\alpha/2}(n-1)\right) = 1-\alpha,$$

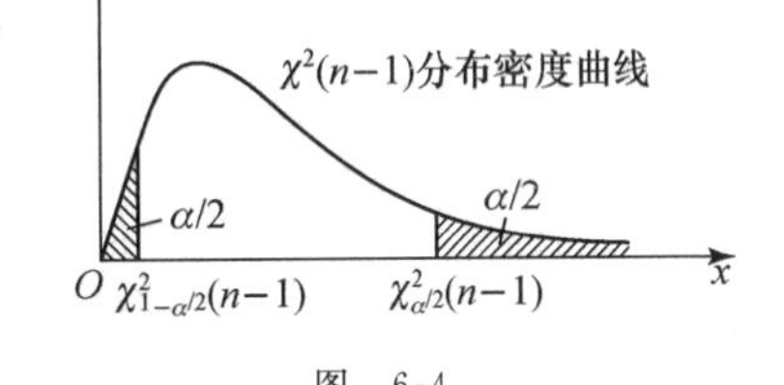

图 6-4

即 $$P\left(\frac{(n-1)S^2}{\chi^2_{\alpha/2}(n-1)} < \sigma^2 < \frac{(n-1)S^2}{\chi^2_{1-\alpha/2}(n-1)}\right) = 1-\alpha,$$

从而得 σ^2 的置信度为 $1-\alpha$ 的置信区间

$$\left(\frac{(n-1)S^2}{\chi^2_{\alpha/2}(n-1)}, \frac{(n-1)S^2}{\chi^2_{1-\alpha/2}(n-1)}\right), \tag{6.4.5}$$

进而可得标准差 σ 的置信度为 $1-\alpha$ 的置信区间

$$\left(\frac{\sqrt{n-1}\,S}{\sqrt{\chi^2_{\alpha/2}(n-1)}}, \frac{\sqrt{n-1}\,S}{\sqrt{\chi^2_{1-\alpha/2}(n-1)}}\right). \tag{6.4.6}$$

注 在概率密度不对称时，如 χ^2 分布和 F 分布，习惯上仍取对称的上分位点(如图 6-4 中的上分位点 $\chi^2_{1-\alpha/2}(n-1)$ 与 $\chi^2_{\alpha/2}(n-1)$)来确定置信区间. 但注意这样确定的置信区间的长度并不一定最短.

例 4 求例 3 中总体标准差 σ 的置信度为 0.95 的置信区间.

解 此时 $\alpha/2=0.025, 1-\alpha/2=0.975, n-1=8$. 查附表 4 得 $\chi^2_{0.025}(8)=17.535$, $\chi^2_{0.975}(8)=2.180$，又 $s=0.18$，于是由(6.4.6)式即得所求标准差 σ 的置信区间为

$$(0.1216, 0.3448).$$

二、两个总体 $N(\mu_1, \sigma_1^2)$ 和 $N(\mu_2, \sigma_2^2)$ 的情形

实际中常常遇到这样的问题，已知产品的某一质量指标服从正态分布，但由于原料、设备条件、操作人员的不同或工艺改变等因素，引起总体均值、总体方差有所改变，我们要想知

道这些变化有多大.这就需要考虑两个正态总体均值差或方差比的估计问题.

设已给定置信度为 $1-\alpha$,并设 $X_1,X_2,\cdots,X_{n_1}$ 和 $Y_1,Y_2,\cdots,Y_{n_2}$ 分别是来自正态总体 $N(\mu_1,\sigma_1^2)$ 和 $N(\mu_2,\sigma_2^2)$ 的样本,且两样本相互独立,又设 $\overline{X},S_1^2$ 分别是对应于样本 $X_1,X_2,\cdots,X_{n_1}$ 的样本均值和样本方差,$\overline{Y},S_2^2$ 分别是对应于样本 $Y_1,Y_2,\cdots,Y_{n_2}$ 的样本均值和样本方差.

1. 两个总体均值差 $\mu_1-\mu_2$ 的区间估计

1.1 *方差 σ_1^2 和 σ_2^2 都已知,对 $\mu_1-\mu_2$ 的区间估计*

此时因 $\overline{X},\overline{Y}$ 分别是 μ_1,μ_2 的无偏估计,故 $\overline{X}-\overline{Y}$ 亦是 $\mu_1-\mu_2$ 的无偏估计.于是由 $\overline{X}$ 与 $\overline{Y}$ 的独立性以及 $\overline{X}\sim N\left(\mu_1,\frac{\sigma_1^2}{n_1}\right)$,$\overline{Y}\sim N\left(\mu_2,\frac{\sigma_2^2}{n_2}\right)$ 得

$$\overline{X}-\overline{Y}\sim N\left(\mu_1-\mu_2,\ \frac{\sigma_1^2}{n_1}+\frac{\sigma_2^2}{n_2}\right)$$

或

$$U=\frac{(\overline{X}-\overline{Y})-(\mu_1-\mu_2)}{\sqrt{\dfrac{\sigma_1^2}{n_1}+\dfrac{\sigma_2^2}{n_2}}}\sim N(0,1), \tag{6.4.7}$$

进而不难得到 $\mu_1-\mu_2$ 的一个置信度为 $1-\alpha$ 的置信区间(读者自己推导)

$$\left(\overline{X}-\overline{Y}\pm Z_{\alpha/2}\sqrt{\frac{\sigma_1^2}{n_1}+\frac{\sigma_2^2}{n_2}}\right).$$

1.2 *方差 $\sigma_1^2=\sigma_2^2=\sigma^2$ 且未知,对 $\mu_1-\mu_2$ 的区间估计*

此种情况下,由第五章§2的定理3有

$$T=\frac{(\overline{X}-\overline{Y})-(\mu_1-\mu_2)}{S_w\sqrt{\dfrac{1}{n_1}+\dfrac{1}{n_2}}}\sim t(n_1+n_2-2), \tag{6.4.8}$$

其中

$$S_w=\sqrt{\frac{(n_1-1)S_1^2+(n_2-1)S_2^2}{n_1+n_2-2}}.$$

仿照(6.4.3)式的推导过程可得 $\mu_1-\mu_2$ 的一个置信度为 $1-\alpha$ 的置信区间

$$\left((\overline{X}-\overline{Y})\pm t_{\alpha/2}(n_1+n_2-2)S_w\sqrt{\frac{1}{n_1}+\frac{1}{n_2}}\right). \tag{6.4.9}$$

例 5 为了提高某一化学生产过程的得率,试图采用一种新的催化剂.为慎重起见,先在实验室进行试验.设采用原来的催化剂进行了 $n_1=8$ 次试验,得到得率的平均值 $\bar{x}_1=91.73$,样本方差 $s_1^2=3.89$;又采用新催化剂进行了 $n_2=8$ 次试验,得到得率的平均值 $\bar{x}_2=93.75$,样本方差 $s_2^2=4.02$.假设两总体都可认为服从正态分布,且方差相等,试求两总体均值差 $\mu_1-\mu_2$ 的置信度为 0.95 的置信区间.

解 由题设得

$$S_w=\sqrt{\frac{(n_1-1)S_1^2+(n_2-1)S_2^2}{n_1+n_2-2}}=\sqrt{\frac{7\times 3.89+7\times 4.02}{8+8-2}}=\sqrt{3.96}.$$

又由 $1-\alpha=0.95$ 得 $\alpha=0.05$,查附表 3 得 $t_{\alpha/2}(n_1+n_2-2)=t_{0.05/2}(8+8-2)=t_{0.025}(14)=2.1448$. 于是由(6.4.9)式可得所求的置信区间为

$$\left(\bar{x}_1-\bar{x}_2\pm t_{0.025}(14)S_w\sqrt{\frac{1}{8}+\frac{1}{8}}\right)=(-2.02\pm 2.13),$$

即$(-4.15,\ 0.11)$.

由于所得置信区间包含零,故在实际中,我们可以认为采用这两种催化剂所得的得率的均值无显著差别.

1.3 方差 σ_1^2 和 σ_2^2 未知且 $\sigma_1^2\neq\sigma_2^2$,对 $\mu_1-\mu_2$ 的区间估计

在这种情况下,推不出(6.4.8)式,因此(6.4.9)式就不能用. 但可以证明:当 n_1,n_2 充分大时,有

$$U=\frac{(\overline{X}-\overline{Y})-(\mu_1-\mu_2)}{\sqrt{\dfrac{S_1^2}{n_1}+\dfrac{S_2^2}{n_2}}}\overset{\text{近似}}{\sim}N(0,1).\tag{6.4.10}$$

于是,对给定的 α $(0<\alpha<1)$,查附表 1 得 $Z_{\alpha/2}$,使

$$P(|U|<Z_{\alpha/2})\approx 1-\alpha,$$

即

$$P\left\{-Z_{\alpha/2}<\frac{(\overline{X}-\overline{Y})-(\mu_1-\mu_2)}{\sqrt{\dfrac{S_1^2}{n_1}+\dfrac{S_2^2}{n_2}}}<Z_{\alpha/2}\right\}\approx 1-\alpha,$$

亦即

$$P\left\{(\overline{X}-\overline{Y})-Z_{\alpha/2}\sqrt{\frac{S_1^2}{n_1}+\frac{S_2^2}{n_2}}<\mu_1-\mu_2<(\overline{X}-\overline{Y})+Z_{\alpha/2}\sqrt{\frac{S_1^2}{n_1}+\frac{S_2^2}{n_2}}\right\}\approx 1-\alpha.$$

故 $\mu_1-\mu_2$ 的置信度近似为 $1-\alpha$ 的置信区间为

$$\left((\overline{X}-\overline{Y})\pm Z_{\alpha/2}\sqrt{\frac{S_1^2}{n_1}+\frac{S_2^2}{n_2}}\right).\tag{6.4.11}$$

注 对于即使是不服从正态分布的两个总体,只要它们具有有限的非零方差,其均值分别为 μ_1 和 μ_2,则当 n_1,n_2 充分大时,也有(6.4.10)式成立,因此(6.4.11)式适用于任何总体的大样本情况.

例 6 为了比较两种枪弹的枪口速度(单位:m/s),在相同条件下进行速度测定,计算得样本均值和样本标准差如下:

枪弹甲:$n_1=110,\ \bar{x}=2805,\ s_1=120.41$;

枪弹乙:$n_2=100,\ \bar{y}=2680,\ s_2=105.00$.

试求两种枪弹的枪口平均速度之差 $\mu_1-\mu_2$ 的置信度为 0.95 的置信区间.

解　因 n_1,n_2 都很大,故此题可采用(6.4.11)式求置信区间. 当 $\alpha=0.05$ 时,查附表 1 得 $Z_{\alpha/2}=Z_{0.025}=1.96$,从而

$$\begin{aligned}(\bar{x}-\bar{y})\pm Z_{\alpha/2}\sqrt{\frac{s_1^2}{n_1}+\frac{s_2^2}{n_2}}&=(2805-2680)\pm 1.96\sqrt{\frac{120.41^2}{110}+\frac{105^2}{100}}\\&=125\pm 15.56,\end{aligned}$$

所以 $\mu_1-\mu_2$ 的置信度为 0.95 的置信区间为(109.44, 140.56).

2. 两个总体方差比 σ_1^2/σ_2^2 的区间估计

现仅讨论 μ_1,μ_2 未知的情形,μ_1,μ_2 已知的情形由读者自己讨论.

因有

$$\frac{(n_1-1)S_1^2}{\sigma_1^2}\sim\chi^2(n_1-1),\quad \frac{(n_2-1)S_2^2}{\sigma_2}\sim\chi^2(n_2-1),$$

且由假设知 $\dfrac{(n_1-1)S_1^2}{\sigma_1^2}$ 与 $\dfrac{(n_2-1)S_2^2}{\sigma_2^2}$ 相互独立,于是由 F 分布的定义知

$$F=\frac{\dfrac{(n_1-1)S_1^2}{\sigma_1^2}\Big/(n_1-1)}{\dfrac{(n_2-1)S_2^2}{\sigma_2^2}\Big/(n_2-1)}=\frac{\sigma_2^2S_1^2}{\sigma_1^2S_2^2}\sim F(n_1-1,n_2-1),\tag{6.4.12}$$

且 $F(n_1-1,n_2-1)$ 分布不依赖任何未知参数. 因此,对于给定的 α $(0<\alpha<1)$,查 F 分布表(附表 5)可得临界值 $F_{\alpha/2}(n_1-1,n_2-1)$ 和 $F_{1-\alpha/2}(n_1-1,n_2-1)$,使(参见图 6-5)

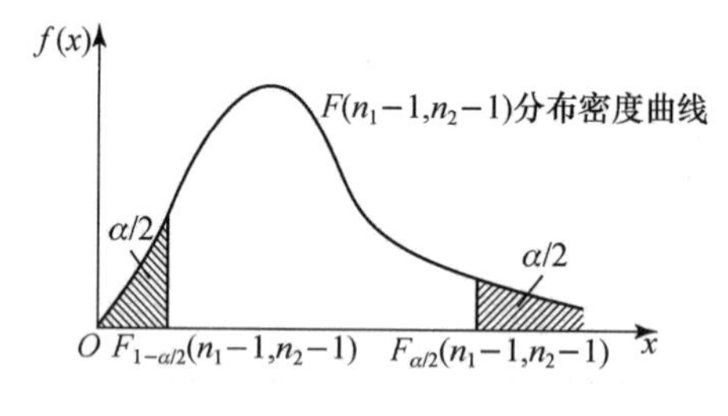

图　6-5

$$P\left(F_{1-\alpha/2}(n_1-1,n_2-1)<\frac{\sigma_2^2S_1^2}{\sigma_1^2S_2^2}<F_{\alpha/2}(n_1-1,n_2-1)\right)=1-\alpha,$$

即

$$P\left(\frac{S_1^2}{S_2^2}\frac{1}{F_{\alpha/2}(n_1-1,n_2-1)}<\frac{\sigma_1^2}{\sigma_2^2}<\frac{S_1^2}{S_2^2}\frac{1}{F_{1-\alpha/2}(n_1-1,n_2-1)}\right)=1-\alpha,$$

从而 σ_1^2/σ_2^2 的置信度为 $1-\alpha$ 的置信区间为

$$\left(\frac{S_1^2}{S_2^2}\cdot\frac{1}{F_{\alpha/2}(n_1-1,n_2-1)},\ \frac{S_1^2}{S_2^2}\cdot\frac{1}{F_{1-\alpha/2}(n_1-1,n_2-1)}\right).\tag{6.4.13}$$

当置信区间的下限大于1时，则 $\sigma_1^2>\sigma_2^2$；当置信区间的上限小于1时，则 $\sigma_1^2<\sigma_2^2$.

有关正态分布参数的置信区间见表6-2.

表 6-2

待估参数	条件	所用分布	置信区间
均值 μ	方差 σ^2 已知	$U=\dfrac{\sqrt{n}(\overline{X}-\mu)}{\sigma}\sim N(0,1)$	$\left(\overline{X}-\dfrac{\sigma}{\sqrt{n}}Z_{\alpha/2},\ \overline{X}+\dfrac{\sigma}{\sqrt{n}}Z_{\alpha/2}\right)$
均值 μ	方差 σ^2 未知	$T=\dfrac{\sqrt{n}(\overline{X}-\mu)}{S}\sim t(n-1)$	$\left(\overline{X}-\dfrac{S}{\sqrt{n}}t_{\alpha/2}(n-1),\ \overline{X}+\dfrac{S}{\sqrt{n}}t_{\alpha/2}(n-1)\right)$
方差 σ^2	均值 μ 未知	$\chi^2=\dfrac{(n-1)}{\sigma^2}S^2\sim\chi^2(n-1)$	$\left(\dfrac{(n-1)S^2}{\chi^2_{\alpha/2}(n-1)},\ \dfrac{(n-1)S^2}{\chi^2_{1-\alpha/2}(n-1)}\right)$
均值差 $\mu_1-\mu_2$	方差 σ_1^2,σ_2^2 未知，且 $\sigma_1^2=\sigma_2^2$	$T=\dfrac{(\overline{X}-\overline{Y})-(\mu_1-\mu_2)}{S_w\sqrt{\dfrac{1}{n_1}+\dfrac{1}{n_2}}}\sim t(n_1+n_2-2)$	$\left((\overline{X}-\overline{Y})-t_{\alpha/2}(n_1+n_2-2)S_w\sqrt{\dfrac{1}{n_1}+\dfrac{1}{n_2}},\right.$ $\left.(\overline{X}-\overline{Y})+t_{\alpha/2}(n_1+n_2-2)S_w\sqrt{\dfrac{1}{n_1}+\dfrac{1}{n_2}}\right)$
均值差 $\mu_1-\mu_2$	方差 σ_1^2,σ_2^2 未知，且 $\sigma_1^2\neq\sigma_2^2$，大样本	$U=\dfrac{(\overline{X}-\overline{Y})-(\mu_1-\mu_2)}{\sqrt{\dfrac{1}{n_1}S_1^2+\dfrac{1}{n_2}S_2^2}}\overset{\text{近似}}{\sim}N(0,1)$	$\left((\overline{X}-\overline{Y})-Z_{\alpha/2}\sqrt{\dfrac{1}{n_1}S_1^2+\dfrac{1}{n_2}S_2^2},\right.$ $\left.(\overline{X}-\overline{Y})+Z_{\alpha/2}\sqrt{\dfrac{1}{n_1}S_1^2+\dfrac{1}{n_2}S_2^2}\right)$
方差比 σ_1^2/σ_2^2	均值 μ_1,μ_2 未知	$F=\dfrac{\sigma_2^2S_1^2}{\sigma_1^2S_2^2}\sim F(n_1-1,n_2-1)$	$\left(\dfrac{S_1^2}{S_2^2F_{\alpha/2}(n_1-1,n_2-1)},\dfrac{S_1^2}{S_2^2F_{1-\alpha/2}(n_1-1,n_2-1)}\right)$

例7 设有两正态总体 $N(\mu_1,\sigma_1^2)$ 和 $N(\mu_2,\sigma_2^2)$，其中参数均未知. 现随机地从两总体中分别抽取容量为10和15的独立样本，测得样本方差分别为 $s_1^2=0.21,s_2^2=0.67$，求总体方差比 σ_1^2/σ_2^2 的置信度为0.95的置信区间.

解 这里 $\alpha=0.05,n_1=10,n_2=15$，查附表5得

$$F_{\alpha/2}(n_1-1,n_2-1)=F_{0.025}(9,14)=3.21,$$

$$F_{1-\alpha/2}(n_1-1,n_2-1)=F_{0.975}(9,14)=\frac{1}{F_{0.025}(14,9)}=\frac{1}{3.80}.$$

又 $\dfrac{s_1^2}{s_2^2}=\dfrac{0.21}{0.67}=0.31$，于是由(6.4.13)式可得 $\dfrac{\sigma_1^2}{\sigma_2^2}$ 的一个置信度为0.95的置信区间为(0.096, 1.18).

由于 σ_1^2/σ_2^2 的置信区间包含1，在实际中我们即可认为 σ_1^2,σ_2^2 两者没有显著差别.

习 题 6-4

A 组

1. 对某一零件的长度进行 5 次独立测量,得数据(单位: cm)如下:

11.2, 10.8, 10.9, 11.3, 10.9.

已知测量无系统误差,且测量长度服从正态分布 $N(\mu,4)$,求该零件长度的置信度为 95%的置信区间. 如果总体方差 σ^2 未知,置信区间为何?

2. 设灯泡的使用寿命 $X\sim N(\mu,\sigma^2)$. 为了估计 μ 与 σ^2,测试 10 只灯泡,得 $\bar{x}=1500$ h,$s=20$ h,试求 μ 与 σ^2 的置信度为 95%的置信区间.

3. 设测量铝的比重 16 次,测得 $\bar{x}=2.705$ g/cm³,$s=0.029$ g/cm³. 已知测量值 X 服从正态分布,且测量无系统偏差,试求铝的比重的置信度为 0.95 的置信区间.

4. 对某型号飞机的飞行速度进行 15 次试验,测得最大飞行速度(单位: m/s)如下:

422.2, 417.2, 425.6, 420.3, 425.8, 423.1, 418.7, 428.2,
438.3, 434.0, 412.3, 431.5, 413.5, 441.3, 423.0.

根据经验,最大飞行速度服从正态分布,试求飞行速度的均值的置信区间(置信度为 95%).

5. 设钢丝的折断强度服从正态分布 $N(\mu,\sigma^2)$. 现随机抽查 10 根测得折断强度的数据(单位: kg)如下:

578, 572, 568, 572, 570, 596, 584, 570, 572, 570.

试求方差 σ^2 的置信度为 0.95 的置信区间.

6. 随机地从甲批导线中抽取 4 根,从乙批导线中抽取 5 根,测得其电阻(单位: Ω)如下:

甲批导线: 0.143, 0.142, 0.143, 0.137;

乙批导线: 0.140, 0.142, 0.136, 0.138, 0.140.

设甲、乙两批导线的电阻分别服从正态分布 $N(\mu_1,\sigma^2)$和 $N(\mu_2,\sigma^2)$,且它们相互独立,试求 $\mu_1-\mu_2$ 的置信度为 95%的置信区间.

B 组

1. 某厂生产一批金属材料,其抗弯强度服从正态分布. 现从中随机抽取 11 件,测得抗弯强度(单位: kg)分别如下:

42.5, 42.7, 43.0, 42.3, 43.4, 44.5, 44.0, 43.8, 44.1, 43.9, 43.7.

试求该批材料的平均抗弯强度 μ 的置信度为 95%的置信区间及抗弯强度的标准差 σ 的置信度为 90%的置信区间.

2. 从某自动机床加工的一批零件中,随机抽取 16 件,测得长度(单位: mm)如下:

12.15, 12.12, 12.01, 12.28, 12.09, 12.16, 12.03, 12.01,
12.06, 12.13, 12.07, 12.11, 12.08, 12.01, 12.03, 12.06.

已知零件长度 $X\sim N(\mu,\sigma^2)$,求方差及均方差的置信区间(置信度为 0.95).

3. 在某自动机床加工的一批零件中,随机抽取 10 个,得实际尺寸与规定尺寸的偏差(单位: μm)如下:

+2, +1, −2, +3, +2, +4, −2, +5, +3, +4.

设偏差值 X 服从正态分布,试求零件尺寸偏差值 X 的方差 σ^2 与标准差 σ 的置信区间(置信度为 0.99).

4. 从某地区随机地选取男、女各 100 名,以估计男、女平均身高之差. 设测量并计算得男子身高的样本均值为 1.71 m,样本标准差为 0.035 m,女子身高的样本均值为 1.67 m,样本标准差为 0.038 m,试求男、女身高均值之差的置信度为 0.95 的置信区间.

5. 设有两位化验员 A 和 B,他们用相同的测量方法各自独立地对某种聚合物的含氯量进行了 10 次测量,测量值的方差依次为 0.5419 和 0.6065,又设 σ_A^2 和 σ_B^2 分别为 A,B 所测量的数据总体(均服从正态分布)的方差,求方差比 σ_A^2/σ_B^2 的置信度为 95%的置信区间.

§5 单侧置信区间估计

前面讨论了双侧置信区间估计的问题,即对于未知参数 θ,我们给出了两个统计量 $\hat{\theta}_1$,$\hat{\theta}_2$,得到 θ 的双侧置信区间.但在某些实际问题中,有时人们往往关心的只是 θ 在一个方向的界限.例如,对于设备、元件的使用寿命来说,我们常常关心的是平均使用寿命 θ 的"下界"是多少?相反,而在考虑产品的废品率 p 时,我们关心的却是参数 p 的"上界".我们称这类区间估计为**单侧区间估计**.本节讨论单侧置信区间估计.先引入单侧置信区间的概念.

定义 1 设 $X_1,X_2,\cdots,X_n$ 是来自总体 X 的样本,θ 是包含在总体分布中的一个未知参数.对于给定的 α $(0<\alpha<1)$,若统计量 $\underline{\theta}=\underline{\theta}(X_1,X_2,\cdots,X_n)$满足

$$P(\underline{\theta}(X_1,X_2,\cdots,X_n)<\theta)=1-\alpha,$$

则称随机区间$(\underline{\theta},+\infty)$是 θ 的置信度为 $1-\alpha$ 的**单侧置信区间**,并称 $\underline{\theta}$ 为 θ 的置信度为 $1-\alpha$ 的**单侧置信下限或置信下界**;若统计量 $\bar{\theta}=\bar{\theta}(X_1,X_2,\cdots,X_n)$满足

$$P(\theta<\bar{\theta}(X_1,X_2,\cdots,X_n))=1-\alpha,$$

则称随机区间$(-\infty,\bar{\theta})$是 θ 的置信度为 $1-\alpha$ 的**单侧置信区间**,并称 $\bar{\theta}$ 为 θ 的置信度为 $1-\alpha$ 的**单侧置信上限或置信上界**.

对于单侧区间估计问题的讨论,基本与双侧区间估计的方法相同,只是注意对于精度的标准不能像双侧区间那样,用置信区间的长度来刻画.而此时,对于给定的置信度 $1-\alpha$,选择单侧置信下限 $\underline{\theta}$ 时,应是 $E(\underline{\theta})$愈大愈好;选择单侧置信上限 $\bar{\theta}$ 时,应是 $E(\bar{\theta})$愈小愈好.

例如,对于正态总体 X,若均值 μ,方差 σ^2 均未知,设 $X_1,X_2,\cdots,X_n$ 是来自总体 X 的样本,则由

$$\frac{\overline{X}-\mu}{S/\sqrt{n}}\sim t(n-1)$$

有(参见图 6-6)

$$P\left(\frac{\overline{X}-\mu}{S/\sqrt{n}}<t_\alpha(n-1)\right)=1-\alpha,\quad 即\quad P\left(\mu>\overline{X}-\frac{S}{\sqrt{n}}t_\alpha(n-1)\right)=1-\alpha.$$

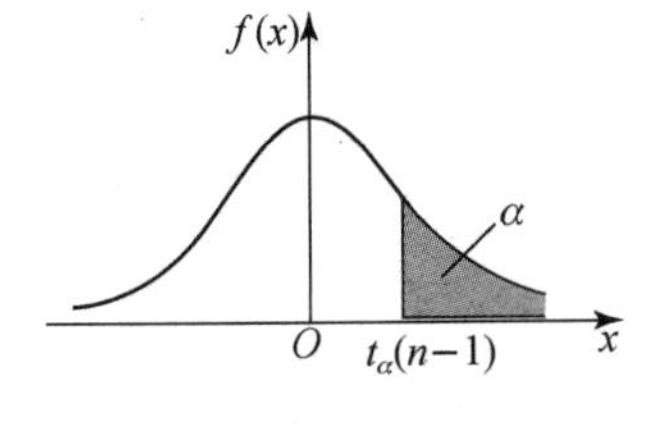

图 6-6

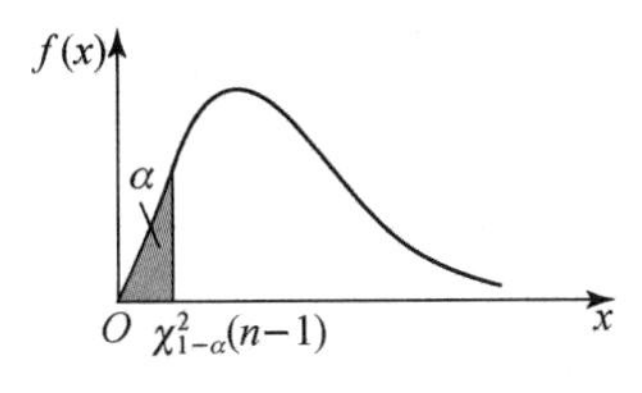

图 6-7

于是就得到 μ 的一个置信度为 $1-\alpha$ 的单侧置信区间

$$\left(\overline{X}-\frac{S}{\sqrt{n}}t_{\alpha}(n-1),+\infty\right). \tag{6.5.1}$$

μ 的置信度为 $1-\alpha$ 的单侧置信下限为

$$\underline{\mu}=\overline{X}-\frac{S}{\sqrt{n}}t_{\alpha}(n-1). \tag{6.5.2}$$

又由 $\frac{(n-1)S^2}{\sigma^2}\sim\chi^2(n-1)$ 有(参见图 6-7)

$$P\left(\frac{(n-1)S^2}{\sigma^2}>\chi^2_{1-\alpha}(n-1)\right)=1-\alpha,\quad 即\quad P\left(\sigma^2<\frac{(n-1)S^2}{\chi^2_{1-\alpha}(n-1)}\right)=1-\alpha,$$

于是得到 σ^2 的一个置信度为 $1-\alpha$ 的单侧置信区间

$$\left(0,\frac{(n-1)S^2}{\chi^2_{1-\alpha}(n-1)}\right). \tag{6.5.3}$$

σ^2 的置信度为 $1-\alpha$ 的单侧置信上限为

$$\hat{\sigma}^2=\frac{(n-1)S^2}{\chi^2_{1-\alpha}(n-1)}. \tag{6.5.4}$$

有关正态分布参数的单侧置信上限和下限见表 6-3.

表　6-3

待估参数	条件	单侧置信上限	单侧置信下限
均值 μ	方差 σ^2 已知	$\overline{X}+\frac{\sigma}{\sqrt{n}}Z_{\alpha}$	$\overline{X}-\frac{\sigma}{\sqrt{n}}Z_{\alpha}$
均值 μ	方差 σ^2 未知	$\overline{X}+\frac{S}{\sqrt{n}}t_{\alpha}(n-1)$	$\overline{X}-\frac{S}{\sqrt{n}}t_{\alpha}(n-1)$
方差 σ^2	均值 μ 未知	$\frac{(n-1)S^2}{\chi^2_{1-\alpha}(n-1)}$	$\frac{(n-1)S^2}{\chi^2_{\alpha}(n-1)}$
均值差 $\mu_1-\mu_2$	方差 σ_1^2,σ_2^2 未知,且 $\sigma_1^2=\sigma_2^2$	$\overline{X}-\overline{Y}+t_{\alpha}(n_1+n_2-2)S_w\sqrt{\frac{1}{n_1}+\frac{1}{n_2}}$	$\overline{X}-\overline{Y}-t_{\alpha}(n_1+n_2-2)S_w\sqrt{\frac{1}{n_1}+\frac{1}{n_2}}$
均值差 $\mu_1-\mu_2$	方差 σ_1^2,σ_2^2 未知,且 $\sigma_1^2\neq\sigma_2^2$,大样本	$\overline{X}-\overline{Y}+Z_{\alpha}\sqrt{\frac{1}{n_1}S_1^2+\frac{1}{n_2}S_2^2}$	$\overline{X}-\overline{Y}-Z_{\alpha}\sqrt{\frac{1}{n_1}S_1^2+\frac{1}{n_2}S_2^2}$
方差比 σ_1^2/σ_2^2	均值 μ_1,μ_2 未知	$\frac{S_1^2}{S_2^2F_{1-\alpha}(n_1-1,n_2-1)}$	$\frac{S_1^2}{S_2^2F_{\alpha}(n_1-1,n_2-1)}$

例 1 从一批灯泡中随机取 5 只做使用寿命试验，测得寿命(单位：h)如下：

$$1050, 1100, 1120, 1250, 1280.$$

设灯泡的使用寿命服从正态分布，求灯泡的使用寿命均值的置信度为 0.95 的单侧置信下限.

解 由于 $1-\alpha=0.95$，$n=5$，$t_\alpha(n-1)=t_{0.05}(4)=2.1318$，$\bar{x}=1160$，$s^2=9950$，于是由(6.5.2)式得所求的单侧置信下限为

$$\underline{\mu}=\bar{x}-\frac{s}{\sqrt{n}}t_\alpha(n-1)=1065.$$

习 题 6-5

A 组

1. 何谓参数 θ 的单侧置信区间？

2. 从一批电子元件中随机抽取 12 件，测得其使用寿命(单位：h)如下：

$$1293, 1380, 1614, 1497, 1340, 1643,$$
$$1466, 1627, 1387, 1711, 1503, 1502.$$

设电子元件的使用寿命服从正态分布，求电子元件平均的使用寿命的置信度为 90% 及 99% 的单侧置信区间下限.

3. 设冷抽铜丝的折断力服从正态分布 $N(\mu,\sigma^2)$. 现从一批该种铜丝中任取 10 根试验折断力，得数据(单位：kg)如下：

$$573, 572, 568, 577, 570, 572, 596, 584, 582, 570.$$

试求标准差 σ 的置信度为 0.95 的置信区间和单侧置信下限.

B 组

1. 设 $X_1,X_2,\cdots,X_{n_1}$ 和 $Y_1,Y_2,\cdots,Y_{n_2}$ 是分别来自正态总体 $N(\mu_1,\sigma_1^2)$ 和 $N(\mu_2,\sigma_2^2)$ 的独立样本，在 σ_1^2 和 σ_2^2 都已知的情形下，求两总体均值差 $\mu_1-\mu_2$ 的置信度为 $1-\alpha$ 的置信区间、单侧置信上限和单侧置信下限.

2. 设 $X_1,X_2,\cdots,X_{n_1}$ 和 $Y_1,Y_2,\cdots,Y_{n_2}$ 是分别来自正态总体 $N(\mu_1,\sigma_1^2)$ 和 $N(\mu_2,\sigma_2^2)$ 的独立样本，在 μ_1 和 μ_2 都已知的情形下，求方差比 σ_1^2/σ_2^2 的置信度为 $1-\alpha$ 的置信区间、单侧置信下限和单侧置信上限.

3. 设两位化验员 A 和 B 独立地用相同的方法对某种聚合物含氯量各做 10 次测量，测量值的方差分别为 $s_A^2=0.5419$，$s_B^2=0.6065$，又设 σ_A^2 和 σ_B^2 分别为 A 和 B 所测量的数据总体的方差，且总体均服从正态分布，试求方差比 σ_A^2/σ_B^2 的置信度为 0.95 的单侧置信下限和单侧置信上限.

§6 综合例题

一、矩估计法与极大似然估计法

例 1 已知总体 X 的分布律如下：

X	1	2	3
P	θ^2	$2\theta(1-\theta)$	$(1-\theta)^2$

其中 $\theta\ (0<\theta<1)$ 是未知参数. 现从总体 X 中抽取容量为 3 的一组样本,得其样本值为 $x_1=1, x_2=2, x_3=1$,求 θ 的矩估计值和极大似然估计值.

解 (1) 计算 θ 的矩估计值. 由题设有

$$\mathrm{E}(X)=1\cdot\theta^2+2\cdot 2\theta(1-\theta)+3\cdot(1-\theta)^2=3-2\theta.$$

令 $3-2\theta=A_1=\overline{X}$,解得 θ 的矩估计量为 $\hat{\theta}=\dfrac{3-\overline{X}}{2}$. 由给定的样本观测值计算得到 $\bar{x}=\dfrac{4}{3}$,所以 θ 的矩估计值为

$$\hat{\theta}=\frac{3-\bar{x}}{2}=\frac{3-4/3}{2}=\frac{5}{6}.$$

(2) 计算 θ 的极大似然估计值. 由样本的观测值知似然函数为

$$L(\theta)=\theta^2\cdot 2\theta(1-\theta)\cdot\theta^2=2\theta^5(1-\theta),$$

对数似然函数为

$$\ln L(\theta)=\ln 2+5\ln\theta+\ln(1-\theta),$$

令
$$\frac{\mathrm{d}\ln L(\theta)}{\mathrm{d}\theta}=\frac{5}{\theta}-\frac{1}{1-\theta}=0,$$

解得 θ 的极大似然估计值为 $\hat{\theta}=5/6$.

例 2 设总体 X 的概率密度为

$$f(x;\theta)=\begin{cases}\theta, & 0<x<1,\\ 1-\theta, & 1\leqslant x<2,\\ 0, & \text{其他},\end{cases}$$

其中 $\theta\ (0<\theta<1)$ 是未知参数, $X_1, X_2, \cdots, X_n$ 是来自 X 的样本. 记 N 为样本值 $x_1, x_2, \cdots, x_n$ 中小于 1 的个数,求 θ 的矩估计值和极大似然估计值.

解 (1) 计算 θ 的矩估计值. 由题设有

$$\mathrm{E}(X)=\int_{-\infty}^{+\infty}xf(x)\mathrm{d}x=\int_0^1 x\cdot\theta\mathrm{d}x+\int_1^2 x\cdot(1-\theta)\mathrm{d}x=\frac{3}{2}-\theta.$$

令 $\dfrac{3}{2}-\theta=A_1=\overline{X}$,解得 θ 的矩估计量为 $\hat{\theta}=\dfrac{3}{2}-\overline{X}$,所以 θ 的矩估计值为 $\hat{\theta}=\dfrac{3}{2}-\bar{x}$.

(2) 计算 θ 的极大似然估计值. 由样本的观测值知似然函数为

$$L(\theta)=\theta^N(1-\theta)^{n-N},$$

对数似然函数为

$$\ln L(\theta)=N\ln\theta+(n-N)\ln(1-\theta),$$

令
$$\frac{\mathrm{d}\ln L(\theta)}{\mathrm{d}\theta}=\frac{N}{\theta}-\frac{n-N}{1-\theta}=0,$$

解得 θ 的极大似然估计值为 $\hat{\theta}=\dfrac{N}{n}$.

例 3 设总体 X 的概率密度为

$$f(x;\theta)=\begin{cases}e^{-(x-\theta)}, & x\geqslant\theta,\\0, & x<\theta,\end{cases}$$

$X_1,X_2,\cdots,X_n$ 是来自 X 的样本,求 θ 的矩估计量和极大似然估计量.

解 (1) 计算 θ 的矩估计量. 由题设有

$$\mathrm{E}(X)=\int_{-\infty}^{+\infty}xf(x)\mathrm{d}x=\int_{\theta}^{+\infty}x\cdot e^{-(x-\theta)}\mathrm{d}x=\theta+1.$$

令 $\theta+1=A_1=\overline{X}$,解得 θ 的矩估计量为 $\hat{\theta}=\overline{X}-1$.

(2) 计算 θ 的极大似然估计量. 设 $x_1,x_2,\cdots,x_n$ 为样本观测值,则似然函数为

$$L(\theta)=\begin{cases}\prod\limits_{i=1}^{n}e^{-(x_i-\theta)}, & x_i\geqslant\theta\ (i=1,2,\cdots,n),\\0, & \text{其他}.\end{cases}$$

显然 $L(\theta)$ 为 θ 的单调递增函数,θ 所有可能取值中的最大值就是似然函数的最大值点,所以 θ 的极大似然估计值为 $\hat{\theta}=\min(x_1,x_2,\cdots,x_n)$,从而 θ 的极大似然估计量为

$$\hat{\theta}=\min(X_1,X_2,\cdots,X_n).$$

二、估计量的评价标准

例 4 设 $X_1,X_2,\cdots,X_n$ 是来自总体 X 的样本,总体 X 的概率密度为

$$f(x;\theta)=\begin{cases}\dfrac{1}{2\theta}, & 0<x<\theta,\\[2mm]\dfrac{1}{2(1-\theta)}, & \theta\leqslant x<1,\\[2mm]0, & \text{其他},\end{cases}$$

其中参数 $\theta\ (0<\theta<1)$ 未知.

(1) 求 θ 的矩估计量 $\hat{\theta}$;

(2) 判断 $4\overline{X}^2$ 是否为 θ^2 的无偏估计量,并说明理由.

解 (1) 由题设有

$$\mathrm{E}(X)=\int_{-\infty}^{+\infty}xf(x)\mathrm{d}x=\int_0^{\theta}x\cdot\frac{1}{2\theta}\mathrm{d}x+\int_{\theta}^{1}x\cdot\frac{1}{2(1-\theta)}\mathrm{d}x=\frac{1+2\theta}{4}.$$

令 $\dfrac{1+2\theta}{4}=A_1=\overline{X}$,解得 θ 的矩估计量为

$$\hat{\theta}=\frac{4\overline{X}-1}{2}=2\overline{X}-\frac{1}{2}.$$

(2) $4\overline{X}^2$ 不是 θ^2 的无偏估计量. 因为

$$E(4\overline{X}^2)=4E(\overline{X}^2)=4[D(\overline{X})+[E(\overline{X})]^2]=4\left\{\frac{1}{n}D(X)+[E(X)]^2\right\},$$

显然 $D(X)\neq 0$,而 $E(X)$ 只与 θ 有关,从而 $E(4\overline{X}^2)$ 既与 n 有关,又与 θ 有关,不可能等于 θ^2,所以 $4\overline{X}^2$ 不是 θ^2 的无偏估计量.

例 5 设总体 $X\sim N(\mu,\sigma^2)$,X_1,X_2,X_3 是来自 X 的样本,又设

$$\hat{\mu}_1=\frac{1}{5}X_1+\frac{3}{10}X_2+\frac{1}{2}X_3,\quad \hat{\mu}_2=\frac{1}{3}X_1+\frac{1}{4}X_2+\frac{5}{12}X_3,$$

$$\hat{\mu}_3=\frac{1}{3}X_1+\frac{1}{6}X_2+\frac{1}{2}X_3,$$

验证 $\hat{\mu}_1,\hat{\mu}_2,\hat{\mu}_3$ 都是 μ 的无偏估计,并判断哪个更有效.

解 已知总体 $X\sim N(\mu,\sigma^2)$,则 $E(X_i)=\mu,D(X_i)=\sigma^2(i=1,2,3)$. 于是

$$E(\hat{\mu}_1)=\frac{1}{5}\mu+\frac{3}{10}\mu+\frac{1}{2}\mu=\mu,\quad E(\hat{\mu}_2)=\frac{1}{3}\mu+\frac{1}{4}\mu+\frac{5}{12}\mu=\mu,$$

$$E(\hat{\mu}_3)=\frac{1}{3}\mu+\frac{1}{6}\mu+\frac{1}{2}\mu=\mu,$$

即 $\hat{\mu}_1,\hat{\mu}_2,\hat{\mu}_3$ 都是 μ 的无偏估计. 下面分别求其方差:

$$D(\hat{\mu}_1)=\frac{1}{25}\sigma^2+\frac{9}{100}\sigma^2+\frac{1}{4}\sigma^2=\frac{684}{1800}\sigma^2,$$

$$D(\hat{\mu}_2)=\frac{1}{9}\sigma^2+\frac{1}{16}\sigma^2+\frac{25}{144}\sigma^2=\frac{625}{1800}\sigma^2,$$

$$D(\hat{\mu}_3)=\frac{1}{9}\sigma^2+\frac{1}{36}\sigma^2+\frac{1}{4}\sigma^2=\frac{700}{1800}\sigma^2.$$

因为 $D(\hat{\mu}_2)<D(\hat{\mu}_i)(i=1,3)$,所以 $\hat{\mu}_2$ 更有效.

例 6 设 $X_1,X_2,\cdots,X_n$ 为来自总体 X 的样本,利用公式

$$\hat{\sigma^2}=k\sum_{i=2}^{n}(X_{i-1}-X_i)^2,$$

求 k 的值,使 $\hat{\sigma^2}$ 是总体方差的无偏估计量.

解 设总体 X 的均值和方差分别为 μ,σ^2,则对于 $i=1,2,\cdots,n$,有

$$E(X_i)=\mu,\ D(X_i)=\sigma^2,\quad E(X_i^2)=D(X_i)+[E(X_i)]^2=\sigma^2+\mu^2.$$

于是

$$\begin{aligned}E(\hat{\sigma^2})&=E\left[k\sum_{i=2}^{n}(X_{i-1}-X_i)^2\right]=E\left[k\sum_{i=2}^{n}(X_{i-1}^2-2X_{i-1}X_i+X_i^2)\right]\\&=k\sum_{i=2}^{n}[E(X_{i-1}^2)-2E(X_{i-1}X_i)+E(X_i^2)]\\&=k\sum_{i=2}^{n}(\sigma^2+\mu^2-2\mu^2+\sigma^2+\mu^2)=2k(n-1)\sigma^2,\end{aligned}$$

从而 k 满足

$$2k(n-1)\sigma^2=\sigma^2,\quad \text{即}\quad 2k(n-1)=1,$$

亦即 $k=\dfrac{1}{2(n-1)}$.

例 7 设 $X_1,X_2,\cdots,X_n(n>2)$ 是来自总体 $N(\mu,\sigma^2)$ 的样本. 记 $T=\overline{X}^2-\dfrac{1}{n}S^2$.

(1) 证明: T 是 μ^2 的无偏估计量; (2) 当 $\mu=0,\sigma=1$ 时,求 $D(T)$.

解 (1) 由 $\overline{X}\sim N(\mu,\sigma^2/n)$ 知 $E(\overline{X})=\mu, D(\overline{X})=\sigma^2/n$,于是

$$E(\overline{X}^2)=D(\overline{X})+[E(\overline{X})]^2=\frac{\sigma^2}{n}+\mu^2,\quad \text{且}\quad E(S^2)=\sigma^2.$$

所以
$$E(T)=E(\overline{X}^2)-\frac{1}{n}E(S^2)=\mu^2,$$

从而 T 是 μ^2 的无偏估计量.

(2) 当 $\mu=0,\sigma=1$ 时, $\overline{X}\sim N(0,1/n)$,则 $\sqrt{n}\,\overline{X}\sim N(0,1)$. 故有 $n\overline{X}^2\sim\chi^2(1)$.
而 $\chi^2(n)$ 分布的方差是 $2n$,从而

$$D(n\overline{X}^2)=n^2D(\overline{X}^2)=2,\quad \text{解得}\quad D(\overline{X}^2)=2/n^2.$$

又由 $\dfrac{(n-1)S^2}{\sigma^2}\sim\chi^2(n-1)$ 可知

$$D\left(\frac{(n-1)S^2}{\sigma^2}\right)=2(n-1),\quad \text{从而}\quad D(S^2)=\frac{\sigma^4}{(n-1)^2}\cdot 2(n-1)=\frac{2\sigma^4}{n-1}=\frac{2}{n-1}.$$

因为 $\overline{X}^2$ 与 S^2 相互独立,所以

$$D(T)=D\left(\overline{X}^2-\frac{1}{n}S^2\right)=D(\overline{X}^2)+\frac{1}{n^2}D(S^2)=\frac{2}{n^2}+\frac{1}{n^2}\cdot\frac{2}{n-1}=\frac{2}{n(n-1)}.$$

例 8 设 $X_1,X_2,\cdots,X_{n_1}$ 是来自总体 $X\sim N(\mu_1,\sigma^2)$ 的样本, $Y_1,Y_2,\cdots,Y_{n_2}$ 是来自总体 $Y\sim N(\mu_2,\sigma^2)$ 的样本,且 X 与 Y 相互独立, S_1^2,S_2^2 分别是它们的样本方差.

(1) 求参数 $\mu_1-\mu_2$ 的一个无偏估计;

(2) 证明: $S_w^2=\dfrac{1}{n_1+n_2-2}[(n_1-1)S_1^2+(n_2-1)S_2^2]$ 是 σ^2 的无偏估计.

解 (1) 因为 $E(\overline{X}-\overline{Y})=E(\overline{X})-E(\overline{Y})=\mu_1-\mu_2$,所以 $\overline{X}-\overline{Y}$ 是 $\mu_1-\mu_2$ 的一个无偏估计.

(2) 由于 $E(S_1^2)=\sigma^2, E(S_2^2)=\sigma^2$,于是

$$\begin{aligned}E(S_w^2)&=\frac{1}{n_1+n_2-2}E[(n_1-1)S_1^2+(n_2-1)S_2^2]\\&=\frac{1}{n_1+n_2-2}[(n_1-1)\sigma^2+(n_2-1)\sigma^2]=\sigma^2,\end{aligned}$$

即 S_w^2 是 σ^2 的无偏估计.

三、区间估计

例 9 设总体 X 服从正态分布 $N(\mu,\sigma^2)$. 现从总体中抽取容量为 36 的一个样本,得样

本均值为 $\bar{x}=3.5$,样本方差为 $s^2=4$.

(1) 已知 $\sigma^2=1$,求 μ 的置信度为 0.95 的置信区间;

(2) σ^2 未知,求 μ 的置信度为 0.95 的置信区间;

(3) 当 $\sigma^2=8$ 时,如果以 $(\overline{X}-1,\overline{X}+1)$ 作为 μ 的置信区间,求置信度.

解 (1) 已知 $X\sim N(\mu,1)$,$\sigma=1$,$\bar{x}=3.5$,$n=36$,$1-\alpha=0.95$,$Z_{\alpha/2}=1.96$,于是 μ 的置信度为 0.95 的置信区间为

$$\left(\bar{x}\pm\frac{\sigma}{\sqrt{n}}Z_{\alpha/2}\right)=\left(3.5\pm\frac{1}{\sqrt{36}}\times 1.96\right),\quad \text{即}\quad (3.1733,3.8267).$$

(2) 已知 $X\sim N(\mu,\sigma^2)$,$s=2$,$\bar{x}=3.5$,$n=36$,$1-\alpha=0.95$,$t_{\alpha/2}(35)=2.0301$,于是 μ 的置信度为 0.95 的置信区间为

$$\left(\bar{x}\pm\frac{s}{\sqrt{n}}t_{\alpha/2}(n-1)\right)=\left(3.5\pm\frac{2}{\sqrt{36}}\times 2.0301\right),\quad \text{即}\quad (2.8233,4.1767).$$

(3) 置信度为

$$\begin{aligned}1-\alpha&=P(\overline{X}-1<\mu<\overline{X}+1)=P(-1<\overline{X}-\mu<1)\\&=P\left(\frac{-1}{\sigma/\sqrt{n}}<\frac{\overline{X}-\mu}{\sigma/\sqrt{n}}<\frac{1}{\sigma/\sqrt{n}}\right)=\Phi\left(\frac{1}{\sigma/\sqrt{n}}\right)-\Phi\left(\frac{-1}{\sigma/\sqrt{n}}\right)\\&=2\Phi\left(\frac{1}{\sigma/\sqrt{n}}\right)-1=2\Phi\left(\frac{1}{\sqrt{8}/\sqrt{36}}\right)-1=2\Phi\left(\frac{3}{\sqrt{2}}\right)-1\\&=2\Phi(2.121)-1=2\times 0.983-1=0.966.\end{aligned}$$

例 10 假设正态总体 X 的均值 $\mu=\mu_0$ 已知,求总体方差 σ^2 的置信区间.

解 设 $X_1,X_2,\cdots,X_n$ 为来自总体 X 的样本,则 $X_1,X_2,\cdots,X_n$ 相互独立且 $X_i\sim N(\mu_0,\sigma^2)$ $(i=1,2,\cdots,n)$,即 $\dfrac{X_i-\mu_0}{\sigma}\sim N(0,1)(i=1,2,\cdots,n)$,从而有

$$\left(\frac{X_1-\mu_0}{\sigma}\right)^2+\left(\frac{X_2-\mu_0}{\sigma}\right)^2+\cdots+\left(\frac{X_n-\mu_0}{\sigma}\right)^2=\frac{1}{\sigma^2}\sum_{i=1}^{n}(X_i-\mu_0)^2\sim\chi^2(n).$$

对给定的 α,查附表 4 可得临界值 $\chi^2_{1-\alpha/2}(n)$ 及 $\chi^2_{\alpha/2}(n)$,使

$$P\left(\chi^2_{1-\alpha/2}(n)<\frac{1}{\sigma^2}\sum_{i=1}^{n}(X_i-\mu_0)^2<\chi^2_{\alpha/2}(n)\right)=1-\alpha,$$

即
$$P\left(\frac{1}{\chi^2_{\alpha/2}(n)}\sum_{i=1}^{n}(X_i-\mu_0)^2<\sigma^2<\frac{1}{\chi^2_{1-\alpha/2}(n)}\sum_{i=1}^{n}(X_i-\mu_0)^2\right)=1-\alpha,$$

从而得 σ^2 的置信度为 $1-\alpha$ 的置信区间

$$\left(\frac{1}{\chi^2_{\alpha/2}(n)}\sum_{i=1}^{n}(X_i-\mu_0)^2,\ \frac{1}{\chi^2_{1-\alpha/2}(n)}\sum_{i=1}^{n}(X_i-\mu_0)^2\right).$$

注 从本题可知

$$\frac{1}{\sigma^2}\sum_{i=1}^{n}(X_i-\mu_0)^2\sim\chi^2(n).$$

当总体均值 μ_0 未知时,用样本均值 $\overline{X}$ 估计 μ_0,于是对样本 $X_1,X_2,\cdots,X_n$ 多了一个约束条件 $\frac{X_1+X_2+\cdots+X_n}{n}=\overline{X}$,从而自由度变为 $n-1$,即 $\frac{1}{\sigma^2}\sum_{i=1}^{n}(X_i-\overline{X})^2\sim\chi^2(n-1)$. 由于 $S^2=\frac{1}{n-1}\sum_{i=1}^{n}(X_i-\overline{X})^2$,故

$$\frac{(n-1)S^2}{\sigma^2}=\frac{1}{\sigma^2}\sum_{i=1}^{n}(X_i-\overline{X})^2\sim\chi^2(n-1).$$

总 习 题 六

一、填空题:

1. 某糖厂用自动包装机包装糖果,所包的袋装糖重量是一个随机变量,其均值为 μ,方差为 σ^2,且 μ,σ^2 均未知. 今从该糖厂的袋装糖中随机抽查 12 袋,称得重量(单位: g)如下:

1001, 1004, 1003, 1000, 997, 999, 1004, 1000, 996, 1002, 998, 999.

则总体均值 μ 的矩估计值为________,方差 σ^2 的矩估计值为________,样本方差 s^2 为________.

2. 设 $X_1,X_2,\cdots,X_m$ 为来自二项分布总体 $B(n,p)$ 的样本,$\overline{X},S^2$ 分别为样本均值和样本方差. 若 $\overline{X}+kS^2$ 为 np^2 的无偏估计量,则 $k=$________.

3. 设 $X_1,X_2,\cdots,X_n$ 是来自总体 X 的样本,且 $E(X)=\mu$,$D(X)=\sigma^2$,$\overline{X},S^2$ 是样本均值和样本方差,则当 $c=$________时,统计量 $\overline{X}^2-cS^2$ 是 μ^2 的无偏估计.

4. 设正态总体 X 的方差为 1,根据来自总体 X 的容量为 100 的样本,测得样本均值 $\bar{x}=5$,则总体均值的置信度为 0.95 的置信区间为________.

5. 在一批货物的容量为 100 的样本中,经检验发现有 16 件次品,则这批货物次品率的置信度为 0.95 的置信区间是________.

二、选择题:

1. 设 $X_1,X_2,\cdots,X_n$ 是来自总体 $X\sim N(\mu,\sigma^2)$ 的样本,则 $\mu^2+\sigma^2$ 的矩估计量为(　　).

(A) $\frac{1}{n}\sum_{i=1}^{n}(X_i-\overline{X})^2$　　(B) $\frac{1}{n-1}\sum_{i=1}^{n}(X_i-\overline{X})^2$

(C) $\sum_{i=1}^{n}X_i^2-n\overline{X}^2$　　(D) $\frac{1}{n}\sum_{i=1}^{n}X_i^2$

2. 设样本 X_1,X_2 来自总体 $N(\mu,\sigma^2)$,则 μ 的无偏估计量是(　　).

(A) $\hat{\mu}_1=\frac{1}{3}X_1+\frac{1}{2}X_2$　　(B) $\hat{\mu}_2=\frac{1}{2}X_1+\frac{2}{3}X_2$

(C) $\hat{\mu}_3=\frac{1}{4}X_1+\frac{3}{4}X_2$　　(D) $\hat{\mu}_4=\frac{1}{6}X_1+\frac{1}{2}X_2$

3. 设 $\hat{\theta}$ 是参数 θ 的无偏估计,且有 $D(\hat{\theta})\neq0$,则 $\hat{\theta}^2$ 必为 θ^2 的(　　).

(A) 无偏估计　　(B) 一致估计　　(C) 有效估计　　(D) 有偏估计

4. 设一批零件的长度服从正态分布 $N(\mu,\sigma^2)$,其中 μ,σ^2 均未知. 现从中随机抽取 25 个零件,测得样本均值为 $\bar{x}=30$ cm,样本标准差为 $s=1$ cm,则 μ 的置信度为 0.95 的置信区间是(　　).

(A) $\left(30-\frac{1}{5}t_{0.025}(24),30+\frac{1}{5}t_{0.025}(24)\right)$ (B) $\left(30-\frac{1}{5}t_{0.05}(25),30+\frac{1}{5}t_{0.05}(25)\right)$

(C) $\left(30-\frac{1}{5}t_{0.025}(25),30+\frac{1}{5}t_{0.025}(25)\right)$ (D) $\left(30-\frac{1}{5}t_{0.05}(24),30+\frac{1}{5}t_{0.05}(24)\right)$

5. 设总体 $X\sim N(\mu,\sigma^2)$,其中 σ^2 已知.若已知样本容量和置信度 $1-\alpha$ 均不变,则对于不同的样本观察值,总体均值 μ 的置信区间的长度( ).

(A) 变长 (B) 变短 (C) 不变 (D) 不能确定

三、计算题和证明题:

1. 设 $X_1,X_2,\cdots,X_n$ 为来自总体 X 的样本,试求下述各总体 X 的概率密度或分布律中未知参数的矩估计量:

(1) $f(x)=\begin{cases}\theta C^\theta x^{-(\theta+1)}, & x>C,\\ 0, & \text{其他},\end{cases}$ 其中 $C>0$ 已知,θ $(\theta>1)$为未知参数;

(2) 设总体 X 具有几何分布,它的分布律为

$$P(X=k)=(1-p)^{k-1}p \quad (k=1,2,\cdots),$$

其中 p $(0<p<1)$为未知参数;

(3) $f(x)=\begin{cases}\dfrac{x}{\theta^2}\mathrm{e}^{-x^2/(2\theta^2)}, & x>0,\\ 0, & \text{其他},\end{cases}$ 其中 θ $(\theta>0)$为未知参数;

(4) $f(x)=\begin{cases}\dfrac{1}{\theta}\mathrm{e}^{-(x-\mu)/\theta}, & x\geqslant\mu,\\ 0, & \text{其他},\end{cases}$ 其中 θ $(\theta>0)$,μ 均是未知参数.

2. 求上题中各未知参数的极大似然估计量.

3. 一地质专家为研究某山川地带的岩石成分,随机地自该地区取 100 个样品,每个样品有 10 块石子,并记录了每个样品中属石灰石的石子数,所得的数据如下:

样品中属石灰石的石子数	0	1	2	3	4	5	6	7	8	9	10
观察到石灰石的样品数	0	1	6	7	23	26	21	12	3	1	0

假设这 100 次观察相互独立,并由过去经验知,它们都服从参数为 $n=10$,p 的二项分布,其中 p 是这地区一块石子是石灰石的概率,求 p 的极大似然估计值.

4. 设总体 X 服从正态分布 $N(\mu,1)$,X_1,X_2 是来自总体 X 的样本,试验证估计量

$$\hat{\mu}_1=\frac{2}{3}X_1+\frac{1}{3}X_2,\quad \hat{\mu}_2=\frac{1}{4}X_1+\frac{3}{4}X_2,\quad \hat{\mu}_3=\frac{1}{2}X_1+\frac{1}{2}X_2$$

都是 μ 的无偏估计,求出每个估计量的方差,并指出哪个方差最小.

5. 设 $X_1,X_2,\cdots,X_n(n>2)$是来自总体 $N(0,\sigma^2)$的样本,记 $Y_i=X_i-\overline{X}(i=1,2,\cdots,n)$.若 $c(Y_1+Y_n)^2$ 是 σ^2 的无偏估计量,求常数 c.

6. 设 $\hat{\theta}$ 是参数 θ 的无偏估计,且有 $\mathrm{D}(\hat{\theta})>0$,试证:$\hat{\theta^2}=(\hat{\theta})^2$ 不是 θ^2 的无偏估计.

7. 试证:均匀分布的概率密度

$$f(x)=\begin{cases}1/\theta, & 0<x\leqslant\theta,\\ 0, & \text{其他}\end{cases}$$

中,未知参数 θ 的极大似然估计量不是无偏的.

8. 从均值为 μ,方差为 $\sigma^2>0$ 的总体中,分别抽取容量为 n_1,n_2 的两独立样本,设 $\overline{X}_1$ 和 $\overline{X}_2$ 分别是两样本均值,试证:对于任意常数 a,b $(a+b=1)$,$Y=a\overline{X}_1+b\overline{X}_2$ 都是 μ 的无偏估计.确定常数 a,b,使 $D(Y)$ 达到最小.

9. 从一批电子管中抽取 100 只,得到电子管的平均使用寿命为 1000 h,标准差为 40 h.试求该批电子管平均使用寿命的置信区间(置信度为 95%).

10. 设某种清漆的 9 个样品,其干燥时间(单位:h)分别为

$$6.0,\ 5.7,\ 5.8,\ 6.5,\ 7.0,\ 6.3,\ 5.6,\ 6.1,\ 5.0.$$

若干燥时间总体服从正态分布 $N(\mu,\sigma^2)$,试就以下两种情况求 μ 的置信度为 0.95 的置信区间与单侧置信上限:

(1) 由以往经验知 $\sigma=0.6$ h;　(2) σ 未知.

11. 分别使用金球和铂球测定引力常数(单位:$10^{-11}\ \mathrm{m}^3\cdot\mathrm{kg}^{-1}\cdot\mathrm{s}^{-2}$).

(1) 用金球测定时观察值为 6.683,6.681,6.676,6.678,6.679,6.672;

(2) 用铂球测定时观察值为 6.661,6.661,6.667,6.667,6.664.

设测定值总体服从正态分布 $N(\mu,\sigma^2)$,其中 μ,σ^2 均未知,试就(1),(2)两种情况分别求 μ 的置信度为 0.9 的置信区间,并求 σ^2 的置信度为 0.9 的置信区间.

12. 设随机取某种炮弹 9 发做试验,得炮口速度的样本标准差 $s=11$ m/s.若炮口速度服从正态分布,试求这种炮弹炮口速度的标准差 σ 的置信度为 0.95 的置信区间.

13. 在 11 题中,设用金球和铂球测定时测定值总体的方差相等,求两测定值总体均值差的置信度为 0.90 的置信区间.

14. 研究两种固体燃料火箭推进器的燃烧率.设两者都服从正态分布,并且已知燃烧率的标准差均近似地为 0.05 cm/s.取样本容量为 $n_1=n_2=20$,得燃烧率的样本均值分别为 $\bar{x}_1=18$ cm/s,$\bar{x}_2=24$ cm/s,求两燃烧率总体均值差 $\mu_1-\mu_2$ 的置信度为 0.99 的置信区间.

15. 为了研究由机器 A 和机器 B 生产的钢管内径,随机抽取机器 A 生产的钢管 18 根,测得样本方差 $s_1^2=0.34\ \mathrm{mm}^2$;抽取机器 B 生产的钢管 13 根,测得样本方差 $s_2^2=0.29\ \mathrm{mm}^2$.设两样本独立,且设由机器 A 和机器 B 生产的钢管的内径分别服从正态分布 $N(\mu_1,\sigma_1^2)$ 和 $N(\mu_2,\sigma_2^2)$,这里 $\mu_i,\sigma_i^2(i=1,2)$ 均未知,试求方差比 σ_1^2/σ_2^2 的置信度为 0.90 的置信区间.

16. 设某车间生产的螺杆直径服从正态分布 $N(\mu,\sigma^2)$.今随机地从中抽取 5 支测得直径(单位:mm)如下:

$$22.3,\ 21.5,\ 20.0,\ 21.8,\ 21.4.$$

(1) 当 $\sigma=0.3$ 时,求 μ 的置信度为 0.95 的置信区间;

(2) 当 σ 未知时,求 μ 的置信度为 0.95 的置信区间;

(3) 当 σ 未知时,求 μ 的置信度为 0.95 的单侧置信上限和单侧置信下限.

17. 为研究某种汽车轮胎的磨损特性,随机选择 16 只轮胎,每只轮胎行驶到磨坏为止,记录所行驶的路程(单位:km)如下:

41250, 40187, 43175, 41010, 39265, 41872, 42654, 41287,
38970, 40200, 42550, 41095, 40680, 43500, 39775, 40400.

假设这些数据来自正态总体 $N(\mu,\sigma^2)$,其中 μ,σ^2 未知,试求 μ 的置信度为 0.95 的单侧置信下限.

第七章

假设检验

前面介绍了统计推断的第一类问题,即总体参数的点估计与区间估计.然而,在实际问题中,我们还会遇到另一类很重要的统计推断问题,它是根据抽取的样本信息来判定总体是否具有某种性质.这也就是本章要讨论的假设检验问题.

§1 假设检验的概念与步骤

一、假设检验的基本概念

所谓假设检验(hypothesis test),顾名思义,就是先假设再检验.在实际问题中,我们往往需要对未知总体提出某种假设或推断,然后利用一组抽样样本值 $x_1, x_2, \cdots, x_n$,通过一定的方法,检验这个假设是否合理,从而做出接受或拒绝这个假设的结论.若检验结果认为该假设正确,则称**接受该假设**;否则,称**拒绝该假设**.

实际上,对总体所提出的假设一般分为两类:一类是总体分布形式已知,需对总体分布中的某个参数或总体的某个数字特征提出假设,然后利用样本值来检验此项假设是否成立,此类检验称为**参数假设检验**,简称**参数检验**.例如,若总体 $X \sim N(\mu, \sigma^2)$,其中 $\sigma^2 = \sigma_0^2$ 已知,但 μ 未知,根据某些理由(实际知识或历史资料等)可以假设 $\mu = \mu_0$(某已知值),然后由抽自总体 X 的随机样本来检验此项假设是否成立.若假设成立,则可以认为总体 $X \sim N(\mu_0, \sigma_0^2)$.另一类是总体分布形式未知,需对总体分布提出假设,例如假设总体服从泊松分布,然后再用样本值来检验假设是否成立,此类检验称为**分布假设检验**或**非参数假设检验**.

下面通过例子来说明假设检验的基本思想与方法.

二、假设检验的基本原理与方法

如何利用样本信息来检验关于总体分布的某个假设是否成立呢?一般来说,我们采用的推理方法是概率性质的反证法,即先假定这个假设为真,然后利用抽样样本值并运用统计推断方法,推出由此而产生的结果,如果导致了一个不合理现象的出现,则表明这个假设不真,从而应该拒绝该假设;如果由此没有导致不合理的现象出现,则不能拒绝原来的假设,此时称原假设是**相容**的.

而以上假设检验方法的理论依据就是人们在实际问题中经常采用的所谓**实际推断原理**(也称**小概率原理**),即"一个小概率事件在一次试验中几乎是不可能发生的",这是人们通过大量实践,对小概率事件总结出来的一条广泛使用的原理. 在检验假设时,如果在一次试验(或观察)中,小概率事件发生了,就认为是不合理的,即表明原假设不成立. 下面举例说明在假设检验中如何运用这一基本原理.

例 1 已知某粮食加工厂用自动包装机包装大米,每袋标准重量为 50 kg. 由长期实践表明,袋装大米重量服从正态分布,且标准差 σ 为 1.5 kg. 某日开工后为检验包装机是否正常,随机抽取了袋装大米 9 袋,称得重量(单位:kg)如下:

$$49.5,\ 50.6,\ 51.8,\ 52.4,\ 49.8,\ 51.1,\ 52.0,\ 51.5,\ 51.2.$$

问:该机器工作是否正常?

解 要判断机器工作是否正常,直观上看,即要考察样本平均重量 $\bar{x}$ 与标准重量 50 kg 之差的大小. 若机器包装量随机波动的偏差 $|\bar{x}-50|$ 过大,则认为机器工作不正常;若 $|\bar{x}-50|$ 的偏差不大,则认为机器工作正常.

基于这一想法,我们可适当选定一个常数 k,当 $|\bar{x}-50|<k$ 时,认为机器工作正常;反之,当 $|\bar{x}-50|\geqslant k$ 时,认为机器工作不正常.

依题意,袋装大米重量 X 是一个服从正态分布 $N(\mu,\sigma^2)$ 的总体,且标准差 σ 为 1.5 kg,即 $\sigma^2=1.5^2$ 已知,因此要看机器是否正常,就要看总体均值(每袋平均重量)μ 是否为 50 kg. 为此,我们提出假设"总体均值 $\mu=50$". 用 H_0 表示此项假设(H_1 表示对立假设),即假设

$$H_0:\mu=50 \quad (H_1:\mu\neq 50).$$

现用抽得的样本值来检验假设 H_0 是否成立. 若假设 H_0 成立,则接受 H_0(拒绝 H_1),即认为机器工作正常;反之,若假设 H_0 不成立,则拒绝 H_0(接受 H_1),即认为机器工作不正常.

要用样本值判断假设 H_0 是否成立,首先要构造一个适用于检验假设 H_0 的统计量,称为**检验统计量**(test statistic). 由于现在要检验的假设是关于总体均值 μ 的,而 $\overline{X}$ 又是 μ 的无偏估计,于是我们自然想到借助样本均值 $\overline{X}$ 这一统计量来进行判断. 在 H_0 成立的前提下,应有

$$\overline{X}\sim N\left(50,\frac{1.5^2}{n}\right),\quad 即\quad \frac{\overline{X}-50}{1.5/\sqrt{n}}\sim N(0,1).$$

于是我们可构造出一个适当的小概率事件,例如,给定小概率 α(一般为 0.05,0.01,0.1 等),查附表 1 得 $Z_{\alpha/2}$,使

$$P\left(\left|\frac{\overline{X}-50}{1.5/\sqrt{n}}\right|\geqslant Z_{\alpha/2}\right)=\alpha,\quad 即\quad P\left(|\overline{X}-50|\geqslant Z_{\alpha/2}\frac{1.5}{\sqrt{n}}\right)=\alpha.$$

其一般表达式可写为

$$P\left(|\overline{X}-\mu_0|\geqslant Z_{\alpha/2}\frac{\sigma_0}{\sqrt{n}}\right)=\alpha.$$

若取 $\alpha=0.05$,则 $Z_{\alpha/2}=1.96$,于是上式即为

$$P\left(|\overline{X}-50|\geqslant 1.96\times\frac{1.5}{\sqrt{9}}\right)=0.05.$$

显然,当 H_0 为真时,事件 $\left\{|\overline{X}-50|\geqslant 1.96\times\frac{1.5}{\sqrt{9}}\right\}$ 是一个小概率事件(在一次抽样中发生的概率仅有 0.05).

若在一次抽样中所得的样本均值 $\bar{x}$ 使得

$$|\bar{x}-50|\geqslant 1.96\times\frac{1.5}{\sqrt{9}},$$

则说明在一次抽样中小概率事件 $\left\{|\overline{X}-50|\geqslant 1.96\times\frac{1.5}{\sqrt{9}}\right\}$ 竟然发生了,这与实际推断原理矛盾.这就使我们对最初的假设 H_0 产生怀疑而拒绝 H_0.

相反,若抽样得到的样本均值 $\bar{x}$ 使得

$$|\bar{x}-50|< 1.96\times\frac{1.5}{\sqrt{9}},$$

则说明在一次抽样中小概率事件 $\left\{|\overline{X}-50|\geqslant 1.96\times\frac{1.5}{\sqrt{9}}\right\}$ 没有发生,这与实际推断原理不矛盾.在这种情况下,没有理由拒绝假设 H_0,进而必须在 H_0 与其对立假设 H_1 之间做出选择时,就只好接受 H_0 了.

当样本容量固定时,选定 $\alpha=0.05$ 后,参数 k 也就确定了.在本例中,有

$$k=Z_{\alpha/2}\frac{\sigma}{\sqrt{n}}=1.96\times\frac{1.5}{\sqrt{9}}=0.98.$$

现本例中抽样得到 $\bar{x}=51.1$,于是由

$$|\bar{x}-50|=|51.1-50|=1.1>0.98$$

(即 $|\bar{x}-50|>k$)知,应拒绝 H_0,认为该日机器工作不正常,即平均每袋大米重量与标准重量 50 kg 差异显著.

例 1 中的 α 称为**显著性水平**(level of significance),也就是小概率事件的标准.检验的显著性水平 α 的大小反映了拒绝 H_0 的说服力.显然,α 之值给得越小,小概率事件在一次抽样中越不容易发生,也就越不容易拒绝假设 H_0,因此,α 越小,拒绝假设 H_0 就越有说服力,或者说样本值提供了不利于假设 H_0 的显著证据.

根据上例分析,我们通常将假设检验问题叙述成:在显著性水平 α 下,检验下列假设是否成立:

$$H_0:\theta=\theta_0\quad(H_1:\theta\neq\theta_0),$$

其中 H_0 称为**原假设或零假设**(null hypothesis),H_1 称为**对立假设或备择假设**(alternative hypothesis).

在检验假设 H_0 时,如果得到检验法:当所采用的检验统计量的观察值落在集合 W 时就拒绝 H_0,当检验统计量的观察值落在集合 $\overline{W}$(W 的补集)时就接受 H_0,则称 W 和 $\overline{W}$ 分别为 H_0 的**拒绝域**(rejection region)和**接受域**. 显然 W 和 $\overline{W}$ 是两个不相交的集合,并且 W 和 $\overline{W}$ 的并集就是检验统计量的所有可能取值的集合. 拒绝域和接受域的分界点称为**临界值**(critical value). 例如,在例 1 中,拒绝域为

$$W=\left\{|\bar{x}-\mu_0|\geqslant Z_{\alpha/2}\frac{\sigma_0}{\sqrt{n}}\right\},$$

接受域为

$$\overline{W}=\left\{|\bar{x}-\mu_0|< Z_{\alpha/2}\frac{\sigma_0}{\sqrt{n}}\right\},$$

临界值为 $k_1=-Z_{\alpha/2}=-1.96$ 和 $k_2=Z_{\alpha/2}=1.96$. 如果将接受域写为

$$\left(\mu_0-Z_{\alpha/2}\frac{\sigma_0}{\sqrt{n}},\ \mu_0+Z_{\alpha/2}\frac{\sigma_0}{\sqrt{n}}\right),$$

显见,$\mu_0-Z_{\alpha/2}\frac{\sigma_0}{\sqrt{n}}$ 为临界下限,$\mu_0+Z_{\alpha/2}\frac{\sigma_0}{\sqrt{n}}$ 为临界上限.

三、两类错误

我们知道,假设检验是根据样本信息与实际推断原理而对总体分布的某个假设做出检验结论的. 由于抽样的随机性以及实际推断原理中的小概率事件仍有可能发生,所以我们接受或拒绝假设都不是绝对无误的. 我们的推断有可能出错,其错误有两类:一类是把本来为真的假设 H_0 错误地拒绝了,这类错误称为**第一类错误**,或称**弃真错误**;另一类是把本来不真的假设 H_0 错误地接受了,这类错误称为**第二类错误**,或称**存伪错误**.

犯第一类错误的概率显然就是小概率事件发生的概率,故将其记为 α,即

$$\alpha=P(\text{拒绝 } H_0\,|\,H_0 \text{ 为真}).$$

如在例 1 中:

$$P(|\overline{X}-\mu_0|\geqslant k\,|\,\mu=\mu_0)=\alpha,$$

通常,α 是根据实际问题的性质事先给定的,它可用来控制犯第一类错误的概率. α 越小,一次抽样中在 H_0 为真时拒绝 H_0 的概率就越小,从而也就越不容易拒绝 H_0,接受域也就越大.

犯第二类错误的概率记为 β,即

$$\beta=P(\text{接受 } H_0\,|\,H_0 \text{ 不真}).$$

如在例 1 中:

$$P(|\overline{X}-\mu_0|< k\,|\,\mu\neq\mu_0,\mu=\mu_1)=\beta.$$

这个概率的计算通常很复杂,我们不作过多探讨. 但提醒读者注意,$\alpha+\beta$ 并不等于 1.

由于在数理统计中,总是由局部推断整体,由一次抽样结果检验对总体提出的假设,因

此我们不可能要求一个检验方法永远不会出错,但可以要求尽可能使犯错误的概率小一些.为此,在确定检验法时,我们应尽可能使犯两类错误的概率越小越好.但是,由进一步讨论可知,对于一定的样本容量,一般说来,不能同时做到犯两类错误的概率都很小.当样本容量固定时,往往减少了犯某一类错误的概率,则相应地就会增大犯另一类错误的概率.若要同时减少犯两类错误的概率,除非增大样本容量.据此,适用的方法是,先控制犯第一类错误的概率 α,然后适当增大样本容量 n,以减少犯第二类错误的概率 β,从而使 α,β 都适当小.而在样本容量固定、两类错误不能同时减少的情况下,通常总是着重控制影响大且不能轻易拒绝 H_0 的犯第一类错误的概率,使之不超过给定值.这种只对犯第一类错误加以控制而不考虑犯第二类错误的检验问题,称为**显著性检验问题**.通常,根据问题的性质,选取 $\alpha=0.05,0.01$ 或 0.1,而样本容量 n 不能太小,至少 $n\geqslant5$,最好 $n\geqslant10$,且 n 越大越好,否则 β 就会太大.

四、假设检验的一般步骤

综上所述,在明确一个假设检验问题的性质与基本前提(包括分布类型是否已知,如果类型已知,分布中包含哪些未知参数等)之后,假设检验的一般步骤如下:

(1) 充分考虑和利用已知的背景知识提出原假设 H_0 及对立假设 H_1.

(2) 给定样本,确定合适的检验统计量,并在 H_0 为真下导出统计量的分布(要求此分布不依赖于任何未知参数).

(3) 确定拒绝域:依直观分析先确定拒绝域的形式,然后根据给定的显著性水平 α 和以上统计量的分布,由 P(拒绝 $H_0|H_0$ 为真)$=\alpha$ 确定拒绝域的临界值,从而确定拒绝域.

(4) 作判断:由一次具体抽样的样本值计算统计量的值,若统计量的值落入以上拒绝域,则拒绝 H_0;否则,接受 H_0.

必须指出,在显著性假设检验问题中,由于我们控制的是犯第一类错误的概率,因此,原假设 H_0 与对立假设 H_1 的地位不是对等的,它们不能随意交换.在实际问题中,如何确定 H_0 和 H_1 是很重要的.一般情形下,H_0 要取那个在实践中应该受到保护的论断,这个论断不应轻易受到否定,若要否定它,就必须有足够的理由.最后还要指出,假设检验的主要作用是否定.当否定 H_0 时,依据的是实际推断原理和概率性质的反证法,是有较充分的理由的;而当接受 H_0 时,则是因为无理由否定 H_0,又必须对 H_0 与 H_1 做出取舍的一种迫不得已的选择.

此外,参数的假设检验与区间估计虽然提法各不相同,要求各不一样,区间估计是要求以一定的置信度给出未知参数的所在范围,而假设检验是要求以一定的显著性水平判定未知参数取已给定的值,但是两者解决问题的途径、统计处理的方法是相通的.一般来说,参数假设检验的接受域与该参数相应的置信区间是对应的.例如,在例 1 的假设检验问题中,接受域为

$$\left(\mu_0-Z_{\alpha/2}\frac{\sigma_0}{\sqrt{n}},\ \mu_0+Z_{\alpha/2}\frac{\sigma_0}{\sqrt{n}}\right),$$

即
$$P\left(\mu_0 - Z_{\alpha/2}\frac{\sigma_0}{\sqrt{n}} < \overline{X} < \mu_0 + Z_{\alpha/2}\frac{\sigma_0}{\sqrt{n}}\right) = 1-\alpha,$$
而参数 μ 的置信度为 $1-\alpha$ 的置信区间为
$$\left(\overline{X} - Z_{\alpha/2}\frac{\sigma_0}{\sqrt{n}},\ \overline{X} + Z_{\alpha/2}\frac{\sigma_0}{\sqrt{n}}\right),$$
即
$$P\left(\overline{X} - Z_{\alpha/2}\frac{\sigma_0}{\sqrt{n}} \leqslant \mu \leqslant \overline{X} + Z_{\alpha/2}\frac{\sigma_0}{\sqrt{n}}\right) = 1-\alpha.$$
对此,读者不妨从具体问题入手,还可将两者做一全面比较.通过对两者内在联系与区别的研究,可以进一步加深我们对这两章内容的理解与掌握.

习 题 7-1

1. 参数的假设检验中,为什么要控制犯第一类错误的概率 α?
2. 假设检验的基本原理是什么?试举例说明.
3. 在一个确定的假设检验问题中,判断结果与哪些因素有关?关系如何?
4. 参数的区间估计与假设检验有何联系与区别?试举例说明.
5. 设某厂生产的某种零件,其尺寸服从正态分布.今从该厂生产的一批零件中抽取 6 个样品,测得尺寸数据(单位:mm)如下:

32.56,29.66,31.64,30.00,31.81,31.03.

在 $\alpha=0.05$ 时,问:这批零件的平均尺寸是否为 32.50 mm?在 $\alpha=0.01$ 时,结论又如何?

§2 正态总体均值的假设检验

由于在实际问题中正态总体广泛存在,所以我们主要讨论正态总体的假设检验问题.以下先讨论正态总体均值的假设检验.

一、单个正态总体均值的假设检验

设总体 $X\sim N(\mu,\sigma^2)$,$X_1,X_2,\cdots,X_n$ 为来自总体的样本.下面讨论关于均值 μ 的假设检验问题.

1. 均值 μ 的双边检验

1.1 *方差 σ^2 已知,检验假设 H_0: $\mu=\mu_0$, H_1: $\mu\neq\mu_0$*

在本章§1的例1中,我们已讨论了正态总体 $N(\mu,\sigma^2)$ 当 σ^2 已知时关于 $\mu=\mu_0$ 的假设检验问题.其解决问题的途径就是利用在 H_0 为真时服从标准正态分布 $N(0,1)$ 的统计量
$$U=\frac{\overline{X}-\mu_0}{\sigma_0/\sqrt{n}}$$
来确定拒绝域的.这种检验法所选取的检验统计量服从标准正态分布,我们称之为 Z **检验法**

或 U 检验法.

此外,对于非正态总体的大样本检验问题也可应用 U 检验法.

例 1 设某厂有一批产品,共一万件,须经检验后方可出厂.按规定标准,次品率不得超过 5%.今在其中任意选取 50 件产品进行检查,发现有次品 4 件,问:这批产品能否出厂?($\alpha=0.01$)

解 本题属非正态总体的大样本检验问题,可应用 U 检验法.这里该批产品为总体 X,总体的分布为两点分布,即

$$P(X=1)=p,\quad P(X=0)=1-p,$$

其中 p 为总体次品率.对总体作假设

$$H_0: p=p_0(=0.05),\quad H_1: p\neq p_0.$$

设 $X_1,X_2,\cdots,X_n$ 是来自总体的样本,则

$$\overline{X}=\frac{1}{n}\sum_{i=1}^{n}X_i=\frac{m}{n},$$

其中 m 是 n 件产品中的次品数.故 $\overline{X}$ 为样本次品率.显然,可用 $\overline{X}$ 来检验总体的次品率,且由中心极限定理知道,在 H_0 为真的条件下,$\overline{X}$ 近似服从正态分布.易见

$$\mathrm{E}(\overline{X})=p_0,\quad \mathrm{D}(\overline{X})=\frac{\sigma_0^2}{n}=\frac{p_0(1-p_0)}{n},$$

且

$$U=\frac{\overline{X}-\mathrm{E}(\overline{X})}{\sqrt{D(\overline{X})}}=\frac{\frac{m}{n}-p_0}{\sqrt{\frac{p_0(1-p_0)}{n}}}\overset{\text{近似}}{\sim}N(0,1).$$

因此,当 n 充分大时(通常 $n\geqslant 50$),可将 U 近似看为正态变量.

给定显著性水平 α,则有

$$P(|U|\geqslant Z_{\alpha/2})=\alpha,\quad 即\quad P\left(\left|\frac{m}{n}-p_0\right|\geqslant Z_{\alpha/2}\sqrt{\frac{p_0(1-p_0)}{n}}\right)=\alpha.$$

若

$$\left|\frac{m}{n}-p_0\right|\geqslant Z_{\alpha/2}\sqrt{\frac{p_0(1-p_0)}{n}}\quad \left(即\, |\bar{x}-\mu_0|\geqslant Z_{\alpha/2}\frac{\sigma_0}{\sqrt{n}}\right),$$

则拒绝 H_0;否则,接受 H_0.现将 $p_0=0.05$,$n=50$,$m=4$ 代入上式,有

$$\left|\frac{m}{n}-p_0\right|=\left|\frac{4}{50}-0.05\right|=0.03.$$

由 $\alpha=0.01$ 查附表 1 得 $Z_{\alpha/2}=Z_{0.005}=2.58$,所以

$$Z_{\alpha/2}\sqrt{\frac{p_0(1-p_0)}{n}}=2.58\sqrt{\frac{0.05\times 0.95}{50}}=0.079.$$

比较以上两式的结果得

$$\left|\frac{m}{n}-p_0\right|<Z_{\alpha/2}\sqrt{\frac{p_0(1-p_0)}{n}},$$

故接受 H_0，即认为这批产品的次品率是 5%，可以出厂.

1.2 *方差 σ^2 未知，检验假设 $H_0: \mu=\mu_0$，$H_1: \mu\neq\mu_0$*

设总体 $X\sim N(\mu,\sigma^2)$ 的方差 σ^2 未知，$x_1,x_2,\cdots,x_n$ 是相应于样本 $X_1,X_2,\cdots,X_n$ 的一组样本值. 下面检验假设

$$H_0: \mu=\mu_0, \quad H_1: \mu\neq\mu_0.$$

由于 σ^2 未知，注意到 S^2 是 σ^2 的无偏估计，我们用 S 代替 σ，选取

$$T=\frac{\overline{X}-\mu_0}{S/\sqrt{n}}$$

作为检验统计量. 由第五章 §2 的定理 2 知，在 H_0 为真的条件下，有

$$T=\frac{\overline{X}-\mu_0}{S/\sqrt{n}}\sim t(n-1).$$

对给定的显著性水平 α，查附表 3 得临界值 $t_{\alpha/2}(n-1)$，使

$$P(|T|\geqslant t_{\alpha/2}(n-1))=\alpha, \quad 即 \quad P\left(\left|\frac{\overline{X}-\mu_0}{S/\sqrt{n}}\right|\geqslant t_{\alpha/2}(n-1)\right)=\alpha.$$

由样本值 $x_1,x_2,\cdots,x_n$ 可计算出 $\bar{x}$ 和 s 的值. 若

$$\left|\frac{\bar{x}-\mu_0}{s/\sqrt{n}}\right|\geqslant t_{\alpha/2}(n-1),$$

则在显著性水平 α 下拒绝 H_0，即认为总体平均值与 μ_0 差异显著；若

$$\left|\frac{\bar{x}-\mu_0}{s/\sqrt{n}}\right|< t_{\alpha/2}(n-1),$$

则在显著性水平 α 下接受 H_0，即认为总体平均值与 μ_0 无显著差异. 这里由于所选取的检验统计量服从 t 分布，故称这种检验法为 **t 检验法**.

例 2 对一批新的石油液化气贮罐进行耐裂试验，抽测 5 个，得爆破压力数据(单位：kg/寸^2，1 寸$=0.0\dot{3}$ m)如下：

$$545,\ 545,\ 530,\ 550,\ 545.$$

根据经验，可认为爆破压力服从正态分布，且过去该种液体贮罐的平均爆破压力为 549 kg/寸^2. 问：这批新罐的平均爆破压力与过去有无显著差别？($\alpha=0.05$)

解 提出假设 $H_0: \mu=549$，$H_1: \mu\neq549$. 因为方差 σ^2 未知，故采用 t 检验法.

查附表 3 得否定域的临界值 $t_{\alpha/2}(n-1)=t_{0.025}(4)=2.776$. 由样本计算得 $\bar{x}=543$，$s^2=7.58^2$，进而可得统计量 T 的值为

$$T=\frac{\bar{x}-549}{\sqrt{s^2/n}}=\frac{543-549}{7.58/\sqrt{5}}\approx-1.77.$$

因为

$$|T| = |-1.77| = 1.77 < 2.776 = t_{\alpha/2}(n-1),$$

故接受 H_0,即认为新罐的平均爆破压力与过去无显著差异.

我们注意到,前面考虑的假设检验问题中原假设 H_0 的拒绝域处于数轴的左、右两端,故称这样的假设检验问题为**双边检验**.

下面就 U 检验法分析显著性水平 α 的意义.

对于待检假设 $H_0: \mu=\mu_0$, $H_1: \mu\neq\mu_0$,它的拒绝域为 $(-\infty, -Z_{\alpha/2})$, $(Z_{\alpha/2}, +\infty)$(参见图 7-1).

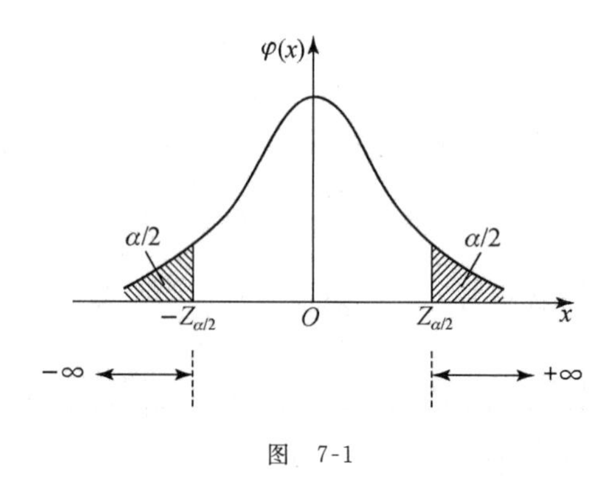

图 7-1

在 H_0 为真(即 $\mu=\mu_0$)的条件下,有

$$U = \frac{\overline{X}-\mu_0}{\sigma_0/\sqrt{n}} \sim N(0,1).$$

给定显著性水平 α,按检验规则,当检验统计量的观察值落入拒绝域 $\left\{\left|\dfrac{\bar{x}-\mu_0}{\sigma_0/\sqrt{n}}\right| \geqslant Z_{\alpha/2}\right\}$ 时,则拒绝 H_0;否则,接受 H_0. 而显著水平 α 正好是犯弃真错误的概率,α 越小,$Z_{\alpha/2}$ 越大,U 的值落入否定域内的概率就越小,从而 H_0 就越不易被拒绝. 对同一问题,选取不同的显著性水平 α 来进行检验,所得的结论可能不同. 在实际问题中,若拒绝 H_0,可能造成较大损失,我们就应对拒绝 H_0 持慎重态度,这时就应选取尽可能小的 α,通常取 $\alpha=0.01$.

2. 均值 μ 的单边检验

有时,我们需考虑总体均值是否增大或者是否减小的问题,即需在假设 $H_0: \mu=\mu_0$ 及 $H_1: \mu>\mu_0$ 或者在 $H_0: \mu=\mu_0$ 及 $H_1: \mu<\mu_0$ 中做出选择. 下面讨论这类假设检验问题.

2.1 *方差 σ^2 已知,检验假设 $H_0: \mu=\mu_0$, $H_1: \mu<\mu_0$*

设总体 $X\sim N(\mu,\sigma^2)$ 的方差 σ^2 已知. 我们考虑假设检验问题

$$H_0: \mu = \mu_0, \quad H_1: \mu < \mu_0.$$

当 H_0 为真(即 $\mu=\mu_0$)时,由第五章 §2 的定理 2 知

$$\overline{X} \sim N(\mu_0, \sigma^2/n),$$

则统计量

$$U = \frac{\overline{X} - \mu_0}{\sqrt{\sigma^2/n}} \sim N(0,1).$$

这时,H_0 的拒绝域形式与双边检验的拒绝域形式不同.这是因为,由于拒绝 H_0 意味着接受 $H_1: \mu<\mu_0$,因此,只有当 $\overline{X}$ 的观察值比 μ_0 小很多时,才有理由拒绝 H_0,接受 H_1;否则,没有理由拒绝 H_0.这就是说,只有当 $U=(\overline{X}-\mu_0)/\sqrt{\sigma^2/n}$ 的值小于 0,而且其绝对值较大时,才有理由拒绝 H_0.可见,H_0 拒绝域的形式为 $(-\infty, -\lambda)$,其中 $\lambda>0$ 与 α 有关.对于给定的显著性水平 α,由

$$P\left\{\frac{\overline{X} - \mu_0}{\sigma/\sqrt{n}} < -Z_\alpha\right\} = \alpha$$

可知 $\left\{\frac{\overline{X}-\mu_0}{\sigma/\sqrt{n}} < -Z_\alpha\right\}$ 是小概率事件.因此原假设 H_0 的拒绝域是 $(-\infty, -Z_\alpha)$,它是处于数轴左端的单边拒绝域(参见图 7-2),故称此假设检验问题为**左边检验**.

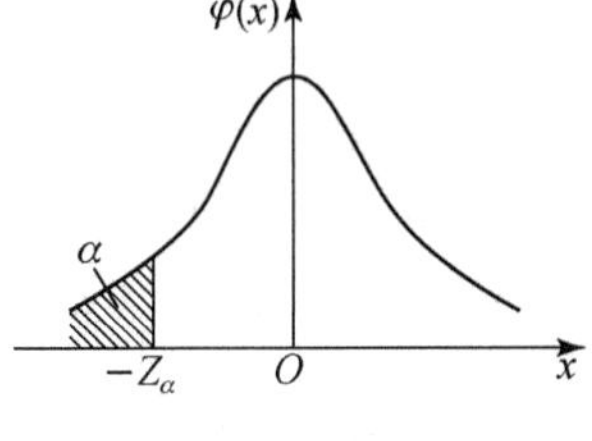

图 7-2

例 3 已知某种零件的重量 $X \sim N(\mu, \sigma^2)$.由经验知 $\mu=10$ g, $\sigma^2=0.05$ g^2.技术改革后,抽取该种零件的 8 个样品,测得重量(单位:g)如下:

9.8, 9.5, 10.1, 9.6, 10.2, 10.1, 9.8, 10.0.

若已知方差 σ^2 不变,问:平均重量是否比 10 g 小?($\alpha=0.05$)

解 先计算出 $\bar{x}=9.9$.

本例是 μ 的左边检验问题,在 $\alpha=0.05$ 下检验假设

$$H_0: \mu = 10, \quad H_1: \mu < 10.$$

查附表 1 得 $Z_\alpha=Z_{0.05}= 1.645$,于是 H_0 的拒绝域为 $(-\infty, -1.645)$.

由样本观察值计算得

$$\frac{\bar{x} - 10}{\sigma/\sqrt{n}} = \frac{9.9 - 10}{\sqrt{0.05}/\sqrt{8}} = -1.26.$$

因
$$\frac{\bar{x}-10}{\sigma/\sqrt{n}} = -1.26 > -1.645 = -Z_{0.05},$$

故接受假设 H_0,认为 $\mu=10$ g,即平均重量不比 10 g 小.

有时,还要用到**右边检验**,即检验假设

$$H_0: \mu = \mu_0, \quad H_1: \mu > \mu_0.$$

下面给出在方差 σ^2 已知的条件下该检验的结果:

对于给定的 α,若

$$\frac{\bar{x}-\mu_0}{\sigma/\sqrt{n}} \geqslant Z_\alpha,$$

则拒绝假设 H_0,即接受假设 H_1;否则,接受假设 H_0.

通常将左边检验与右边检验统称为**单边检验**.

例 4 某厂生产的一种铜丝,它的主要质量指标是折断力大小.根据以往资料分析,可以认为折断力 X 服从正态分布,且均值为 $\mu=570$ kg,标准差为 $\sigma=8$ kg.今换了原材料新生产一批铜丝,并从中抽出 10 个样品,测得折断力(单位: kgf)如下:

578, 572, 568, 570, 572, 570, 570, 572, 596, 584.

从性质上看,估计折断力的方差不会变化,问:这批铜丝的折断力是否比以往生产的铜丝的折断力要大?($\alpha=0.05$)

解 依题意,需检验假设

$$H_0: \mu=570, \quad H_1: \mu>570.$$

由样本观察值计算出 $\bar{x}=575.2$,并计算得

$$\frac{\bar{x}-570}{\sigma/\sqrt{n}}=\frac{575.2-570}{8/\sqrt{10}}=2.055.$$

当 $\alpha=0.05$ 时,查附表 1 得 $Z_\alpha=1.645$.因

$$\frac{\bar{x}-570}{\sigma/\sqrt{n}}=2.055>1.645=Z_\alpha,$$

故拒绝假设 H_0,即接受假设 H_1,认为新生产的铜丝的折断力比以往生产的铜丝的折断力要大.

2.2 方差 σ^2 未知,检验假设 $H_0: \mu\leqslant\mu_0, H_1: \mu>\mu_0$

在多数情形下,总体的方差 σ^2 是未知的,且需将原假设提为 $H_0: \mu\leqslant\mu_0$.此时,可考虑用样本方差代替总体方差,选用

$$T=\frac{\overline{X}-\mu_0}{S/\sqrt{n}}$$

作为检验统计量,由于 $H_0: \mu\leqslant\mu_0$ 比较复杂,以下分情况讨论:

(1) 若 $\mu=\mu_0$ 成立,则

$$\frac{\overline{X}-\mu_0}{S/\sqrt{n}} \sim t(n-1).$$

对于给定的 α,有

$$P\left(\frac{\overline{X}-\mu_0}{S/\sqrt{n}}>t_\alpha(n-1)\right)=\alpha.$$

(2) 若 $\mu<\mu_0$ 成立,则因 μ 是总体 X 的均值,$\dfrac{\overline{X}-\mu}{S/\sqrt{n}}\sim t(n-1)$,从而对于给定的 α,有

$$P\left\{\frac{\overline{X}-\mu}{S/\sqrt{n}}>t_{\alpha}(n-1)\right\}=\alpha.$$

又因当 $\mu<\mu_0$ 时,对于任何样本,都有$\frac{\overline{X}-\mu_0}{S/\sqrt{n}}<\frac{\overline{X}-\mu}{S/\sqrt{n}}$,故

$$P\left\{\frac{\overline{X}-\mu_0}{S/\sqrt{n}}>t_{\alpha}(n-1)\right\}\leqslant P\left\{\frac{\overline{X}-\mu}{S/\sqrt{n}}>t_{\alpha}(n-1)\right\}=\alpha.$$

即有

$$P\left\{\frac{\overline{X}-\mu_0}{S/\sqrt{n}}>t_{\alpha}(n-1)\right\}\leqslant\alpha.$$

综上所述,当 $H_0: \mu\leqslant\mu_0$ 成立时,有

$$P\left\{\frac{\overline{X}-\mu_0}{S/\sqrt{n}}>t_{\alpha}(n-1)\right\}\leqslant\alpha.$$

可见,$\left\{\frac{\overline{X}-\mu_0}{S/\sqrt{n}}>t_{\alpha}(n-1)\right\}$是小概率事件. 若样本观察值使事件$\left\{\frac{\overline{X}-\mu_0}{S/\sqrt{n}}>t_{\alpha}(n-1)\right\}$发生,则认为 $\overline{X}$ 的观察值过分大于 μ_0,于是我们有理由拒绝 H_0,接受 H_1,认为 $\mu>\mu_0$. 故 H_0 的拒绝域是 $(t_{\alpha}(n-1),+\infty)$ (参见图 7-3).

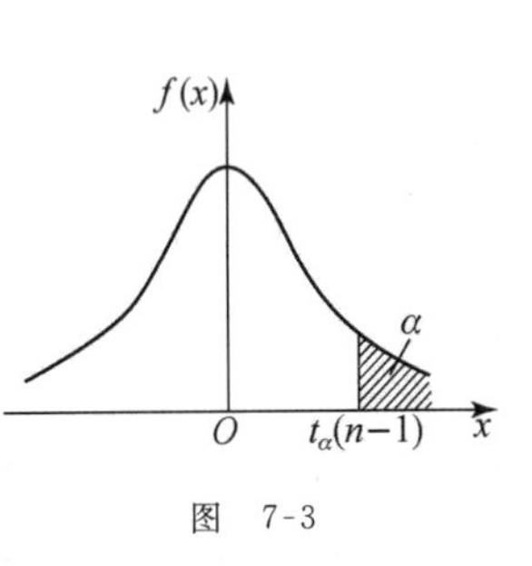

图 7-3

例 5 已知用精料饲养小鸡时,经若干天后,鸡的平均重量为 4 kg. 今对一批小鸡改用粗料饲养,同时改善饲养方法,经同样长的饲养期后,随机抽测 10 只,得重量数据(单位: kg)如下:

$$3.7,\ 3.8,\ 4.1,\ 3.9,\ 4.6,\ 4.7,\ 5.0,\ 4.5,\ 4.3,\ 3.8.$$

经验表明,同一批鸡的重量 X 服从正态分布. 试判断这一批鸡的平均重量是否显著提高. ($\alpha=0.10$)

解 饲养方法改善,这批鸡的平均重量应该有所提高. 但由于精料换成粗料,也担心会使鸡的平均重量降低. 若能否定"$\mu\leqslant 4$"的假设,则可认为这批鸡的平均重量提高了. 因此,需检验假设

$$H_0: \mu\leqslant 4,\quad H_1: \mu>4.$$

查附表 3 得 $t_{0.10}(9)=1.383$. 由样本计算得 $\bar{x}=4.24$, $s^2=0.448^2$,于是得

$$\frac{\bar{x}-4}{\sqrt{s^2/10}}\approx 1.694.$$

因 $1.694>t_{0.10}(9)=1.383$,故拒绝 H_0,接受 H_1,即在显著水平 $\alpha=0.10$ 下,认为这批鸡的平均重量显著提高.

在上述检验中,若取 $\alpha=0.05$,则因 $t_{0.05}(9)=1.833$,于是 $1.694<t_{0.05}(9)=1.833$,与

H_0 相容.因此,虽然 $\bar{x}=4.24$ 已超过 4,但不认为平均重量提高了,而认为仍保持原来水平.以上的所谓"超过"不过是在原有水平上的随机波动而已.在此又一次看到,假设检验的推断与显著水平 α 有关.α 愈小,愈不易拒绝 H_0,对 H_0 采取的拒绝推断愈慎重,控制 α 即是控制犯弃真错误的概率.

对于正态总体 $N(\mu,\sigma^2)$ 的均值 μ,还可根据不同要求与 μ 的值域情况,提出其他待检假设.现将常见的几种假设及 H_0 的拒绝域列表,如表 7-1 所示.

表 7-1

	H_0	H_1	σ^2 已知	σ^2 未知
			在显著水平 α 下拒绝 H_0,若	
1	$\mu=\mu_0$	$\mu\neq\mu_0$	$\dfrac{\lvert\bar{x}-\mu_0\rvert}{\sigma/\sqrt{n}}>Z_{\alpha/2}$	$\dfrac{\lvert\bar{x}-\mu_0\rvert}{s/\sqrt{n}}>t_{\alpha/2}(n-1)$
2	$\mu=\mu_0$	$\mu<\mu_0$	$\dfrac{\bar{x}-\mu_0}{\sigma/\sqrt{n}}<-Z_\alpha$	$\dfrac{\bar{x}-\mu_0}{s/\sqrt{n}}<-t_\alpha(n-1)$
3	$\mu=\mu_0$	$\mu>\mu_0$	$\dfrac{\bar{x}-\mu_0}{\sigma/\sqrt{n}}>Z_\alpha$	$\dfrac{\bar{x}-\mu_0}{s/\sqrt{n}}>t_\alpha(n-1)$
4	$\mu\leqslant\mu_0$	$\mu>\mu_0$	$\dfrac{\bar{x}-\mu_0}{\sigma/\sqrt{n}}>Z_\alpha$	$\dfrac{\bar{x}-\mu_0}{s/\sqrt{n}}>t_\alpha(n-1)$
5	$\mu\geqslant\mu_0$	$\mu<\mu_0$	$\dfrac{\bar{x}-\mu_0}{\sigma/\sqrt{n}}<-Z_\alpha$	$\dfrac{\bar{x}-\mu_0}{s/\sqrt{n}}<-t_\alpha(n-1)$

对于部分有兴趣的读者,我们再通过一个具体的检验法,深入讨论一下弃真错误与存伪错误的关系.

设总体 $X\sim N(\mu,\sigma^2)$,其中 σ^2 已知,μ 只能取 $\mu_0,\mu_1(\mu_0<\mu_1)$,$X_1,X_2,\cdots,X_n$ 是来自 X 的样本,检验假设

$$H_0:\mu=\mu_0,\quad H_1:\mu=\mu_1>\mu_0.$$

在 H_0 为真(即 $\mu=\mu_0$)的条件下,有

$$\frac{\overline{X}-\mu_0}{\sigma/\sqrt{n}}\sim N(0,1).$$

选用 $\overline{X}$ 作检验统计量.因 $\overline{X}$ 是 μ 的无偏估计,故若 $\overline{X}$ 取值过分大于 μ_0 时,便有理由拒绝 H_0.因此,H_0 的拒绝域为单边形式.

对于给定的显著水平 α,有

$$P\left(\frac{\overline{X}-\mu_0}{\sigma/\sqrt{n}}>Z_\alpha\right)=\alpha,\quad 即\quad P\left(\overline{X}>\mu_0+Z_\alpha\frac{\sigma}{\sqrt{n}}\right)=\alpha.$$

记 $\lambda=\mu_0+Z_\alpha\dfrac{\sigma}{\sqrt{n}}$,则以上结果可表示成

$$P(\overline{X}>\lambda\mid H_0\text{ 为真})=\alpha.$$

上式表明,在 H_0 为真的条件下,$\overline{X}>\lambda$ 发生是小概率事件,从而 H_0 的拒绝域是$(\lambda,+\infty)$,接受域是$(-\infty,\lambda]$.

在 H_0 不真(即 $\mu=\mu_1$)的条件下,$\dfrac{\overline{X}-\mu_1}{\sigma/\sqrt{n}}\sim N(0,1)$,$\overline{X}\sim N\left(\mu_1,\dfrac{\sigma^2}{n}\right)$,有可能发生 $\overline{X}\leqslant\lambda$.而一旦发生 $\overline{X}\leqslant\lambda$,便做出了接受 H_0 的推断,这时就犯了存伪错误,其存伪概率可表示为

$$P(\overline{X}\leqslant\lambda\,|\,H_0\text{ 不真})=\beta.$$

现将 $\overline{X}$ 的概率密度(分为 H_0 真和 H_1 真两种情况)$f(x,\mu_0)$,$f(x,\mu_1)$的图形以及 H_0 的拒绝域和接受域、弃真概率 α 和存伪概率 β 表示在图 7-4 中.

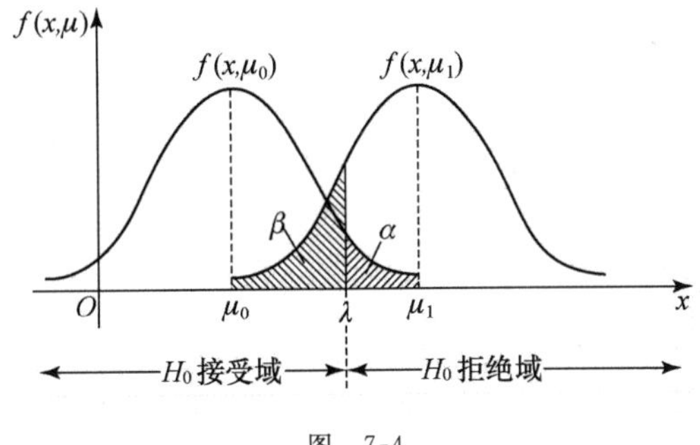

图 7-4

从图 7-4 可以看出:

(1) 在其他条件不变时,若 α 减小(即 λ 右移),则 β 增大;反之,若 α 增大(即 λ 左移),则 β 减小.可见 α 与 β 不能同时减小.

(2) 对于确定的 α,μ_1 越接近 μ_0,β 越大.

(3) 在其他条件不变时,增大 n 可有效地减小 β.这是因为当 H_1 为真(即 H_0 不真)时,随着 n 增大,$\overline{X}$ 的分布更集中于 μ_1,$f(x,\mu_1)$ 变陡,以致在同样的 α 下,β 也会减小.

二、两个正态总体均值的假设检验

在实际问题中,我们常常会遇到两个正态总体均值的比较问题.这反映在假设检验问题中就是两个正态总体均值的假设检验.

设总体 $X\sim N(\mu_1,\sigma_1^2)$,$Y\sim N(\mu_2,\sigma_2^2)$,且 X 与 Y 相互独立,又设 $X_1,X_2,\cdots,X_{n_1}$ 是来自 X 的样本,$Y_1,Y_2,\cdots,Y_{n_2}$ 是来自 Y 的样本,并记它们的样本均值分别为 $\overline{X}$,$\overline{Y}$,样本方差分别为 S_1^2,S_2^2.下面分类讨论.

1. σ_1^2 和 σ_2^2 已知,检验假设 $H_0:\mu_1=\mu_2$,$H_1:\mu_1\neq\mu_2$

当 σ_1^2 和 σ_2^2 已知时,因为

$$\frac{(\overline{X}-\overline{Y})-(\mu_1-\mu_2)}{\sqrt{\frac{\sigma_1^2}{n_1}+\frac{\sigma_2^2}{n_2}}}\sim N(0,1),$$

则选取

$$U=\frac{\overline{X}-\overline{Y}}{\sqrt{\frac{\sigma_1^2}{n_1}+\frac{\sigma_2^2}{n_2}}}$$

作为检验统计量,当 H_0 为真时,$U\sim N(0,1)$. 于是,对给定的显著水平 α,查附表1得 $Z_{\alpha/2}$,使

$$P(|U|>Z_{\alpha/2})=\alpha,$$

进而得到拒绝域

$$|U|>Z_{\alpha/2},\quad 即\quad \frac{|\bar{x}-\bar{y}|}{\sqrt{\frac{\sigma_1^2}{n_1}+\frac{\sigma_2^2}{n_2}}}>Z_{\alpha/2}.$$

再由样本值可计算出统计量 U 的值. 若 $|U|>Z_{\alpha/2}$,则拒绝 H_0;若 $|U|<Z_{\alpha/2}$,则接受 H_0.

2. σ_1^2 和 σ_2^2 未知且 $\sigma_1^2=\sigma_2^2$,检验假设 $H_0: \mu_1=\mu_2, H_1: \mu_1\neq\mu_2$

由于 $\overline{X},\overline{Y}$ 分别是 μ_1,μ_2 的无偏估计量,自然想到选用与样本均值之差 $\overline{X}-\overline{Y}$ 有关的统计量来检验所列假设. 如果 $|\overline{X}-\overline{Y}|$ 过大,则有理由拒绝 H_0. 由第五章§2的定理3知

$$T=\frac{(\overline{X}-\overline{Y})-(\mu_1-\mu_2)}{S_w\sqrt{\frac{1}{n_1}+\frac{1}{n_2}}}\sim t(n_1+n_2-2),$$

其中

$$S_w=\sqrt{\frac{(n_1-1)S_1^2+(n_2-1)S_2^2}{n_1+n_2-2}},$$

则在 H_0 为真(即 $\mu_1=\mu_2$)的条件下,有

$$T=\frac{\overline{X}-\overline{Y}}{S_w\sqrt{\frac{1}{n_1}+\frac{1}{n_2}}}\sim t(n_1+n_2-2). \tag{7.2.1}$$

于是对于给定的 α,查 t 分布表可得 $t_{\alpha/2}(n_1+n_2-2)$,并有

$$P(|T|>t_{\alpha/2}(n_1+n_2-2))=\alpha,$$

进而得到拒绝域

$$|T|=\frac{|\bar{x}-\bar{y}|}{s_w\sqrt{\frac{1}{n_1}+\frac{1}{n_2}}}>t_{\alpha/2}(n_1+n_2-2).$$

再由样本值计算出 T 的值,若 $|T|>t_{\alpha/2}(n_1+n_2-2)$,则拒绝 H_0;否则,接受 H_0.

例 6 设有甲、乙两台机床加工同样产品. 现从这两台机床加工的产品中随机抽取若干件,测得产品直径(单位: mm)如下:

机床甲：20.5，19.8，19.7，20.4，20.1，20.0，19.0，19.9；

机床乙：19.7，20.8，20.5，19.8，19.4，20.6，19.2.

根据经验，两台机床加工的产品直径都服从正态分布，且方差相等. 试比较甲、乙两台机床加工的产品直径有无显著差异. ($\alpha=0.05$)

解 用 X,Y 分别表示甲、乙两台机床加工的产品直径. 依题意，两总体 X 和 Y 分别服从正态分布 $N(\mu_1,\sigma^2)$ 和 $N(\mu_2,\sigma^2)$，其中 μ_1,μ_2,σ 均未知，待检假设为

$$H_0:\mu_1=\mu_2,\quad H_1:\mu_1\neq\mu_2.$$

由两样本值分别计算得

$$n_1=8,\quad \bar{x}=19.925,\quad s_1^2=0.216,\quad n_2=7,\quad \bar{y}=20.000,\quad s_2^2=0.397,$$

因而

$$s_w=\sqrt{\frac{(n_1-1)s_1^2+(n_2-1)s_2^2}{n_1+n_2-2}}=0.547,\quad T=\frac{\bar{x}-\bar{y}}{s_w\sqrt{\frac{1}{n_1}+\frac{1}{n_2}}}=-0.265.$$

对给定的 $\alpha=0.05$，查附表 3 得 $t_{\alpha/2}(n_1+n_2-2)=t_{0.025}(13)=2.160$. 由于

$$|T|=0.265<2.160=t_{0.025}(13),$$

所以接受 H_0，即认为甲、乙两台机床加工的产品直径无显著差异.

在实际工作中，抽样常常取 $n_1=n_2=n$，此时统计量(7.2.1)式可简化为

$$T=\frac{\overline{X}-\overline{Y}}{\sqrt{\frac{S_1^2+S_2^2}{n}}}\sim t(2n-2),\tag{7.2.2}$$

进而可给计算带来很大方便.

例 7 从甲、乙两批彼此无关的发射管中，各取 10 根，分别测得初速度数据(单位：m/s)如下：

甲：130.6，130.8，133.9，133.6，133.7，134.0，134.2，134.3，136.0，137.2；

乙：125.5，126.5，128.1，129.0，128.9，130.0，133.6，133.0，134.5，134.1.

根据经验，发射管的初速度服从正态分布，且方差相同. 问：能否认为这两批发射管的初速度无显著差异？($\alpha=0.05$)

解 用 X,Y 分别表示甲、乙两批发射管的初速度. 依题意，所提问题是：σ_1^2,σ_2^2 未知，且 $\sigma_1^2=\sigma_2^2$，待检假设为

$$H_0:\mu_1=\mu_2,\quad H_1:\mu_1\neq\mu_2.$$

由于 $n_1=n_2=10$，计算得到简化.

查 t 分布表得 $t_{0.025}(2\times10-2)=t_{0.025}(18)=2.1009$. 由两样本值计算得

$$\bar{x}=133.83,\quad s_1^2=2.0039^2,\quad \bar{y}=130.32,\quad s_2^2=3.2714^2,$$

则

$$|T|=\frac{|\bar{x}-\bar{y}|}{\sqrt{\frac{s_1^2+s_2^2}{n}}}=\frac{|133.83-130.32|}{\sqrt{\frac{2.0039^2+3.2714^2}{10}}}\approx 2.8933.$$

因$|T|=2.8933>2.1009=t_{0.025}(18)$,故拒绝$H_0$,接受$H_1$,即认为甲、乙两批发射管的初速度有显著差异.

下面再简单介绍两种情形:

3. 检验假设 $H_0: \mu_1=\mu_2$, $H_1: \mu_1>\mu_2$

对给定的α,考虑假设检验问题

$$H_0: \mu_1=\mu_2, \quad H_1: \mu_1>\mu_2.$$

若σ_1^2和σ_2^2已知,则当

$$\frac{\bar{x}-\bar{y}}{\sqrt{\frac{\sigma_1^2}{n_1}+\frac{\sigma_2^2}{n_2}}}>Z_\alpha$$

时,拒绝H_0;否则,接受H_0.

若σ_1^2和σ_2^2未知,且$\sigma_1^2=\sigma_2^2$,则当

$$\frac{\bar{x}-\bar{y}}{s_w\sqrt{\frac{1}{n_1}+\frac{1}{n_2}}}>t_\alpha(n_1+n_2-2)$$

时,拒绝H_0;否则,接受H_0.

4. 检验假设 $H_0: \mu_1=\mu_2$, $H_1: \mu_1<\mu_2$

对给定的α,考虑假设检验问题

$$H_0: \mu_1=\mu_2, \quad H_1: \mu_1<\mu_2.$$

若σ_1^2和σ_2^2已知,则当

$$\frac{\bar{x}-\bar{y}}{\sqrt{\frac{\sigma_1^2}{n_1}+\frac{\sigma_2^2}{n_2}}}<-Z_\alpha$$

时,拒绝H_0;否则,接受H_0.

若σ_1^2和σ_2^2未知,且$\sigma_1^2=\sigma_2^2$,则当

$$\frac{\bar{x}-\bar{y}}{s_w\sqrt{\frac{1}{n_1}+\frac{1}{n_2}}}<-t_\alpha(n_1+n_2-2)$$

时,拒绝H_0;否则,接受H_0.

例 8 在同一平炉上试验操作方法改进前后的炼钢得率,每炼一炉钢时除操作方法外,其他条件相同.先用标准方法炼一炉,然后用改进后的新方法炼一炉,以后交替进行,各炼了10炉,其得率分别如下:

标准方法：78.1，72.4，76.2，74.3，77.4，78.4，76.0，75.5，76.7，77.3；

新方法：79.1，81.0，77.3，79.1，80.0，79.1，79.1，77.3，80.2，82.1.

设这两个样本相互独立，且分别来自正态总体 $X\sim N(\mu_1,\sigma^2)$ 和 $Y\sim N(\mu_2,\sigma^2)$，其中 μ_1,μ_2，σ^2 均未知，问：改进后的新方法能否提高得率？($\alpha=0.05$)

解 依题意，需检验假设

$$H_0: \mu_1=\mu_2, \quad H_1: \mu_1-\mu_2<0.$$

分别求出标准方法和新方法下的样本均值和样本方差如下：

$$n_1=10, \quad \bar{x}=76.23, \quad s_1^2=3.325; \quad n_2=10, \quad \bar{y}=79.43, \quad s_2^2=2.225.$$

又

$$s_w=\sqrt{\frac{(n_1-1)s_1^2+(n_2-1)s_2^2}{n_1+n_2-2}}=1.666, \quad t_\alpha(n_1+n_2-2)=t_{0.05}(18)=1.7341,$$

故拒绝域为

$$T=\frac{\bar{x}-\bar{y}}{s_w\sqrt{\frac{1}{n_1}+\frac{1}{n_2}}}\leqslant -t_\alpha(n_1+n_2-2)=-t_{0.05}(18)=-1.7341.$$

现由样本观察值计算得

$$T=-4.295<-1.7341=-t_{0.05}(18),$$

故拒绝 H_0，即认为改进后的新方法较原来的方法为优.

现将关于两正态总体均值差的几种检验方法列表，如表 7-2 所示.

表 7-2

	H_0	H_1	σ_1^2 和 σ_2^2 未知，但知 $\sigma_1^2=\sigma_2^2$	σ_1^2 和 σ_2^2 已知
			在显著性水平 α 下，拒绝 H_0，若	
1	$\mu_1=\mu_2$	$\mu_1\neq\mu_2$	$\frac{\lvert\bar{x}-\bar{y}\rvert}{s_w\sqrt{\frac{1}{n_1}+\frac{1}{n_2}}}>t_{\alpha/2}(n_1+n_2-2)$	$\frac{\lvert\bar{x}-\bar{y}\rvert}{\sqrt{\frac{\sigma_1^2}{n_1}+\frac{\sigma_2^2}{n_2}}}>Z_{\alpha/2}$
2	$\mu_1=\mu_2$	$\mu_1>\mu_2$	$\frac{\bar{x}-\bar{y}}{s_w\sqrt{\frac{1}{n_1}+\frac{1}{n_2}}}>t_\alpha(n_1+n_2-2)$	$\frac{\bar{x}-\bar{y}}{\sqrt{\frac{\sigma_1^2}{n_1}+\frac{\sigma_2^2}{n_2}}}>Z_\alpha$
3	$\mu_1=\mu_2$	$\mu_1<\mu_2$	$\frac{\bar{x}-\bar{y}}{s_w\sqrt{\frac{1}{n_1}+\frac{1}{n_2}}}<-t_\alpha(n_1+n_2-2)$	$\frac{\bar{x}-\bar{y}}{\sqrt{\frac{\sigma_1^2}{n_1}+\frac{\sigma_2^2}{n_2}}}<-Z_\alpha$

三、基于成对数据的均值差检验

有时为了比较两种产品、两种仪器或两种方法的差异，我们常常在相同的条件下采取对比试验，得到一批成对的观察值，然后分析观察数据，做出推断. 这种方法常常称**逐对比较法**.

例 9 为了比较甲、乙两种橡胶轮胎的耐磨性,设计配对试验:在甲、乙两种轮胎中各任取 8 个,再任取 8 架飞机,在每架飞机的左翼和右翼下,分别装上一个甲种轮胎和一个乙种轮胎,经过一段时间飞行,测得 8 对轮胎的磨耗量(即成对数据)(单位:mg)如下:

甲	4900	5220	5500	6020	6340	7660	8650	4870
乙	4930	4900	5140	5700	6110	6880	7930	5010

给定显著性水平 $\alpha=0.05$,试检验甲、乙两种轮胎的耐磨性有无显著差异.

解 依题意,对于装在同一架飞机上的一对轮胎而言,可以认为比较甲、乙两种轮胎耐磨性的配对试验的条件是相同的.只要两批轮胎的耐磨性有显著差异,则这种耐磨性差异必定从相应的一对数据之差 $x_i-y_i(i=1,2,\cdots,8)$ 中反映出来.

分别用 X,Y 表示甲、乙两种轮胎的磨耗量,考虑另一总体

$$Z=X-Y.$$

将同一架飞机上的甲、乙两种轮胎磨耗量数据成对处理:取

$$Z_i=X_i-Y_i \quad (i=1,2,\cdots,8),$$

计算得总体 Z 的样本观察值(单位:mg)为

$$-30,\ 320,\ 360,\ 320,\ 230,\ 780,\ 720,\ -140.$$

若两种轮胎的耐磨性无显著差异,则每对数据的差异仅是随机误差.而随机误差可以认为服从均值为 0 的正态分布,因此有

$$Z\sim N(0,\sigma^2),$$

这里 σ^2 未知.经以上处理,我们可将两总体均值是否相等的检验问题转化成一个正态总体 Z 的均值是否为 0 的检验问题(σ^2 未知),即根据 Z 的样本值对总体 Z 检验假设

$$H_0:\mu=0,\quad H_1:\mu\neq 0.$$

按单个正态总体(σ^2 未知)均值的 t 检验法,知拒绝域为

$$|T|=\frac{|\bar{z}-0|}{s/\sqrt{n}}\geqslant t_{\alpha/2}(n-1). \tag{7.2.3}$$

现在 $n=8,t_{\alpha/2}(n-1)=t_{0.025}(8-1)=2.365$,即知拒绝域为

$$|T|=\frac{|\bar{z}-0|}{s/\sqrt{n}}\geqslant 2.365.$$

由样本观察值计算得 $\bar{z}=320,s=319.69$.因

$$|T|=\frac{320}{319.69/\sqrt{8}}=2.831>2.365=t_{0.025}(8-1),$$

故拒绝 H_0,接受 H_1,认为 $\mu\neq 0$,即不能认为两种轮胎的磨耗量相等,应认为两种轮胎的耐磨性在显著性水平 $\alpha=0.05$ 下有显著差异.

应该指出,这种将成对数据的两总体均值差的检验化为单总体均值的检验的方法,对于本例来说,更合理、更有效,它突出了两种轮胎质量指标的差异,排除了其他因素,如因飞机

个体运行条件的差异对数据分析的干扰,所以检验结论更可靠.因此,为了检验两总体的均值差,应尽可能在相同条件下成对采集数据,然后运用该方法检验.值得注意的是,成对数据是由成对试验给出的,(7.2.2)式所用的数据虽然 $n_1=n_2=n$,但是若试验不属于成对的,则不能应用(7.2.3)式来检验 $H_0: \mu_1=\mu_2$,比如例 7 就不能采用这种方法.

习 题 7-2

A 组

1. 在一批砖中随机抽测 6 块,得抗断强度(单位: $\mathrm{kgf/cm^2}$)如下:

32.56, 29.66, 31.64, 30.00, 31.87, 31.03.

若砖的抗断强度 $X\sim N(\mu,\sigma^2)$,且已知 $\sigma^2=1.1^2$,问:能否认为这批砖的抗断强度是 32.50 $\mathrm{kgf/cm^2}$?(这里所谓抗断强度实际上是指这批砖的抗断强度值的均值. $\alpha=0.01$)

2. 设某厂生产某种零件,其尺寸服从正态分布.今从该厂生产的一批零件中抽取 6 个样品,测得尺寸数据(单位: mm)如下:

52.56, 49.66, 51.64, 50.00, 51.87, 51.03.

在显著性水平 $\alpha=0.05$ 下,这批零件的平均尺寸是否为 52.50 mm?

3. 设用某种仪器间接测量硬度,重复测量 5 次,所得数据是 175,173,178,174,176,而用别的精确方法测量硬度为 179(可看做硬度的真值).若测量的硬度服从正态分布,问:此种仪器测量的硬度是否显著降低?($\alpha=0.05$)

4. 设某厂生产一种钢索其断裂强度服从正态分布 $N(\mu,\sigma^2)$,其中 $\sigma=40\ \mathrm{kg/cm^2}$.现从一批这种钢索中抽取 9 个样品,测得断裂强度平均值 $\bar{x}$,它比正常生产时的均值 μ 大 20 $\mathrm{kg/cm^2}$.若总体方差不变,问:在显著性水平 $\alpha=0.01$ 下,能否认为这批钢索的质量有显著提高?

5. 设对某种物品在处理前与处理后取样分析其含脂率如下:

处理前: 0.19, 0.18, 0.21, 0.30, 0.66, 0.42, 0.08, 0.12, 0.30, 0.27;

处理后: 0.15, 0.13, 0.00, 0.07, 0.24, 0.24, 0.19, 0.04, 0.08, 0.20, 0.12.

假设处理前后含脂率都服从正态分布,且它们的方差相同,问:处理前后平均含脂率有无显著变化?($\alpha=0.05$)

6. 根据第 5 题的数据,问:经去脂处理后,物品平均含脂率是否显著降低?($\alpha=0.05$)

7. 在漂白工艺中要考虑温度对针织品断裂强力的影响.设在 70°C 与 80°C 下分别重复做了 8 次试验,测得断裂强力的数据(单位: kg)如下:

70°C: 20.5, 18.8, 19.8, 20.9, 21.5, 19.5, 21.0, 21.2;

80°C: 17.7, 20.3, 20.0, 18.8, 19.0, 20.1, 20.2, 19.1.

问:在显著性水平 $\alpha=0.05$ 下,70°C 下的断裂强力与 80°C 下的断裂强力有无显著差异?

8. 在第 7 题的条件下,能否认为 70°C 下的断裂强力比 80°C 下的断裂强力显著增大?

B 组

1. 设某种零件长度的方差 $\sigma^2=1.21$.现对一批这类零件检查 6 件,测得长度数据(单位: mm)如下:

32.56, 29.66, 31.64, 30.00, 31.87, 31.03.

假设零件长度服从正态分布,当显著性水平 $\alpha=0.05$ 时,问:能否认为这批零件的平均长度是 32.50 mm?

2. 某食品厂用自动装罐机装罐头食品,每罐标准重量为500 g.每隔一定时间需要检验机器工作情况,现抽得10罐,测得其重量(单位:g)如下:

495,510,505,498,503,492,502,512,497,506.

假定每罐重量 X 服从正态分布 $N(\mu,\sigma^2)$,试问:机器工作是否正常?($\alpha=0.02$)

3. 设用热敏电阻测温仪间接测量地热勘探井底的温度,重复测量7次,测得温度(单位:℃)如下:

112.0,113.4,111.2,112.0,114.5,112.9,113.6.

而用某精确办法测得温度为112.6℃(可看做温度真值).已知测量误差 X 服从正态分布,试问:热敏电阻测温仪间接测温有无系统偏差?($\alpha=0.05$).

4. 从某批灯泡中抽取50只,得到一组使用寿命数据,并计算得样本均值 $\bar{x}=1900$ h,样本标准差 $s=490$ h.以 $\alpha=0.1$ 的显著性水平,检验整批灯泡的平均使用寿命是否为2000 h.

5. 设从甲、乙两处煤矿各取一个样本,得其含灰率如下:

甲矿:24.3,20.8,23.7,21.3,17.4;

乙矿:18.2,16.9,20.2,16.7.

若同矿取样含灰率服从正态分布,问:甲、乙两矿的平均含灰率有无显著差异?($\alpha=0.05$)

6. 设甲、乙两种稻种分别种在10块试验田中,每块田中甲、乙稻种各种一半.假定两种作物产量之差服从正态分布.现获得这10块田中的产量(单位:kg)如下表所示:

试验田 i	1	2	3	4	5	6	7	8	9	10
甲稻种	140	137	136	140	145	148	140	135	144	141
乙稻种	135	118	115	140	128	131	130	115	131	125

问:甲、乙两种稻种产量是否有显著差异?($\alpha=0.05$.提示:成对数据)

7. 为了鉴定甲、乙两种工艺方法对产品某性能指标有无显著差异,对于9批材料用甲、乙两种工艺进行生产,得到该指标的9对数据如下:

甲:0.20,0.30,0.40,0.50,0.60,0.70,0.80,0.90,1.00;

乙:0.10,0.21,0.52,0.32,0.78,0.59,0.68,0.77,0.89.

试问:根据上述数据,能否说甲、乙两种不同工艺对产品的该性能指标有显著性差异?($\alpha=0.05$)

§3 正态总体方差的假设检验

本节讨论正态总体方差的假设检验.下面分单个总体和两个总体的情形进行讨论.

一、单个正态总体方差的假设检验

设总体 $X\sim N(\mu,\sigma^2)$,$X_1,X_2,\cdots,X_n$ 为来自 X 的样本.

1. 方差的双边检验

方差 σ^2 是刻画总体 X 离散程度的一个参数.以下我们分 μ 未知和已知两种情形讨论 σ^2 的双边检验,即考虑假设检验问题:$H_0:\sigma^2=\sigma_0^2$,$H_1:\sigma^2\neq\sigma_0^2$,其中 σ_0^2 为已知常数.主要讨论

均值 μ 未知的情形.

1.1 均值 μ 未知,检验假设 $H_0: \sigma^2=\sigma_0^2,\ H_1: \sigma^2\neq\sigma_0^2$

设均值 μ 未知. 由于 S^2 是 σ^2 的无偏估计(集中了 σ^2 的信息),自然想到将 S^2 与 σ_0^2 作比较. 当 H_0 为真时,S^2/σ_0^2 一般应在 1 附近摆动,而不应过分大于 1 或过分小于 1;否则,应拒绝 H_0. 由第五章 § 2 的定理 1 知,H_0 为真时,有

$$\frac{(n-1)S^2}{\sigma_0^2}=\frac{\sum_{i=1}^{n}(X_i-\overline{X})^2}{\sigma^2}\sim\chi^2(n-1),$$

于是取

$$\chi^2=\frac{(n-1)S^2}{\sigma_0^2}$$

作为检验统计量.

对于给定的 α,查附表 4 可得 $\chi^2_{\alpha/2}(n-1)$ 和 $\chi^2_{1-\alpha/2}(n-1)$,使

$$P\left(\frac{(n-1)S^2}{\sigma_0^2}\leqslant\chi^2_{1-\alpha/2}(n-1)\right)=\frac{\alpha}{2},\quad P\left(\frac{(n-1)S^2}{\sigma_0^2}\geqslant\chi^2_{\alpha/2}(n-1)\right)=\frac{\alpha}{2},$$

即

$$\begin{aligned}&P(\text{拒绝 } H_0\mid H_0\text{ 为真})\\&=P\left(\left\{\frac{(n-1)S^2}{\sigma_0^2}\leqslant\chi^2_{1-\alpha/2}(n-1)\right\}\cup\left\{\frac{(n-1)S^2}{\sigma_0^2}\geqslant\chi^2_{\alpha/2}(n-1)\right\}\right)=\alpha.\end{aligned}$$

由样本值计算统计量 $\chi^2=(n-1)S^2/\sigma_0^2$ 的值. 若

$$\frac{(n-1)S^2}{\sigma_0^2}\leqslant\chi^2_{1-\alpha/2}(n-1)\quad\text{或}\quad\frac{(n-1)S^2}{\sigma_0^2}\geqslant\chi^2_{\alpha/2}(n-1),$$

则拒绝假设 $H_0(\sigma^2=\sigma_0^2)$;否则,接受 H_0. H_0 的拒绝域如图 7-5 所示.

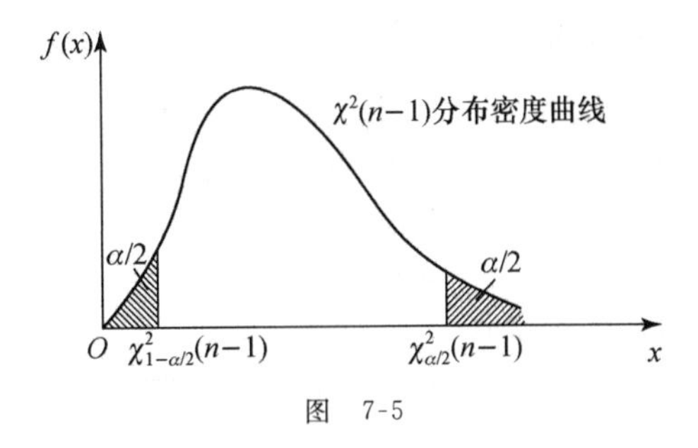

图 7-5

例 1 某厂生产螺钉,其直径长期以来服从方差为 $\sigma^2=0.0002\ \mathrm{cm}^2$ 的正态分布. 现有一批这种螺钉,从生产情况来看,直径长度可能有所波动. 为此,从该批产品中随机抽取 10 个进行测量,得数据(单位: cm)如下:

1.19, 1.21, 1.21, 1.18, 1.17, 1.20, 1.20, 1.17, 1.19, 1.18.

试问：根据这组数据能否推断这批螺钉直径的波动性较以往有显著变化？($\alpha=0.05$)

解 依题意,要在显著水平 $\alpha=0.05$ 下检验假设

$$H_0: \sigma^2=\sigma_0^2=0.0002, \quad H_1: \sigma^2 \neq 0.0002.$$

由样本值得

$$\bar{x}=1.19, \quad s^2=\frac{1}{n-1}\sum_{i=1}^{n}(x_i-\bar{x})^2=0.00022.$$

计算检验统计量 χ^2 的值得

$$\chi^2=\frac{(n-1)s^2}{\sigma_0^2}=9.9.$$

查附表 4 得 $\chi_{\alpha/2}^2(n-1)=\chi_{0.025}^2(9)=19.023$,$\chi_{1-\alpha/2}^2(n-1)=\chi_{0.975}^2(9)=2.700$. 现在

$$\chi_{0.975}^2(9)=2.700<9.9<19.023=\chi_{0.025}^2(9),$$

所以接受 H_0,即认为这批螺钉直径的波动性较以往没有显著变化.

1.2 均值 μ 已知,检验假设 $H_0: \sigma^2=\sigma_0^2$, $H_1: \sigma^2\neq\sigma_0^2$

若均值 μ 已知,此时只需注意

$$\chi^2=\frac{1}{\sigma^2}\sum_{i=1}^{n}(X_i-\mu)^2 \sim \chi^2(n),$$

便有如下检验规则：由样本值计算检验统计量 $\chi^2=\frac{1}{\sigma_0^2}\sum_{i=1}^{n}(X_i-\mu)^2$ 的值,若

$$\frac{1}{\sigma_0^2}\sum_{i=1}^{n}(X_i-\mu)^2 \leqslant \chi_{1-\alpha/2}^2(n) \quad 或 \quad \frac{1}{\sigma_0^2}\sum_{i=1}^{n}(X_i-\mu)^2 \geqslant \chi_{\alpha/2}^2(n),$$

则拒绝 H_0;否则,接受 H_0.

对 σ^2 做检验时,无论 μ 已知还是未知,所选取的检验统计量都服从 χ^2 分布,只是自由度不同. 通常称这种假设检验为 χ^2 **检验**.

2. 方差的单边检验

在实际问题中,人们常常希望总体 X 的方差 σ^2 要小,由此提出关于方差 σ^2 的单边检验. 对于这类问题,我们仍主要讨论 μ 未知时的情形.

2.1 均值 μ 未知,检验假设 $H_0: \sigma^2\leqslant\sigma_0^2$, $H_1: \sigma^2>\sigma_0^2$

设均值 μ 未知,讨论假设检验问题

$$H_0: \sigma^2 \leqslant \sigma_0^2, \quad H_1: \sigma^2>\sigma_0^2,$$

其中 σ_0^2 为已知常数.

仍应选用

$$\chi^2=\frac{(n-1)S^2}{\sigma_0^2}=\frac{\sum_{i=1}^{n}(X_i-\overline{X})^2}{\sigma_0^2}$$

作为检验统计量.若 χ^2 观察值过大,则应拒绝 H_0.

由于 $H_0: \sigma^2 \leqslant \sigma_0^2$ 包括 $\sigma^2=\sigma_0^2$ 与 $\sigma^2<\sigma_0^2$ 两种情形,故确定 H_0 的拒绝域时需要讨论.

由第五章§2的定理1知

$$\chi^2=\frac{(n-1)S^2}{\sigma^2} \sim \chi^2(n-1), \quad P\left(\frac{(n-1)S^2}{\sigma^2}>\chi_\alpha^2(n-1)\right)=\alpha.$$

如果 $\sigma^2=\sigma_0^2$ 成立,则 $\frac{(n-1)S^2}{\sigma_0^2} \sim \chi^2(n-1)$,因而有

$$P\left(\frac{(n-1)S^2}{\sigma_0^2}>\chi_\alpha^2(n-1)\right)=\alpha.$$

当 $\sigma^2<\sigma_0^2$ 时,对于任何样本都有

$$\frac{(n-1)S^2}{\sigma_0^2}<\frac{(n-1)S^2}{\sigma^2},$$

从而

$$P\left(\frac{(n-1)S^2}{\sigma_0^2}>\chi_\alpha^2(n-1)\right)<P\left(\frac{(n-1)S^2}{\sigma^2}>\chi_\alpha^2(n-1)\right)=\alpha.$$

综上所述,当 $H_0: \sigma^2 \leqslant \sigma_0^2$ 成立时,有

$$P\left(\frac{(n-1)S^2}{\sigma_0^2}>\chi_\alpha^2(n-1)\right) \leqslant \alpha.$$

可见,在 H_0 为真的条件下,$\{(n-1)S^2/\sigma_0^2>\chi_\alpha^2(n-1)\}$ 是小概率事件(参见图7-6),于是得到检验规则:由样本值计算出检验统计量 χ^2 的值,若

$$\chi^2=\frac{(n-1)S^2}{\sigma_0^2}>\chi_\alpha^2(n-1),$$

则拒绝 H_0,接受 H_1,认为 $\sigma^2>\sigma_0^2$;若

$$\chi^2=\frac{(n-1)S^2}{\sigma_0^2} \leqslant \chi_\alpha^2(n-1),$$

则接受 H_0,认为 $\sigma^2 \leqslant \sigma_0^2$.

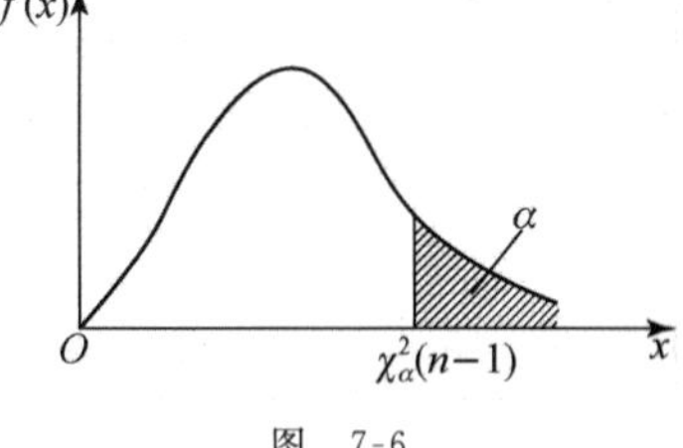

图 7-6

例2 在例1的条件下,问:该厂生产的螺钉直径的方差是否大于 $0.0002\ \mathrm{cm}^2$?

解 先计算出样本方差.由例1知 $s^2=0.00022$,它比0.0002大.所以,本例是一个右边检验问题,即在显著水平 $\alpha=0.05$ 下,检验假设

$$H_0: \sigma^2 \leqslant 0.0002, \quad H_1: \sigma^2>0.0002.$$

由例1已知

$$\chi^2=\frac{(n-1)s^2}{\sigma_0^2}=9.9.$$

查附表4得临界值 $\chi_{0.05}^2(9)=16.919$.因 $\chi^2=9.9<16.919=\chi_{0.05}^2(9)$,故接受假设 H_0,可认为该厂生产的螺钉直径的方差不大于 $0.0002\ \mathrm{cm}^2$,或者说,这批螺钉直径的波动性在规定范围之内.

2.2 均值 μ 未知,检验假设 $H_0: \sigma^2 \geqslant \sigma_0^2$, $H_1: \sigma^2 < \sigma_0^2$

在均值 μ 未知的条件下,讨论假设检验问题

$$H_0: \sigma^2 \geqslant \sigma_0^2, \quad H_1: \sigma^2 < \sigma_0^2,$$

其中 σ_0^2 为已知常数.

此时易见,若 S^2/σ_0^2 很小,则应拒绝 $H_0(\sigma^2 \geqslant \sigma_0^2)$,即接受 $H_1(\sigma^2 < \sigma_0^2)$;否则,可以接受 H_0,即拒绝 H_1.

仍以

$$\chi^2 = \frac{(n-1)S^2}{\sigma_0^2}$$

作为检验统计量.与前类似,可得如下检验规则:在显著性水平 α 下,查附表 4 得 $\chi_{1-\alpha}^2(n-1)$. 若由样本值计算出检验统计量 χ^2 的值,且若

$$\chi^2 = \frac{(n-1)s^2}{\sigma_0^2} = \frac{\sum_{i=1}^{n}(x_i - \bar{x})^2}{\sigma_0^2} < \chi_{1-\alpha}^2(n-1),$$

则拒绝 H_0,即接受 H_1;否则,接受 H_0.

在分析产品的稳定性有无变化时,若计算得到的样本方差 s^2 比原先的方差 σ_0^2 小,则可用左边检验.

至于 μ 已知时,对方差 σ^2 的单边检验也有类似的检验方法,现将对 σ^2 的几种检验方法列表,如表 7-3 所示.

表 7-3

	H_0	H_1	μ 为已知	μ 为未知
			在显著水平 α 下拒绝 H_0,若	
1	$\sigma^2 = \sigma_0^2$	$\sigma^2 \neq \sigma_0^2$	$\sum_{i=1}^{n}(x_i-\mu)^2/\sigma_0^2 > \chi_{\alpha/2}^2(n)$ 或 $\sum_{i=1}^{n}(x_i-\mu)^2/\sigma_0^2 < \chi_{1-\alpha/2}^2(n)$	$(n-1)s^2/\sigma_0^2 > \chi_{\alpha/2}^2(n-1)$ 或 $(n-1)s^2/\sigma_0^2 < \chi_{1-\alpha/2}^2(n-1)$
2	$\sigma^2 = \sigma_0^2$	$\sigma^2 > \sigma_0^2$	$\sum_{i=1}^{n}(x_i-\mu)^2/\sigma_0^2 > \chi_{\alpha}^2(n)$	$(n-1)s^2/\sigma_0^2 > \chi_{\alpha}^2(n-1)$
3	$\sigma^2 \leqslant \sigma_0^2$	$\sigma^2 > \sigma_0^2$	$\sum_{i=1}^{n}(x_i-\mu)^2/\sigma_0^2 > \chi_{\alpha}^2(n)$	$(n-1)s^2/\sigma_0^2 > \chi_{\alpha}^2(n-1)$
4	$\sigma^2 = \sigma_0^2$	$\sigma^2 < \sigma_0^2$	$\sum_{i=1}^{n}(x_i-\mu)^2/\sigma_0^2 < \chi_{1-\alpha}^2(n)$	$(n-1)s^2/\sigma_0^2 < \chi_{1-\alpha}^2(n-1)$
5	$\sigma^2 \geqslant \sigma_0^2$	$\sigma^2 < \sigma_0^2$	$\sum_{i=1}^{n}(x_i-\mu)^2/\sigma_0^2 < \chi_{1-\alpha}^2(n)$	$(n-1)s^2/\sigma_0^2 < \chi_{1-\alpha}^2(n-1)$

最后补述一下,在讨论总体 X 的参数假设检验问题时,要注意如下几点:首先,针对具体问题要考虑所涉及的总体 X(例如产品的某质量指标)是否服从正态分布.如果是,则可取小样本;如果不是,则取 $n\geqslant 30$(最好是 50 或 100 以上)的大样本,因为根据中心极限定理,一般只要样本容量 n 很大,便可近似地将其作为正态总体处理,而检验方法及步骤与正态总体完全相同.其次,则要明确是对 μ 还是对 σ^2 做检验.一般而言,若关心的是 X 的取值平均水平,则是对 μ 做检验;若关心的是 X 的取值离散程度(例如工程上的精度、稳定性等),则是对 σ^2 做检验.再次,就是要把握住问题的提法与参数的取值范围(参数集),以便提出合适的假设.一般是依题意将参数集作一分为二的划分.例如,若关心的是 μ 是否等于 μ_0,则参数集是 $(-\infty,+\infty)$,检验假设 $H_0:\mu=\mu_0$, $H_1:\mu\neq\mu_0$;若关心的是 μ 保持原水平 μ_0,还是提高了,则参数集是 $[\mu_0,+\infty)$,检验假设 $H_0:\mu=\mu_0$, $H_1:\mu>\mu_0$.最后,依据以下步骤做出统计判断:先由 α 查分布表求出拒绝域的临界值,然后由样本值计算出统计量的值,最后即可按表中的检验法对 H_0 做出推断.

二、两个正态总体方差的假设检验

设 $X_1,X_2,\cdots,X_{n_1}$ 是来自总体 $X\sim N(\mu_1,\sigma_1^2)$ 的样本,$Y_1,Y_2,\cdots,Y_{n_2}$ 是来自总体 $Y\sim N(\mu_2,\sigma_2^2)$ 的样本,且两样本相互独立,其样本方差分别为 S_1^2,S_2^2.下面讨论关于两正态总体方差 σ_1^2,σ_2^2 相比较的假设检验.

1. μ_1,μ_2 未知,检验假设 $H_0:\sigma_1^2=\sigma_2^2$, $H_1:\sigma_1^2\neq\sigma_2^2$

设两总体的均值 μ_1,μ_2 均未知,为了检验假设

$$H_0:\sigma_1^2=\sigma_2^2,\quad H_1:\sigma_1^2\neq\sigma_2^2,$$

我们需用到样本方差 S_1^2 和 S_2^2.由于 S_1^2 是 σ_1^2 的无偏估计量,S_2^2 是 σ_2^2 的无偏估计量,故当 H_0 为真时,统计量 $F=S_1^2/S_2^2$ 的取值应集中在 1 的附近.若在样本值下 F 的取值过大或过小(接近于 0),则应拒绝 H_0.现具体讨论如下:

由第五章§2 的定理 4 知

$$F=\frac{\sigma_2^2S_1^2}{\sigma_1^2S_2^2}\sim F(n_1-1,n_2-1),$$

故当 $H_0:\sigma_1^2=\sigma_2^2$ 为真时,有

$$F=\frac{S_1^2}{S_2^2}\sim F(n_1-1,n_2-1).$$

对于给定的显著性水平 α,有

$$P(F<F_{1-\alpha/2}(n_1-1,n_2-1))=\alpha/2,\quad P(F>F_{\alpha/2}(n_1-1,n_2-1))=\alpha/2,$$

即

$$\left\{F=\frac{S_1^2}{S_2^2}<F_{1-\alpha/2}(n_1-1,n_2-1)\right\}\cup\left\{F=\frac{S_1^2}{S_2^2}>F_{\alpha/2}(n_1-1,n_2-1)\right\}$$

是小概率事件,于是得到检验规则:由样本值计算出检验统计量 $F=S_1^2/S_2^2$ 的值,若

$$F<F_{1-\alpha/2}(n_1-1,n_2-1) \quad 或 \quad F>F_{\alpha/2}(n_1-1,n_2-1),$$

则拒绝 H_0,接受 H_1,认为 $\sigma_1^2 \neq \sigma_2^2$;若

$$F_{1-\alpha/2}(n_1-1,n_2-1)<F<F_{\alpha/2}(n_1-1,n_2-1),$$

则接受 H_0,认为 $\sigma_1^2=\sigma_2^2$.

例 3 为了研究机器 A 与机器 B 生产的钢管内径,随机抽取机器 A 生产的钢管 8 根,测得样本方差 $s_1^2=0.29\ \text{mm}^2$;抽取机器 B 生产的钢管 9 根,测得样本方差 $s_2^2=0.34\ \text{mm}^2$. 设机器 A 和机器 B 生产的钢管内径分别服从正态分布 $N(\mu_1,\sigma_1^2)$ 和 $N(\mu_2,\sigma_2^2)$,试比较 A,B 两台机器加工的精度有无显著差异.($\alpha=0.01$)

解 检验 A,B 两机器加工精度差异的问题实际上就是检验两个正态总体方差是否相等的问题,即检验假设

$$H_0:\sigma_1^2=\sigma_2^2, \quad H_1:\sigma_1^2 \neq \sigma_2^2.$$

这里 $n_1=8$, $n_2=9$, $s_1^2=0.29$, $s_2^2=0.34$.

由 $\alpha=0.01$ 查附表 5 得

$$F_{\alpha/2}(n_1-1,n_2-1)=F_{0.005}(7,8)=7.69,$$

$$F_{1-\alpha/2}(n_1-1,n_2-1)=F_{0.995}(7,8)=\frac{1}{F_{0.005}(8,7)}=\frac{1}{8.68}=0.115.$$

由样本值计算得

$$F=\frac{s_1^2}{s_2^2}=\frac{0.29}{0.34}=0.853.$$

因为

$$0.115<F=0.853<7.69,$$

所以接受 H_0,可认为 A,B 两机器加工精度无显著差异. 这时也称两总体具有**方差齐性**(即方差相等).

2. μ_1,μ_2 未知,检验假设 $H_0:\sigma_1^2=\sigma_2^2$, $H_1:\sigma_1^2>\sigma_2^2$

在两总体均值 μ_1,μ_2 均未知的条件下,检验假设

$$H_0:\sigma_1^2=\sigma_2^2, \quad H_1:\sigma_1^2>\sigma_2^2.$$

仍选 $F=\dfrac{S_1^2}{S_2^2}$ 作为检验统计量. 对于给定的显著水平 α,查附表 5 得 $F_\alpha(n_1-1,n_2-1)$. 由样本值计算出检验统计量 F 的值,若

$$F>F_\alpha(n_1-1,n_2-1),$$

则拒绝 H_0;否则,接受 H_0.

3. μ_1,μ_2 未知,检验假设 $H_0:\sigma_1^2=\sigma_2^2$, $H_1:\sigma_1^2<\sigma_2^2$

对于假设检验问题

$$H_0:\sigma_1^2=\sigma_2^2, \quad H_1:\sigma_1^2<\sigma_2^2,$$

当两总体均值 μ_1,μ_2 未知时,同样选 $F=\dfrac{S_1^2}{S_2^2}$ 作为检验统计量. 此时,如果

$$F=\frac{S_1^2}{S_2^2}<F_{1-\alpha}(n_1-1,n_2-1),$$

则拒绝 H_0,即接受 H_1;否则,接受 H_0.

例 4 设甲、乙两台机床加工同一种零件,其生产的零件尺寸均服从正态分布. 今从这两台机床生产的零件中分别抽取 11 个和 9 个零件进行测量,得尺寸数据(单位: mm)如下:

甲: 6.2, 5.7, 6.5, 6.0, 6.3, 5.8, 5.7, 6.0, 6.0, 5.8, 6.0;

乙: 5.6, 5.9, 5.6, 5.7, 5.8, 6.0, 5.5, 5.7, 5.5.

试问: 甲机床的加工精度是否比乙机床的加工精度差? ($\alpha=0.05$)

解 依题意,要求检验假设

$$H_0: \sigma_1^2=\sigma_2^2, \quad H_1: \sigma_1^2>\sigma_2^2.$$

这里 $n_1=11$, $n_2=9$, $s_1^2=0.064$, $s_2^2=0.03$.

由 $\alpha=0.05$,查附表 5 得

$$F_\alpha(n_1-1,n_2-1)=F_{0.05}(10,8)=3.35.$$

由样本值计算得

$$F=\frac{s_1^2}{s_2^2}=\frac{0.064}{0.03}=2.13.$$

因为 $F=2.13<3.35=F_\alpha(n_1-1,n_2-1)$,所以接受 H_0,即认为两台机床加工精度无显著差异.

上述三种假设检验中 H_0 的拒绝域如图 7-7 所示(μ_1,μ_2 未知).

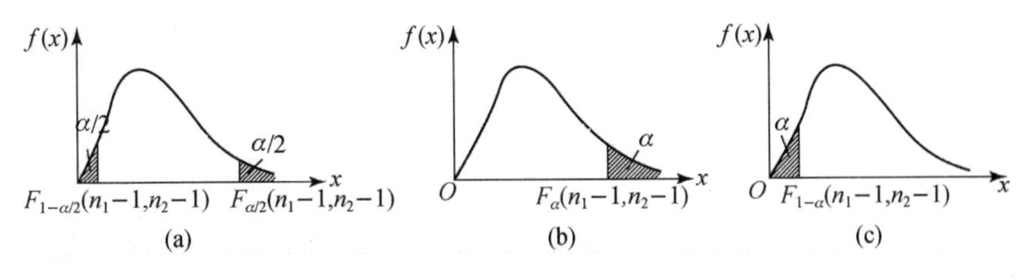

图 7-7

当 μ_1,μ_2 已知时,由 F 分布的定义有

$$\frac{\dfrac{1}{n_1}\sum\limits_{i=1}^{n_1}\dfrac{(X_i-\mu_1)^2}{\sigma_1^2}}{\dfrac{1}{n_2}\sum\limits_{i=1}^{n_2}\dfrac{(Y_i-\mu_2)^2}{\sigma_2^2}}\sim F(n_1,n_2).$$

当 $\sigma_1^2=\sigma_2^2$ 成立时,有

$$\frac{\frac{1}{n_1}\sum_{i=1}^{n_1}(X_i-\mu_1)^2}{\frac{1}{n_2}\sum_{i=1}^{n_2}(Y_i-\mu_2)^2}\sim F(n_1,n_2),$$

于是,便可得到 μ_1,μ_2 已知时,类同于 μ_1,μ_2 未知的两个正态总体方差比较的检验方法(见表7-4).

表 7-4

	H_0	H_1	μ_1,μ_2 未知	μ_1,μ_2 已知
			在显著水平 α 下拒绝 H_0,若	
1	$\sigma_1^2=\sigma_2^2$	$\sigma_1^2\neq\sigma_2^2$	$\frac{s_1^2}{s_2^2}>F_{\alpha/2}(n_1-1,n_2-1)$ 或 $\frac{s_1^2}{s_2^2}<F_{1-\alpha/2}(n_1-1,n_2-1)$	$\frac{\frac{1}{n_1}\sum_{i=1}^{n_1}(x_i-\mu_1)^2}{\frac{1}{n_2}\sum_{i=1}^{n_2}(y_i-\mu_2)^2}>F_{\alpha/2}(n_1,n_2)$ 或 $\frac{\frac{1}{n_1}\sum_{i=1}^{n_1}(x_i-\mu_1)^2}{\frac{1}{n_2}\sum_{i=1}^{n_2}(y_i-\mu_2)^2}<F_{1-\alpha/2}(n_1,n_2)$
2	$\sigma_1^2=\sigma_2^2$	$\sigma_1^2>\sigma_2^2$	$\frac{s_1^2}{s_2^2}>F_{\alpha}(n_1-1,n_2-1)$	$\frac{\frac{1}{n_1}\sum_{i=1}^{n_1}(x_i-\mu_1)^2}{\frac{1}{n_2}\sum_{i=1}^{n_2}(y_i-\mu_2)^2}>F_{\alpha}(n_1,n_2)$
3	$\sigma_1^2=\sigma_2^2$	$\sigma_1^2<\sigma_2^2$	$\frac{s_1^2}{s_2^2}<F_{1-\alpha}(n_1-1,n_2-1)$	$\frac{\frac{1}{n_1}\sum_{i=1}^{n_1}(x_i-\mu_1)^2}{\frac{1}{n_2}\sum_{i=1}^{n_2}(y_i-\mu_2)^2}<F_{1-\alpha}(n_1,n_2)$

两个正态总体方差的检验方法选用的检验统计量都服从 F 分布,因而称为 F **检验法**.

习 题 7-3

A 组

1. 某厂生产一种保险丝,其熔化时间的方差为 $\sigma^2=0.20^2\,\mathrm{s}^2$. 今从该厂某日生产的保险丝中抽取 25 根,测得熔化时间(单位: s)如下:

0.42, 0.65, 0.75, 0.78, 0.87, 0.42, 0.45, 0.68, 0.72, 0.90, 0.19, 0.24, 0.80,
0.81, 0.81, 0.36, 0.54, 0.69, 0.77, 0.84, 0.42, 0.51, 0.57, 0.59, 0.78.

设这种保险丝的熔化时间服从正态分布,问: 该厂这天生产的保险丝熔化时间的方差与往常的有无显著差异? ($\alpha=0.05$)

2. 已知某种维尼纶纤度(表征粗细程度的量)的标准差为 $\sigma=0.048$. 从某日生产的该种维尼纶抽取 5 根,测得纤度如下:

$$1.32,\ 1.55,\ 1.36,\ 1.40,\ 1.44.$$

设维尼伦纤度服从正态分布,问:这天生产的维尼纶纤度的均方差是否显著偏大?($\alpha=0.05$)

3. 设甲、乙两台机床加工同种产品. 现从这两台机床加工的产品中分别取 8 个和 7 个产品,测得产品直径(单位:mm)如下:

甲:20.4, 19.8, 19.7, 20.4, 20.1, 20.0, 19.6, 19.9;

乙:19.7, 20.8, 20.5, 19.8, 19.4, 20.6, 19.2.

在显著性水平 $\alpha=0.05$ 下,试比较甲、乙两台机床加工的精确度有无显著差异. 若 $\alpha=0.10$,又如何?

4. 两家工商银行分别对 21 户和 16 户储户的年存款余额进行抽样调查,测得其平均年存款余额分别为 $\bar{x}=2600$ 元和 $\bar{y}=2700$ 元,样本标准差相应为 $s_x=81$ 元和 $s_y=105$ 元. 假设储户年存款余额服从正态分布,试比较两家银行储户的平均年存款余额有无显著差异.($\alpha=0.10$)

5. 已知用老工艺生产的机械零件某指标的方差较大,抽查了 25 个零件,得 $s_1^2=6.37$. 现改用新工艺生产,抽查 25 个零件,得 $s_2^2=3.19$. 设两种工艺生产的零件该指标皆服从正态分布,问:新工艺的精度是否比老工艺显著好?($\alpha=0.05$)

B 组

1. 用某台自动包装机包装葡萄糖,规定每袋标准重量为 500 g. 假定在正常情况下,每袋糖的重量服从正态分布. 长期资料表明,每袋糖重量的标准差为 15 g. 现从某一班的产品中随机抽取 9 袋,测得重量(单位:g)如下:

$$497,\ 506,\ 518,\ 511,\ 524,\ 510,\ 488,\ 515,\ 512.$$

(1) 每袋糖重量的标准差有无变化?

(2) 每袋糖重量的平均重量是否符合规定标准?($\alpha=0.05$)

2. 用机器包装食盐,假设每袋盐的重量服从正态分布,规定每袋标准重量为 1 kg,标准差不能超过 0.02 kg. 某天开工后,为检验机器工作是否正常,从装好的食盐中随机抽取 9 袋,测其重量(单位:kg)如下:

$$0.994,\ 1.014,\ 1.02,\ 0.95,\ 1.03,\ 0.968,\ 0.976,\ 1.048,\ 0.982.$$

问:该天包装机工作是否正常?($\alpha=0.05$)

3. 为了比较甲、乙两种安眠药的疗效,将 20 名患者分成两组,每组 10 人,分别服用甲、乙两种安眠药,得数据如下:

	a	b	c	d	e	f	g	h	i	j
甲	1.9	0.8	1.1	0.1	-0.1	4.4	5.5	1.6	4.6	3.4
乙	0.7	-1.6	-0.2	-1.2	-0.1	3.4	3.7	0.8	0	2.0

如服药后延长的睡眠时间分别近似服从正态分布,问:在显著水平 $\alpha=0.05$ 下,两种安眠药的疗效有无显著差异?

4. 设甲、乙两台机床加工同一种零件. 现从两台机床加工的产品中分别取 6 个和 9 个,测其长度(单位:cm)并计算得样本方差 $s_{甲}^2=0.245\ \text{cm}^2$,$s_{乙}^2=0.357\ \text{cm}^2$. 假定零件长度服从正态分布,问:是否可以认为甲机床的加工精度比乙机床的高?($\alpha=0.05$)

5. 设检查部门从甲、乙两灯泡厂各取 30 只灯泡进行抽检,得甲厂生产的灯泡平均使用寿命为 1500 h,

样本标准差为 80 h;乙厂生产的灯泡平均使用寿命为 1450 h,样本标准差为 94 h.若甲、乙两厂生产的灯泡的使用寿命都服从正态分布,问:是否可断定甲厂生产的灯泡比乙厂的好?($\alpha=0.05$)

§4 总体分布函数的假设检验

前面所讨论的各种检验方法都是在总体分布已知的前提下进行的.但在许多实际问题中,总体分布形式往往一无所知,而需通过样本对总体所服从的分布类型做出粗略推断并对分布提出假设,然后检验这个假设是否合适.这就是总体分布函数的假设检验问题,它属于非参数检验中的一种检验.下面介绍关于总体分布函数的 χ^2 **拟合优度检验法**(简称 χ^2 **检验法**).

χ^2 检验法是一种检验经验分布与总体分布(理论分布)是否吻合的方法,它不限于总体是否服从正态分布,可用来检验总体是否服从任何一个预先给定的分布.χ^2 检验法的基本做法是,将样本观察值分组,然后计算各组理论频数 np_i 与实测频数 f_i 之差来判断样本分布是否符合某个理论分布.具体地,就是用各组实测频数与理论频数的差异,构成一个服从 χ^2 分布的统计量,并用此统计量来进行假设检验.使用此法时要求样本容量 n 较大,且在分组中,每组的理论频数 np_i 至少不小于 5,最好在 10 以上.现将这一检验法具体介绍如下:

设 $X_1,X_2,\cdots,X_n$ 是来自未知总体 X 的样本,$x_1,x_2,\cdots,x_n$ 是一组样本值,现在的问题是要用此样本值来检验假设

H_0:总体 X 的分布函数 $F(x)=F_0(x)$, H_1:总体 X 的分布函数 $F(x)\neq F_0(x)$,

其中 $F_0(x)$ 是某个给定的分布函数.具体而言,若总体 X 为离散型随机变量,则

$$H_0:\text{总体 } X \text{ 的分布律为 } P(X=t_i)=p_i\ (i=1,2,\cdots);$$

若总体 X 为连续型随机变量,则

$$H_0:\text{总体 } X \text{ 的概率密度为 } f(x)=f_0(x).$$

在用 χ^2 检验法检验假设 H_0 时,具体可按如下步骤进行:

(1) 若在假设 H_0 下,$F(x)$ 形式已知但含未知参数,需先用极大似然法估计总体的未知参数(通常是指总体均值或方差);

(2) 将随机试验的可能结果的全体 Ω 分为 k 个互不相容的事件 $A_1,A_2,\cdots,A_k$ $\left(\sum\limits_{i=1}^{k}A_i=\Omega, A_iA_j=\varnothing, i\neq j;\ i,j=1,2,\cdots,k\right)$,即将样本观察值出现的范围分成 k 个互不相交的子区间.

(3) 选取检验统计量

$$\chi^2=\sum_{i=1}^{k}\frac{(f_i-np_i)^2}{np_i}.$$

可以证明,在假设 H_0 为真时(不论 H_0 属何分布),$\chi^2\sim\chi^2(k-r-1)$(皮尔逊证明了这一结

论,故该检验法也称为**皮尔逊 χ^2 检验法**),式中 f_i 为样本观察值落在第 i 个子区间中数据的个数(频数),$p_i=P(A_i)$是 H_0 为真时,X 落在第 i 个子区间的概率,n 为样本容量,k 为分组数,r 为被估计参数的个数(这里要求 $n\geqslant 50$,$5\leqslant k\leqslant 16$ 不宜太小,且理论频数 $np_i\geqslant 5$,当 $np_i<5$ 时,要进行并组,以使每组均有 $np_i\geqslant 5$).在此,还需说明,各组中实测频数与理论频数之差的平方 $(f_i-np_i)^2$ 不能平等看待,其显著程度应与 np_i 成反比,这就是 $(f_i-np_i)^2$ 要除以 np_i 的缘由.

(4) 对于给定的显著性水平 α,可查附表 4 得临界值 $\chi_\alpha^2(k-r-1)$,再由样本观察值计算检验统计量 $\chi^2=\sum\limits_{i=1}^{k}\dfrac{(f_i-np_i)^2}{np_i}$ 的值.若计算得到

$$\chi^2>\chi_\alpha^2(k-r-1),$$

则在显著性水平 α 下拒绝 H_0,即认为 $F(x)$ 与 $F_0(x)$ 有显著差异;否则,接受 H_0.

例 1 在某实验中,每隔一定时间观察一次由某种铀所放射的到达计数器上的 α 粒子数 X,共观察了 100 次,得结果如表 7-5 所示,表中 f_i 是观察到有 i 个 α 粒子的次数.从理论上考虑,知 X 应服从泊松分布

$$P(X=i)=\frac{\mathrm{e}^{-\lambda}\lambda^i}{i\,!}\quad(i=0,1,2,\cdots).$$

试问:上述理论分布是否符合实际?($\alpha=0.05$)

表 7-5

i	0	1	2	3	4	5	6	7	8	9	10	11	$\geqslant 12$
f_i	1	5	16	17	26	11	9	9	2	1	2	1	0
A_i	A_0	A_1	A_2	A_3	A_4	A_5	A_6	A_7	A_8	A_9	A_{10}	A_{11}	A_{12}

解 依题意,需在显著性水平 0.05 下检验假设

H_0: X 服从泊松分布,即 $P(X=i)=\dfrac{\mathrm{e}^{-\lambda}\lambda^i}{i!}\ (i=0,1,2,\cdots)$,

H_1: X 不服从泊松分布.

因在 H_0 中参数 λ 未具体给出,故需先估计 λ.由极大似然估计法得 $\hat{\lambda}=\bar{x}=4.2$.依表 7-5 将试验的可能结果的全体分为两两不相容的事件 $A_0,A_1,\cdots,A_{11},A_{12}$,则 $P(X=i)$ 有估计

$$\hat{p}_i=\hat{P}(X=i)=\frac{\mathrm{e}^{-4.2}\times 4.2^i}{i!}\quad(i=0,1,2,\cdots).$$

例如

$$\hat{p}_0=\hat{P}(X=0)=\mathrm{e}^{-4.2}=0.015,$$

$$\hat{p}_3=\hat{P}(X=3)=\frac{\mathrm{e}^{-4.2}\times 4.2^3}{3!}=0.185,$$

$$\hat{p}_{12}=\hat{P}(X\geqslant 12)=1-\sum_{i=0}^{11}\hat{p}_i=0.002.$$

计算结果如表 7-6 所示,其中有些 $n\hat{p}_i<5$ 的组予以适当合并,使得每组均有 $n\hat{p}_i\geqslant 5$,如表中第四列花括号所示.此外,并组后 $k=8$,但因在计算概率时估计了一个参数 λ,故 χ^2 的自由度为 $8-1-1=6$.

表　7-6

A_i	f_i	$\hat{p}_i$	$n\hat{p}_i$	$f_i-n\hat{p}_i$	$(f_i-n\hat{p}_i)^2/n\hat{p}_i$
A_0	1	0.015	1.5	−1.8	0.415
A_1	5	0.063	6.3		
A_2	16	0.132	13.2	2.8	0.594
A_3	17	0.185	18.5	−1.5	0.122
A_4	26	0.194	19.4	6.6	2.245
A_5	11	0.163	16.3	−5.3	1.723
A_6	9	0.114	11.4	−2.4	0.505
A_7	9	0.069	6.9	2.1	0.639
A_8	2	0.036	3.6	−0.5	0.0385
A_9	1	0.017	1.7		
A_{10}	2	0.007	0.7		
A_{11}	1	0.003	0.3		
A_{12}	0	0.002	0.2		
$\sum$					6.2815

因

$$\chi_{\alpha}^2(k-r-1)=\chi_{0.05}^2(6)=12.592>6.2815,$$

故在显著性水平 0.05 下接受 H_0,即认为样本来自泊松分布总体,认为理论分布是符合实际的.

例 2　设总体 X 的样本观测值如下:

141, 148, 132, 138, 154, 142, 150, 146, 155, 158, 150, 140, 147, 148,
144, 150, 149, 145, 149, 158, 143, 141, 144, 144, 126, 140, 144, 142,
141, 140, 145, 135, 147, 146, 141, 136, 140, 146, 142, 137, 148, 154,
137, 139, 143, 140, 131, 143, 141, 149, 148, 135, 148, 152, 143, 144,
141, 143, 147, 146, 150, 132, 142, 142, 143, 153, 149, 146, 149, 138,
142, 149, 142, 137, 134, 144, 146, 147, 140, 142, 140, 137, 152, 145.

试问:总体 X 是否服从正态分布?($\alpha=0.1$)

解　依题意需检验假设

H_0: X 的概率密度为 $f(x)=\dfrac{1}{\sqrt{2\pi}\sigma}\mathrm{e}^{-\frac{(x-\mu)^2}{2\sigma^2}}\ (-\infty<x<+\infty)$,

H_1: X 不服从正态分布.

因参数 μ,σ^2 均未知,故需先用极大似然估计法去估计它们,分别得 $\hat{\mu}=\bar{x}=143.8$, $\hat{\sigma}^2=s^2=6.0^2$. 现将 X 可能取值的区间 $(-\infty,+\infty)$ 分为 7 个小区间,列计算表如表 7-7 所示.

表 7-7

组限	频数 f_i	频率 f_i/n	累积频率
124.5～129.5	1	0.0119	0.0119
129.5～134.5	4	0.0476	0.0595
134.5～139.5	10	0.1191	0.1786
139.5～144.5	33	0.3929	0.5715
144.5～149.5	24	0.2857	0.8572
149.5～154.5	9	0.1071	0.9643
154.5～159.5	3	0.0357	1

若 H_0 为真,可认为 X 的概率密度近似为

$$f(x)=\frac{1}{\sqrt{2\pi}\times 6}\mathrm{e}^{-\frac{(x-143.8)^2}{2\times 6^2}}\quad(-\infty<x<+\infty).$$

按上式并查附表 1 即可得各个 p_i 的估计值 $\hat{p}_i$,例如

$$\hat{p}_2=\hat{P}(129.5\leqslant X<134.5)=\Phi\left(\frac{134.5-143.8}{6}\right)-\Phi\left(\frac{129.5-143.8}{6}\right).$$

$$=\Phi(-1.55)-\Phi(-2.38)=0.0519.$$

将计算结果列表,如表 7-8 所示.

表 7-8

A_i	f_i	$\hat{p}_i$	$n\hat{p}_i$	$f_i-n\hat{p}_i$	$(f_i-n\hat{p}_i)^2/n\hat{p}_i$
$A_1: x<129.5$	1	0.0087	0.73	-0.09	0.00
$A_2: 129.5\leqslant x<134.5$	4	0.0519	4.36		
$A_3: 134.5\leqslant x<139.5$	10	0.1752	14.72	-4.72	1.51
$A_4: 139.5\leqslant x<144.5$	33	0.3120	26.21	6.79	1.76
$A_5: 144.5\leqslant x<149.5$	24	0.2811	23.61	0.39	0.01
$A_6: 149.5\leqslant x<154.5$	9	0.1336	11.22	-2.37	0.39
$A_7: 154.5\leqslant x<\infty$	3	0.0375	3.15		
$\sum$					3.67

因为

$$\chi^2_{0.1}(k-r-1)=\chi^2_{0.1}(5-2-1)=\chi^2_{0.1}(2)=4.605>3.67,$$

所以在显著水平 0.1 下接受 H_0,即认为总体 X 服从正态分布 $N(143.8,6.0^2)$.

习　题　7-4

1. 小结皮尔逊 χ^2 检验法的步骤.

2. 试叙述当总体 X 的分布属于离散分布时,运用皮尔逊 χ^2 检验法检验“H_0: X 服从某已知分布”的方法.

3. 从自动精密机床的产品传送带中取出 200 个零件,以 1 μm 以内的测量精度检查零件尺寸,把测量值与额定尺寸的偏差按每隔 5 μm 进行分组,计算这种偏差落在各组内的频数 f_i,列表如下:

组号	1	2	3	4	5	6	7	8	9	10
组限	−20～−15	−15～−10	−10～−5	−5～0	0～5	5～10	10～15	15～20	20～25	25～30
频数 f_i	7	11	15	24	49	41	20	17	7	3

试用 χ^2 检验法检验 H_0: 尺寸偏差服从正态分布.($\alpha=0.05$)

4. 在某公路上,观测每 15 s 过路的汽车的辆数,共观测 200 次,得结果如下:

过路车辆数	0	1	2	3	4	≥5
次数	92	68	28	11	1	0

试检验每 15 s 的过路车辆数是否服从泊松分布.($\alpha=0.10$)

5. 从某车床生产的滚珠中随机抽取了 50 颗,测得它们的直径(单位: mm)如下:

15.0, 15.8, 15.2, 15.1, 15.9, 14.7, 14.8, 15.5, 15.6,
15.3, 15.1, 15.3, 15.0, 15.6, 15.7, 14.8, 14.5, 14.2,
14.9, 14.9, 15.2, 15.0, 15.3, 15.6, 15.1, 14.9, 14.2,
14.6, 15.8, 15.2, 15.9, 15.2, 15.0, 14.9, 14.8, 14.5,
15.1, 15.5, 15.5, 15.1, 15.1, 15.0, 15.3, 14.7, 14.5,
15.5, 15.0, 14.7, 14.6, 14.2.

经计算知,样本均值 $\bar{x}=15.1$ mm,样本方差 $s^2=0.4325^2$ mm^2. 试判断该车床生产的滚球直径是否服从正态分布 $N(15.1, 0.4325^2)$.($\alpha=0.05$)

§5 综合例题

一、基本概念的理解

例 1 已知总体 $X\sim N(\mu,0.04)$,$X_1,X_2,\cdots,X_n$ 是来自总体 X 的样本,$\overline{X}$ 为样本均值. 对于假设 H_0: $\mu=0.5$,H_1: $\mu=\mu_1>0.5$,取 H_0 的拒绝域为 $W=\{\bar{x}>c\}$. 在 $\mu_1=0.65$,显著性水平 $\alpha=0.05$ 时,

(1) 如果 $n=36$,求 c;

(2) 如果 $n=36$,求犯第二类错误的概率 β;

(3) 如果 n 未知,为使犯第二类错误的概率 $\beta\leqslant 0.05$,n 至少应取为多少?

解 (1) 已知 $n=36$,当 H_0 为真时,有 $\overline{X}\sim N(0.5,0.04/36)$,于是

$$0.05=P(\overline{X}>c\,|\,\mu=0.5)=1-\Phi\left(\frac{c-0.5}{0.2/\sqrt{36}}\right).$$

查附表 1 得 $\Phi(1.645)=0.95$,即

$$\frac{c-0.5}{0.2/\sqrt{36}}=1.645,\quad 解出\quad c=0.5548.$$

(2) $\beta=P(\overline{X}\leqslant 0.5548|\mu=0.65)=P\left(\frac{\overline{X}-0.65}{0.2/\sqrt{36}}\leqslant\frac{0.5548-0.65}{0.2/\sqrt{36}}\right)$

$=\Phi(-2.856)=0.0022.$

(3) 由题意 n 应满足

$$0.05\geqslant\beta=P(\overline{X}\leqslant 0.5548\mid\mu=0.65)=P\left(\frac{\overline{X}-0.65}{0.2/\sqrt{n}}\leqslant\frac{0.5548-0.65}{0.2/\sqrt{n}}\right)$$

$$=\Phi\left(\frac{0.5548-0.65}{0.2/\sqrt{n}}\right)=1-\Phi(0.476\sqrt{n}),$$

即 $\Phi(0.476\sqrt{n})\geqslant 0.95$. 查附表 1 得 $\Phi(1.645)=0.95$,所以 $0.476\sqrt{n}\geqslant 1.645$,解出 $n\geqslant 11.87$. 故 n 至少应为 12.

二、单个正态总体参数的假设检验

例 2 已知某机器生产的零件长度 X(单位: cm)服从正态分布 $N(\mu,\sigma^2)$. 现从该机器生产的零件中随意抽取容量为 16 的一个样本,测得样本均值 $\bar{x}=10$,样本方差 $s^2=0.16$.

(1) 求总体均值 μ 的置信度为 0.95 的置信区间;

(2) 在显著性水平 0.05 下,检验假设 H_0: $\mu=9.7$, H_1: $\mu\neq 9.7$.

解 (1) 由于总体方差未知,所以 μ 的置信区间为

$$\left(\overline{X}\pm\frac{S}{\sqrt{n}}t_{\alpha/2}(n-1)\right).$$

由题设可知 $\bar{x}=10$, $s^2=0.16$, $n=16$, $\alpha=1-0.95=0.05$,又查附表 3 得 $t_{0.025}(15)=2.1315$. 代入得 μ 的置信度为 0.95 的置信区间为(9.78685,10.21315).

(2) 由于总体方差未知,故采用 t 检验法.

当 H_0 成立时,检验统计量 $T=\dfrac{\overline{X}-\mu_0}{S/\sqrt{n}}\sim t(n-1)$,

由题设可知 $\bar{x}=10$, $s=\sqrt{0.16}=0.4$, $\mu_0=9.7$, $n=16$, $\alpha=0.05$,又查附表 3 得拒绝域的临界值 $t_{\alpha/2}(n-1)=t_{0.025}(15)=2.1315$. 代入得检验统计量的值

$$T=\frac{\bar{x}-\mu_0}{s/\sqrt{n}}=\frac{10-9.7}{0.4/\sqrt{16}}=3.$$

因为 $|T|=3>2.1315=t_{\alpha/2}(n-1)$,故拒绝 H_0,不认为零件长度的均值为 9.7.

注 事实上,由 $\mu_0=9.7\notin(9.78685,10.21315)$ 知 9.7 落入拒绝域,故拒绝 H_0.

例 3 某车间生产滚珠,从长期实践经验知其直径 $X\sim N(\mu,\sigma^2)$. 现从该车间某天的产品中随机抽取 9 颗,量得直径(单位: mm)如下:

15.1, 14.6, 15.1, 14.9, 14.8, 15.2, 15.2, 15.1, 15.

(1) 如果已知总体 X 的方差 $\sigma^2=0.01\ \text{mm}^2$ 保持不变,而且认为直径为 15.10 mm 时为正常,试在显著性水平 $\alpha=0.05$ 下检验生产是否正常;

(2) 如果将(1)中的总体方差改为 $\sigma^2=0.04\ \text{mm}^2$,结果又会如何?

(3) 是否可以认为总体 X 的方差为 $0.01\ \text{mm}^2$?

解 (1) 提出假设

$$H_0: \mu = 15.10, \quad H_1: \mu \neq 15.10.$$

由于总体方差已知,故采用 U 检验法.

当 H_0 为真时,检验统计量 $U=\dfrac{\overline{X}-\mu_0}{\sigma/\sqrt{n}}\sim N(0,1)$.

由已知计算得 $\bar{x}=15$,又 $\sigma=\sqrt{0.01}=0.1$,$\mu_0=15.10$,$n=9$,$\alpha=0.05$,且查附表 1 得拒绝域的临界值 $Z_{\alpha/2}=Z_{0.025}=1.96$. 代入得检验统计量的值

$$U=\frac{\bar{x}-\mu_0}{\sigma/\sqrt{n}}=\frac{15-15.10}{0.1/\sqrt{9}}=-3.$$

因为 $|U|=3>1.96=Z_{\alpha/2}$,故拒绝 H_0,认为生产不正常.

(2) 当 $\sigma=\sqrt{0.04}=0.2$ 时,检验统计量的值为

$$U=\frac{\bar{x}-\mu_0}{\sigma/\sqrt{n}}=\frac{15-15.10}{0.2/\sqrt{9}}=-1.5.$$

因为 $|U|=1.5<1.96=Z_{\alpha/2}$,故接受 H_0,认为生产正常.

这是由于总体方差变大了,意味着数据的波动幅度变大,所以样本均值与假设的总体均值之间的差异变得不那么显著.

(3) 提出关于方差的假设 $H_0: \sigma^2=0.01$,$H_1: \sigma^2\neq 0.01$,此时用 χ^2 检验法. 当 H_0 为真时,检验统计量 $\chi^2=\dfrac{(n-1)S^2}{\sigma_0^2}\sim\chi^2(n-1)$.

由已知计算得 $s=0.2$,又 $\sigma_0^2=0.01$,$n=9$,$\alpha=0.05$,且查附表 4 得拒绝域的临界值

$$\chi^2_{\alpha/2}(n-1)=\chi^2_{0.025}(8)=17.535, \quad \chi^2_{1-\alpha/2}(n-1)=\chi^2_{0.975}(8)=2.180.$$

代入得检验统计量的值

$$\chi^2=\frac{(n-1)s^2}{\sigma_0^2}=\frac{(9-1)\times 0.2^2}{0.01}=32.$$

因为 $\chi^2=32>17.535=\chi^2_{\alpha/2}(n-1)$,故拒绝 H_0,不可以认为总体 X 的方差为 $0.01\ \text{mm}^2$.

例 4 设某次考试学生的成绩服从正态分布. 现从该次考试成绩中随机地抽取 36 位考生的成绩,计算得平均成绩为 66.5 分,标准差为 15 分. 问:在显著性水平 0.05 下,是否可以认为这次考试全体考生的平均成绩为 70 分?给出检验过程.

附表:

$t_p(n)$ \ p / n	0.95	0.975
35	1.6896	2.0301
36	1.6883	2.0281

注：$P(t(n)\leqslant t_p(n))=p$.

解 设该次考试全体考生的成绩为总体 X,则 $X\sim N(\mu,\sigma^2)$,其中 σ^2 未知. 提出假设

$$H_0:\mu=70,\quad H_1:\mu\neq 70.$$

由于总体的方差 σ^2 未知,故采用 t 检验法.

当 H_0 为真时,检验统计量 $T=\dfrac{\overline{X}-\mu_0}{S/\sqrt{n}}\sim t(n-1)$,

由题设可知 $\bar{x}=66.5,s=15,\mu_0=70,n=36,\alpha=0.05$,又查所给的附表得拒绝域的临界值 $t_{1-\alpha/2}(n-1)=t_{0.975}(35)=2.0301$. 代入得检验统计量的值为

$$T=\frac{\bar{x}-\mu_0}{s/\sqrt{n}}=\frac{66.5-70}{15/\sqrt{36}}=-1.4.$$

因为 $|T|=1.4<2.0301$,故接受 H_0,可以认为这次考试全体考生的平均成绩为 70 分.

注 本题所给的分布表为“下分位点”表(可从 $P(t(n)\leqslant t_p(n))=p$ 看出),所以拒绝域的临界值也用下分位点表示(若将 $t_{1-\alpha/2}(n-1)$ 改成 $t_{\alpha/2}(n-1)$,就成“上分位点”了).

三、两个正态总体参数的假设检验

例 5 某药厂从植物中提取中药,为了提高产量,提出了两种工艺方案. 为了研究哪一种方案好,分别对两种工艺方案各进行了 10 次试验,计算得

$$\bar{x}_1=65.96,\ s_1^2=3.351;\quad \bar{x}_2=69.43,\ s_2^2=2.246.$$

设产量均服从正态分布,方案 2 是否比方案 1 显著提高产量?($\alpha=0.01$)

解 设两种工艺方案对应的总体分别为 $X_1\sim N(\mu_1,\sigma_1^2)$,$X_2\sim N(\mu_2,\sigma_2^2)$.

(1) 检验方差是否相等,提出假设 $H_0:\sigma_1^2=\sigma_2^2$,$H_1:\sigma_1^2\neq\sigma_2^2$,用 F 检验法.

当 H_0 为真时,检验统计量 $F=\dfrac{S_1^2}{S_2^2}\sim F(n_1-1,n_2-1)$.

由题设可知 $s_1^2=3.351,s_2^2=2.246,n_1=n_2=10,\alpha=0.01$,又查附表 5 得拒绝域的临界值

$$F_{\alpha/2}(n_1-1,n_2-1)=F_{0.005}(9,9)=6.54,$$

$$F_{1-\alpha/2}(n_1-1,n_2-1)=F_{0.995}(9,9)=1/F_{0.005}(9,9)=0.153.$$

代入得检验统计量的值为

$$F=\frac{s_1^2}{s_2^2}=\frac{3.351}{2.246}\approx 1.492.$$

因为 $0.153<F\approx 1.492<6.54$,故接受 H_0,认为两个总体的方差相等.

(2) 提出假设 $H_0: \mu_1=\mu_2, H_1: \mu_1<\mu_2$,此时 $\sigma_1^2=\sigma_2^2$,但未知.

当 H_0 为真时,检验统计量 $T=\dfrac{\overline{X}_1-\overline{X}_2}{S_w\sqrt{\dfrac{1}{n_1}+\dfrac{1}{n_2}}}\sim t(n_1+n_2-2)$,

由题设可知 $\bar{x}_1=65.96, \bar{x}_2=69.43, s_1^2=3.351, s_2^2=2.246, n_1=n_2=10, \alpha=0.01$,又查附表 3 得 $t_\alpha(n_1+n_2-2)=t_{0.01}(18)=2.5524$,且有

$$s_w=\sqrt{\frac{(n_1-1)s_1^2+(n_2-1)s_2^2}{n_1+n_2-2}}=\sqrt{\frac{9\times 3.351+9\times 2.246}{18}}=1.6729.$$

代入得检验统计量的值为

$$T=\frac{\bar{x}_1-\bar{x}_2}{s_w\sqrt{\dfrac{1}{n_1}+\dfrac{1}{n_2}}}=\frac{65.96-69.43}{1.6729\cdot\sqrt{\dfrac{1}{10}+\dfrac{1}{10}}}=-4.638.$$

因为 $T=-4.638<-2.5524=-t_{0.01}(18)$,故拒绝 H_0,认为方案 2 比方案 1 能显著提高产量.

总 习 题 七

一、填空题:

1. 设 $X_1, X_2, \cdots, X_{16}$ 是来自正态总体 $N(\mu, 2^2)$ 的样本,样本均值为 $\overline{X}$,则在显著性水平 $\alpha=0.05$ 下检验假设"$H_0: \mu=5, H_1: \mu\neq 5$"的拒绝域为__________.

2. 设在假设检验问题中,原假设为 H_0,备择假设为 H_1,拒绝域为 W,取得的样本值为 $x_1, x_2, \cdots, x_n$,则假设检验中犯第一类错误的概率 $\alpha=$__________,犯第二类错误的概率 $\beta=$__________.

3. 设 $X_1, X_2, \cdots, X_n$ 是来自正态总体 $X\sim N(\mu, \sigma^2)$ 的样本,其中参数 μ, σ^2 未知.记 $\overline{X}=\dfrac{1}{n}\sum\limits_{i=1}^{n}X_i, Q^2=\sum\limits_{i=1}^{n}(X_i-\overline{X})^2$,则假设 $H_0: \mu=0$ 的 t 检验法使用的统计量为 $T=$__________.

4. 设总体 $X\sim N(\mu_0, \sigma^2)$,其中 μ_0 为已知常数,$X_1, X_2, \cdots, X_n$ 为来自总体 X 的样本,则检验假设"$H_0: \sigma^2=\sigma_0^2, H_1: \sigma^2\neq\sigma_0^2$"的统计量是__________;当 H_0 成立时,该统计量服从__________分布.

二、选择题:

1. 在假设检验中,设 H_0 表示原假设,H_1 表示备择假设,则犯第一类错误的情况为(　　).

(A) H_1 为真,接受 H_1　　(B) H_1 不真,接受 H_1

(C) H_1 为真,拒绝 H_1　　(D) H_1 不真,拒绝 H_1

2. 在假设检验中,设 H_0 表示原假设,H_1 表示备择假设,则称为犯第二类错误的是(　　).

(A) H_1 不真,接受 H_1　　(B) H_0 不真,接受 H_1

(C) H_0 不真,接受 H_0　　(D) H_1 不真,接受 H_0

3. 设总体 $X\sim N(\mu, \sigma^2)$,其中 σ^2 未知,$x_1, x_2, \cdots, x_n$ 为来自总体 X 的一组样本观测值.现对 μ 进行假设检验,若在显著性水平 $\alpha=0.05$ 下接受了 $H_0: \mu=\mu_0$,则当显著性水平改为 $\alpha=0.01$ 时,下列说法正确的是(　　).

(A) 必接受 H_0　　(B) 必拒绝 H_0

(C) 可能接受,也可能拒绝 H_0　　　　(D) 犯第二类错误的概率必减小

4. 设总体 $X\sim N(\mu,\sigma^2)$,其中 σ^2 未知,$x_1,x_2,\cdots,x_n$ 为来自总体 X 的一组样本观测值.现对 μ 进行假设检验,若在显著性水平 $\alpha=0.05$ 下拒绝了 $H_0:\mu=\mu_0$,则当显著性水平改为 $\alpha=0.01$ 时,下列说法正确的是(　　).

(A) 必接受 H_0　　　　(B) 必拒绝 H_0

(C) 可能接受,也可能拒绝 H_0　　　　(D) 犯第一类错误的概率必变大

5. 设总体 $X\sim N(\mu_0,\sigma^2)$,其中 σ^2 未知,$x_1,x_2,\cdots,x_n$ 为来自总体 X 的样本 $X_1,X_2,\cdots,X_n$ 的一组观测值.记 $\overline{X}$ 为样本均值,S 为样本标准差,对假设"$H_0:\mu\geqslant\mu_0,H_1:\mu<\mu_0$",取检验统计量为 $T=\dfrac{\overline{X}-\mu_0}{S}\sqrt{n}$,则在显著性水平 α 下,拒绝域为(　　).

(A) $\{|T|>t_\alpha(n-1)\}$　　　　(B) $\{|T|\leqslant t_\alpha(n-1)\}$

(C) $\{T>t_\alpha(n-1)\}$　　　　(D) $\{T\leqslant -t_\alpha(n-1)\}$

6. 设总体 $X\sim N(\mu,\sigma^2)$,其中 μ 未知,$X_1,X_2,\cdots,X_n$ 为来自总体 X 的样本.记 $\overline{X}$ 为样本均值,S^2 为样本方差,则对假设检验"$H_0:\sigma\geqslant 2,H_1:\sigma<2$",应取检验统计量 χ^2 为(　　).

(A) $\dfrac{(n-1)S^2}{8}$　　　　(B) $\dfrac{(n-1)S^2}{6}$

(C) $\dfrac{(n-1)S^2}{4}$　　　　(D) $\dfrac{(n-1)S^2}{2}$

三、计算题:

1. 设某批矿砂的5个样品中的镍含量(单位:%)经测定为

$$3.25,\ 3.27,\ 3.24,\ 3.26,\ 3.24.$$

若矿砂镍含量服从正态分布,问:在显著性水平 $\alpha=0.01$ 下,能否接受假设 H_0:这批矿砂的镍含量的均值为3.25%?

2. 设某厂生产的灯泡标准使用寿命为2000 h.今从一批该厂生产的灯泡中随机抽取20只,得使用寿命的样本均值为 $\bar{x}=1832$ h,样本标准差为 $s=497$ h.已知同一批灯泡的使用寿命服从正态分布,问:该批灯泡的平均使用寿命是否符合标准?($\alpha=0.05$)

3. 要求某种元件使用寿命不得低于1000 h.今从一批这种元件中随机抽取25个,测得其使用寿命的平均值为950 h.已知该种元件使用寿命服从标准差为 $\sigma=100$ h 的正态分布,试在显著水平 $\alpha=0.05$ 下确定这批元件是否合格.

4. 设某厂生产的钢丝断裂强度 $X\sim N(\mu,\sigma^2)$,其中 $\sigma=40\ \text{kg/cm}^2$.现从该厂生产的一批钢丝中抽测9根,所得样本均值 $\bar{x}$ 较 μ 大 $20\ \text{kgf/cm}^2$(即 $\bar{x}-\mu=20\ \text{kgf/cm}^2$).能否认为这批钢丝的断裂强度较往常有显著提高?($\alpha=0.05$)

5. 设某纺织厂生产的维尼纶纤度在生产稳定的情况下服从正态分布 $N(\mu,\sigma^2)$,且按往常资料知 $\sigma=0.048$.今从该厂生产的某批维尼纶中,抽测5根,得纤度数据如下:

$$1.32,\ 1.55,\ 1.36,\ 1.40,\ 1.44.$$

试问:这批维尼纶纤度的方差有无显著变化?($\alpha=0.10$)

6. 已知某仪器出厂时,工作精度为 $\sigma=0.15$ m.经过若干年使用后,对一长度为3.75 m的物体进行8次测量,其结果(单位:m)如下:

$$3.69,\ 3.78,\ 3.75,\ 3.30,\ 3.85,\ 4.01,\ 3.72,\ 3.83.$$

试问：该仪器的精度是否下降？(即方差是否增大？$\alpha=0.10$)

7. 已知某种导线要求其电阻的标准差不得超过 0.005 Ω. 今在一批该种导线中取样品 9 根，测得 $s=0.007\Omega$. 设该种导线电阻服从正态分布，问：在显著水平 $\alpha=0.05$ 下，能否认为这批导线的标准差显著偏大？

8. 设两台车床独立生产同一规格的 122 mm 榴弹弹体. 今从第一台车床任取 5 发，测得平均重量为 $\bar{x}_1=17.681$ kg，样本方差为 $s_1^2=0.06^2\ \text{kg}^2$；从第二台车床任取 8 发，测得平均重量为 $\bar{x}_2=17.630$ kg，样本方差为 $s_2^2=0.05^2\ \text{kg}^2$. 若两台车床生产的榴弹弹体重量都服从正态分布，且方差相等，问：这两台车床生产的榴弹弹体平均重量是否相等？($\alpha=0.05$)

9. 设从方差相同的两个正态总体 X,Y 中，相互独立地抽得下列样本：

X：2.10，2.35，2.39，2.41，2.44，2.56；

Y：2.03，2.28，2.58，2.71.

在显著水平 $\alpha=0.05$ 下，判断这两正态总体的均值是否有显著差异.

10. 测得 A,B 两批电子器件的电阻(单位：Ω)如下：

A 批	0.140	0.138	0.143	0.142	0.144	0.137
B 批	0.135	0.140	0.142	0.136	0.138	0.140

设这两批电子器件的电阻值总体分别服从正态分布 $N(\mu_1,\sigma_1^2)$，$N(\mu_2,\sigma_2^2)$，且两样本相互独立.

(1) 检验假设 $H_0:\sigma_1^2=\sigma_2^2$；($\alpha=0.05$)

(2) 在(1)的基础上检验假设 $H_0:\mu_1=\mu_2$.($\alpha=0.05$)

11. 两化验员 A,B 对一种矿砂的含铁量独立地用同一方法作分析. A,B 分别分析 5 次和 7 次，得到样本方差分别为 0.4322 与 0.5006. 设 A,B 测定值的总体都服从正态分布，试在显著性水平 $\alpha=5\%$ 下检验 A,B 化验员测定值的方差有无显著差异.

12. 设某种橡胶配方中，原用氧化锌 5 g，现改为 1 g. 今分别对两种配方各做若干试验，测得橡胶伸长率如下：

原配方：540，533，525，520，545，531，541，529，534；

现配方：565，577，580，575，556，542，560，532，570，561.

若同一批橡胶伸长率服从正态分布，问：在两种配方下，橡胶伸长率是否服从相同的分布？($\alpha=0.10$. 提示：先检验 $\sigma_1^2=\sigma_2^2$)

13. 某火炮在研制过程中，先采用某种发射药，后改用另一种发射药，要求改用发射药后，弹丸初速的分布规律不发生变化. 为此，进行对比射击，测得初速(单位：m/s)如下：

原发射药：265.8，267.2，263.0，256.0，256.2，262.6，261.3，263.1；

新发射药：258.0，256.2，256.3，264.0，252.3，261.9，252.6，250.7.

已知同一批弹丸初速服从正态分布，问：两种发射药发射的弹丸初速是否服从相同的分布？($\alpha=0.10$. 提示：先检验 $\sigma_1^2=\sigma_2^2$)

14. 设检查了某本书的 100 页，记录各页中的印刷错误的个数，其结果如下：

错误个数 f_i	0	1	2	3	4	5	6	≥7
含 f_i 个错误的页数	36	40	19	2	0	2	1	0

问：能否认为该书一页的印刷错误个数服从泊松分布？($\alpha=0.05$)

15. 设某厂生产了一批维尼纶. 现从该批维尼纶抽取一个容量 $n=100$ 的样本，测得纤度数据如下：

1.36，1.49，1.43，1.41，1.37，1.40，1.32，1.42，1.47，1.39，
1.41，1.36，1.40，1.34，1.42，1.45，1.35，1.35，1.42，1.39，
1.44，1.42，1.39，1.42，1.42，1.30，1.34，1.42，1.37，1.36，
1.37，1.34，1.37，1.37，1.44，1.45，1.32，1.48，1.40，1.45，
1.39，1.46，1.39，1.53，1.36，1.48，1.40，1.39，1.38，1.40，
1.36，1.45，1.50，1.43，1.38，1.43，1.41，1.48，1.39，1.45，
1.37，1.37，1.39，1.45，1.31，1.41，1.44，1.44，1.42，1.47，
1.35，1.36，1.39，1.40，1.38，1.35，1.42，1.43，1.42，1.42，
1.42，1.40，1.41，1.37，1.46，1.36，1.37，1.27，1.37，1.38，
1.42，1.34，1.43，1.42，1.41，1.41，1.44，1.48，1.55，1.37.

试判断该批维尼纶的纤度是否服从正态分布. ($\alpha=0.10$)

16. 在一个正二十面体的 20 个面上，分别标以数字 0，1，2，…，9，每个数字在两个面上标出. 为检验其均匀性，共做 800 次投掷试验，得数字 0，1，…，9 朝正上方的次数如下：

数字	0	1	2	3	4	5	6	7	8	9
频数	74	92	83	79	80	73	77	75	76	91

问：该二十面体是否匀称？($\alpha=0.05$)

第八章 方差分析与回归分析

方差分析与回归分析都是国民经济和科学技术中具有广泛应用的统计方法.限于本书的性质,下面将对其最基本的内容作一简单介绍.

§1 单因素方差分析

方差分析(analysis of variance, ANOVA)是根据试验数据推断一个或多个因素(factor)在其状态变化时是否会对试验指标有显著影响,从而选出对试验指标起最大影响的试验条件的一种数理统计方法.

在工农业生产和科学试验中,我们经常会遇到要研究如何提高产品产量和质量的问题.而影响产品产量和质量的因素很多,例如,在化工生产中,影响化工产品质量的因素就有原料成分、配方比例、设备、温度、时间、压力、催化剂、操作人员水平等多种因素.通常,我们需要通过观察或试验来判断哪些因素是重要的、有显著影响的,哪些因素是次要的、无显著影响的.对此,我们应采用方差分析的方法来解决.

一、单因素试验

设在一项试验中,所考察的因素只有一个,即只有一个因素在改变,而其他因素保持不变,则称该试验为**单因素试验**;而多于一个因素在改变的试验称为**多因素试验**.

因素可分为两类:一类是可控因素,如反应温度、原料配量、溶液浓度等;另一类是不可控因素,如测量误差、气象条件等.以下我们所说的因素都是指可控因素,且称因素所处的各种状态为该因素的各个**水平**(level).

为了方便起见,我们把在试验中变化的因素用 $A,B,C,\cdots$ 表示,因素 A 的 p 个不同水平分别用 $A_1,A_2,\cdots,A_p$ 表示.

例 1 设有 3 台机器,用来生产厚度为 0.25 cm 的铝合金板.今要了解各机器产品的平均厚度是否相同,取样测量精确至千分之一厘米,得结果(单位:cm)如表 8-1 所示.

表 8-1

机器Ⅰ	机器Ⅱ	机器Ⅲ
0.236	0.257	0.258
0.238	0.253	0.264
0.248	0.255	0.259
0.245	0.254	0.267
0.243	0.261	0.262

这里,试验的指标是薄板的厚度.机器为因素,不同的3台机器就是这个因素的3个不同的水平,我们假定除机器这一因素外,材料的规格、操作人员的水平等其他条件都相同.显然这是单因素试验.试验的目的是为了考察各台机器所生产的薄板厚度有无显著差异,即考察机器这一因素对厚度有无显著的影响.

例2 某超级市场将一种商品采用3种不同包装放在4个不同货架上做销售试验,且每种包装与每个货架组合后各销售两天,以考察不同包装和货架对销售的影响,得销售量结果(单位:kg)如表8-2所示.

表 8-2

包装(B) / 货架(A)	B_1	B_2	B_3
A_1	58.2	56.2	65.3
	52.6	41.2	60.8
A_2	49.1	54.1	51.6
	42.8	50.5	48.4
A_3	60.1	70.9	39.2
	58.3	73.2	40.7
A_4	75.8	58.2	48.7
	71.5	51.0	41.4

这里,试验指标是销售量,包装和货架是因素,它们分别有3个和4个水平.这是一个双因素试验.试验的目的在于考察在各种因素的各个水平下销售量有无显著差异,即考察包装和货架这两个因素对销售量是否有显著影响.

有些问题还要考虑三个及三个以上更多个因素对指标所起的作用.本书仅讨论单因素试验和双因素试验中的方差分析.

下面先讨论单因素试验情形.现就例1来看,显然,例1中我们在单因素的每一个水平下进行的独立试验的结果是一个随机变量,而表中数据可看成来自3个不同总体(每个水平对应一个总体)的样本值.若将各总体的均值依次记为μ_1,μ_2,μ_3,则依题意需检验假设

$$H_0: \mu_1=\mu_2=\mu_3, \quad H_1: \mu_1,\mu_2,\mu_3 \text{ 不全相等}.$$

这里,我们假设各总体均为正态变量,且各总体方差相等.所以,方差分析实质上就是检验具

有方差齐性的多个正态总体的均值是否相等.粗看似乎可以运用第七章§2中的具有方差齐性的两个正态总体均值是否相等的 t 检验法,逐一对每两个总体进行检验.但仔细思考就会觉得,这种做法是不可取的.原因是,当总体较多时,检验起来不仅太烦琐,而且由于逐对检验所出现的误差积累不断增大,将很有可能导致错误的结果.因此,我们必须寻找一种能解决这类问题的更简捷的统计方法,它就是下面我们所要介绍的方差分析法.

二、单因素等重复试验的方差分析

1. 数学模型

设因素 A 有 s 个水平 $A_1,A_2,\cdots,A_s$,在水平 $A_j(j=1,2,\cdots,s)$下,各进行 m $(m\geqslant 2)$次独立试验,试验总次数为 $n=ms$,得结果如表 8-3 所示.

表 8-3

水平	A_1	A_2	$\cdots$	A_s
总体	X_1	X_2	$\cdots$	X_s
样本	X_{11}	X_{12}	$\cdots$	X_{1s}
	X_{21}	X_{22}	$\cdots$	X_{2s}
	$\vdots$	$\vdots$		$\vdots$
	X_{m1}	X_{m2}	$\cdots$	X_{ms}
样本总和	$T_{\cdot 1}$	$T_{\cdot 2}$	$\cdots$	$T_{\cdot s}$
样本均值	$\overline{X}_{\cdot 1}$	$\overline{X}_{\cdot 2}$	$\cdots$	$\overline{X}_{\cdot s}$
总体均值	μ_1	μ_2	$\cdots$	μ_s

这里假定各水平 $A_j(j=1,2,\cdots,s)$下的样本 $X_{1j},X_{2j},\cdots,X_{mj}$ 来自具有相同方差 σ^2,均值分别为 $\mu_j(j=1,2,\cdots,s)$的正态总体 $N(\mu_j,\sigma^2)$,其中 μ_j 与 σ^2 未知,且设不同水平 A_j 下的样本之间相互独立.

由于 $X_{ij}\sim N(\mu_j,\sigma^2)$,即有 $X_{ij}-\mu_j\sim N(0,\sigma^2)$,故 $X_{ij}-\mu_j$ 可看成随机误差.记 $X_{ij}-\mu_j=\varepsilon_{ij}$,则 X_{ij} 可写成

$$\left.\begin{array}{l} X_{ij}=\mu_j+\varepsilon_{ij}, \\ \varepsilon_{ij}\sim N(0,\sigma^2),\text{各 } \varepsilon_{ij} \text{ 相互独立} \end{array}\quad (i=1,2,\cdots,m;j=1,2,\cdots,s),\right\} \tag{8.1.1}$$

其中 μ_j 与 σ^2 均为未知参数.(8.1.1)式称为单因素试验方差分析的**数学模型**.而方差分析的任务就是:寻找适当的统计量来检验 s 个总体 $N(\mu_1,\sigma^2),\cdots,N(\mu_s,\sigma^2)$的均值是否相等,即检验假设

$$H_0:\mu_1=\mu_2=\cdots=\mu_s,\quad H_1:\mu_1,\mu_2,\cdots,\mu_s \text{ 不全相等}, \tag{8.1.2}$$

且做出未知参数 $\mu_1,\mu_2,\cdots,\mu_s$ 及 σ^2 的估计.

为讨论方便起见,我们记均值的总平均为 μ,则有

$$\mu=\frac{1}{n}\sum_{j=1}^{s}m\mu_j=\frac{m}{n}\sum_{j=1}^{s}\mu_j=\frac{1}{s}\sum_{j=1}^{s}\mu_j. \tag{8.1.3}$$

再令 $a_j=\mu_j-\mu\ (j=1,2,\cdots,s)$,易见 $\sum\limits_{j=1}^{s}a_j=\sum\limits_{j=1}^{s}\mu_j-s\mu=0$,$a_j$ 表示水平 A_j 下的总体均值与总平均的差异,称为水平 A_j 的**效应**(effect). 至此,模型(8.1.1)又可写成

$$\left.\begin{array}{l} X_{ij}=\mu+a_j+\varepsilon_{ij}, \\ \varepsilon_{ij}\sim N(0,\sigma^2),\text{各 }\varepsilon_{ij}\text{ 相互独立} \quad (i=1,2,\cdots,m;j=1,2,\cdots,s), \\ \sum\limits_{j=1}^{s}a_j=0. \end{array}\right\} \tag{8.1.1$'$}$$

而假设(8.1.2)又等价于假设

$$H_0: a_1=a_2=\cdots=a_s=0,\quad H_1: a_1,a_2,\cdots,a_s\text{ 不全为零}. \tag{8.1.2$'$}$$

这是因为当且仅当 $\mu_1=\mu_2=\cdots=\mu_s$ 时 $\mu_j=\mu$,即 $a_j=0(j=1,2,\cdots,s)$. 这说明,当各水平 A_j 之间无显著差异时,各个 a_j 均为 0;而当各水平 A_j 之间有显著差异时,各个 μ_j 就彼此参差不齐,于是 $a_j=\mu_j-\mu$ 就表示水平 A_j 使总平均改变了多少,即 A_j 相对于总平均的效应. 当 $a_j>0$ 时,称水平 A_j 的**效应为正**;当 $a_j<0$ 时,称水平 A_j 的**效应为负**.

2. 平方和的分解

下面从平方和的分解着手,导出检验假设(8.1.2)$'$的检验统计量.

引入**总离差平方和**

$$S_T=\sum_{j=1}^{s}\sum_{i=1}^{m}(X_{ij}-\overline{X})^2, \tag{8.1.4}$$

其中

$$\overline{X}=\frac{1}{n}\sum_{j=1}^{s}\sum_{i=1}^{m}X_{ij} \tag{8.1.5}$$

是数据的总平均. S_T 能反映全部试验数据之间的差异,故又称**总变差**. 再记水平 A_j 下的样本平均值为$\overline{X}_{\cdot j}$,即

$$\overline{X}_{\cdot j}=\frac{1}{m}\sum_{i=1}^{m}X_{ij}. \tag{8.1.6}$$

于是

$$\begin{aligned} S_T&=\sum_{j=1}^{s}\sum_{i=1}^{m}[(X_{ij}-\overline{X}_{\cdot j})+(\overline{X}_{\cdot j}-\overline{X})]^2 \\ &=\sum_{j=1}^{s}\sum_{i=1}^{m}(X_{ij}-\overline{X}_{\cdot j})^2+\sum_{j=1}^{s}\sum_{i=1}^{m}(\overline{X}_{\cdot j}-\overline{X})^2+2\sum_{j=1}^{s}\sum_{i=1}^{m}(X_{ij}-\overline{X}_{\cdot j})(\overline{X}_{\cdot j}-\overline{X}). \end{aligned}$$

而

$$\begin{aligned} 2\sum_{j=1}^{s}\sum_{i=1}^{m}(X_{ij}-\overline{X}_{\cdot j})(\overline{X}_{\cdot j}-\overline{X})&=2\sum_{j=1}^{s}(\overline{X}_{\cdot j}-\overline{X})\cdot\left[\sum_{i=1}^{m}(X_{ij}-\overline{X}_{\cdot j})\right] \\ &=2\sum_{j=1}^{s}(\overline{X}_{\cdot j}-\overline{X})\cdot\left(\sum_{i=1}^{m}X_{ij}-m\,\overline{X}_{\cdot j}\right)=0, \end{aligned}$$

故 S_T 又可分解为

$$S_T = S_E + S_A, \tag{8.1.7}$$

其中

$$S_E = \sum_{j=1}^{s}\sum_{i=1}^{m}(X_{ij} - \overline{X}_{\cdot j})^2,$$

$$S_A = \sum_{j=1}^{s}\sum_{i=1}^{m}(\overline{X}_{\cdot j} - \overline{X})^2 = m\sum_{j=1}^{s}(\overline{X}_{\cdot j} - \overline{X})^2 = m\sum_{j=1}^{s}\overline{X}_{\cdot j}^2 - n\overline{X}^2.$$

公式(8.1.7)称为**平方和分解式**,其中 S_E 的各项$(X_{ij}-\overline{X}_{\cdot j})^2$ 表示在水平 A_j 下,样本观察值与样本均值的差异,它是由随机误差所引起的,故称 S_E 为**误差平方和或组内离差平方和**;而 S_A 的各项 $m(\overline{X}_{\cdot j}-\overline{X})^2$ 却表示 A_j 水平下的样本均值与数据总平均的差异,它主要是由水平 A_j 的效应引起的,故称 S_A 为因素 A 的**效应平方和或组间离差平方和**. 公式(8.1.7)表明,试验结果的总离差平方和是由组内离差平方和与组间离差平方和两部分组成的.

方差分析的基本思想是: 通过分析试验数据并将误差进行分解后,如果组间离差平方和 S_A 显著地大于组内离差平方和 S_E,则说明试验结果的差异主要是由于因素的水平变化引起的. 这就是说,该因素对于试验结果的影响是显著的.

为了寻求假设(8.1.2)′的检验统计量,以下继续讨论 S_E 与 S_A 的一些统计特性.

3. 显著性检验

先将 S_E 写成

$$S_E = \sum_{i=1}^{m}(X_{i1} - \overline{X}_{\cdot 1})^2 + \cdots + \sum_{i=1}^{m}(X_{is} - \overline{X}_{\cdot s})^2. \tag{8.1.8}$$

注意到$\sum_{i=1}^{m}(X_{ij}-\overline{X}_{\cdot j})^2$ 是总体 $N(\mu_j,\sigma^2)$ 的样本方差 $S_j^2 = \frac{1}{m-1}\sum_{i=1}^{m}(X_{ij} - \overline{X}_{\cdot j})^2$ 的 $m-1$ 倍,于是有

$$\frac{1}{\sigma^2}\sum_{i=1}^{m}(X_{ij} - \overline{X}_{\cdot j})^2 \sim \chi^2(m-1).$$

因各 X_{ij} 相互独立,故(8.1.8)式中各平方和相互独立. 由χ^2分布的可加性及 $sm=n$ 知 $S_E/\sigma^2 \sim \chi^2[s(m-1)]$,即

$$S_E/\sigma^2 \sim \chi^2(n-s). \tag{8.1.9}$$

由(8.1.9)式还可知,S_E 的自由度为 $n-s$,且有

$$\mathrm{E}(S_E) = (n-s)\sigma^2. \tag{8.1.10}$$

另外,注意到 S_A 是 s 个变量$\sqrt{m}(\overline{X}_{\cdot j}-\overline{X})$ $(j=1,2,\cdots,s)$的平方和,它们之间仅有一个线性约束条件

$$\sum_{j=1}^{s}\sqrt{m}[\sqrt{m}(\overline{X}_{\cdot j} - \overline{X})] = \sum_{j=1}^{s}m(\overline{X}_{\cdot j} - \overline{X}) = m\Big(\sum_{j=1}^{s}\overline{X}_{\cdot j} - s\overline{X}\Big) = 0,$$

故知 S_A 的自由度是 $s-1$.

再由(8.1.3),(8.1.5)两式及 X_{ij} 的独立性知

$$\overline{X} \sim N(\mu, \sigma^2/n), \tag{8.1.11}$$

于是

$$\begin{aligned}
\mathrm{E}(S_A) &= \mathrm{E}\Big(m\sum_{j=1}^{s}\overline{X}_{\cdot j}^2 - n\,\overline{X}^2\Big) = m\sum_{j=1}^{s}\mathrm{E}(X_{\cdot j}^2) - n\mathrm{E}(\overline{X}^2) \\
&= m\sum_{j=1}^{s}\Big[\frac{\sigma^2}{m} + (\mu + a_j)^2\Big] - n\Big(\frac{\sigma^2}{n} + \mu^2\Big) \\
&= (s-1)\sigma^2 + 2\mu m\sum_{j=1}^{s}a_j + n\mu^2 + m\sum_{j=1}^{s}a_j^2 - n\mu^2.
\end{aligned}$$

由(8.1.1)′式知 $\sum_{j=1}^{s}a_j = 0$,故有

$$\mathrm{E}(S_A) = (s-1)\sigma^2 + m\sum_{j=1}^{s}a_j^2. \tag{8.1.12}$$

进一步,还可证明(证略):S_A 与 S_E 相互独立,且当 H_0 为真时,有

$$S_A/\sigma^2 \sim \chi^2(s-1). \tag{8.1.13}$$

至此,我们就可以确定假设检验问题(8.1.2)′的拒绝域了.

由(8.1.12)式知,当 H_0 为真时,有

$$\mathrm{E}\Big(\frac{S_A}{s-1}\Big) = \sigma^2, \tag{8.1.14}$$

即 $S_A/(s-1)$ 是 σ^2 的无偏估计. 而当 H_1 为真时,$\sum_{j=1}^{s}ma_j^2 > 0$,此时有

$$\mathrm{E}\Big(\frac{S_A}{s-1}\Big) = \sigma^2 + \frac{1}{s-1}\sum_{j=1}^{s}ma_j^2 > \sigma^2. \tag{8.1.15}$$

又由(8.1.10)式知

$$\mathrm{E}\Big(\frac{S_E}{n-s}\Big) = \sigma^2, \tag{8.1.16}$$

即不管 H_0 是否为真,$S_E/(n-s)$都是 σ^2 的无偏估计.

综上可知,$F=\dfrac{S_A/(s-1)}{S_E/(n-s)}$ 的分子与分母相互独立,且分母 S_E 的分布与 H_0 无关,其数学期望总是 σ^2. 当 H_0 为真时,分子的数学期望为 σ^2;当 H_0 不真时,分子的取值有偏大的趋势. 因此得知假设检验问题(8.1.2)′的拒绝域具有形式

$$F = \frac{S_A/(s-1)}{S_E/(n-s)} \geqslant k,$$

其中 k 由预先给定的显著性水平 α 确定. 由(8.1.9),(8.1.13)两式及 S_E 与 S_A 的独立性知,当 H_0 成立时,有

$$F=\frac{\dfrac{S_A}{s-1}}{\dfrac{S_E}{n-s}}=\frac{\dfrac{S_A}{\sigma^2}\Big/(s-1)}{\dfrac{S_E}{\sigma^2}\Big/(n-s)}\sim F(s-1,n-s).$$

由此得到假设检验问题(8.1.2)′的拒绝域为

$$F=\frac{S_A/(s-1)}{S_E/(n-s)}\geqslant F_\alpha(s-1,n-s). \tag{8.1.17}$$

当由试验数据计算得到的 F 值满足(8.1.17)式时,则拒绝 H_0,表明因素 A 对试验结果的影响显著;当 F 值不满足(8.1.17)式时,则接受 H_0,表明因素 A 的影响不显著,此时试验结果的差异主要是由各种不可控的随机因素造成的.

但是,这种检验毕竟与所给显著性水平 α 的大小有关.在实际应用中,一般认为:当 $F>F_{0.01}(s-1,n-s)$时,因素 A 的影响为高度显著;当 $F_{0.05}(s-1,n-s)\leqslant F<F_{0.01}(s-1,n-s)$ 时,因素 A 的影响为显著;当 $F<F_{0.05}(s-1,n-s)$时,因素 A 无显著影响.

方差分析的计算结果可列成表 8-4 的形式,称为**方差分析表**.

表 8-4

方差来源	平方和	自由度	均方	F 值
因素 A 的影响(组间)	S_A	$s-1$	$\overline{S}_A=\dfrac{S_A}{s-1}$	$F=\dfrac{\overline{S}_A}{\overline{S}_E}$
误差(组内)	S_E	$n-s$	$\overline{S}_E=\dfrac{S_E}{n-s}$	
总和	S_T	$n-1$		

在实际中,我们可以按以下简便公式来计算 S_T,S_A 和 S_E:记

$$T_{\cdot j}=\sum_{i=1}^{m}X_{ij}\ (j=1,2,\cdots,s),\quad T_{\cdot\cdot}=\sum_{j=1}^{s}\sum_{i=1}^{m}X_{ij},$$

即有

$$\left.\begin{aligned}S_T&=\sum_{j=1}^{s}\sum_{i=1}^{m}X_{ij}^2-n\overline{X}^2=\sum_{j=1}^{s}\sum_{i=1}^{m}X_{ij}^2-\frac{T_{\cdot\cdot}^2}{n},\\S_A&=\sum_{j=1}^{s}m\overline{X}_{\cdot j}^2-n\overline{X}^2=\sum_{j=1}^{s}\frac{T_{\cdot j}^2}{m}-\frac{T_{\cdot\cdot}^2}{n},\\S_E&=S_T-S_A.\end{aligned}\right\} \tag{8.1.18}$$

例 3(续例 1) 需检验假设

$$H_0:\mu_1=\mu_2=\mu_3,\quad H_1:\mu_1,\mu_2,\mu_3\ \text{不全相等}.$$

试取 $\alpha=0.05$,完成这一假设检验.

解 在例 1 中,$s=3$, $m=5$, $n=15$.由表 8-1 可计算得

$$S_T=\sum_{j=1}^{3}\sum_{i=1}^{5}X_{ij}^2-\frac{T_{\cdot\cdot}^2}{15}=0.963912-\frac{3.8^2}{15}=0.00124533,$$

$$S_A=\sum_{j=1}^{3}\frac{T_{\cdot j}^2}{m}-\frac{T_{\cdot\cdot}^2}{n}=\frac{1}{5}(1.21^2+1.28^2+1.31^2)-\frac{3.8^2}{15}$$
$$=0.00105333,$$
$$S_E=S_T-S_A=0.000192.$$

S_T,S_A,S_E 的自由度依次为 $n-1=14,s-1=2,n-s=12$,得方差分析表如表 8-5 所示.

表 8-5

方差来源	平方和	自由度	均方	F 值
因素	0.00105333	2	0.00052661	32.92
误差	0.000192	12	0.000016	
总和	0.00124533	14		

因 $F_{0.05}(2,12)=3.89<32.92$,故在显著性水平 0.05 下拒绝 H_0,即认为各台机器生产的薄板厚度有显著差异.

4. 未知参数的估计

前面已讨论过,不管 H_0 是否为真,

$$\hat{\sigma}^2=\frac{S_E}{n-s}$$

是 σ^2 的无偏估计.

由(8.1.11),(8.1.6)两式知

$$\mathrm{E}(\overline{X})=\mu,\quad \mathrm{E}(\overline{X}_{\cdot j})=\frac{1}{m}\sum_{i=1}^{m}\mathrm{E}(X_{ij})=\mu_j\ \ (j=1,2,\cdots,s).$$

故 $\hat{\mu}=\overline{X}$, $\hat{\mu}_j=\overline{X}_{\cdot j}$ 分别是 μ,μ_j 的无偏估计.

又若拒绝 H_0,即意味着效应 $a_1,a_2,\cdots,a_s$ 不全为零. 由于

$$a_j=\mu_j-\mu\quad (j=1,2,\cdots,s),$$

知 $\hat{a}_j=\overline{X}_{\cdot j}-\overline{X}$ 是 a_j 的无偏估计. 此时,还有关系式

$$\sum_{j=1}^{s}m\hat{a}_j=\sum_{j=1}^{s}m\overline{X}_{\cdot j}-n\overline{X}=0.$$

当拒绝 H_0 时,常常需要做出两总体 $N(\mu_j,\sigma^2)$ 和 $N(\mu_k,\sigma^2)(j\neq k)$ 的均值差 $\mu_j-\mu_k=a_j-a_k$ 的区间估计. 其做法如下:

由于

$$\mathrm{E}(\overline{X}_{\cdot j}-\overline{X}_{\cdot k})=\mu_j-\mu_k,\quad \mathrm{D}(\overline{X}_{\cdot j}-\overline{X}_{\cdot k})=\sigma^2\left(\frac{1}{m_j}+\frac{1}{m_k}\right),$$

又由第五章§2 的定理 1 知 $\overline{X}_{\cdot j}-\overline{X}_{\cdot k}$ 与 $\hat{\sigma}^2=S_E/(n-s)$ 相互独立,于是

$$\frac{(\overline{X}_{\cdot j}-\overline{X}_{\cdot k})-(\mu_j-\mu_k)}{\sqrt{\overline{S}_E\left(\frac{1}{m_j}+\frac{1}{m_k}\right)}}$$

$$= \frac{(\overline{X}_{\cdot j} - \overline{X}_{\cdot k}) - (\mu_j - \mu_k)}{\sigma\sqrt{\dfrac{1}{m_j} + \dfrac{1}{m_k}}} \Bigg/ \sqrt{\frac{S_E}{\sigma^2}\Big/(n-s)} \sim t(n-s).$$

据此,即可得到均值 $\mu_j - \mu_k = a_j - a_k$ 的置信度为 $1-\alpha$ 的置信区间

$$\left(\overline{X}_{\cdot j} - \overline{X}_{\cdot k} \pm t_{\alpha/2}(n-s)\sqrt{\overline{S}_E\left(\frac{1}{m_j} + \frac{1}{m_k}\right)}\right). \tag{8.1.19}$$

例 4 求例 3 中的未知参数 $\sigma^2, \mu_j, a_j (j=1,2,3)$ 的点估计及均值差的置信度为 0.95 的置信区间.

解 $\hat{\sigma}^2 = S_E/(n-s) = 0.000016$, $\hat{\mu}_1 = \overline{X}_{\cdot 1} = 0.242$,

$\hat{\mu}_2 = \overline{X}_{\cdot 2} = 0.256$, $\hat{\mu}_3 = \overline{X}_{\cdot 3} = 0.262$, $\hat{\mu} = \overline{X} = 0.253$,

$\hat{a}_1 = \overline{X}_{\cdot 1} - \overline{X} = -0.011$, $\hat{a}_2 = \overline{X}_{\cdot 2} - \overline{X} = 0.003$, $\hat{a}_3 = \overline{X}_{\cdot 3} - \overline{X} = 0.009$.

均值差的区间估计如下:由 $t_{0.025}(n-s) = t_{0.025}(12) = 2.1788$ 得

$$t_{0.025}(12)\sqrt{\overline{S}_E\left(\frac{1}{m_1} + \frac{1}{m_2}\right)} = 2.1788\sqrt{16 \times 10^{-6} \times \frac{2}{5}} = 0.006,$$

故 $\mu_1 - \mu_2, \mu_1 - \mu_3$ 及 $\mu_2 - \mu_3$ 的置信度为 0.95 的置信区间分别为

$$(0.242 - 0.256 \pm 0.006) = (-0.020, -0.008),$$
$$(0.242 - 0.262 \pm 0.006) = (-0.026, -0.014),$$
$$(0.256 - 0.262 \pm 0.006) = (-0.012, 0).$$

三、单因素不等重复试验的方差分析

在实际中,有时由于条件的限制,不同水平下的试验重复次数不同,或者某些试验做坏了,缺少一部分数据,于是就造成了不等重复试验. 单因素不等重复试验的方差分析和等重复试验的方差分析基本上类似,仅在计算上略有不同.

设在因素 A 的各个水平 $A_1, A_2, \cdots, A_s$ 下,试验次数分别为 $n_1, n_2, \cdots, n_s$,且令 $n = \sum\limits_{j=1}^{s} n_j$,在水平 A_j 下的样本为 $X_{1j}, X_{2j}, \cdots, X_{n_j j} (j = 1, 2, \cdots, s)$,则有

$$\overline{X}_{\cdot j} = \frac{1}{n_j}\sum_{i=1}^{n_j} X_{ij}, \quad \overline{X} = \frac{1}{n}\sum_{j=1}^{s}\sum_{i=1}^{n_j} X_{ij} = \frac{1}{n}\sum_{j=1}^{s} n_j \overline{X}_{\cdot j},$$

$$S_T = \sum_{j=1}^{s}\sum_{i=1}^{n_j}(X_{ij} - \overline{X})^2, \quad S_E = \sum_{j=1}^{s}\sum_{i=1}^{n_j}(X_{ij} - \overline{X}_{\cdot j})^2,$$

$$S_A = \sum_{j=1}^{s} n_j (\overline{X}_{\cdot j} - \overline{X})^2.$$

类似可证

$$S_T = S_E + S_A,$$

其相应的自由度为

$$f_T=n-1,\quad f_E=n-s,\quad f_A=s-1.$$

当 H_0 为真时,同样有

$$F=\frac{\dfrac{S_A}{s-1}}{\dfrac{S_E}{n-s}}=\frac{\dfrac{S_A}{\sigma^2}\Big/(s-1)}{\dfrac{S_E}{\sigma^2}\Big/(n-s)}\sim F(s-1,n-s).$$

对于任意给定的显著水平 α,若一次抽样后由样本值计算得的 $F\geqslant F_\alpha(s-1,n-s)$,则拒绝 H_0,认为因素 A 对指标有显著影响;若 $F<F_\alpha(s-1,n-s)$,则接受 H_0,认为因素 A 对指标无显著影响.

实际计算时亦可采用下面的简便公式:记

$$T_{\cdot j}=\sum_{i=1}^{n_j}X_{ij}\ (j=1,2,\cdots,s),\quad T_{\cdot\cdot}=\sum_{j=1}^{s}\sum_{i=1}^{n_j}X_{ij},$$

则

$$S_T=\sum_{j=1}^{s}\sum_{i=1}^{n_j}X_{ij}^2-\frac{T_{\cdot\cdot}^2}{n},\quad S_A=\sum_{j=1}^{s}\frac{T_{\cdot j}^2}{n_j}-\frac{T_{\cdot\cdot}^2}{n},\quad S_E=S_T-S_A.$$

例 5　用 4 支温度计 T_1,T_2,T_3,T_4 来测氢化奎宁的熔点 X,得如表 8-6 所示的结果(单位:℃),试确定温度计对所测熔点有无显著影响.($\alpha=0.05$)

表　8-6

试验号＼温度计	T_1	T_2	T_3	T_4
1	174.0	173.0	171.5	173.5
2	173.0	172.0	171.0	171.0
3	173.5		173.0	
4	173.0			

解　令 $X'=X-170$,列出如表 8-7 所示的计算表.

表　8-7

试验号＼温度计	T_1	T_2	T_3	T_4	总　和
1	4.0	3.0	1.5	3.5	
2	3.0	2.0	1.0	1.0	
3	3.5		3.0		
4	3.0				
$T_{\cdot j}$	13.5	5.0	5.5	4.5	$T_{\cdot\cdot}=28.5$
$\sum_{i=1}^{4}X_{ij}^2$	46.25	13.00	12.25	13.25	$\sum_{j=1}^{4}\sum_{i=1}^{4}X_{ij}^2=84.75$

这里 $s=4,n=11$.由表 8-7 可计算得

$$S_T=\sum_{j=1}^{4}\sum_{i=1}^{4}X_{ij}^2-\frac{T_{\cdot\cdot}^2}{11}=84.75-\frac{28.5^2}{11}=84.75-73.8409=10.9091,$$

$$S_A=\sum_{j=1}^{4}\frac{T_{\cdot j}^2}{n_j}-\frac{T_{\cdot\cdot}^2}{11}=\left(\frac{13.5^2}{4}+\frac{5^2}{2}+\frac{5.5^2}{3}+\frac{4.5^2}{2}\right)-\frac{28.5^2}{11}$$

$$=78.2708-73.8409=4.4299,$$

$$S_E=S_T-S_A=6.4792.$$

S_A,S_E 的自由度依次为 $s-1=3$，$n-s=7$，于是

$$F=\frac{\overline{S}_A}{\overline{S}_E}=\frac{4.4299/3}{6.4792/7}=1.60.$$

将上述结果列成方差分析表，如表 8-8 所示.

表 8-8

方差来源	平方和	自由度	均方	F 值
温度计之间	4.4299	3	1.4766	1.60
误差	6.4792	7	0.9256	
总和	10.9091	10		

由于 $F_{0.05}(3,7)=4.35>1.60$，故在显著性水平 0.05 下，认为温度计对所测熔点无显著影响，其测定的不同是由于随机波动引起的.

习 题 8-1

1. 设某钢厂检查一月上旬内 5 天中生产的钢锭重量，得结果(单位：kg)如下：

日期	重量			
1	5500	5800	5740	5710
2	5440	5680	5240	5600
4	5400	5410	5430	5400
9	5640	5700	5660	5700
10	5610	5700	5610	5400

设各日所生产的钢锭重量服从同方差的正态分布，试检验不同日期生产的钢锭平均重量有无显著差异.($\alpha=0.05$)

2. 对一批由同种原料织成的布用不同的染整工艺进行缩水率试验，目的是考察不同的工艺对布的缩水率是否有显著影响.现采用了 5 种不同的染整工艺，每种工艺处理 4 块布样，测得织物缩水率的百分数如下：

布样号 \ 染整工艺	A_1	A_2	A_3	A_4	A_5
1	4.3	6.1	6.5	9.3	9.5
2	7.8	7.3	8.3	8.7	8.8
3	3.2	4.2	8.6	7.2	11.4
4	6.5	4.1	8.2	10.1	7.8

问：染整工艺对缩水率影响是否显著？($\alpha=0.01$)

3. 设有 3 台机器 A,B,C 制造同一种产品，对每一部机器观察 5 天的日产量(单位：件)，记录如下：

机器＼天数	1	2	3	4	5
A	41	48	41	57	49
B	65	57	54	72	64
C	45	51	56	48	48

问：在日产量上，各机器之间是否有显著差别？($\alpha=0.05$)

4. 试验 4 种不同的农药，判定其杀虫率(单位：%)有无明显不同，其试验结果如下：

试验号＼农药	A_1	A_2	A_3	A_4
1	87.4	56.2	55.0	75.2
2	85.0	62.4	43.2	72.3
3	80.2			

问：这 4 种农药在杀虫率方面是否存在显著的差异？($\alpha=0.01$)

5. 对 5 个工厂生产的灯泡抽样测定光通量(单位：流明/瓦(特))，测量结果如下：

工厂	测量值					
1	9.47	9.00	9.12	9.27	9.27	9.25
2	10.80	11.28	11.15			
3	10.37	10.42	10.28			
4	10.65	10.33				
5	6.54	8.62				

试在显著性水平 $\alpha=0.01$ 下，检验不同工厂生产的灯泡的光通量有无显著差异.

§2 双因素方差分析

在实际问题中，影响试验结果的因素往往不止一个，当影响指标的因素不是一个而是多个时，要分析因素对指标影响是否显著，就要用到多因素方差分析. 本节仅以两个因素的情形为例讨论. 双因素方差分析的基本思想与单因素方差分析类似，关键在于如何将总变差平方和进行分解，从而利用试验数据对两个因素的影响做出合理的检验推断. 下面分等重复试验和无重复试验两种情形进行讨论.

一、双因素等重复试验的方差分析

1. 数学模型

设某项试验指标服从方差为 σ^2 的正态分布. 现有两个因素 A,B 影响试验的指标，其中因素 A 有 r 个水平 $A_1,A_2,\cdots,A_r$，因素 B 有 s 个水平 $B_1,B_2,\cdots,B_s$. 这样因素 A 与因素 B

共有 $r\times s$ 种不同的水平组合. 现对每对组合 $(A_i,B_j)(i=1,2,\cdots,r;j=1,2,\cdots,s)$ 都进行 $t\ (t\geqslant 2)$ 次试验(称为等重复试验),得到如表 8-9 所示的结果.

表　8-9

因素A \ 因素B	B_1	B_2	$\cdots$	B_s
A_1	$X_{111},X_{112},\cdots,X_{11t}$	$X_{121},X_{122},\cdots,X_{12t}$	$\cdots$	$X_{1s1},X_{1s2},\cdots,X_{1st}$
A_2	$X_{211},X_{212},\cdots,X_{21t}$	$X_{221},X_{222},\cdots,X_{22t}$	$\cdots$	$X_{2s1},X_{2s2},\cdots,X_{2st}$
$\vdots$	$\vdots$	$\vdots$		$\vdots$
A_r	$X_{r11},X_{r12},\cdots,X_{r1t}$	$X_{r21},X_{r22},\cdots,X_{r2t}$	$\cdots$	$X_{rs1},X_{rs2},\cdots,X_{rst}$

设试验结果

$$X_{ijk}\sim N(\mu_{ij},\sigma^2)\quad (i=1,2,\cdots,r;j=1,2,\cdots,s;k=1,2,\cdots,t),$$

且各 X_{ijk} 相互独立,其中 μ_{ij},σ^2 均为未知参数. 记

$$\varepsilon_{ijk}=X_{ijk}-\mu_{ij}\quad (i=1,2,\cdots,r;\ j=1,2,\cdots,s),$$

则 $\varepsilon_{ijk}\sim N(0,\sigma^2)(k=1,2,\cdots,t)$,且各 ε_{ijk} 相互独立. 再令

$$\mu=\frac{1}{rs}\sum_{i=1}^{r}\sum_{j=1}^{s}\mu_{ij},$$

$$\mu_{i\cdot}=\frac{1}{s}\sum_{j=1}^{s}\mu_{ij},\quad \alpha_i=\mu_{i\cdot}-\mu\quad (i=1,2,\cdots,r),$$

$$\mu_{\cdot j}=\frac{1}{r}\sum_{i=1}^{r}\mu_{ij},\quad \beta_j=\mu_{\cdot j}-\mu\quad (j=1,2,\cdots,s),$$

则有

$$\mu_{ij}=\mu+\alpha_i+\beta_j+\gamma_{ij},\tag{8.2.1}$$

其中 $\gamma_{ij}=\mu_{ij}-\mu_{i\cdot}-\mu_{\cdot j}+\mu$. 容易验证

$$\sum_{i=1}^{r}\alpha_i=0,\quad \sum_{j=1}^{s}\beta_j=0,\quad \sum_{i=1}^{r}\gamma_{ij}=0,\quad \sum_{j=1}^{s}\gamma_{ij}=0.$$

这里 μ 称为**总平均**,α_i 称为因素 A 的第 i 水平 A_i 对指标的**效应**,β_j 称为因素 B 的第 j 水平 B_j 对指标的效应,γ_{ij} 称为因素 A,B 的组合水平 $A_i\times B_j$ 对指标的**交互效应**(interaction),它是由 A_i,B_j 搭配起来联合起作用而引起的.

综上所述,我们可以将等重复试验的双因素方差分析的数学模型写成

$$\left.\begin{array}{l}X_{ijk}=\mu+\alpha_i+\beta_j+\gamma_{ij}+\varepsilon_{ijk},\\ \varepsilon_{ijk}\sim N(0,\sigma^2),\text{ 各 }\varepsilon_{ijk}\text{ 相互独立}\\ (i=1,2,\cdots,r;j=1,2,\cdots,s;k=1,2,\cdots,t),\\ \displaystyle\sum_{i=1}^{r}\alpha_i=0,\ \sum_{j=1}^{s}\beta_j=0,\ \sum_{i=1}^{r}\gamma_{ij}=0,\ \sum_{j=1}^{s}\gamma_{ij}=0,\end{array}\right\}\tag{8.2.2}$$

其中 $\mu,\alpha_i,\beta_j,\gamma_{ij}$ 及 σ^2 都是未知参数.

对于这一模型，我们要检验以下三个假设：

$$\left.\begin{aligned}&H_{01}: \alpha_1=\alpha_2=\cdots=\alpha_r=0, \quad H_{11}: \alpha_1,\alpha_2,\cdots,\alpha_r \text{ 不全为零;}\\&H_{02}: \beta_1=\beta_2=\cdots=\beta_s=0, \quad H_{12}: \beta_1,\beta_2,\cdots,\beta_s \text{ 不全为零;}\\&H_{03}: \gamma_{11}=\gamma_{12}=\cdots=\gamma_{rs}=0, \quad H_{13}: \gamma_{11},\gamma_{12},\cdots,\gamma_{rs} \text{ 不全为零.}\end{aligned}\right\} \tag{8.2.3}$$

2. 平方和的分解

与单因素情形类似，对这些假设的检验方法也是建立在平方和的分解上的. 为讨论方便起见，我们引入如下记号：

$$\overline{X}=\frac{1}{rst}\sum_{i=1}^{r}\sum_{j=1}^{s}\sum_{k=1}^{t}X_{ijk},$$

$$\overline{X}_{ij\cdot}=\frac{1}{t}\sum_{k=1}^{t}X_{ijk} \quad (i=1,2,\cdots,r;\ j=1,2,\cdots,s),$$

$$\overline{X}_{i\cdot\cdot}=\frac{1}{st}\sum_{j=1}^{s}\sum_{k=1}^{t}X_{ijk} \quad (i=1,2,\cdots,r),$$

$$\overline{X}_{\cdot j\cdot}=\frac{1}{rt}\sum_{i=1}^{r}\sum_{k=1}^{t}X_{ijk} \quad (j=1,2,\cdots,s).$$

再引入总变差平方和 S_T 并进行分解：

$$\begin{aligned}S_T&=\sum_{i=1}^{r}\sum_{j=1}^{s}\sum_{k=1}^{t}(X_{ijk}-\overline{X})^2\\&=\sum_{i=1}^{r}\sum_{j=1}^{s}\sum_{k=1}^{t}[(X_{ijk}-\overline{X}_{ij\cdot})+(\overline{X}_{i\cdot\cdot}-\overline{X})+(\overline{X}_{\cdot j\cdot}-\overline{X})\\&\quad+(\overline{X}_{ij\cdot}-\overline{X}_{i\cdot\cdot}-\overline{X}_{\cdot j\cdot}+\overline{X})]^2\\&=\sum_{i=1}^{r}\sum_{j=1}^{s}\sum_{k=1}^{t}(X_{ijk}-\overline{X}_{ij\cdot})^2+st\sum_{i=1}^{r}(\overline{X}_{i\cdot\cdot}-\overline{X})^2\\&\quad+rt\sum_{j=1}^{s}(\overline{X}_{\cdot j\cdot}-\overline{X})^2\\&\quad+t\sum_{i=1}^{r}\sum_{j=1}^{s}(\overline{X}_{ij\cdot}-\overline{X}_{i\cdot\cdot}-\overline{X}_{\cdot j\cdot}+\overline{X})^2,\end{aligned}$$

即得总变差平方和分解式

$$S_T=S_E+S_A+S_B+S_{A\times B}, \tag{8.2.4}$$

其中

$$S_E=\sum_{i=1}^{r}\sum_{j=1}^{s}\sum_{k=1}^{t}(X_{ijk}-\overline{X}_{ij\cdot})^2, \quad S_A=st\sum_{i=1}^{r}(\overline{X}_{i\cdot\cdot}-\overline{X})^2,$$

$$S_B=rt\sum_{j=1}^{s}(\overline{X}_{\cdot j\cdot}-\overline{X})^2, \quad S_{A\times B}=t\sum_{i=1}^{r}\sum_{j=1}^{s}(\overline{X}_{ij\cdot}-\overline{X}_{i\cdot\cdot}-\overline{X}_{\cdot j\cdot}+\overline{X})^2.$$

这里 S_E 称为**误差平方和**,它是由试验的随机误差引起的;S_A,S_B 分别称为因素 A 和因素 B 的**效应平方和**,分别表示因素 A 效应的变差和因素 B 效应的变差;而从(8.2.4)式可见,$S_{A\times B}$是从总变差中除去了上述三种变差之后的部分,一般来说,它应该体现因素 A,B 的交互效应,故 $S_{A\times B}$ 称为 A,B **交互效应平方和**.

可以证明,S_T,S_E,S_A,S_B,$S_{A\times B}$ 的自由度依次分别为 $rst-1$,$rs(t-1)$,$r-1$,$s-1$,$(r-1)(s-1)$,且有

$$\mathrm{E}\left(\frac{S_E}{rs(t-1)}\right)=\sigma^2,\quad \mathrm{E}\left(\frac{S_A}{r-1}\right)=\sigma^2+\frac{st\sum_{i=1}^{r}\alpha_i^2}{r-1},\quad \mathrm{E}\left(\frac{S_B}{s-1}\right)=\sigma^2+\frac{rt\sum_{j=1}^{s}\beta_j^2}{s-1},$$

$$\mathrm{E}\left(\frac{S_{A\times B}}{(r-1)(s-1)}\right)=\sigma^2+\frac{t\sum_{i=1}^{r}\sum_{j=1}^{s}\gamma_{ij}^2}{(r-1)(s-1)}.$$

3. 显著性检验

可以证明,当 $H_{01}:\alpha_1=\alpha_2=\cdots=\alpha_r=0$ 为真时,有

$$F_A=\frac{S_A/(r-1)}{S_E/rs(t-1)}\sim F(r-1,rs(t-1)).$$

取显著性水平为 α,则假设 H_{01} 的拒绝域为

$$F_A=\frac{S_A/(r-1)}{S_E/rs(t-1)}\geqslant F_\alpha(r-1,rs(t-1)).$$

类似地,假设 H_{02} 的拒绝域为

$$F_B=\frac{S_B/(s-1)}{S_E/rs(t-1)}\geqslant F_\alpha(s-1,rs(t-1)).$$

假设 H_{03} 的拒绝域为

$$F_{A\times B}=\frac{S_{A\times B}/(r-1)(s-1)}{S_E/rs(t-1)}\geqslant F_\alpha((r-1)(s-1),rs(t-1)).$$

现将上述结果汇总列成方差分析表,如表 8-10 所示.

表 8-10

方差来源	平方和	自由度	均方	F 值
因素 A	S_A	$r-1$	$\overline{S}_A=\frac{S_A}{r-1}$	$F_A=\frac{\overline{S}_A}{\overline{S}_E}$
因素 B	S_B	$s-1$	$\overline{S}_B=\frac{S_B}{s-1}$	$F_B=\frac{\overline{S}_B}{\overline{S}_E}$
交互作用 $A\times B$	$S_{A\times B}$	$(r-1)(s-1)$	$\overline{S}_{A\times B}=\frac{S_{A\times B}}{(r-1)(s-1)}$	$F_{A\times B}=\frac{\overline{S}_{A\times B}}{\overline{S}_E}$
误差	S_E	$rs(t-1)$	$\overline{S}_E=\frac{S_E}{rs(t-1)}$	
总和	S_T	$rst-1$		

记

$$T_{\cdots}=\sum_{i=1}^{r}\sum_{j=1}^{s}\sum_{k=1}^{t}X_{ijk},$$

$$T_{ij\cdot}=\sum_{k=1}^{t}X_{ijk}\quad(i=1,2,\cdots,r;\ j=1,2,\cdots,s),$$

$$T_{i\cdot\cdot}=\sum_{j=1}^{s}\sum_{k=1}^{t}X_{ijk}\quad(i=1,2,\cdots,r),$$

$$T_{\cdot j\cdot}=\sum_{i=1}^{r}\sum_{k=1}^{t}X_{ijk}\quad(j=1,2,\cdots,s),$$

则方差分析表中的平方和常常采用以下公式计算：

$$\left.\begin{aligned}&S_T=\sum_{i=1}^{r}\sum_{j=1}^{s}\sum_{k=1}^{t}X_{ijk}^2-\frac{T_{\cdots}^2}{rst},\\&S_A=\frac{1}{st}\sum_{i=1}^{r}T_{i\cdot\cdot}^2-\frac{T_{\cdots}^2}{rst},\quad S_B=\frac{1}{rt}\sum_{j=1}^{s}T_{\cdot j\cdot}^2-\frac{T_{\cdots}^2}{rst},\\&S_{A\times B}=\left(\frac{1}{t}\sum_{i=1}^{r}\sum_{j=1}^{s}T_{ij\cdot}^2-\frac{T_{\cdots}^2}{rst}\right)-S_A-S_B,\\&S_E=S_T-S_A-S_B-S_{A\times B}.\end{aligned}\right\}\tag{8.2.5}$$

4. 应用举例

例 1 在上一节的例 2 中,设符合双因素方差分析所需的条件. 试在显著性水平 0.05 下,检验不同货架(因素 A)、不同包装(因素 B)下的销售量是否有显著差异? 交互作用是否显著?

解 依题意需检验假设 H_{01},H_{02},H_{03}(见(8.2.3)式). $T_{\cdots},T_{ij\cdot},T_{i\cdot\cdot},T_{\cdot j\cdot}$ 的计算结果见表 8-11(注: 表中括弧内的数是 $T_{ij\cdot}$).

表 8-11

A \ B	B_1	B_2	B_3	$T_{i\cdot\cdot}$
A_1	58.2, 52.6 (110.8)	56.2, 41.2 (97.4)	65.3, 60.8 (126.1)	334.3
A_2	49.1, 42.8 (91.9)	54.1, 50.5 (104.6)	51.6, 48.4 (100)	296.5
A_3	60.1, 58.3 (118.4)	70.9, 73.2 (144.1)	39.2, 40.7 (79.9)	342.4
A_4	75.8, 71.5 (147.3)	58.2, 51.0 (109.2)	48.7, 41.4 (90.1)	346.6
$T_{\cdot j\cdot}$	468.4	455.3	396.1	$T_{\cdots}=1319.8$

现 $r=4$, $s=3$, $t=2$,故有

$$S_T = (58.2^2 + 52.6^2 + \cdots + 41.4^2) - \frac{1319.8^2}{24} = 2638.29833,$$

$$S_A = \frac{1}{6}(334.3^2 + 296.5^2 + 342.4^2 + 346.6^2) - \frac{1319.8^2}{24} = 261.67500,$$

$$S_B = \frac{1}{8}(468.4^2 + 455.3^2 + 396.1^2) - \frac{1319.8^2}{24} = 370.98083,$$

$$S_{A\times B} = \frac{1}{2}(110.8^2 + 91.9^2 + \cdots + 90.1^2) - \frac{1319.8^2}{24} - S_A - S_B = 1768.69250,$$

$$S_E = S_T - S_A - S_B - S_{A\times B} = 236.9500.$$

于是得到如表 8-12 所示的方差分析表.

表 8-12

方差来源	平方和	自由度	均方	F 值
因素 A(货架)	261.67500	3	87.2250	$F_A=4.42$
因素 B(包装)	370.98083	2	185.4904	$F_B=9.39$
交互作用 $A\times B$	1768.69250	6	294.7821	$F_{A\times B}=14.9$
误差	236.95000	12	19.7458	
总和	2638.29833	23		

由于 $F_{0.05}(3,12)=3.49<F_A$, $F_{0.05}(2,12)=3.89<F_B$,故在显著性水平 $\alpha=0.05$ 下,拒绝假设 H_{01},H_{02},即认为不同货架或不同包装下的销售量有显著差异. 也就是说,货架和包装这两个因素对销售量的影响都是显著的. 又因 $F_{0.05}(6,12)=3.00<F_{A\times B}$,故也拒绝 H_{03}. 值得注意的是,$F_{0.001}(6,12)=8.38$ 也远小于 $F_{A\times B}=14.9$,故交互作用效应还是高度显著的. 从表 8-11 可以看出,A_4 与 B_1 或 A_3 与 B_2 的搭配都使商品销售量较其他水平的搭配要好得多. 在实际中,我们就选最优的搭配方式来实施.

二、双因素无重复试验的方差分析

在双因素试验中,如果对于两个因素的每一组合(A_i,B_j)只做一次试验,即不重复试验$(t=1)$,这时

$$\overline{X}_{ij\cdot} = X_{ijk}, \quad S_E = 0 \text{ 且 } S_E \text{ 的自由度也等于零},$$

因而不能利用双因素等重复试验的方差分析公式进行方差分析. 但是,如果在处理实际问题时,我们已经知道不存在交互作用,或已知交互作用对试验的指标影响很小,则可将 $S_{A\times B}$ 取做 S_E. 因此,在不考虑交互作用的情况下,可以利用无重复的双因素试验对因素 A,B 的效应进行分析. 现对这种情况下的数学模型及统计分析简述如下:

设对于两个因素 A,B 的每一组合(A_i,B_j)只做一次试验,得结果如表 8-13 所示,并设

$X_{ij} \sim N(\mu_{ij}, \sigma^2)(i=1,2,\cdots,r; j=1,2,\cdots,s)$,且各 X_{ij} 相互独立,其中 μ_{ij}, σ^2 均为未知参数.或写成

表 8-13

因素B \ 因素A	B_1	B_2	$\cdots$	B_s
A_1	X_{11}	X_{12}	$\cdots$	X_{1s}
A_2	X_{21}	X_{22}	$\cdots$	X_{2s}
$\vdots$	$\vdots$	$\vdots$		$\vdots$
A_r	X_{r1}	X_{r2}	$\cdots$	X_{rs}

$$\left.\begin{array}{ll} X_{ij} = \mu_{ij} + \varepsilon_{ij}, & \\ \varepsilon_{ij} \sim N(0,\sigma^2),\text{ 各 } \varepsilon_{ij} \text{ 相互独立} & (i=1,2,\cdots,r; j=1,2,\cdots,s). \end{array}\right\} \tag{8.2.6}$$

沿用本节前面的记号,并注意到现在假设不存在交互作用,此时 $\gamma_{ij}=0$ $(i=1,2,\cdots,r; j=1,2,\cdots,s)$,故由(8.2.1)式知 $\mu_{ij}=\mu+\sigma_i+\beta_j$. 于是(8.2.6)式又可写成

$$\left.\begin{array}{ll} X_{ij} = \mu + \alpha_i + \beta_j + \varepsilon_{ij}, & \\ \varepsilon_{ij} \sim N(0,\sigma^2),\text{且各 } \varepsilon_{ij} \text{ 相互独立} & (i=1,2,\cdots,r; j=1,2,\cdots,s), \\ \sum_{i=1}^{r}\alpha_i = 0,\ \sum_{j=1}^{s}\beta_j = 0. & \end{array}\right\} \tag{8.2.7}$$

这就是现在我们所要讨论的方差分析模型.

对于这个模型,我们所要检验的假设有以下两个:

$$H_{01}: \alpha_1=\alpha_2=\cdots=\alpha_r=0, \quad H_{11}: \alpha_1,\alpha_2,\cdots,\alpha_r \text{ 不全为零};$$

$$H_{02}: \beta_1=\beta_2=\cdots=\beta_s=0, \quad H_{12}: \beta_1,\beta_2,\cdots,\beta_s \text{ 不全为零}.$$

与本节前面的讨论相同,可得方差分析表如表 8-14 所示.

表 8-14

方差来源	平方和	自由度	均方	F 值
因素 A	S_A	$r-1$	$\overline{S}_A=\dfrac{S_A}{r-1}$	$F_A=\dfrac{\overline{S}_A}{\overline{S}_E}$
因素 B	S_B	$s-1$	$\overline{S}_B=\dfrac{S_B}{s-1}$	$F_B=\dfrac{\overline{S}_B}{\overline{S}_E}$
误差	S_E	$(r-1)(s-1)$	$\overline{S}_E=\dfrac{S_E}{(r-1)(s-1)}$	
总和	S_T	$rs-1$		

取显著性水平 α,可得假设 $H_{01}: \alpha_1=\alpha_2=\cdots=\alpha_r=0$ 的拒绝域为

$$F_A = \frac{\overline{S}_A}{\overline{S}_E} \geqslant F_\alpha(r-1,(r-1)(s-1)).$$

假设 H_{02}：$\beta_1=\beta_2=\cdots=\beta_s=0$ 的拒绝域为

$$F_B=\frac{\overline{S}_A}{\overline{S}_E}\geqslant F_\alpha(s-1,(r-1)(s-1)).$$

表 8-14 中的平方和可按下列式子来计算：

$$\left.\begin{aligned}&S_T=\sum_{i=1}^{r}\sum_{j=1}^{s}X_{ij}^2-\frac{T_{\cdot\cdot}^2}{rs},\quad S_A=\frac{1}{s}\sum_{i=1}^{r}T_{i\cdot}^2-\frac{T_{\cdot\cdot}^2}{rs},\\&S_B=\frac{1}{r}\sum_{j=1}^{s}T_{\cdot j}^2-\frac{T_{\cdot\cdot}^2}{rs},\quad S_E=S_T-S_A-S_B,\end{aligned}\right\}\tag{8.2.8}$$

其中

$$T_{\cdot\cdot}=\sum_{i=1}^{r}\sum_{j=1}^{s}X_{ij},\quad T_{i\cdot}=\sum_{j=1}^{s}X_{ij}\quad(i=1,2,\cdots,r),$$

$$T_{\cdot j}=\sum_{i=1}^{r}X_{ij}\quad(j=1,2,\cdots,s).$$

例 2 设有 5 个工厂生产同一种纤维，需考察它们经过 4 种不同温度的水浸泡后的缩水率. 为此，对每个工厂生产的纤维在每一种温度的水中做一次试验，其结果(单位：%)如表 8-15 所示. 问：这 5 个厂生产的纤维在缩水率上有无显著差异？水的温度对纤维的缩水率有无显著影响？

表 8-15

温度 (A) \ 厂号 (B)	1	2	3	4	5
50°C(A_1)	3.23	3.40	3.43	3.50	3.65
60°C(A_2)	3.33	3.30	3.63	3.68	3.45
70°C(A_3)	3.08	3.43	3.53	3.23	3.58
80°C(A_4)	2.93	2.60	2.98	2.80	2.88

解 将表 8-15 的数据简化得表 8-16.

表 8-16

A_i \ B_j	1	2	3	4	5	$T_{i\cdot}$	$\sum_{j=1}^{5}X_{ij}^2$
A_1	23	40	43	50	65	221	10703
A_2	33	30	63	68	45	239	12607
A_3	8	43	53	23	58	185	8615
A_4	−7	−40	−2	−20	−12	−81	2197
$T_{\cdot j}$	57	73	157	121	158	$T_{\cdot\cdot}=564$	$\sum_{i=1}^{4}\sum_{j=1}^{4}X_{ij}^2=34122$

注 为了计算方便,将所有的观察数据都减去一个常数 3.00,再将小数点去掉(即将每个数据扩大 100 倍),这样做不会改变方差分析的结果.

由表 8-16 的数据计算得

$$S_T=\sum_{i=1}^{4}\sum_{j=1}^{5}X_{ij}^2-\frac{T_{\cdot\cdot}^2}{4\times 5}=34122-15905=18217,$$

$$S_A=\frac{1}{5}\sum_{i=1}^{4}T_{i\cdot}^2-\frac{T_{\cdot\cdot}^2}{4\times 5}=\frac{1}{5}[221^2+239^2+185^2+(-81)^2]-15905$$

$$=29350-15905=13445,$$

$$S_B=\frac{1}{4}\sum_{j=1}^{5}T_{\cdot j}^2-\frac{T_{\cdot\cdot}^2}{4\times 5}=\frac{1}{4}[57^2+73^2+157^2+121^2+156^2]-15905$$

$$=18051-15905=2146,$$

$$S_E=S_T-S_A-S_B=18217-13445-2146=2626.$$

由以上结果计算出 F 值,列方差分析表,如表 8-17 所示.

表 8-17

方差来源	平方和	自由度	F 值	临界值		显著性
				$F_{0.01}$	$F_{0.1}$	
温度(A)	13445	3	$F_A=20.5$	$F_{0.01}(3,12)=5.95$	$F_{0.1}(3,12)=2.61$	**
工厂(B)	2146	4	$F_B=2.45$	$F_{0.01}(4,12)=5.41$	$F_{0.1}(4,12)=2.48$	
误差	2626	12				
总计	18217	19				

由于 $F_A=20.5>F_{0.01}(3,12)=5.95$,所以在不同温度(因素 A)的水中浸泡后的纤维的缩水率有高度显著的差异(表中用 ** 来表示). 而 $F_B=2.45<F_{0.01}(4,12)=5.41$,故在 $\alpha=0.01$ 下,各厂(因素 B)生产的纤维在缩水率方面无明显差别. 现不妨再看看 $\alpha=0.10$ 的情形,仍有 $F_B=2.45<F_{0.10}(4,12)=2.48$,这更说明各厂生产的纤维在缩水率方面无明显差异.

习 题 8-2

1. 已知电池的板极材料与使用的环境温度对电池的输出电压均有影响. 今材料类型(因素 A)与环境温度(因素 B)都取了 3 个水平,测得输出电压数据如下:

<table>
<tr><th rowspan="2">材料类型</th><th colspan="3">环境温度 B</th></tr>
<tr><th>15°C</th><th>25°C</th><th>35°C</th></tr>
<tr><td>1</td><td>130 155
174 180 (539)</td><td>34 40
80 75 (229)</td><td>20 70
82 58 (230)</td></tr>
<tr><td>2</td><td>150 188
159 126 (623)</td><td>136 122
106 115 (479)</td><td>25 70
58 45 (198)</td></tr>
<tr><td>3</td><td>138 110
168 160 (576)</td><td>174 120
150 139 (583)</td><td>96 104
82 60 (342)</td></tr>
</table>

试问：不同材料、不同环境温度以及它们的交互作用对输出电压有无显著影响？($\alpha=0.05$)

2. 设在某种橡胶的配方中，考虑了 3 种不同的促进剂，4 种不同分量的氧化锌，各种配方试验一次，测得 300%定强如下：

促进剂 \ 氧化锌	B_1	B_2	B_3	B_4
A_1	32	35	35.5	38.5
A_2	33.5	36.5	38	39.5
A_3	36	37.5	39.5	43

假定各种配方的定强服从同方差的正态分布，试问：不同促进剂、不同分量氧化锌分别对定强有无显著影响？($\alpha=0.05$)

3. 对 4 张钛合金材料的两边 S_1 和 S_2、角 CO 和中心 CE 部分测量其抗伸强度(单位：kg/mm^2)，得结果如下：

部位 \ 张号	1	2	3	4
CO	137.1	142.2	128.0	136.6
CE	140.1	139.4	116.8	136.5
S_1	141.8	139.6	132.5	140.8
S_2	136.1	140.8	132.2	129.0

假定在诸水平搭配下抗伸强度的总体服从正态分布，且方差相等，试检验各张钛合金材料之间及每张的不同部位之间的抗伸强度有无显著差别.($\alpha=0.05$)

4. 为考察合成纤维中对纤维弹性有影响的两个因素：收缩率 A 和总拉伸倍数 B，现就 A 和 B 各取 4 个水平做试验，整个试验重复一次，得试验结果如下：

因素B / 因素A	460	520	580	640
0	71 73	72 73	75 73	77 75
4	73 75	76 74	78 77	74 74
8	76 73	79 77	74 75	74 73
12	75 73	73 72	70 71	69 69

假定在各水平搭配下纤维弹性的总体服从正态分布，且方差相等，试问：收缩率和总拉伸倍数分别对纤维弹性有无显著影响？两者对纤维弹性有无显著交互作用？($\alpha=0.05$)

5. 下面表格记录了3位操作工分别在不同机器上操作3天的日产量：

操作工 / 机器	甲	乙	丙
A_1	15 15 17	19 19 16	16 18 21
A_2	17 17 17	15 15 15	19 22 22
A_3	15 17 16	18 17 16	18 18 18
A_4	18 20 22	15 16 17	17 17 17

假定在各水平搭配下日产量总体服从正态分布，且方差相等. 取显著性水平 $\alpha=0.05$，试分析操作工之间、机器之间以及两者的交互作用有无显著差异.

§3 一元线性回归分析

一、回归分析问题

回归分析是处理多个变量之间相关关系的一种常用的数理统计方法. 客观事物之间总是相互联系、相互制约的，客观世界中变量之间的关系一般可分为确定性关系和非确定性关系. 所谓变量之间的确定性关系，是指一个(或一组)自变量的数值按照一定的规则能够确定因变量的数值，即为函数关系. 例如，在自由落体中，运动路程 s 与时间 t 的关系是 $s=\frac{1}{2}gt^2$；当电压 U 一定时，电路中的电流 I 与电阻 R 的关系为 $I=U/R$. 然而，在自然界和生产实践中，大量存在着另一类变量之间的关系，尽管这些变量之间明显地存在某种关系，但是却还未密切到通过一个(或一组)变量的数值可以确定另一个(或一组)变量的值的程度. 例如，孩子的身高与父母的身高有关，一般来说，父母的身材较高，孩子的身材也较高，但却不能完全由父母的身高值来确定孩子的身高值. 又如，人的血压与年龄、农作物产量与施肥量、金属表面腐蚀深度与腐蚀时间、消费者对某种商品的需求量与该商品价格等关系都具有一个共同特点：它们之间具有某种联系与依赖关系，但又不是确定的函数关系. 当然，在大量重复试验(或观察)中，这类关系又会呈现出统计规律性. 变量之间的这类具有统计规律性的非确定关系，称为**相关关系**(correlation)

(或称**统计相关**). 相关关系是多种多样的. 回归分析就是研究相关关系的一种常用的数理统计方法. 它从统计数据出发,提供建立变量之间相关关系的近似数学表达式——经验公式的方法,给出相关性检验规则,并运用经验公式达到预测与控制的目的.

从 19 世纪到现在的一百多年中,回归分析的理论与方法日益丰富,应用越来越广泛,其思想已渗透到数理统计的其他分支之中,如时间序列分析、主成分分析、试验设计、判别分析、回归诊断等. 限于篇幅,本书仅简要介绍回归分析的思想与一些常用方法.

需要指出,回归分析与相关分析虽然都是处理多个变量之间相关关系的数理统计方法,但是回归分析处理的相关关系中的自变量是可以测量和控制的非随机变量(简称可控变量),与之相关的因变量是随机变量;而相关分析所研究的相关关系中的自变量和与之相关的因变量都是随机变量(或称不可控变量).

二、一元线性回归

一元线性回归是处理两个变量之间相关关系的最简单模型. 一元线性回归虽较简单,但从中我们可以了解回归分析的基本思想和方法.

工程技术与科学研究中常说的所谓配直线问题,即研究所涉及的两个变量 x 和 Y 之间大致呈何种直线关系的问题(这里 x 为可控变量,用小写字母表示,Y 为与之相关的随机变量),就是一元线性回归问题.

一般地,若 x 为可控变量,Y 为依赖于 x 的随机变量,且有

$$\left.\begin{aligned} &Y = a + bx + \varepsilon, \\ &\varepsilon \sim N(0,\sigma^2), \end{aligned}\right\} \tag{8.3.1}$$

其中 ε 为随机变量,且未知参数 a,b 及 σ^2 都不依赖于 x,则(8.3.1)式称为**一元线性回归模型**(unary linear regression model).

为了建立一元线性回归模型,本节的任务是,通过试验数据,寻找两个变量之间的内在联系,即建立(8.3.1)式中线性关系部分的近似公式

$$y = \mathrm{E}(Y) = a + bx. \tag{8.3.2}$$

如果由样本观察值 $(x_1,y_1),(x_2,y_2),\cdots,(x_n,y_n)$ 得到了(8.3.1)式中的未知参数 a,b 的估计 $\hat{a},\hat{b}$,则对于给定的 x,我们可取 $\hat{y}=\hat{a}+\hat{b}x$ 作为 $y=a+bx$ 的估计. 通常,称

$$\hat{y} = \hat{a} + \hat{b}x$$

为 Y 关于 x 的**线性回归方程**(linear regression equation)(简称**回归方程**),其中 $\hat{b}$ 称为**线性回归系数**(linear regression coefficient). 线性回归方程的图形称为**回归直线**.

下面运用微积分中求函数最小值的方法来寻求 a,b 的估计.

1. 散点图与经验回归直线方程

1.1　散点图与目测经验方程

设 x 为自变量,Y 为依赖于 x 的随机变量,通过观测或试验得到 x 与 Y 的观测值为

$$(x_1,y_1),(x_2,y_2),\cdots,(x_n,y_n).$$

在平面直角坐标系中,将这 n 对观测值分别对应在平面上的 n 个点描出的图形称为**散点图**(scatter diagram). 通过散点图可以大致看出 x 与 Y 之间是否存在着线性关系.

例 1 为了寻求腐蚀深度 Y 与腐蚀时间 x 之间的关系,对某种产品表面进行腐蚀刻线试验,得到腐蚀深度 Y 与腐蚀时间 x 之间的对应数据如下:

时间 x/s	5	10	15	20	30	40	50	60	70	90	120
深度 Y/μm	6	10	10	13	16	17	19	23	25	29	46

为了观察 Y 与 x 之间的相关关系,将这 11 对数据描在 Oxy 坐标平面上,如图 8-1 所示.

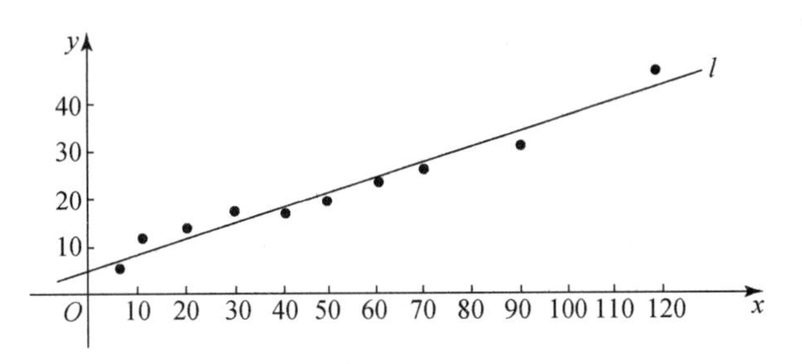

图 8-1

不难看出,由数据组$(x_1,y_1),(x_2,y_2),\cdots,(x_{11},y_{11})$描在 Oxy 平面上的散点图呈直线趋势. 对此,我们可初步认为 Y 与 x 之间具有线性关系. 于是,经目测画一条直线,且使这条直线总的来看最接近散点图上每个点. 记这条直线的截距为 a,斜率为 b,则直线

$$\hat{y}=a+bx \tag{8.3.3}$$

便是描述 Y 与 x 之间内在联系的近似方程. 我们称它为 Y 关于 x 的**经验回归直线方程**(简称**经验方程**或**回归方程**),其中常数 a,b 称为**回归系数**. 由目测得到的图 8-1 中的直线 l 所表示的腐蚀深度 Y 与腐蚀时间 x 之间的经验方程为

$$\hat{y}=5.1+0.31x, \tag{8.3.4}$$

其中 y 轴上的截距为 5.1,斜率为 0.31,它们是通过直线 l 的几何位置测出的.

1.2 用最小二乘法估计回归系数 a,b

目测经验方程方法简单,也有一定使用价值,但毕竟太粗糙,不便作进一步的理论研究,故需将方程(8.3.3)精确化. 为此,设(8.3.3)式 $\hat{y}=a+bx$ 是平面上任意一条直线,其中 a,b 待定. 可以设想,对于给定的 n 个点$(x_1,y_1),(x_2,y_2),\cdots,(x_n,y_n)$,只要适当选取 a,b,就可以达到使直线"总的来看最接近"这 n 个点的目的. 对此,我们用数量

$$(y_i-\hat{y}_i)^2=[y_i-(a+bx_i)]^2\quad(i=1,2,\cdots,n)$$

作为点(x_i,y_i)到直线 $\hat{y}=a+bx$ 的"接近"尺度,如图 8-2 所示,于是

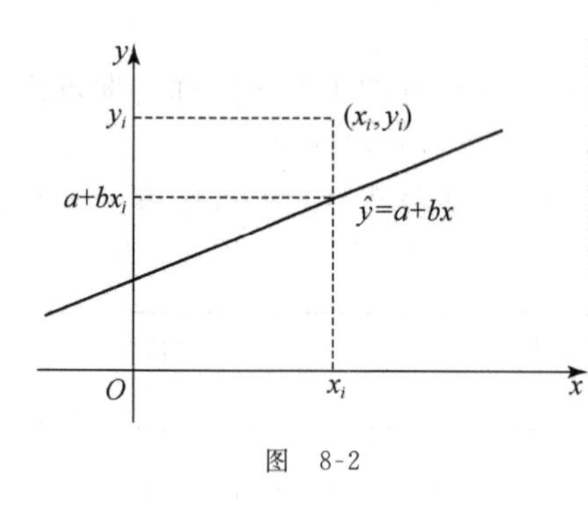

图 8-2

$$Q(a,b)=\sum_{i=1}^{n}[y_i-(a+bx_i)]^2 \quad (8.3.5)$$

便描述了 n 个点 $(x_1,y_1),(x_2,y_2),\cdots,(x_n,y_n)$ 与直线 $\hat{y}=a+bx$ 的偏离程度.不难想象,如果存在 $\hat{a},\hat{b}$,使 $Q(\hat{a},\hat{b})=\min Q(a,b)$,则直线

$$\hat{y}=\hat{a}+\hat{b}x \quad (8.3.6)$$

便是"总的来看最接近"这 n 个点的直线,进而问题转化成为求 $\hat{a},\hat{b}$,使二元函数 $Q(a,b)$ 在点 $(\hat{a},\hat{b})$ 达到最小.由于 $Q(a,b)$ 是 n 个平方之和,所以"使 $Q(a,b)$ 达到最小的原则"称为**平方和最小原则**,也称为**最小二乘原则**(least-squares principle).由最小二乘原则确定的直线 $\hat{y}=\hat{a}+\hat{b}x$ 就是 Y 关于 x 的**回归直线**,其中 $\hat{a},\hat{b}$ 为**回归系数**.

由微积分的知识知,$\hat{a}$ 与 $\hat{b}$ 应是方程组

$$\begin{cases}\dfrac{\partial Q}{\partial a}=-2\sum\limits_{i=1}^{n}(y_i-a-bx_i)=0,\\ \dfrac{\partial Q}{\partial b}=-2\sum\limits_{i=1}^{n}(y_i-a-bx_i)x_i=0\end{cases} \quad (8.3.7)$$

的解.从第一方程解得

$$\hat{a}=\bar{y}-b\bar{x},$$

其中 $\bar{y}=\dfrac{1}{n}\sum\limits_{i=1}^{n}y_i$, $\bar{x}=\dfrac{1}{n}\sum\limits_{i=1}^{n}x_i$. 将 $\hat{a}=\bar{y}-b\bar{x}$ 代入方程组(8.3.7)的第二个方程,解得

$$\hat{b}=\frac{\sum\limits_{i=1}^{n}x_iy_i-n\bar{x}\bar{y}}{\sum\limits_{i=1}^{n}x_i^2-n\bar{x}^2}=\frac{\sum\limits_{i=1}^{n}(x_i-\bar{x})(y_i-\bar{y})}{\sum\limits_{i=1}^{n}(x_i-\bar{x})^2}.$$

为了计算方便,若记 $\hat{b}=\dfrac{S_{xy}}{S_{xx}}$,即 $S_{xy}=\sum\limits_{i=1}^{n}(x_i-\bar{x})(y_i-\bar{y})$,$S_{xx}=\sum\limits_{i=1}^{n}(x_i-\bar{x})^2$,则

$$\begin{cases}\hat{a}=\bar{y}-\hat{b}\bar{x},\\ \hat{b}=\dfrac{\sum\limits_{i=1}^{n}x_iy_i-n\bar{x}\bar{y}}{\sum\limits_{i=1}^{n}x_i^2-n\bar{x}^2}=\dfrac{S_{xy}}{S_{xx}}.\end{cases} \quad (8.3.8)$$

可以证明,对于任意 a,b,确有

$$Q(\hat{a},\hat{b})=\min Q(a,b).$$

于是,根据 n 对数据 $(x_1,y_1),(x_2,y_2),\cdots,(x_n,y_n)$,由(8.3.8)式求出 $\hat{a},\hat{b}$,便可得到 Y 关于 x 的回归方程(8.3.6). 此外,从(8.3.8)式可见 $\bar{y}=\hat{a}+\hat{b}\bar{x}$,即回归直线总是通过散点图的几何重心 $(\bar{x},\bar{y})$.

至此,我们不难由例1所给的数据,运用(8.3.8)式计算得 $\hat{b}\approx 0.304,\hat{a}=5.36$,故腐蚀深度 Y 关于腐蚀时间 x 的回归方程为

$$\hat{y}=5.36+0.304x. \tag{8.3.9}$$

它比目测得到的回归直线(8.3.4)更精确,也更便于进一步进行理论研究.

注 在求 $\hat{a},\hat{b}$ 时,宜列表先计算出中间结果 $x_i^2,y_i^2,x_iy_i,\sum_{i=1}^{n}x_i,\sum_{i=1}^{n}y_i,\sum_{i=1}^{n}x_i^2,\sum_{i=1}^{n}y_i^2,\sum_{i=1}^{n}x_iy_i$,然后用(8.3.8)式即可求出 $\hat{a},\hat{b}$,如例1腐蚀时间与深度数据表见表8-18. 由表8-18可计算出

$$\bar{x}=\frac{1}{11}\sum_{i=1}^{11}x_i=\frac{510}{11},\quad \bar{y}=\frac{214}{11}.$$

表 8-18

序号	x_i	y_i	x_i^2	y_i^2	x_iy_i
1	5	6	25	36	30
2	10	10	100	100	100
3	15	10	225	100	150
4	20	13	400	169	260
5	30	16	900	256	480
6	40	17	1 600	289	680
7	50	19	2 500	361	950
8	60	23	3 600	529	1 380
9	70	25	4 900	625	1 750
10	90	29	8 100	841	2 610
11	120	46	14 400	2 116	5 520
$\sum$	510	214	36 750	5 422	13 910

2. 线性相关关系的显著性检验

由以上讨论不难看出,不管 x 与 Y 之间是否存在线性相关关系,都可由观测值 $(x_1,y_1),(x_2,y_2),\cdots,(x_n,x_n)$ 求出 $\hat{a}$ 和 $\hat{b}$,从而可以确定一个回归方程 $\hat{y}=\hat{a}+\hat{b}x$,但并不能确定所得的线性回归方程是否真有实际意义. 那么,在什么情况下回归方程的确反映 x 与 Y 之间的线性关系呢? 这就需要经过假设检验才能确定.

以下首先介绍 R 检验法.

为了讨论 x 与 Y 之间的关系,我们首先考虑误差平方和

$$\begin{aligned}Q&= Q(\hat{a},\hat{b}) = \sum_{i=1}^{n}[y_i-(\hat{a}+\hat{b}x_i)]^2\\&= \sum_{i=1}^{n}[y_i-(\bar{y}-\hat{b}\bar{x})-\hat{b}x_i]^2 = \sum_{i=1}^{n}[(y_i-\bar{y})-\hat{b}(x_i-\bar{x})]^2\\&= \sum_{i=1}^{n}[y_i-\bar{y}]^2+\hat{b}^2\sum_{i=1}^{n}[x_i-\bar{x}]^2-2\hat{b}\sum_{i=1}^{n}\{[y_i-\bar{y}]\times[x_i-\bar{x}]\}\\&= S_{yy}+\hat{b}^2S_{xx}-2\hat{b}S_{xy} = S_{yy}+\left(\frac{S_{xy}}{S_{xx}}\right)^2S_{xx}-\frac{2S_{xy}}{S_{xx}}S_{xy}\\&= S_{yy}-\frac{(S_{xy})^2}{S_{xx}}.\end{aligned} \tag{8.3.10}$$

误差平方和 Q 愈小,说明 x 与 Y 之间的线性关系愈密切,则所得回归直线反映 x 与 Y 之间的关系效果愈好.以下对 x 与 Y 之间的相关性检验问题作进一步讨论.为此,令

$$R=\frac{S_{xy}}{\sqrt{S_{xx}S_{yy}}}, \tag{8.3.11}$$

则

$$Q=(1-R^2)S_{yy}. \tag{8.3.12}$$

因 $Q\geqslant 0, S_{yy}\geqslant 0$,故 $|R|\leqslant 1$.

从(8.3.12)式易见,若 $|R|$ 愈接近于1,则 Q 就愈接近于零,这就表明诸散点几乎在回归直线 $\hat{y}=\hat{a}+\hat{b}x$ 上,从而表明 x 与 Y 之间的线性相关关系愈显著;若 $|R|$ 愈接近于零,则 Q 的取值愈大,于是诸散点离回归直线 $\hat{y}=\hat{a}+\hat{b}x$ 愈远,这表明 x 与 Y 之间的线性相关关系程度愈弱(线性关系愈不显著).可见,R 的绝对值的大小反映了 x 与 Y 之间线性相关关系的密切程度,故我们称 R 为**样本相关系数**(sample correlation coefficient),简称**相关系数**.x 与 Y 之间线性相关的程度又称为**线性回归的显著性程度**.

相关系数 R 的绝对值要取多大,才算线性相关关系显著呢?

根据对 R 的概率性质的研究,已造出相关系数显著性检验表(见附表6).对于给定的显著性水平 α 及样本容量 n,可查表得 $R_\alpha(n-2)$.当

$$|R|>R_\alpha(n-2)$$

时,可以认为 x 与 Y 之间的线性相关关系显著.一般认为,当 $|R|$ 的值 $|R|>R_{0.01}(n-2)$ 时,x 与 Y 之间的线性相关关系高度显著;当 $|R|$ 的值 $|R|>R_{0.05}(n-2)$ 时,x 与 Y 之间的线性相关关系显著;否则,认为 x 与 Y 之间的线性相关关系不显著.这种通过相关系数 R 来检验 x 与 Y 之间的线性相关性的方法称为 R **检验法**.

查相关系数显著性检验表时,自由度 $n-2$ 为样本容量减去变量个数.在计算 R 的值时,有以下公式:

$$R=\frac{\sum_{i=1}^{n}x_iy_i-n\bar{x}\bar{y}}{\sqrt{\left(\sum_{i=1}^{n}x_i^2-n\bar{x}^2\right)\left(\sum_{i=1}^{n}y_i^2-n\bar{y}^2\right)}}. \tag{8.3.13}$$

例 2 在例 1 的条件下,检验腐蚀时间 x 与腐蚀深度 Y 之间的线性相关关系的显著性. $(\alpha=0.01)$

解 (1) 计算相关系数 R 的观测值:

$$\sum_{i=1}^{11}x_iy_i-11\bar{x}\,\bar{y}=13910-11\times\frac{510}{11}\times\frac{214}{11}=\frac{43870}{11},$$

$$\sum_{i=1}^{11}x_i^2-11\bar{x}^2=36750-11\times\left(\frac{510}{11}\right)^2=\frac{144150}{11},$$

$$\sum_{i=1}^{11}y_i^2-11\bar{y}^2=5422-11\times\left(\frac{214}{11}\right)^2=\frac{13846}{11}.$$

将它们代入(8.3.13)式得 $R=0.98$.

(2) 由显著性水平 $\alpha=0.01$,自由度 $11-2=9$,查相关系数显著性检验表,得临界值 $R_{0.01}=0.735$.

(3) 判断:因 $|R|=0.98>0.735=R_{0.01}$,故认为腐蚀时间 x 与腐蚀深度 Y 之间线性相关关系特别显著,所得回归直线确实能反映腐蚀时间与腐蚀深度之间的线性相关关系.

比较(8.3.11)式和(8.3.8)式易知,R 与 $\hat{b}$ 同号. 当 $R>0$ 时,表明回归直线有正的斜率,此时称 x 与 Y **正相关**;当 $R<0$ 时,表明回归直线有负的斜率,此时称 x 与 Y **负相关**.

检验 x 与 Y 之间线性相关关系的显著性,还可用 F 检验法. 为此,将离差平方和 S_{yy} 分解成两部分之和:

$$S_{yy}=\sum_{i=1}^{n}(y_i-\bar{y})^2=\sum_{i=1}^{n}(y_i-\hat{y}_i)^2+\sum_{i=1}^{n}(\hat{y}_i-\bar{y})^2.$$

事实上,因为

$$\begin{aligned}S_{yy}&=\sum_{i=1}^{n}(y_i-\bar{y})^2=\sum_{i=1}^{n}[(y_i-\hat{y}_i)+(\hat{y}_i-\bar{y})]^2\\&=\sum_{i=1}^{n}[(y_i-\hat{y}_i)^2+2(y_i-\hat{y}_i)(\hat{y}_i-\bar{y})+(\hat{y}_i-\bar{y})^2]\\&=\sum_{i=1}^{n}(y_i-\hat{y}_i)^2+2\sum_{i=1}^{n}(y_i-\hat{y}_i)(\hat{y}_i-\bar{y})+\sum_{i=1}^{n}(\hat{y}_i-\bar{y})^2,\end{aligned}$$

又因 $\hat{a}=\bar{y}-\hat{b}\bar{x}$,而有

$$\sum_{i=1}^{n}(y_i-\hat{y}_i)(\hat{y}_i-\bar{y})=\sum_{i=1}^{n}[y_i-(\hat{a}+\hat{b}x_i)][\hat{a}+\hat{b}x_i-\bar{y}]$$

$$= \sum_{i=1}^{n} [(y_i - \bar{y}) - \hat{b}(x_i - \bar{x})][\hat{b}(x_i - \bar{x})]$$

$$= \hat{b} \sum_{i=1}^{n} [(y_i - \bar{y})(x_i - \bar{x}) - \hat{b}(x_i - \bar{x})^2]$$

$$= \hat{b}\Big[\sum_{i=1}^{n} (y_i - \bar{y})(x_i - \bar{x}) - \hat{b} \sum_{i=1}^{n} (x_i - \bar{x})^2 \Big]$$

$$= \hat{b}\left(S_{xy} - \frac{S_{xy}}{S_{xx}} S_{xx} \right) = 0,$$

故

$$S_{yy} = \sum_{i=1}^{n} (y_i - \bar{y})^2 = \sum_{i=1}^{n} (y_i - \hat{y}_i)^2 + \sum_{i=1}^{n} (\hat{y}_i - \bar{y})^2,$$

记成

$$S_{yy} = U + Q.$$

其中 $U = \sum_{i=1}^{n} (\hat{y}_i - \bar{y})^2$ 称为**回归平方和**(regression sum of squares),$Q = \sum_{i=1}^{n} (y_i - \hat{y}_i)^2$ 称为**剩余平方和**(residual sum of squares). 由于

$$U = \sum_{i=1}^{n} (\hat{y}_i - \bar{y})^2 = \sum_{i=1}^{n} [\hat{a} + \hat{b}x_i - (\hat{a} + \hat{b}\bar{x})]^2 = \hat{b}^2 \sum_{i=1}^{n} (x_i - \bar{x})^2,$$

说明离差平方和 S_{yy} 中,U 这部分是由 x_i 的离散性所导致的. 若 U 在 S_{yy} 中所占比例较大,则有理由认为 x 与 Y 之间的线性相关关系密切. 因此,取统计量

$$F = \frac{U}{Q/(n-2)}. \tag{8.3.14}$$

可以证明(此处从略):当 $\varepsilon \sim N(0,\sigma^2)$时,有

$$F = \frac{U}{Q/(n-2)} \sim F(1, n-2). \tag{8.3.15}$$

显然,F 值愈大,在总和 S_{yy} 中,U 相对于 Q 所占的比例也愈大,x 与 Y 之间的线性相关关系也愈显著. 可以证明,对于给定的显著性水平 α,在样本值下,当

$$F > F_{\alpha}(1, n-2)$$

时,x 与 Y 之间的线性相关关系显著.

上述两个检验法是一致的. 事实上,若注意到

$$U = \hat{b}^2 S_{xx} = \left(\frac{S_{xy}}{S_{xx}} \right)^2 S_{xx} = \frac{S_{xy}^2}{S_{xx}},$$

则有

$$F = \frac{U}{Q/(n-2)} = (n-2) \frac{U/S_{yy}}{(S_{yy} - U)/S_{yy}}$$

$$= (n-2) \frac{S_{xy}^2 / S_{xx} S_{yy}}{1 - S_{xy}^2 / S_{xx} S_{yy}} = (n-2) \frac{R^2}{1 - R^2}.$$

从而可以推得 $F>F_{\alpha}(1,n-2)$ 等价于 $|R|>R_{\alpha}(n-2)$.

除了以上两种检验法以外,还可用 t 检验法,本书从略.

下面对于例 1 所给数据,我们用 F 检验法,再来检验 x 与 Y 之间的线性相关关系的显著性($\alpha=0.01$):

借助于表 8-18 计算得

$$U=\sum_{i=1}^{11}(\hat{y}_i-\bar{y})^2=\hat{b}^2\sum_{i=1}^{11}(x_i-\bar{x})^2=1211.1,$$

$$Q=S_{yy}-U=\sum_{i=1}^{11}(y_i-\bar{y})^2-1211.1\approx 47.7,$$

故得
$$F=\frac{U}{Q/(n-2)}=\frac{1211.1}{47.7/9}\approx 228.51.$$

查附表 5 得 $F_{0.01}(1,9)=10.56$. 因为

$$F\approx 228.51>10.56=F_{0.01}(1,9),$$

故在显著性水平 $\alpha=0.01$ 下,认为 x 与 Y 之间的线性相关特别显著,回归方程反映了 Y 与 x 之间的线性相关关系.

对以上 F 检验法,也可列出方差分析表来表示,见表 8-19.

表 8-19

方差来源	平方和	自由度	F 值	F_{α} 值	显著性
回归	$U=1211.1$	1	$F=\dfrac{U/1}{Q/9}$	$F_{0.01}(1,9)$	**
剩余	$Q=47.7$	9	$=228.51$	$=10.56$	
总和	$S_{yy}=1258.8$	10			

最后指出,若有些问题不要求作出回归直线,而只需了解是否线性相关,则此时对样本相关系数进行一下检验就行了.

3. 回归方程的应用——预测与控制

在工程实际中,回归分析的一个重要应用,就是要利用回归方程进行预测与控制. 所谓预测,就是指当 $x=x_0$ 时对 y 做区间估计. 说得更确切些,就是以一定的置信度预测 Y 的观察值的取值范围,即所谓的**预测区间**(prediction interval). 而控制实际上是预测的反问题. 所谓控制,就是要使 Y 的值落在某指定范围内,而应该如何控制 x 才能达到预想的目的. 这两个问题,实际上是一个问题的两种不同提法,因而解决一个问题后,另一个问题也就不难解决了.

3.1 预测

若 x 与 Y 之间线性相关关系显著,即设

$$Y=a+bx+\varepsilon,$$

其中 $\varepsilon \sim N(0,\sigma^2)$，则回归方程 $\hat{y}=\hat{a}+\hat{b}x$ 就反映了 x 与 Y 之间的线性关系. 因此，当给定任一 x_0 后，自然会想到用

$$\hat{y} = \hat{a} + \hat{b}x$$

估计 $y_0 = a + bx_0 + \varepsilon$ 的相应取值，记为 $\hat{y}_0$(称为**点预测值**).

例如，在例 1 中，得到的回归方程是

$$\hat{y} = 5.36 + 0.304x.$$

给定腐蚀时间 $x=50$ s，代入回归方程，得到腐蚀深度 Y 的点预测值为

$$\hat{y}_0 = 5.36 + 0.304 \times 50 = 20.56.$$

然而只知道 Y 的点预测值还不够，还要知道预测的精确性和可靠性，这就需要根据所给的置信度 $1-\alpha$，求出 y_0 的置信区间——预测区间，这时置信度 $1-\alpha$ 也称为**预测水平**.

以下寻求 y_0 的预测水平为 $1-\alpha$ 的预测区间：

设当 $x=x_0$ 时，随机变量 Y 的观察结果

$$y_0 = \hat{y}_0 + \varepsilon_0, \quad \text{其中 } \varepsilon_0 \sim N(0,\sigma^2).$$

可以证明，当 n 较大时，$y_0 \sim N(\hat{y}_0, S^2)$，此处 $\hat{y}_0 = \hat{a} + \hat{b}x_0$，且

$$S = \sqrt{\frac{1}{n-2}\sum_{i=1}^{n}(y_i - \hat{y}_i)^2} = \sqrt{\frac{Q}{n-2}} \text{(称为剩余标准差)}.$$

再者，注意到 n 次试验相互独立，在一元线性回归模型的基础上，还可以证明

$$T = \frac{y_0 - \hat{y}_0}{S\sqrt{1 + \frac{1}{n} + \frac{(x_0 - \bar{x})^2}{S_{xx}}}} \sim t(n-2).$$

对于给定的 α，可查附表 3 得 $t_{\alpha/2}(n-2)$，使

$$P(|T| < t_{\alpha/2}(n-2)) = 1 - \alpha.$$

由此可得当 $x=x_0$ 时，y_0 的预测水平为 $1-\alpha$ 的预测区间为

$$\left(\hat{y}_0 - t_{\alpha/2}(n-2)S\sqrt{1 + \frac{1}{n} + \frac{(x_0 - \bar{x})^2}{S_{xx}}}, \hat{y}_0 + t_{\alpha/2}(n-2)S\sqrt{1 + \frac{1}{n} + \frac{(x_0 - \bar{x})^2}{S_{xx}}}\right). \tag{8.3.16}$$

预测区间的长度直接关系到预测效果，即预测精度. 从(8.3.16)式可以看出，预测区间与预测水平 $1-\alpha$，n 及 x_0 均有关. 若 n 及 x_0 不变，则 α 越小，$t_{\alpha/2}(n-2)$ 越大，预测区间越长，预测误差也就越大；若 α 与 n 不变，x_0 距 $\bar{x}$ 越远，同样预测误差也越大. 所以这种预测方法不宜于远期预测. 特别地，当 n 较大，且 x_0 愈接近于 $\bar{x}$(如 $x_0=\bar{x}$)时，有

$$\sqrt{1 + \frac{1}{n} + \frac{(x_0 - \bar{x})^2}{S_{xx}}} \approx 1.$$

此时，(8.3.16)式可简化为

$$(\hat{y}_0 - t_{\alpha/2}(n-2)S,\ \hat{y}_0 + t_{\alpha/2}(n-2)S). \tag{8.3.17}$$

又因当自由度 n 较大时,t 分布接近于正态分布 $N(0,1^2)$,故此时预测区间又近似为

$$(\hat{y}_0-Z_{\alpha/2}S,\ \hat{y}_0+Z_{\alpha/2}S). \tag{8.3.18}$$

特别地,当约定 $1-\alpha=0.95$ 时,$Z_{\alpha/2}=1.96$,y_0 的预测水平为 0.95 的预测区间简化为

$$(\hat{y}_0-1.96S,\ \hat{y}_0+1.96S).$$

这时,预测区间的长度取决于 S. 可见在预测中,S 是一个很重要的量.

对于给定的样本观察值,画出 y_0 的预测下限 $\hat{y}_0-1.96S$ 和预测上限 $\hat{y}_0+1.96S$ 的图形,这两条曲线形成包含回归直线 $\hat{y}=\hat{a}+\hat{b}x$ 的带域. 当 $x=\bar{x}$ 时,带域最窄,估计最精确;x 离 $\bar{x}$ 越远,带域越宽,估计精确性越差(参见图 8-3).

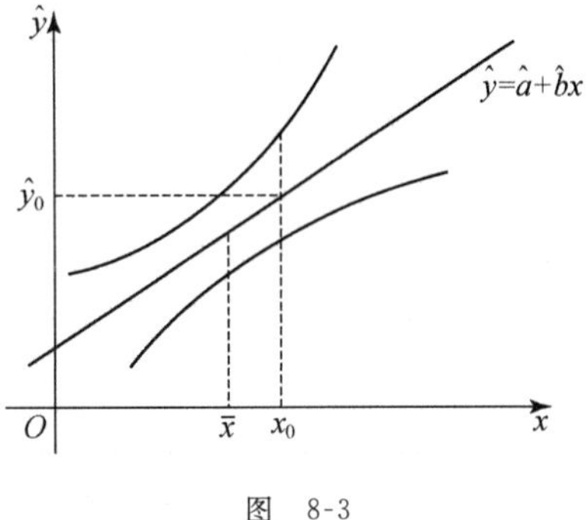

图 8-3

例 3 在例 1 的条件下,试求当腐蚀时间为 50 s 时,相应的腐蚀深度 y_0 的置信度为 0.95 的预测区间.

解 对例 1 所给的 11 对数据,前面已计算得 $Q=47.7$,于是

$$S=\sqrt{\frac{Q}{11-2}}=\sqrt{\frac{47.7}{9}}\approx 2.3.$$

取 $x_0=50$,则 $\hat{y}_0=5.36+0.304\times 50=20.56$.

给定 $1-\alpha=0.95$,则 $t_{\alpha/2}(11-2)=t_{0.025}(9)=2.26$. 代入 (8.3.17) 式得相应的 y_0 的预测水平为 0.95 的预测区间为 $(20.56-2.26\times 2.3, 20.56+2.26\times 2.3)$,即 $(15.36, 25.76)$. 这就是说,当腐蚀时间为 50 s 时,可以 0.95 的概率预测腐蚀深度界于 15.36 μm 与 25.76 μm 之间.

注 在这里,我们认为 $x_0=50$ 已接近于 $\bar{x}=46.36$,$n=11$ 也较大. 如果认为 $x_0=50$ 与 $\bar{x}=46.36$ 还相差较大且 $n=11$ 也不够大,那么 y_0 的置信区间应由(8.3.16)式确定.

3.2 控制

控制是预测的逆问题,即要使随机变量 Y 以一定概率在某个给定范围内取值,问 x 的值应控制在什么范围内. 也就是说,对于给定的区域间 (y_1, y_2) 以及给定的 α $(0<\alpha<1)$,求 x_1 与 x_2,使得当 $x_1<x<x_2$ 时,有

$$P(y_1<Y<y_2)=1-\alpha.$$

这时 (x_1, x_2) 称为 x 的**控制区间**,$1-\alpha$ 称为**控制水平**. 为简便起见,在这里,我们只讨论样本容量 n 很大情形下的 x 的控制区间.

由(8.3.18)式知,在给定 $x=x_0$ 后,y_0 的预测区间长度为

$$L=2Z_{\alpha/2}S=2Z_{\alpha/2}\sqrt{Q/(n-2)}. \tag{8.3.19}$$

而在控制问题中,x_0 是未知的,y_1, y_2 是已知的. 一般 x_0 可由

$$\frac{y_1+y_2}{2}=\hat{a}+\hat{b}x_0$$

确定. 另外,从(8.3.19)式知,只有当 $y_2-y_1>L$ 时,求出的 x 的控制区间才有意义,因为当 x 在此控制区间内取值时,才能保证 Y 的值含于区间 (y_1, y_2) 内.

设 x_1,x_2 是控制水平为 $1-\alpha$ 的控制区间的控制限.将(8.3.18)式稍作改变便得到近似式

$$\left.\begin{aligned} y_1 &= \hat{a}+\hat{b}x_1 - Z_{\alpha/2}\sqrt{Q/(n-2)}, \\ y_2 &= \hat{a}+\hat{b}x_2 + Z_{\alpha/2}\sqrt{Q/(n-2)}. \end{aligned}\right\} \tag{8.3.20}$$

从以上两式中解出 x_1,x_2,即得到 x 的控制区间.此时,当 $\hat{b}>0$ 时,控制区间为(x_1,x_2);当 $\hat{b}<0$时,控制区间为(x_2,x_1),如图 8-4 所示.

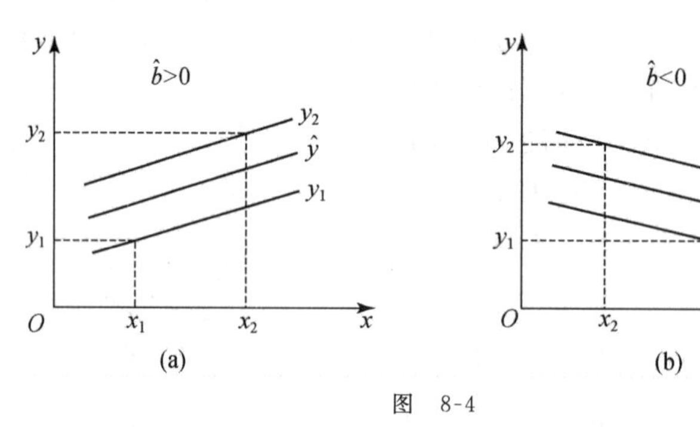

图 8-4

三、可线性化的一元非线性回归

在实际问题中,有时两个变量之间的相关关系并不是线性关系,而是某种曲线关系.研究这样的两个变量之间呈何种曲线关系的问题就是一元非线性回归问题.对于这些非线性回归问题,其中一部分可以通过选用适当的变量替换,转化为线性回归问题来处理.

例 4 在炼钢过程中,经观测得到钢包容积增大量 Y 随使用次数 x 变化的数据如下:

x	2	3	4	5	6	7	8	9
Y	6.42	8.20	9.58	9.50	9.70	10.00	9.93	9.99
x	10	11	12	13	14	15	16	
Y	10.49	10.59	10.59	10.80	10.60	10.90	10.6	

试求回归方程.

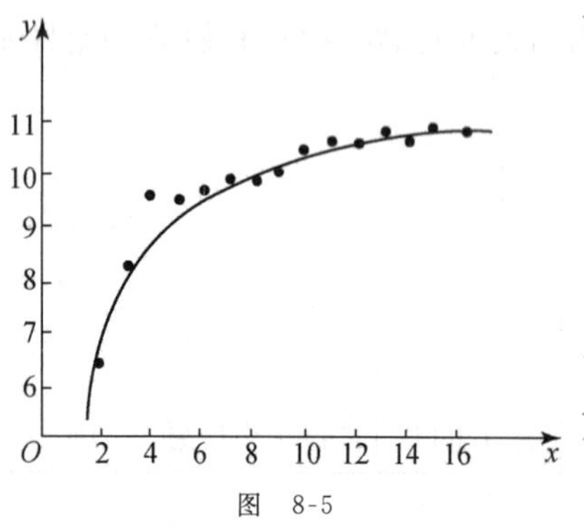

图 8-5

解 先用这 15 对数据作出散点图,如图 8-5 所示.观察散点大致呈双曲线型,故回归方程形如

$$\frac{1}{\hat{y}} = \hat{a} + \frac{\hat{b}}{x}.$$

只要令 $u=\frac{1}{x}, v=\frac{1}{y}$,则双曲线型回归方程可化为线性方程

$$\hat{v} = \hat{a} + \hat{b}u.$$

用一元线性回归的方法不难计算得

$$\bar{u}=0.1587,\quad \bar{v}=0.1031,\quad S_{uu}=0.2065,$$
$$S_{vv}=0.003791,\quad S_{uv}=0.02709,$$
$$\hat{b}=\frac{S_{uv}}{S_{uu}}=0.1312,\quad \hat{a}=\bar{v}-\hat{b}\bar{u}=0.0823,$$

于是得到线性回归方程

$$\hat{v}=0.0823+0.1312u.$$

将 $u=\dfrac{1}{x},v=\dfrac{1}{y}$ 代入上式即得所求的回归方程为

$$\frac{1}{\hat{y}}=0.0823+\frac{0.1312}{x}.$$

可见,某些非线性回归问题通过变量代换可化为线性回归问题来解决.但困难在于如何确定回归方程的类型.下面给出几种可线性化的回归方程,以便选用.

(1) 双曲线型:

① $\hat{y}=a+\dfrac{b}{x}$.

令 $u=\dfrac{1}{x}$,则得 $\hat{y}=a+bu$.

② $\dfrac{1}{\hat{y}}=a+\dfrac{b}{x}$.

令 $u=\dfrac{1}{x}$, $v=\dfrac{1}{y}$,则得 $\hat{v}=a+bu$.

(2) 指数曲线型:

$$\hat{y}=ae^{bx}.$$

若 $a>0$,则令 $v=\ln y$,得 $\hat{v}=\ln a+bx$;

若 $a<0$,则令 $v=\ln(-y)$,得 $\hat{v}=\ln(-a)+bx$.

(3) 幂函数型:

$$\hat{y}=ax^b\quad (x>0).$$

若 $a>0$,则令 $v=\ln y,u=\ln x$,得 $\hat{v}=\ln a+bu$.

$a<0$ 的情形类推.

(4) 对数曲线型:

① $\hat{y}=a+b\log x$.

令 $u=\log x$,则得 $\hat{y}=a+bu$.

② $\log\hat{y}=a+bx$.

令 $v=\log y$,则得 $\hat{v}=a+bx$.

③ $\log\hat{y}=a+b\log x$.

令 $u=\log x,v=\log y$,则得 $\hat{v}=a+bx$.

(5) S 曲线型：

$$\hat{y}=\frac{1}{a+be^{-x}}.$$

令 $u=e^{-x}$，$v=\dfrac{1}{y}$，则得 $\hat{v}=a+bu$.

习 题 8-3

1. 一元线性回归方程与一次函数有何联系与区别？

2. 下表数据是退火温度 x（单位：℃）对黄铜延性 Y 效应的试验结果，其中 Y 的观察值是以延长度计算的：

x/℃	300	400	500	600	700	800
Y/%	40	50	55	60	67	70

设对于给定的 x，Y 为正态随机变量，其方差与 x 无关，试画出散点图并求 Y 关于 x 的线性回归方程.

3. 设有某种商品年需求量 Y 与该商品价格 x 之间的一组调查数据如下：

x/元	1	2	2	2.3	2.5	2.6	2.8	3	3.3	3.5
Y/kg	5	3.5	3	2.7	2.4	2.5	2	1.5	1.2	1.2

求 Y 关于 x 的回归方程，并作相关关系显著性检验.

4. 某炼铝厂测得所产铸模用铝的硬度 x 与抗张强度 Y 之间的数据如下：

x	68	53	70	84	60	72	51	83	70	64
Y	288	293	349	343	290	354	283	324	340	286

(1) 求 Y 关于 x 的回归方程，并作相关关系显著性检验；

(2) 试在预测水平 95%下，预测当硬度 $x=65$ 时的抗张强度 Y 的取值范围.

5. 对某平炉记录了 34 炉的溶毕碳 x（单位：0.01%）与精炼时间 Y（单位：min）的数据，并计算得

$$\bar{x}=\frac{1}{34}\sum_{i=1}^{34}x_i=150.09,\quad \bar{y}=\frac{1}{34}\sum_{i=1}^{34}y_i=158.23,$$

$$S_{xx}=\sum_{i=1}^{34}(x_i-\bar{x})^2=25462.7,\quad S_{yy}=\sum_{i=1}^{34}(y_i-\bar{y})^2=50094.0,$$

$$S_{xy}=\sum_{i=1}^{34}(x_i-\bar{x})(y_i-\bar{y})=32325.3.$$

现测得某炉溶毕碳为 145×0.01%，试在预测水平 95%下，估计该炉所需精炼的时间.

6. 设测得混凝土的抗压强度 x 与抗剪强度 Y 的数据如下：

x/(kgf/cm^2)	141	152	168	182	195	204	223	254	277
Y/(kgf/cm^2)	23.1	24.2	27.2	27.8	28.7	31.4	32.5	34.8	36.2

由文献知，Y 与 x 的相关关系属于幂函数型. 试求 Y 关于 x 的回归方程.

§4 多元线性回归分析

前面讨论了两个变量之间的相关关系,但在许多实际问题中,因变量 Y 可能与多个变量 $x_1,x_2,\cdots,x_k(k\geqslant 2)$ 有关,因此还需要讨论多个变量之间的相关关系,即多元回归问题.多元回归问题中最简单的是二元线性回归问题.

所谓多元线性回归问题就是研究变量 Y 与 $k(k\geqslant 2)$ 个变量 $x_1,x_2,\cdots,x_k$ 之间呈何种线性相关关系的问题.研究多元线性回归问题的方法及思想与一元线性回归问题基本相同,只是计算更为复杂罢了.为简便起见,本节重点讨论二元线性回归问题.

一、回归平面方程的建立

设随机变量 Y 与自变量 x_1,x_2 之间存在着线性相关关系,回归方程为

$$\hat{y}=b_0+b_1x_1+b_2x_2.$$

设 $(x_{1i},x_{2i},y_i)(i=1,2,\cdots,n)$ 是一组观测值.仍用最小二乘法求出 b_0,b_1,b_2 的估计值,使误差

$$Q=\sum_{i=1}^{n}(y_i-\hat{y}_i)^2=\sum_{i=1}^{n}(y_i-b_0-b_1x_{1i}-b_2x_{2i})^2$$

达到最小.

显然,Q 是 b_0,b_1,b_2 的函数,分别对 b_0,b_1,b_2 求偏导数并令其为零,得方程组

$$\begin{cases}\dfrac{\partial Q}{\partial b_0}=-2\sum\limits_{i=1}^{n}(y_i-b_0-b_1x_{1i}-b_2x_{2i})=0,\\ \dfrac{\partial Q}{\partial b_1}=-2\sum\limits_{i=1}^{n}(y_i-b_0-b_1x_{1i}-b_2x_{2i})x_{1i}=0,\\ \dfrac{\partial Q}{\partial b_2}=-2\sum\limits_{i=1}^{n}(y_i-b_0-b_1x_{1i}-b_2x_{2i})x_{2i}=0,\end{cases}$$

整理得

$$\begin{cases}\sum\limits_{i=1}^{n}y_i-nb_0-b_1\sum\limits_{i=1}^{n}x_{1i}-b_2\sum\limits_{i=1}^{n}x_{2i}=0,\\ \sum\limits_{i=1}^{n}x_{1i}y_i-b_0\sum\limits_{i=1}^{n}x_{1i}-b_1\sum\limits_{i=1}^{n}x_{1i}^2-b_2\sum\limits_{i=1}^{n}x_{1i}x_{2i}=0,\\ \sum\limits_{i=1}^{n}x_{2i}y_i-b_0\sum\limits_{i=1}^{n}x_{2i}-b_1\sum\limits_{i=1}^{n}x_{1i}x_{2i}-b_2\sum\limits_{i=1}^{n}x_{2i}^2=0.\end{cases}\tag{8.4.1}$$

由方程组(8.4.1)的第一个方程可得

$$b_0=\bar{y}-b_1\bar{x}_1-b_2\bar{x}_2,\tag{8.4.2}$$

其中

$$\bar{y}=\frac{1}{n}\sum_{i=1}^{n}y_i,\quad \bar{x}_1=\frac{1}{n}\sum_{i=1}^{n}x_{1i},\quad \bar{x}_2=\frac{1}{n}\sum_{i=1}^{n}x_{2i}.$$

将(8.4.2)式代入方程组(8.4.1)的后两个方程,解得 b_1, b_2 的估计值为

$$\hat{b}_1 = \frac{\begin{vmatrix} S_{1y} & S_{12} \\ S_{2y} & S_{22} \end{vmatrix}}{\begin{vmatrix} S_{11} & S_{12} \\ S_{21} & S_{22} \end{vmatrix}}, \quad \hat{b}_2 = \frac{\begin{vmatrix} S_{11} & S_{1y} \\ S_{21} & S_{2y} \end{vmatrix}}{\begin{vmatrix} S_{11} & S_{12} \\ S_{21} & S_{22} \end{vmatrix}}, \tag{8.4.3}$$

其中

$$S_{11} = \sum_{i=1}^{n}(x_{1i} - \bar{x}_1)^2, \quad S_{12} = \sum_{i=1}^{n}(x_{1i} - \bar{x}_1)(x_{2i} - \bar{x}_2),$$

$$S_{21} = S_{12}, \quad S_{22} = \sum_{i=1}^{n}(x_{2i} - \bar{x}_2)^2,$$

$$S_{1y} = \sum_{i=1}^{n}(x_{1i} - \bar{x}_1)(y_i - \bar{y}), \quad S_{2y} = \sum_{i=1}^{n}(x_{2i} - \bar{x}_2)(y_i - \bar{y}).$$

再将(8.4.3)式代入(8.4.2)式,得到 b_0 的估计值为

$$\hat{b}_0 = \bar{y} - \hat{b}_1\bar{x}_1 - \hat{b}_2\bar{x}_2.$$

因此,Y 关于 x_1, x_2 的线性回归方程为

$$\hat{y} = \hat{b}_0 + \hat{b}_1 x_1 + \hat{b}_2 x_2. \tag{8.4.4}$$

此方程又称**经验回归平面方程**(简称**回归平面方程**),它是一张三维空间的平面,称为 Y 关于 x_1, x_2 的**回归平面**,其中 $\hat{b}_0, \hat{b}_1, \hat{b}_2$ 称为**偏回归系数**(partial regression coefficient).

二、回归平面方程的显著性检验

与一元线性回归类似,Y 与 x_1, x_2 的线性相关关系是否显著,仍可用相关系数法进行检验.

在一元线性回归中,相关系数为

$$R = \sqrt{\frac{S_{xy}^2}{S_{xx}S_{yy}}} = \sqrt{\frac{S_{xy}^2}{S_{xx}} \cdot \frac{1}{S_{yy}}} = \sqrt{\frac{U}{S_{yy}}}.$$

在二元线性回归中,同样令

$$R = \sqrt{\frac{U}{S_{yy}}} = \sqrt{\frac{\sum_{i=1}^{n}(\hat{y}_i - \bar{y})^2}{\sum_{i=1}^{n}(y_i - \bar{y})^2}}. \tag{8.4.5}$$

通常称 R 为**样本复相关系数**(sample multiple correlation coefficient),简称**相关系数**. 显然 $0 \leqslant R < 1$.

对显著性水平 α,查自由度为 $n-3$ 的相关系数显著性检验表,找出其临界值 R_α. 又由(8.4.5)式计算出相关系数 R 值. 当 $|R| > R_\alpha$ 时,则认为回归平面方程显著;当 $|R| \leqslant R_\alpha$ 时,则认为回归平面方程不显著.

例 1 在某次钢材的材料规范试验中,研究含碳量 x_1 和含锰量 x_2 对屈服点 Y 的关系,做了 25 次观测的试验,得结果如下(为简化计算,表中值为 $x_1-18, x_2-48, Y-24$):

含碳量 x_1	-2	0	1	-1	2	-2	-2	-3	1	0	-1	-1
含锰量 x_2	-9	-10	-9	-9	-10	0	-3	0	0	0	0	1
屈服点 Y	0	0.5	0.5	0	1	0.5	0	0	0.5	0.5	0.5	1
含碳量 x_1	-1	0	0	2	3	-2	0	1	3	1	3	3
含锰量 x_2	-2	-4	-3	0	0	7	7	8	10	1	1	-16
屈服点 Y	0.5	0.5	0.5	1	1	1	1	1.5	2.5	0.5	2	19

表中最后一列分别是对应观测值的横向累加值.

(1) 求 Y 关于 x_1, x_2 的回归平面方程;

(2) 检验回归平面方程的显著性.($\alpha=0.05$)

解 由题设中给出的观测数据计算得

$$\bar{y}=0.76,\quad \bar{x}_1=0.12,\quad \bar{x}_2=-0.64,$$

$$S_{11}=\sum_{i=1}^{25}(x_{1i}-\bar{x}_1)^2=68.64,$$

$$S_{12}=S_{21}=\sum_{i=1}^{25}(x_{1i}-\bar{x}_1)(x_{2i}-\bar{x}_2)=44.92,$$

$$S_{22}=\sum_{i=1}^{25}(x_{2i}-\bar{x}_2)^2=839.76,$$

$$S_{1y}=\sum_{i=1}^{25}(x_{1i}-\bar{x}_1)(y_i-\bar{y})=17.72,$$

$$S_{2y}=\sum_{i=1}^{25}(x_{2i}-\bar{x}_2)(y_i-\bar{y})=56.66,$$

$$S_{yy}=\sum_{i=1}^{25}(y_i-\bar{y})^2=9.08,$$

$$\begin{vmatrix} S_{11} & S_{12} \\ S_{21} & S_{22} \end{vmatrix}=\begin{vmatrix} 68.64 & 44.92 \\ 44.92 & 839.76 \end{vmatrix}=55623.319,$$

$$\begin{vmatrix} S_{1y} & S_{12} \\ S_{2y} & S_{22} \end{vmatrix}=\begin{vmatrix} 17.72 & 44.92 \\ 56.66 & 839.76 \end{vmatrix}=12335.38,$$

$$\begin{vmatrix} S_{11} & S_{1y} \\ S_{21} & S_{2y} \end{vmatrix}=\begin{vmatrix} 68.64 & 17.72 \\ 44.92 & 56.66 \end{vmatrix}=3093.16,$$

$$\hat{b}_1=\frac{12335.38}{55623.319}=0.22177,\quad \hat{b}_2=\frac{3093.16}{55623.319}=0.05561,$$

$$\begin{aligned}\hat{b}_0 &= \bar{y} - \hat{b}_1\bar{x}_1 - \hat{b}_2\bar{x}_2 \\ &= \left(\frac{19}{25}+24\right) - 0.22177\times\left(\frac{3}{25}+18\right) - 0.05516\times\left(\frac{-16}{25}+48\right) \\ &= 18.1078,\end{aligned}$$

故 Y 关于 x_1,x_2 的回归平面方程为

$$\hat{y} = 18.1078 + 0.22177x_1 + 0.05561x_2.$$

(2) 这时直接用(8.4.5)式计算 R 的值显得不便,而改用另一形式:

$$R=\sqrt{\frac{\hat{b}_1^2 S_{11} + 2\hat{b}_1\hat{b}_2 S_{12} + \hat{b}_2^2 S_{22}}{S_{yy}}}. \tag{8.4.6}$$

将前面计算出的

$$S_{11} = 68.64,\quad S_{12} = 44.92,\quad S_{22} = 839.76,$$

$$\hat{b}_1 = 0.22177,\quad \hat{b}_2 = 0.05561,\quad S_{yy} = 9.08$$

代入(8.4.6)式得

$$R=\sqrt{\frac{0.22177^2\times68.64+2\times0.22177\times0.05561\times44.92+0.05561^2\times839.76}{9.08}}.$$

自由度为 $25-3=22$,$\alpha=0.05$ 时,由附表 6 查得临界值为 $R_{0.05}=0.404$. 由 $R>R_{0.05}$ 知,可认为回归平面方程是显著的,即认为 Y 与 x_1,x_2 之间的线性关系密切.

习 题 8-4

1. 养猪场为估算猪的毛重,测算了 14 头猪的身长 x_1(单位:cm),肚围 x_2(单位:cm)与体重 Y(单位:kg),得数据如下:

身长 x_1	41	45	51	52	59	62	69	72	78	80	90	92	98	103
肚围 x_2	49	58	62	71	62	74	71	74	79	84	85	94	91	95
体重 Y	28	39	41	44	43	50	51	57	63	66	70	76	80	84

试求 $y=b_0+b_1x_1+b_2x_2$ 型的回归平面方程.

2. 某化工厂为研究硝化率 Y(单位:%)与硝化温度 x_1(单位:℃),硝化液中硝酸浓度 x_2(单位:%)之间的相关关系,做了 10 次试验,得数据如下:

x_1	16.5	19.7	15.5	21.4	20.8	16.6	23.1	14.5	21.3	16.4
x_2	93.4	90.8	86.7	83.5	92.1	94.9	89.6	88.1	87.3	83.4
Y	90.92	91.13	87.95	88.57	90.44	89.97	91.03	88.03	89.93	85.58

试求 Y 关于 x_1,x_2 的线性回归方程并检验线性关系的显著性.

3. 在无芽酶试验中,发现吸氨量 Y 与底水 x_1 及吸氨时间 x_2 都有关系. 试根据下表的数据建立 Y 关于 x_1,x_2 的经验回归平面方程并对其进行显著性检验(水温(17±1)℃下,底水:100 g 大麦经水浸一定时间后的重量;吸氨量:在底水的基础上再浸泡氨水后增加的重量).

吸氨量 y/g	6.2	7.5	4.8	5.1	4.6	4.6	2.8	3.1	4.3	4.9	4.1
底水 x_1/g	136.5	136.5	136.5	138.5	138.5	138.5	140.5	140.5	140.5	138.5	138.5
吸氨时间 x_2/min	215	250	180	250	180	215	180	215	250	215	215

§5 综合例题

一、方差分析

例 1 某企业准备用 3 种方法组装一种新的产品，为确定哪种方法在一定时间内生产的产品数量最多，随机抽取了 30 名工人，并指定每个工人使用其中的一种方法. 通过对每个工人生产的产品数进行方差分析得到如下结果：

误差来源	平方和	自由度	均方	F 值	临界值
组间误差	?	?	210	?	3.354
组内误差	3836	?	?	—	—
总和	?	29	—	—	—

(1) 完成上面的方差分析表；

(2) 若显著性水平 $\alpha=0.05$，检验 3 种方法组装的产品数量之间是否有显著差异.

解 根据题意知，因素水平个数为 $s=3$，样本容量为 $n=30$.

(1) 单因素方差分析表形式如下：

误差来源	平方和	自由度	均方	F 值	临界值
组间误差	S_A	$s-1$	$\dfrac{S_A}{s-1}$	$\dfrac{S_A/(s-1)}{S_E/(n-s)}$	$F_\alpha(s-1,n-s)$
组内误差	S_E	$n-s$	$\dfrac{S_E}{n-s}$	—	—
总和	S_T	$n-1$	—	—	—

由此可知题中的方差分析表完成后如下：

误差来源	平方和	自由度	均方	F 值	临界值
组间误差	420	2	210	1.478	3.354
组内误差	3836	27	142.074	—	—
总和	4256	29	—	—	—

(2) 因为 $F=1.478<F_{0.05}(2,27)=3.354$，故在显著性水平 $\alpha=0.05$ 下，认为 3 种方法组装的产品数量之间没有显著差异.

二、回归分析

例 2 设某商场一年内每月的销售收入 x(单位：万元)与销售费用 Y(单位：万元)统计数据如下：

x	Y	x	Y	x	Y
187.1	25.4	239.4	32.4	242.0	27.8
179.5	22.8	217.8	24.4	251.9	34.2
157.0	20.6	227.1	29.3	230.0	29.2
197.0	21.8	233.4	27.9	271.8	30.0

(1) 求销售费用 Y 关于销售收入 x 的线性回归方程；

(2) 利用方差分析检验该商场每月的销售费用 Y 与销售收入 x 之间的线性相关关系是否显著；($\alpha=0.01$)

(3) 若该商场某月的销售收入为 220 万元，求当月销售费用的预测区间；(预测水平为 95%)

(4) 若要求某月的销售费用在 22 万元到 32 万元之间，则该月销售收入应该在什么范围?(控制水平为 95%)

解 (1) 设销售费用 Y 关于销售收入 x 的线性回归方程为 $\hat{y}=\hat{a}+\hat{b}x$. 由所给的数据计算得

$$\sum_{i=1}^{12} x_i = 2634, \quad \bar{x} = 219.5, \quad \sum_{i=1}^{12} y_i = 325.8, \quad \bar{y} = 27.15,$$

$$S_{xx} = \sum_{i=1}^{12}(x_i - \bar{x})^2 = 12113.68, \quad S_{yy} = \sum_{i=1}^{12}(y_i - \bar{y})^2 = 196.27,$$

$$S_{xy} = \sum_{i=1}^{12}(x_i - \bar{x})(y_i - \bar{y}) = 1309.99,$$

于是得到回归系数的估计值为

$$\hat{b} = \frac{\sum_{i=1}^{12}(x_i - \bar{x})(y_i - \bar{y})}{\sum_{i=1}^{12}(x_i - \bar{x})^2} \approx 0.108, \quad \hat{a} = \bar{y} - \hat{b}\,\bar{x} \approx 3.413.$$

故线性回归方程为 $\hat{y}=3.413+0.108x$.

(2) 回归平方和为

$$U = \sum_{i=1}^{12}(\hat{y}_i - \bar{y})^2 = \hat{b}^2 \sum_{i=1}^{12}(x_i - \bar{x})^2 = 0.108^2 \times 12113.68 = 141.294,$$

剩余平方和为

$$Q = S_{yy} - U = \sum_{i=1}^{12}(y_i - \bar{y})^2 - 141.294 = 196.27 - 141.294 = 54.976,$$

所以
$$F=\frac{U}{Q/(n-2)}=\frac{141.294}{54.976/10}=25.701.$$

于是一元回归方差分析表如下：

方差来源	平方和	自由度	F 值	临界值
回归	$U=141.294$	1	$F=\dfrac{U/1}{Q/10}$	$F_{0.01}(1,10)$
剩余	$Q=54.976$	$n-2=10$	$=25.701$	$=10.04$
总和	$S_{yy}=196.27$	11	—	—

因为 $F=25.701>F_{0.01}(1,10)=10.04$，所以销售费用 Y 与销售收入 x 之间的线性相关关系显著.

(3) 当 $x_0=220$ 时，对应的 y_0 的预测水平为 $1-\alpha=95\%$ 的预测区间为

$$\left(\hat{y}_0 - t_{\alpha/2}(n-2)S\sqrt{1+\frac{1}{n}+\frac{(x_0-\bar{x})^2}{S_{xx}}},\hat{y}_0 + t_{\alpha/2}(n-2)S\sqrt{1+\frac{1}{n}+\frac{(x_0-\bar{x})^2}{S_{xx}}}\right),$$

其中

$$\hat{y}_0 = 3.413 + 0.108x_0 = 3.413 + 0.108 \times 220 = 27.173,$$

$$S = \sqrt{\frac{Q}{n-2}} = \sqrt{\frac{54.976}{10}} \approx 2.345, \quad t_{\alpha/2}(n-2) = t_{0.025}(10) = 2.2281,$$

于是所求的预测区间为

$$\left(27.173 \pm 2.2281 \times 2.345 \times \sqrt{1+\frac{1}{12}+\frac{(220-219.5)^2}{12113.68}}\right)$$
$$= (27.173 \pm 5.438) = (21.735, 32.611).$$

(4) 设当要求销售费用 Y 以 $1-\alpha=95\%$ 的概率落入区间 $(y_1,y_2)=(22,32)$ 内时，销售收入 x 的控制区间为 (x_1,x_2)，则

$$x_1 = \frac{y_1 - \hat{a} + Z_{\alpha/2}\sqrt{Q/(n-2)}}{\hat{b}} = \frac{22 - 3.413 + 1.96 \times 2.345}{0.108} = 214.659,$$

$$x_2 = \frac{y_2 - \hat{a} - Z_{\alpha/2}\sqrt{Q/(n-2)}}{\hat{b}} = \frac{32 - 3.413 - 1.96 \times 2.345}{0.108} = 222.137.$$

所以该月销售收入应控制在 214.659 万元到 222.137 万元之间.

总习题八

1. 今有某种型号的电池三批,它们分别是 A,B,C 三个工厂所生产的. 为评比其质量,各随机抽取 5 节电池为样品,经试验得其使用寿命(单位: h)如下:

A	B	C
40	26	39
48	34	40
38	30	43
42	28	50
45	32	50

在显著性水平 0.05 下,检验电池的平均使用寿命有无显著的差异. 若差异是显著的,试求均值差 $\mu_A-\mu_B$,$\mu_A-\mu_C$ 及 $\mu_B-\mu_C$ 的置信度为 95% 的置信区间. 设各工厂所生产的电池的寿命服从同方差的正态分布.

2. 为了考察 4 种不同催化剂对某一化工产品的得率的影响,在 4 种不同催化剂下分别做试验,得如下数据:

催化剂	得率					
1	0.88	0.85	0.79	0.86	0.85	0.83
2	0.87	0.92	0.85	0.83	0.90	
3	0.84	0.78	0.81			
4	0.81	0.86	0.90	0.87		

设在各种催化剂下得率服从同方差的正态分布,试检验在 4 种不同催化剂下平均得率有无显著差异. ($\alpha=0.05$)

3. 设某个年级有三个小班 Ⅰ,Ⅱ,Ⅲ. 现对这三个小班进行了一次数学考试,并从各个班级随机地抽取了一些学生,记录其成绩如下:

Ⅰ班		Ⅱ班		Ⅲ班	
73	66	88	77	68	41
89	60	78	31	79	59
82	45	48	78	56	68
43	93	91	62	91	53
80	36	51	76	71	79
73	77	85	96	71	15
		74	80	87	
		56			

设各小班数学考试成绩服从正态分布，且方差相等，试在显著性水平 0.05 下，检验各班级的平均分数有无显著差异.

4. 将抗生素注入人体会产生抗生素与血浆蛋白质结合的现象，以致减少了药效. 下表列出了 5 种常用的抗生素注入牛的体内时，抗生素与血浆蛋白质结合的百分数：

青霉素	四环素	链霉素	红霉素	氯霉素
29.6	27.3	5.8	21.6	29.2
24.3	32.6	6.2	17.4	32.8
28.5	30.8	11.0	18.3	25.0
32.0	34.8	8.3	19.0	24.2

设各抗生素与血浆蛋白质结合的百分数服从正态分布，且方差相同，试在显著性水平 $\alpha=0.05$ 下，检验这些百分比的均值有无显著的差异.

5. 下表给出某种化工过程在 3 种浓度，4 种温度水平下得率的数据：

浓度/%	温度/°C			
	10	24	38	52
2	14	11	13	10
	10	11	9	12
4	9	10	7	6
	7	8	11	10
6	5	13	12	14
	11	14	13	10

假设在诸水平搭配下得率服从正态分布，且方差相等，试在显著水平 $\alpha=0.05$ 下检验，在不同浓度下得率有无显著差异，在不同温度下得率是否有显著差异，交互作用的效应是否显著.

6. 某河流溶解氧浓度随着沿下游流动时间而下降. 现测得 8 组数据如下：

流动时间 t/天	0.5	1.0	1.6	1.8	2.6	3.2	3.8	4.7
溶解氧浓度/10^{-6}	0.28	0.29	0.29	0.18	0.17	0.18	0.10	0.12

求溶解氧浓度关于流动时间的线性回归方程，并对线性回归方程显著性做检验. ($\alpha=0.05$)

7. 冷轧带钢卷的发蓝捆带，其材料为 BD 钢，含碳量为 $c=0.14\%$. 合格的发蓝捆带要求抗拉强度 $\sigma_b \geqslant 80\ \mathrm{kgf/mm^2}$. 现对生产的 BD 钢发蓝捆带的 9 个样品作测试，得实测数据如下：

累积压下率 ε/%	20	31.3	41.4	50.5	58	61.6	65.8	67.8	71.7
$\sigma_b/(\mathrm{kgf/mm^2})$	58.82	64.87	69.29	75.15	78.08	80.31	82.08	81.87	84.6

(1) 求抗拉强度 σ_b 关于累积压下率 ε 的线性回归方程；

(2) 对线性回归方程显著性进行检验；

(3) 求当累积压下率为 45 时 σ_b 的预测区间；

(4) 给出保证 $\sigma_b \geq 80\ \mathrm{kgf/mm^2}$ 的 ε 的控制区间. $(\alpha=0.05)$

8. 设某 8 个国家的每人年能量消耗量和每人年生产总值的数据如下：

每人年生产总值 x/美元	600	2700	2900	4200	3100	5400	8600	10300
每人年能量消耗量 Y (折合成标准煤)/kg	1000	700	1400	2000	2500	2700	2500	4000

(1) 求 Y 关于 x 的线性回归方程；

(2) 对线性回归方程作显著性检验；

(3) 每人年生产总值为 3000 美元时预测每人年能量消耗量和置信区间. $(\alpha=0.05)$

9. 在彩色显影中，形成染料的光学密度 Y 与析出银的光学密度 x 有密切关系. 现测试得 11 组数据如下：

x	0.05	0.06	0.07	0.10	0.14	0.20	0.25	0.31	0.38	0.43	0.47
Y	0.10	0.14	0.23	0.37	0.59	0.79	1.00	1.12	1.19	1.25	1.29

试求 $y=Ae^{Bx}$ 型的经验方程.

10. 水泥厂生产的某种水泥在凝固时放出的热量 Y(单位：cal/g)(注：1 cal=4.18 J)与水泥中 $3CaO \cdot Al_2O_3$ 成分 x_1(单位：%)和 $3CaO \cdot SiO_2$ 成分 x_2(单位：%)有关. 设得试验数据如下：

x_1	7	1	11	11	7	11	3	1	2	21	10
x_2	26	29	56	31	52	55	71	31	54	47	68
Y	78.5	74.3	104.3	87.6	95.9	109.2	102.7	72.5	93.1	115.9	109.4

根据经验，Y 关于 x_1, x_2 有二元线性回归关系

$$y = b_0 + b_1 x_1 + b_2 x_2 + \varepsilon, \quad \varepsilon \sim N(0, \sigma^2).$$

(1) 求 b_0, b_1, b_2 的最小二乘估计，写出经验回归平面方程；

(2) 检验线性回归是否显著. $(\alpha=0.05)$

附表 1 标准正态分布表

$$\Phi(z)=\int_{-\infty}^{z}\frac{1}{\sqrt{2\pi}}e^{-u^2/2}du=P(Z\leqslant z)$$

z	0	1	2	3	4	5	6	7	8	9
0.0	0.500 0	0.504 0	0.508 0	0.512 0	0.516 0	0.519 9	0.523 9	0.527 9	0.531 9	0.535 9
0.1	0.539 8	0.543 8	0.547 8	0.551 7	0.555 7	0.559 6	0.563 6	0.567 5	0.571 4	0.575 3
0.2	0.579 3	0.583 2	0.587 1	0.591 0	0.594 8	0.598 7	0.602 6	0.606 4	0.610 3	0.614 1
0.3	0.617 9	0.621 7	0.625 5	0.629 3	0.633 1	0.636 8	0.640 6	0.644 3	0.648 0	0.651 7
0.4	0.655 4	0.659 1	0.662 8	0.666 4	0.670 0	0.673 6	0.677 2	0.680 8	0.684 4	0.687 9
0.5	0.691 5	0.695 0	0.698 5	0.701 9	0.705 4	0.708 8	0.712 3	0.715 7	0.719 0	0.722 4
0.6	0.725 7	0.729 1	0.732 4	0.735 7	0.738 9	0.742 2	0.745 4	0.748 6	0.751 7	0.754 9
0.7	0.758 0	0.761 1	0.764 2	0.767 3	0.770 3	0.773 4	0.776 4	0.779 4	0.782 3	0.785 2
0.8	0.788 1	0.791 0	0.793 9	0.796 7	0.799 5	0.802 3	0.805 1	0.807 8	0.810 6	0.813 3
0.9	0.815 9	0.818 6	0.821 2	0.823 8	0.826 4	0.828 9	0.831 5	0.834 0	0.836 5	0.838 9
1.0	0.841 3	0.843 8	0.846 1	0.848 5	0.850 8	0.853 1	0.855 4	0.857 7	0.859 9	0.862 1
1.1	0.864 3	0.866 5	0.868 6	0.870 8	0.872 9	0.874 9	0.877 0	0.879 0	0.881 0	0.883 0
1.2	0.884 9	0.886 9	0.888 8	0.890 7	0.892 5	0.894 4	0.896 2	0.898 0	0.899 7	0.901 5
1.3	0.903 2	0.904 9	0.906 6	0.908 2	0.909 9	0.911 5	0.913 1	0.914 7	0.916 2	0.917 7
1.4	0.919 2	0.920 7	0.922 2	0.923 6	0.925 1	0.926 5	0.927 8	0.929 2	0.930 6	0.931 9
1.5	0.933 2	0.934 5	0.935 7	0.937 0	0.938 2	0.939 4	0.940 6	0.941 8	0.943 0	0.944 1
1.6	0.945 2	0.946 3	0.947 4	0.948 4	0.949 5	0.950 5	0.951 5	0.952 5	0.953 5	0.954 5
1.7	0.955 4	0.956 4	0.957 3	0.958 2	0.959 1	0.959 9	0.960 8	0.961 6	0.962 5	0.963 3
1.8	0.964 1	0.964 8	0.965 6	0.966 4	0.967 1	0.967 8	0.968 6	0.969 3	0.970 0	0.970 6
1.9	0.971 3	0.971 9	0.972 6	0.973 2	0.973 8	0.974 4	0.975 0	0.975 6	0.976 2	0.976 7
2.0	0.977 2	0.977 8	0.978 3	0.978 8	0.979 3	0.979 8	0.980 3	0.980 8	0.981 2	0.981 7
2.1	0.982 1	0.982 6	0.983 0	0.983 4	0.983 8	0.984 2	0.984 6	0.985 0	0.985 4	0.985 7
2.2	0.986 1	0.986 4	0.986 8	0.987 1	0.987 4	0.987 8	0.988 1	0.988 4	0.988 7	0.989 0
2.3	0.989 3	0.989 6	0.989 8	0.990 1	0.990 4	0.990 6	0.990 9	0.991 1	0.991 3	0.991 6
2.4	0.991 8	0.992 0	0.992 2	0.992 5	0.992 7	0.992 9	0.993 1	0.993 2	0.993 4	0.993 6
2.5	0.993 8	0.994 0	0.994 1	0.994 3	0.994 5	0.994 6	0.994 8	0.994 9	0.995 1	0.995 2
2.6	0.995 3	0.995 5	0.995 6	0.995 7	0.995 9	0.996 0	0.996 1	0.996 2	0.996 3	0.996 4
2.7	0.996 5	0.996 6	0.996 7	0.996 8	0.996 9	0.997 0	0.997 1	0.997 2	0.997 3	0.997 4
2.8	0.997 4	0.997 5	0.997 6	0.997 7	0.997 7	0.997 8	0.997 9	0.997 9	0.998 0	0.998 1
2.9	0.998 1	0.998 2	0.998 2	0.998 3	0.998 4	0.998 4	0.998 5	0.998 5	0.998 6	0.998 6
3.0	0.998 7	0.999 0	0.999 3	0.999 5	0.999 7	0.999 8	0.999 8	0.999 9	0.999 9	1.000 0

注：表中末行系函数值 $\Phi(3.0),\Phi(3.1),\cdots,\Phi(3.9)$.

附表 2　泊松分布表

表中列出 $\sum_{i=0}^{k} \frac{\lambda^i}{i\,!} e^{-\lambda}$ 的值

k \ λ	0.1	0.2	0.3	0.4	0.5	0.6	0.7	0.8	0.9	1.0	1.2
0	0.904 84	0.818 73	0.740 82	0.670 32	0.606 53	0.548 81	0.496 59	0.449 33	0.406 57	0.367 88	0.301 19
1	0.995 32	0.982 48	0.963 06	0.938 45	0.909 80	0.878 10	0.844 20	0.808 79	0.772 48	0.735 76	0.662 63
2	0.999 85	0.999 85	0.996 40	0.992 07	0.985 61	0.977 89	0.965 86	0.952 58	0.937 14	0.919 70	0.879 49
3	1.000 00	0.999 94	0.999 72	0.999 22	0.998 25	0.997 64	0.994 25	0.990 92	0.988 54	0.981 01	0.966 23
4		1.000 00	0.999 97	0.999 94	0.999 83	0.999 61	0.999 21	0.998 59	0.997 66	0.996 34	0.992 25
5			1.000 00	1.000 00	0.999 99	0.999 96	0.999 91	0.999 82	0.999 66	0.999 41	0.998 50
6					1.000 00	1.000 00	0.999 99	0.999 98	0.999 96	0.999 92	0.999 75
7							1.000 00	1.000 00	1.000 00	0.999 99	0.999 96
8										1.000 00	0.999 99
9											1.000 00

k \ λ	1.4	1.6	1.8	2.0	2.5	3.0	3.5	4.0	4.5	5.0
0	0.246 60	0.201 90	0.165 30	0.135 34	0.082 08	0.049 79	0.030 20	0.018 32	0.011 11	0.006 74
1	0.591 83	0.524 93	0.462 84	0.406 01	0.287 30	0.199 15	0.135 89	0.091 58	0.061 10	0.040 43
2	0.833 50	0.783 36	0.730 62	0.676 68	0.543 81	0.423 19	0.320 85	0.238 10	0.173 58	0.124 65
3	0.946 27	0.921 19	0.891 29	0.857 12	0.757 58	0.647 23	0.536 63	0.433 47	0.352 30	0.265 03
4	0.985 75	0.976 32	0.963 59	0.947 35	0.891 18	0.815 26	0.725 44	0.628 84	0.542 10	0.440 49
5	0.996 80	0.993 96	0.989 62	0.983 44	0.957 98	0.916 08	0.857 61	0.785 13	0.702 93	0.615 96
6	0.999 38	0.998 66	0.997 43	0.995 47	0.985 81	0.966 49	0.934 71	0.889 33	0.831 05	0.762 18
7	0.999 89	0.999 74	0.999 44	0.998 90	0.995 75	0.988 10	0.973 26	0.948 87	0.913 41	0.866 63
8	0.999 98	0.999 95	0.999 89	0.999 76	0.998 86	0.996 20	0.990 13	0.978 64	0.959 74	0.931 91
9	1.000 00	0.999 99	0.999 98	0.999 95	0.999 72	0.998 90	0.996 68	0.991 87	0.982 91	0.968 17
10		1.000 00	1.000 00	0.999 99	0.999 94	0.999 71	0.998 98	0.997 16	0.993 33	0.986 30
11				1.000 00	0.999 99	0.999 93	0.999 71	0.999 08	0.997 60	0.994 55
12					1.000 00	0.999 98	0.999 92	0.999 73	0.999 19	0.997 98
13						1.000 00	0.999 98	0.999 92	0.999 75	0.999 30
14							1.000 00	0.999 98	0.999 93	0.999 77
15								1.000 00	0.999 98	0.999 93
16									0.999 99	0.999 98
17									1.000 00	0.999 99
18										1.000 00

附表 3　t 分布表

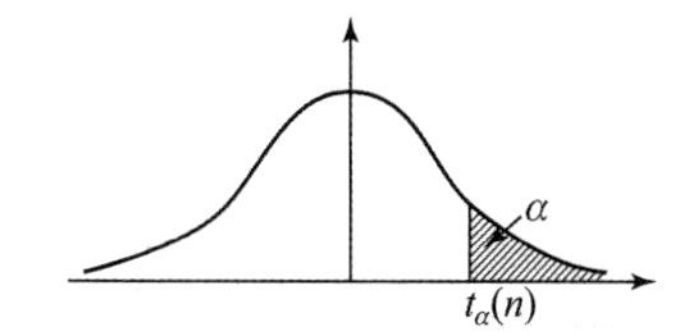

$$P(t(n) > t_\alpha(n)) = \alpha$$

n	α=0.25	0.10	0.05	0.025	0.01	0.005
1	1.000 0	3.077 7	6.313 8	12.706 2	31.820 7	63.657 4
2	0.816 5	1.885 6	2.920 0	4.302 7	6.964 6	9.924 8
3	0.764 9	1.637 7	2.353 4	3.182 4	4.540 7	5.840 9
4	0.740 7	1.533 2	2.131 8	2.776 4	3.746 9	4.604 1
5	0.726 7	1.475 9	2.015 0	2.570 6	3.364 9	4.032 2
6	0.717 6	1.439 8	1.943 2	2.446 9	3.142 7	3.707 4
7	0.711 1	1.414 9	1.894 6	2.364 6	2.998 0	3.499 5
8	0.706 4	1.396 8	1.859 5	2.306 0	2.896 5	3.355 4
9	0.702 7	1.383 0	1.833 1	2.262 2	2.821 4	3.249 8
10	0.699 8	1.372 2	1.812 5	2.228 1	2.763 8	3.169 3
11	0.697 4	1.363 4	1.795 9	2.201 0	2.718 1	3.105 8
12	0.695 5	1.356 2	1.782 3	2.178 8	2.681 0	3.054 5
13	0.693 8	1.350 2	1.770 9	2.160 4	2.650 3	3.012 3
14	0.692 4	1.345 0	1.761 3	2.144 8	2.624 5	2.976 8
15	0.691 2	1.340 6	1.753 1	2.131 5	2.602 5	2.946 7
16	0.690 1	1.336 8	1.745 9	2.119 9	2.583 5	2.920 8
17	0.689 2	1.333 4	1.739 6	2.109 8	2.566 9	2.898 2
18	0.688 4	1.330 4	1.734 1	2.100 9	2.552 4	2.878 4
19	0.687 6	1.327 7	1.729 1	2.093 0	2.539 5	2.860 9
20	0.687 0	1.325 3	1.724 7	2.086 0	2.528 0	2.845 3
21	0.686 4	1.323 2	1.720 7	2.079 6	2.517 7	2.831 4
22	0.685 8	1.321 2	1.717 1	2.073 9	2.508 3	2.818 8
23	0.685 3	1.319 5	1.713 9	2.068 7	2.499 9	2.807 3
24	0.684 8	1.317 8	1.710 9	2.063 9	2.492 2	2.796 9
25	0.684 4	1.316 3	1.708 1	2.059 5	2.485 1	2.787 4
26	0.684 0	1.315 0	1.705 6	2.055 5	2.478 6	2.778 7
27	0.683 7	1.313 7	1.703 3	2.051 8	2.472 7	2.770 7
28	0.683 4	1.312 5	1.701 1	2.048 4	2.467 1	2.763 3
29	0.683 0	1.311 4	1.699 1	2.045 2	2.462 0	2.756 4
30	0.682 8	1.310 4	1.697 3	2.042 3	2.457 3	2.750 0
31	0.682 5	1.309 5	1.695 5	2.039 5	2.452 8	2.744 0
32	0.682 2	1.308 6	1.693 9	2.036 9	2.448 7	2.738 5
33	0.682 0	1.307 7	1.692 4	2.034 5	2.444 8	2.733 3
34	0.681 8	1.307 0	1.690 9	2.032 2	2.441 1	2.728 4
35	0.681 6	1.306 2	1.689 6	2.030 1	2.437 7	2.723 8
36	0.681 4	1.305 5	1.688 3	2.028 1	2.434 5	2.719 5
37	0.681 2	1.304 9	1.687 1	2.026 2	2.431 4	2.715 4
38	0.681 0	1.304 2	1.686 0	2.024 4	2.428 6	2.711 6
39	0.680 8	1.303 6	1.684 9	2.022 7	2.425 8	2.707 9
40	0.680 7	1.303 1	1.683 9	2.021 1	2.423 3	2.704 5
41	0.680 5	1.302 5	1.682 9	2.019 5	2.420 8	2.701 2
42	0.680 4	1.302 0	1.682 0	2.018 1	2.418 5	2.698 1
43	0.680 2	1.301 6	1.681 1	2.016 7	2.416 3	2.695 1
44	0.680 1	1.301 1	1.680 2	2.015 4	2.414 1	2.692 3
45	0.680 0	1.300 6	1.679 4	2.014 1	2.412 1	3.689 6

附表 4　χ^2 分布表

$$P(\chi^2(n) > \chi^2_\alpha(n)) = \alpha$$

n	α=0.995	0.99	0.975	0.95	0.90	0.75
1	—	—	0.001	0.004	0.016	0.102
2	0.010	0.020	0.051	0.103	0.211	0.575
3	0.072	0.115	0.216	0.352	0.584	1.213
4	0.207	0.297	0.484	0.711	1.064	1.923
5	0.412	0.554	0.831	1.145	1.610	2.675
6	0.676	0.872	1.237	1.635	2.204	3.455
7	0.989	1.239	1.690	2.167	2.833	4.255
8	1.344	1.646	2.180	2.733	3.490	5.071
9	1.735	2.088	2.700	3.325	4.168	5.899
10	2.156	2.558	3.247	3.940	4.865	6.737
11	2.603	3.053	3.816	4.575	5.578	7.584
12	3.074	3.571	4.404	5.226	6.304	8.438
13	3.565	4.107	5.009	5.892	7.042	9.299
14	4.075	4.660	5.629	6.571	7.790	10.165
15	4.601	5.229	6.262	7.261	8.547	11.037
16	5.142	5.812	6.908	7.962	9.312	11.912
17	5.697	6.408	7.564	8.672	10.085	12.792
18	6.265	7.015	8.231	9.390	10.865	13.675
19	6.844	7.633	8.907	10.117	11.651	14.562
20	7.434	8.260	9.591	10.851	12.443	15.452
21	8.034	8.897	10.283	11.591	13.240	16.344
22	8.643	9.542	10.982	12.338	14.042	17.240
23	9.260	10.196	11.689	13.091	14.848	18.137
24	9.886	10.856	12.401	13.848	15.659	19.037
25	10.520	11.524	13.120	14.611	16.473	19.939
26	11.160	12.198	13.844	15.379	17.292	20.843
27	11.808	12.879	14.573	16.151	18.114	21.749
28	12.461	13.565	15.308	16.928	18.939	22.657
29	13.121	14.257	16.047	17.708	19.768	23.567
30	13.787	14.954	16.791	18.493	20.599	24.478
31	14.458	15.655	17.539	19.281	21.434	25.390
32	15.134	16.362	18.291	20.072	22.271	26.304
33	15.815	17.074	19.047	20.867	23.110	27.219
34	16.501	17.789	19.806	21.664	23.952	28.136
35	17.192	18.509	20.569	22.465	24.797	29.054
36	17.887	19.233	21.336	23.269	25.643	29.973
37	18.586	19.960	22.106	24.075	26.492	30.893
38	19.289	20.691	22.878	24.884	27.343	31.815
39	19.996	21.426	23.654	25.695	28.196	32.737
40	20.707	22.164	24.433	26.509	29.051	33.660
41	21.421	22.906	25.215	27.326	29.907	34.585
42	22.138	23.650	25.999	28.144	30.765	35.510
43	22.859	24.398	26.785	28.965	31.625	36.436
44	23.584	25.148	27.575	29.787	32.487	37.363
45	24.311	25.901	28.366	30.612	33.350	38.291

(续表)

n	$\alpha=0.25$	0.10	0.05	0.025	0.01	0.005
1	1.323	2.706	3.841	5.024	6.635	7.879
2	2.773	4.605	5.991	7.378	9.210	10.597
3	4.108	6.251	7.815	9.348	11.345	12.838
4	5.385	7.779	9.488	11.143	13.277	14.860
5	6.626	9.236	11.071	12.833	15.086	16.750
6	7.841	10.645	12.592	14.449	16.812	18.548
7	9.037	12.017	14.067	16.013	18.475	20.278
8	10.219	13.362	15.507	17.535	20.090	21.955
9	11.389	14.684	16.919	19.023	21.666	23.589
10	12.549	15.987	18.307	20.483	23.209	25.188
11	13.701	17.275	19.675	21.920	24.725	26.757
12	14.845	18.549	21.026	23.337	26.217	28.299
13	15.984	19.812	22.362	24.736	27.688	29.819
14	17.117	21.064	23.685	26.119	29.141	31.319
15	18.245	22.307	24.996	27.488	30.578	32.801
16	19.369	23.542	26.296	28.845	32.000	34.267
17	20.489	24.769	27.587	30.191	33.409	35.718
18	21.605	25.989	28.869	31.526	34.805	37.156
19	22.718	27.204	30.144	32.852	36.191	38.582
20	23.828	28.412	31.410	34.170	37.566	39.997
21	24.935	29.615	32.671	35.479	38.932	41.401
22	26.039	30.813	33.924	36.781	40.289	42.796
23	27.141	32.007	35.172	38.076	41.638	44.181
24	28.241	33.196	36.415	39.364	42.980	45.559
25	29.339	34.382	37.652	40.646	44.314	46.928
26	30.435	35.563	38.885	41.923	45.642	48.290
27	31.528	36.741	40.113	43.194	46.963	49.645
28	32.620	37.916	41.337	44.461	48.278	50.993
29	33.711	39.987	42.557	45.722	49.588	52.336
30	34.800	40.256	43.773	46.979	50.892	53.672
31	35.887	41.422	44.985	48.232	52.191	55.003
32	36.973	42.585	46.194	49.480	53.486	56.328
33	38.058	43.745	47.400	50.725	54.776	57.648
34	39.141	44.903	48.602	51.966	56.061	58.964
35	40.223	46.059	49.802	53.203	57.342	60.275
36	41.304	47.212	50.998	54.437	58.619	61.581
37	42.383	48.363	52.192	55.668	59.892	62.883
38	43.462	49.513	53.384	56.896	61.162	64.181
39	44.539	50.660	54.572	58.120	62.428	65.476
40	45.616	51.805	55.758	59.342	63.691	66.766
41	46.692	52.949	56.942	60.561	64.950	68.053
42	47.766	54.090	58.124	61.777	66.206	69.336
43	48.840	55.230	59.304	62.990	67.459	70.616
44	49.913	56.369	60.481	64.201	68.710	71.893
45	50.985	57.505	61.656	65.410	69.957	73.166

附表 5　F 分布表

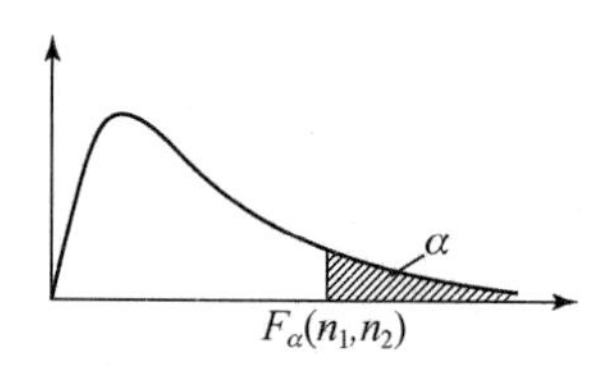

$$P(F(n_1, n_2) > F_\alpha(n_1, n_2)) = \alpha$$

$$\alpha = 0.10$$

n_2 \ n_1	1	2	3	4	5	6	7	8	9	10	12	15	20	24	30	40	60	120	∞
1	39.86	49.50	53.59	55.83	57.24	58.20	58.91	59.44	59.86	60.19	60.71	61.22	61.74	62.00	62.26	62.53	62.79	63.06	63.33
2	8.53	9.00	9.16	9.24	9.29	9.33	9.35	9.37	9.38	9.39	9.41	9.42	9.44	9.45	9.46	9.47	9.47	9.48	9.49
3	5.54	5.46	5.39	5.34	5.31	5.28	5.27	5.25	5.24	5.23	5.22	5.20	5.18	5.18	5.17	5.16	5.15	5.14	5.13
4	4.54	4.32	4.19	4.11	4.05	4.01	3.98	3.95	3.94	3.92	3.90	3.87	3.84	3.83	3.82	3.80	3.79	3.78	3.76
5	4.06	3.78	3.62	3.52	3.45	3.40	3.37	3.34	3.32	3.30	3.27	3.24	3.21	3.19	3.17	3.16	3.14	3.12	3.10
6	3.78	3.46	3.29	3.18	3.11	3.05	3.01	2.98	2.96	2.94	2.90	2.87	2.84	2.82	2.80	2.78	2.76	2.74	2.72
7	3.59	3.26	3.07	2.96	2.88	2.83	2.78	2.75	2.72	2.70	2.67	2.63	2.59	2.58	2.56	2.54	2.51	2.49	2.47
8	3.46	3.11	2.92	2.81	2.73	2.67	2.62	2.59	2.56	2.54	2.50	2.46	2.42	2.40	2.38	2.36	2.34	2.32	2.29
9	3.36	3.01	2.81	2.69	2.61	2.55	2.51	2.47	2.44	2.42	2.38	2.34	2.30	2.28	2.25	2.23	2.21	2.18	2.16
10	3.29	2.92	2.73	2.61	2.52	2.46	2.41	2.38	2.35	2.32	2.28	2.24	2.20	2.18	2.16	2.13	2.11	2.08	2.06
11	3.23	2.86	2.66	2.54	2.45	2.39	2.34	2.30	2.27	2.25	2.21	2.17	2.12	2.10	2.08	2.05	2.03	2.00	1.97
12	3.18	2.81	2.61	2.48	2.39	2.33	2.28	2.24	2.21	2.19	2.15	2.10	2.06	2.04	2.01	1.99	1.96	1.93	1.90
13	3.14	2.76	2.56	2.43	2.35	2.28	2.23	2.20	2.16	2.14	2.10	2.05	2.01	1.98	1.96	1.93	1.90	1.88	1.85
14	3.10	2.73	2.52	2.39	2.31	2.24	2.19	2.15	2.12	2.10	2.05	2.01	1.96	1.94	1.91	1.89	1.86	1.83	1.80
15	3.07	2.70	2.49	2.36	2.27	2.21	2.16	2.12	2.09	2.06	2.02	1.97	1.92	1.90	1.87	1.85	1.82	1.79	1.76
16	3.05	2.67	2.46	2.33	2.24	2.18	2.13	2.09	2.06	2.03	1.99	1.94	1.89	1.87	1.84	1.81	1.78	1.75	1.72
17	3.03	2.64	2.44	2.31	2.22	2.15	2.10	2.06	2.03	2.00	1.96	1.91	1.86	1.84	1.81	1.78	1.75	1.72	1.69
18	3.01	2.62	2.42	2.29	2.20	2.13	2.08	2.04	2.00	1.98	1.93	1.89	1.84	1.81	1.78	1.75	1.72	1.69	1.66
19	2.99	2.61	2.40	2.27	2.18	2.11	2.06	2.02	1.98	1.96	1.91	1.86	1.81	1.79	1.76	1.73	1.70	1.67	1.63
20	2.97	2.59	2.38	2.25	2.16	2.09	2.04	2.00	1.96	1.94	1.89	1.84	1.79	1.77	1.74	1.71	1.68	1.64	1.61
21	2.96	2.57	2.36	2.23	2.14	2.08	2.02	1.98	1.95	1.92	1.87	1.83	1.78	1.75	1.72	1.69	1.66	1.62	1.59
22	2.95	2.56	2.35	2.22	2.13	2.06	2.01	1.97	1.93	1.90	1.86	1.81	1.76	1.73	1.70	1.67	1.64	1.60	1.57
23	2.94	2.55	2.34	2.21	2.11	2.05	1.99	1.95	1.92	1.89	1.84	1.80	1.74	1.72	1.69	1.66	1.62	1.59	1.55
24	2.93	2.54	2.33	2.19	2.10	2.04	1.98	1.94	1.91	1.88	1.83	1.78	1.73	1.70	1.67	1.64	1.61	1.57	1.53
25	2.92	2.53	2.32	2.18	2.09	2.02	1.97	1.93	1.89	1.87	1.82	1.77	1.72	1.69	1.66	1.63	1.59	1.56	1.52
26	2.91	2.52	2.31	2.17	2.08	2.01	1.96	1.92	1.88	1.86	1.81	1.76	1.71	1.68	1.65	1.61	1.58	1.54	1.50
27	2.90	2.51	2.30	2.17	2.07	2.00	1.95	1.91	1.87	1.85	1.80	1.75	1.70	1.67	1.64	1.60	1.57	1.53	1.49
28	2.89	2.50	2.29	2.16	2.06	2.00	1.94	1.90	1.87	1.84	1.79	1.74	1.69	1.66	1.63	1.59	1.56	1.52	1.48
29	2.89	2.50	2.28	2.15	2.06	1.99	1.93	1.89	1.86	1.83	1.78	1.73	1.68	1.65	1.62	1.58	1.55	1.51	1.47
30	2.88	2.49	2.28	2.14	2.05	1.98	1.93	1.88	1.85	1.82	1.77	1.72	1.67	1.64	1.61	1.57	1.54	1.50	1.46
40	2.84	2.44	2.23	2.09	2.00	1.93	1.87	1.83	1.79	1.76	1.71	1.66	1.61	1.57	1.54	1.51	1.47	1.42	1.38
60	2.79	2.39	2.18	2.04	1.95	1.87	1.82	1.77	1.74	1.71	1.66	1.60	1.54	1.51	1.48	1.44	1.40	1.35	1.29
120	2.75	2.35	2.13	1.99	1.90	1.82	1.77	1.72	1.68	1.65	1.60	1.55	1.48	1.45	1.41	1.37	1.32	1.26	1.19
∞	2.71	2.30	2.08	1.94	1.85	1.77	1.72	1.67	1.63	1.60	1.55	1.49	1.42	1.38	1.34	1.30	1.24	1.17	1.00

$\alpha=0.05$ (续表)

n_2 \ n_1	1	2	3	4	5	6	7	8	9	10	12	15	20	24	30	40	60	120	∞
1	161.4	199.5	215.7	224.6	230.2	234.0	236.8	238.9	240.5	241.9	243.9	245.9	248.0	249.1	250.1	251.1	252.2	253.3	254.3
2	18.51	19.00	19.16	19.25	19.30	19.33	19.35	19.37	19.38	19.40	19.41	19.43	19.45	19.45	19.46	19.47	19.48	19.49	19.50
3	10.13	9.55	9.28	9.12	9.01	8.94	8.89	8.85	8.81	8.79	8.74	8.70	8.66	8.64	8.62	8.59	8.57	8.55	8.53
4	7.71	6.94	6.59	6.39	6.26	6.16	6.09	6.04	6.00	5.96	5.91	5.86	5.80	5.77	5.75	5.72	5.69	5.66	5.63
5	6.61	5.79	5.41	5.19	5.05	4.95	4.88	4.82	4.77	4.74	4.68	4.62	4.56	4.53	4.50	4.46	4.43	4.40	4.36
6	5.99	5.14	4.76	4.53	4.39	4.28	4.21	4.15	4.10	4.06	4.00	3.94	3.87	3.84	3.81	3.77	3.74	3.70	3.67
7	5.59	4.74	4.35	4.12	3.97	3.87	3.79	3.73	3.68	3.64	3.57	3.51	3.44	3.41	3.38	3.34	3.30	3.27	3.23
8	5.32	4.46	4.07	3.84	3.69	3.58	3.50	3.44	3.39	3.35	3.28	3.22	3.15	3.12	3.08	3.04	3.01	2.97	2.93
9	5.12	4.26	3.86	3.63	3.48	3.37	3.29	3.23	3.18	3.14	3.07	3.01	2.94	2.90	2.86	2.83	2.79	2.75	2.71
10	4.96	4.10	3.71	3.48	3.33	3.22	3.14	3.07	3.02	2.98	2.91	2.85	2.77	2.74	2.70	2.66	2.62	2.58	2.54
11	4.84	3.98	3.59	3.36	3.20	3.09	3.01	2.95	2.90	2.85	2.79	2.72	2.65	2.61	2.57	2.53	2.49	2.45	2.40
12	4.75	3.89	3.49	3.26	3.11	3.00	2.91	2.85	2.80	2.75	2.69	2.62	2.54	2.51	2.47	2.43	2.38	2.34	2.30
13	4.67	3.81	3.41	3.18	3.03	2.92	2.83	2.77	2.71	2.67	2.60	2.53	2.46	2.42	2.38	2.34	2.30	2.25	2.21
14	4.60	3.74	3.34	3.11	2.96	2.85	2.76	2.70	2.65	2.60	2.53	2.46	2.39	2.35	2.31	2.27	2.22	2.18	2.13
15	4.54	3.68	3.29	3.06	2.90	2.79	2.71	2.64	2.59	2.54	2.48	2.40	2.33	2.29	2.25	2.20	2.16	2.11	2.07
16	4.49	3.63	3.24	3.01	2.85	2.74	2.66	2.59	2.54	2.49	2.42	2.35	2.28	2.24	2.19	2.15	2.11	2.06	2.01
17	4.45	3.59	3.20	2.96	2.81	2.70	2.61	2.55	2.49	2.45	2.38	2.31	2.23	2.19	2.15	2.10	2.06	2.01	1.96
18	4.41	3.55	3.16	2.93	2.77	2.66	2.58	2.51	2.46	2.41	2.34	2.27	2.19	2.15	2.11	2.06	2.02	1.97	1.92
19	4.38	3.52	3.13	2.90	2.74	2.63	2.54	2.48	2.42	2.38	2.31	2.23	2.16	2.11	2.07	2.03	1.98	1.93	1.88
20	4.35	3.49	3.10	2.87	2.71	2.60	2.51	2.45	2.39	2.35	2.28	2.20	2.12	2.08	2.04	1.99	1.95	1.90	1.84
21	4.32	3.47	3.07	2.84	2.68	2.57	2.49	2.42	2.37	2.32	2.25	2.18	2.10	2.05	2.01	1.96	1.92	1.87	1.81
22	4.30	3.44	3.05	2.82	2.66	2.55	2.46	2.40	2.34	2.30	2.23	2.15	2.07	2.03	1.98	1.94	1.89	1.84	1.78
23	4.28	3.42	3.03	2.80	2.64	2.53	2.44	2.37	2.32	2.27	2.20	2.13	2.05	2.01	1.96	1.91	1.86	1.81	1.76
24	4.26	3.40	3.01	2.78	2.62	2.51	2.42	2.36	2.30	2.25	2.18	2.11	2.03	1.98	1.94	1.89	1.84	1.79	1.73
25	4.24	3.39	2.99	2.76	2.60	2.49	2.40	2.34	2.28	2.24	2.16	2.09	2.01	1.96	1.92	1.87	1.82	1.77	1.71
26	4.23	3.37	2.98	2.74	2.59	2.47	2.39	2.32	2.27	2.22	2.15	2.07	1.99	1.95	1.90	1.85	1.80	1.75	1.69
27	4.21	3.35	2.96	2.73	2.57	2.46	2.37	2.31	2.25	2.20	2.13	2.06	1.97	1.93	1.88	1.84	1.79	1.73	1.67
28	4.20	3.34	2.95	2.71	2.56	2.45	2.36	2.29	2.24	2.19	2.12	2.04	1.96	1.91	1.87	1.82	1.77	1.71	1.65
29	4.18	3.33	2.93	2.70	2.55	2.43	2.35	2.28	2.22	2.18	2.10	2.03	1.94	1.90	1.85	1.81	1.75	1.70	1.64
30	4.17	3.32	2.92	2.69	2.53	2.42	2.33	2.27	2.21	2.16	2.09	2.01	1.93	1.89	1.84	1.79	1.74	1.68	1.62
40	4.08	3.23	2.84	2.61	2.45	2.34	2.25	2.18	2.12	2.08	2.00	1.92	1.84	1.79	1.74	1.69	1.64	1.58	1.51
60	4.00	3.15	2.76	2.53	2.37	2.25	2.17	2.10	2.04	1.99	1.92	1.84	1.75	1.70	1.65	1.59	1.53	1.47	1.39
120	3.92	3.07	2.68	2.45	2.29	2.17	2.09	2.02	1.96	1.91	1.83	1.75	1.66	1.61	1.55	1.50	1.43	1.35	1.25
∞	3.84	3.00	2.60	2.37	2.21	2.10	2.01	1.94	1.88	1.83	1.75	1.67	1.57	1.52	1.46	1.39	1.32	1.22	1.00

附表 5　F 分布表

$\alpha=0.025$　　　　**(续表)**

n_2 \ n_1	1	2	3	4	5	6	7	8	9	10	12	15	20	24	30	40	60	120	∞
1	647.8	799.5	664.2	899.6	921.8	937.1	948.2	956.7	963.3	368.6	976.7	984.9	993.1	997.2	1 001	1 006	1 010	1 014	1 018
2	38.51	39.00	39.17	39.25	39.30	39.33	39.36	39.37	39.39	39.40	39.41	39.43	39.45	39.46	39.46	39.47	39.48	39.49	39.50
3	17.44	16.04	15.44	15.10	14.88	14.73	14.62	14.54	14.47	14.42	14.34	14.25	14.17	14.12	14.08	14.04	13.99	13.95	13.90
4	12.22	10.65	9.98	9.60	9.36	9.20	9.07	8.98	8.90	8.84	8.75	8.66	8.56	8.51	8.46	8.41	8.36	8.31	8.26
5	10.01	8.43	7.76	7.39	7.15	6.98	6.85	6.76	6.68	6.62	6.52	6.43	6.33	6.28	6.23	6.18	6.12	6.07	6.02
6	8.81	7.26	6.60	6.23	5.99	5.82	5.70	5.60	5.52	5.46	5.37	5.27	5.17	5.12	5.07	5.01	4.96	4.90	4.85
7	8.07	6.54	5.89	5.52	5.29	5.12	4.99	4.90	4.82	4.76	4.67	4.57	4.47	4.42	4.36	4.31	4.25	4.20	4.14
8	7.58	6.06	5.42	5.05	4.82	4.65	4.53	4.43	4.36	4.30	4.20	4.10	4.00	3.95	3.89	3.84	3.78	3.73	3.67
9	7.21	5.71	5.08	4.72	4.48	4.23	4.20	4.10	4.03	3.96	3.87	3.77	3.67	3.61	3.56	3.51	3.45	3.39	3.33
10	6.94	5.46	4.83	4.47	4.24	4.07	3.95	3.85	3.78	3.72	3.62	3.52	3.42	3.37	3.31	3.26	3.20	3.14	3.08
11	6.72	5.26	4.63	4.28	4.04	3.88	3.76	3.66	3.59	3.53	3.43	3.33	3.23	3.17	3.12	3.06	3.00	2.94	2.88
12	6.55	5.10	4.47	4.12	3.89	3.73	3.61	3.51	3.44	3.37	3.28	3.18	3.07	3.02	2.96	2.91	2.85	2.79	2.72
13	6.41	4.97	4.35	4.00	3.77	3.60	3.48	3.39	3.31	3.25	3.15	3.05	2.95	2.89	2.84	2.78	2.72	2.66	2.60
14	6.30	4.86	4.24	3.89	3.66	3.50	3.38	3.29	3.21	3.15	3.05	2.95	2.84	2.79	2.73	2.67	2.61	2.55	2.49
15	6.20	4.77	4.15	3.80	3.58	3.41	3.29	3.20	3.12	3.06	2.96	2.86	2.76	2.70	2.64	2.59	2.52	2.46	2.40
16	6.12	4.69	4.08	3.73	3.50	3.34	3.22	3.12	3.05	2.99	2.89	2.79	2.68	2.63	2.57	2.51	2.45	2.38	2.32
17	6.04	4.62	4.01	3.66	3.44	3.28	3.16	3.06	2.98	2.92	2.82	2.72	2.62	2.56	2.50	2.44	2.38	2.32	2.25
18	5.98	4.56	3.95	3.61	3.38	3.22	3.10	3.01	2.93	2.87	2.77	2.67	2.56	2.50	2.44	2.38	2.32	2.26	2.19
19	5.92	4.51	3.90	3.56	3.33	3.17	3.05	2.96	2.88	2.82	2.72	2.62	2.51	2.45	2.39	2.33	2.27	2.20	2.13
20	5.87	4.46	3.86	3.51	3.29	3.13	3.01	2.91	2.84	2.77	2.68	2.57	2.46	2.41	2.35	2.29	2.22	2.16	2.09
21	5.83	4.42	3.82	3.48	3.25	3.09	2.97	2.87	2.80	2.73	2.64	2.53	2.42	2.37	2.31	2.25	2.18	2.11	2.04
22	5.79	4.38	3.78	3.44	3.22	3.05	2.93	2.84	2.76	2.70	2.60	2.50	2.39	2.32	2.27	2.21	2.14	2.08	2.00
23	5.75	4.35	3.75	3.41	3.18	3.02	2.90	2.81	2.73	2.67	2.57	2.47	2.36	2.31	2.24	2.18	2.11	2.04	1.97
24	5.72	4.32	3.72	3.38	3.15	2.99	2.87	2.78	2.70	2.64	2.54	2.44	2.33	2.27	2.21	2.15	2.08	2.01	1.94
25	5.69	4.29	3.60	3.35	3.13	2.97	2.85	3.75	2.68	2.61	2.51	2.41	2.30	2.24	2.18	2.12	2.05	1.98	1.91
26	5.66	4.27	3.67	3.33	3.10	2.94	2.82	2.73	2.65	2.59	2.49	2.39	2.28	2.22	2.16	2.09	2.03	1.95	1.88
27	5.63	4.24	3.65	3.31	3.08	2.92	2.80	2.71	2.63	2.57	2.47	2.36	2.25	2.19	2.13	2.07	2.00	1.93	1.85
28	5.61	4.33	3.63	3.29	3.06	2.90	2.78	2.69	2.61	2.55	2.45	2.34	2.23	2.17	2.11	2.05	1.98	1.91	1.83
29	5.59	4.20	3.61	3.27	3.04	2.88	2.76	2.67	2.59	2.53	2.43	2.32	2.21	2.15	2.09	2.03	1.96	1.89	1.18
30	5.57	4.18	3.59	3.25	3.03	2.87	2.75	2.65	2.57	2.51	2.41	2.31	2.20	2.14	2.07	2.01	1.94	1.87	1.79
40	5.42	4.05	3.46	3.13	2.90	2.74	2.62	2.53	2.45	2.39	2.29	2.18	2.07	2.01	1.94	1.88	1.80	1.72	1.64
60	5.29	3.93	3.34	3.01	2.79	2.63	2.51	2.41	2.33	2.27	2.17	2.06	1.94	1.88	1.82	1.74	1.67	1.58	1.48
120	5.15	3.80	3.23	2.89	2.67	2.52	2.39	2.30	2.22	2.16	2.05	1.94	1.82	1.76	1.69	1.61	1.53	1.43	1.31
∞	5.02	3.69	3.12	2.79	2.57	2.41	2.29	2.19	2.11	2.05	1.94	1.83	1.71	1.64	1.57	1.48	1.39	1.27	1.00

$\alpha=0.01$ (续表)

n_2 \ n_1	1	2	3	4	5	6	7	8	9	10	12	15	20	24	30	40	60	120	∞
1	4 052	4 999.5	5 403	5 625	5 764	5 859	5 928	5 982	6 022	6 056	6 106	6 157	6 209	6 235	6 261	6 287	6 313	6 339	6 366
2	98.50	99.00	99.17	99.25	99.30	99.33	99.36	99.37	99.39	99.40	99.42	99.43	99.45	99.46	99.47	99.47	99.48	99.49	99.50
3	34.12	30.82	29.46	28.71	28.24	27.91	27.67	27.49	27.35	27.23	27.05	26.87	26.69	26.60	26.50	26.41	26.32	26.22	26.13
4	21.20	18.00	16.69	15.98	15.52	15.21	14.98	14.80	14.66	14.55	14.37	14.20	14.02	13.93	13.84	13.75	13.65	13.56	13.46
5	16.26	13.27	12.06	11.39	10.97	10.67	10.46	10.29	10.16	10.05	9.89	9.72	9.55	9.47	9.38	9.29	9.20	9.11	9.02
6	13.75	10.92	9.78	9.15	8.75	8.47	8.26	8.10	7.98	7.87	7.72	7.56	7.40	7.31	7.23	7.14	7.06	6.97	6.88
7	12.25	9.55	8.45	7.85	7.46	7.19	6.99	6.84	6.72	6.62	6.47	6.31	6.16	6.07	5.99	5.91	5.82	5.74	5.65
8	11.26	8.65	7.59	7.01	6.63	6.37	6.18	6.03	5.91	5.81	5.67	5.52	5.36	5.28	5.20	5.12	5.03	4.95	4.86
9	10.56	8.02	6.99	6.42	6.06	5.80	5.61	5.47	5.35	5.26	5.11	4.96	4.81	4.73	4.65	4.57	4.48	4.40	4.31
10	10.04	7.56	6.55	5.99	5.64	5.39	5.20	5.06	4.94	4.85	4.71	4.56	4.41	4.33	4.25	4.17	4.08	4.00	3.91
11	9.65	7.21	6.22	5.67	5.32	5.07	4.89	4.74	4.63	4.54	4.40	4.25	4.10	4.02	3.94	3.86	3.78	3.69	3.60
12	9.33	6.93	5.95	5.41	5.06	4.82	4.64	4.50	4.39	4.30	4.16	4.01	3.86	3.78	3.70	3.62	3.54	3.45	3.36
13	9.07	6.70	5.74	5.21	4.86	4.62	4.44	4.30	4.19	4.10	3.96	3.82	3.66	3.59	3.51	3.43	3.34	3.25	3.17
14	8.86	6.51	5.56	5.04	4.69	4.46	4.28	4.14	4.03	3.94	3.80	3.66	3.51	3.43	3.35	3.27	3.18	3.09	3.00
15	8.68	6.36	5.42	4.89	4.56	4.32	4.14	4.00	3.89	3.80	3.67	3.52	3.37	3.29	3.21	3.13	3.05	2.96	2.87
16	8.53	6.23	5.29	4.77	4.44	4.20	4.03	3.89	3.78	3.69	3.55	3.41	3.26	3.18	3.10	3.02	2.93	2.84	2.75
17	8.40	6.11	5.18	4.67	4.34	4.10	3.93	3.79	3.68	3.59	3.46	3.31	3.16	3.08	3.00	2.92	2.83	2.75	2.65
18	8.29	6.01	5.09	4.58	4.25	4.01	3.84	3.71	3.60	3.51	3.37	3.23	3.08	3.00	2.92	2.84	2.75	2.66	2.57
19	8.18	5.93	5.01	4.50	4.17	3.94	3.77	3.63	3.52	3.43	3.30	3.15	3.00	2.92	2.84	2.76	2.67	2.58	2.49
20	8.10	5.85	4.94	4.43	4.10	3.87	3.70	3.56	3.46	3.37	3.23	3.09	2.94	2.86	2.78	2.69	2.61	2.52	2.42
21	8.02	5.78	4.87	4.37	4.04	3.81	3.64	3.51	3.40	3.31	3.17	3.03	2.88	2.80	2.72	2.64	2.55	2.46	2.36
22	7.95	5.72	4.82	4.31	3.99	3.76	3.59	3.45	3.35	3.26	3.12	2.98	2.83	2.75	2.67	2.58	2.50	2.40	2.31
23	7.88	5.66	4.76	4.26	3.94	3.71	3.54	3.41	3.30	3.21	3.07	2.93	2.78	2.70	2.62	2.54	2.45	2.35	2.26
24	7.82	5.61	4.72	4.22	3.90	3.67	3.50	3.36	3.26	3.17	3.03	2.89	2.74	2.66	2.58	2.49	2.40	2.31	2.21
25	7.77	5.57	4.68	4.18	3.85	3.63	3.46	3.32	3.22	3.13	2.99	2.85	2.70	2.62	2.54	2.45	2.36	2.27	2.17
26	7.72	5.53	4.64	4.14	3.82	3.59	3.42	3.29	3.18	3.09	2.96	2.81	2.66	2.58	2.50	2.42	2.33	2.23	2.13
27	7.68	5.49	4.60	4.11	3.78	3.56	3.39	3.26	3.15	3.06	2.93	2.78	2.63	2.55	2.47	2.38	2.29	2.20	2.10
28	7.64	5.45	4.57	4.07	3.75	3.53	3.36	3.23	3.12	3.03	2.90	2.75	2.60	2.52	2.44	2.35	2.26	2.17	2.06
29	7.60	5.42	4.54	4.04	3.73	3.50	3.33	3.20	3.09	3.00	2.87	2.73	2.57	2.49	2.41	2.33	2.23	2.14	2.03
30	7.56	5.39	4.51	4.02	3.70	3.47	3.30	3.17	3.07	2.98	2.84	2.70	2.55	2.47	2.39	2.30	2.21	2.11	2.01
40	7.31	5.18	4.31	3.83	3.51	3.29	3.12	2.99	2.89	2.80	2.66	2.52	2.37	2.29	2.20	2.11	2.02	1.92	1.80
60	7.08	4.98	4.13	3.65	3.34	3.12	2.95	2.82	2.72	2.63	2.50	2.35	2.20	2.12	2.03	1.94	1.84	1.73	1.60
120	6.85	4.79	3.95	3.48	3.17	2.96	2.79	2.66	2.56	2.47	2.34	2.19	2.03	1.95	1.86	1.76	1.66	1.53	1.38
∞	6.63	4.61	3.78	3.32	3.02	2.80	2.64	2.51	2.41	2.32	2.18	2.04	1.88	1.79	1.70	1.59	1.47	1.32	1.00

附表 5　F 分布表

$\alpha=0.005$　　(续表)

n_2 \ n_1	1	2	3	4	5	6	7	8	9	10	12	15	20	24	30	40	60	120	∞
1	16 211	20 000	21 615	22 500	23 056	23 487	23 715	23 925	24 091	24 224	24 426	24 630	24 836	24 940	25 044	25 148	25 253	25 359	25 465
2	198.5	199.0	199.2	199.2	199.3	199.3	199.4	199.4	199.4	199.4	199.4	199.4	199.4	199.5	199.5	199.5	199.5	199.5	199.5
3	55.55	49.80	47.47	46.19	45.39	44.84	44.43	44.13	43.88	43.69	43.39	43.08	42.78	42.62	42.47	42.31	42.15	41.99	41.83
4	31.33	26.28	24.26	23.15	22.46	21.97	21.62	21.35	21.14	20.97	20.70	20.44	20.17	20.03	19.89	19.75	19.61	19.47	19.32
5	22.78	18.31	16.53	15.56	14.94	14.51	14.20	13.96	13.77	13.62	13.38	13.15	12.90	12.78	12.66	12.53	12.40	12.27	12.14
6	18.63	14.54	12.92	12.03	11.46	11.07	10.79	10.57	10.39	10.25	10.03	9.81	9.59	9.47	9.36	9.24	9.12	9.00	8.88
7	16.24	12.40	10.88	10.05	9.52	9.16	8.89	8.68	8.51	8.38	8.18	7.97	7.75	7.65	7.53	7.42	7.31	7.19	7.08
8	14.69	11.04	9.60	8.81	8.30	7.95	7.69	7.50	7.34	7.21	7.01	6.81	6.61	6.50	6.40	6.29	6.18	6.06	5.95
9	13.61	10.11	8.72	7.96	7.47	7.13	6.88	6.69	6.54	6.42	6.23	6.03	5.83	5.73	5.62	5.52	5.41	5.30	5.19
10	12.83	9.43	8.08	7.34	6.87	6.54	6.30	6.12	5.97	5.85	5.66	5.47	5.27	5.17	5.07	4.97	4.86	4.75	4.64
11	12.23	8.91	7.60	6.88	6.42	6.10	5.86	5.68	5.54	5.42	5.24	5.05	4.86	4.76	4.65	4.55	4.44	4.34	4.23
12	11.75	8.51	7.23	6.52	6.07	5.76	5.52	5.35	5.20	5.09	4.91	4.72	4.53	4.43	4.33	4.23	4.12	4.01	3.90
13	11.37	8.19	6.93	6.23	5.79	5.48	5.25	5.08	4.94	4.82	4.64	4.46	4.27	4.17	4.07	3.97	3.87	3.76	3.65
14	11.06	7.92	6.68	6.00	5.56	5.26	5.03	4.86	4.72	4.60	4.43	4.25	4.06	3.96	3.86	3.76	3.66	3.55	3.44
15	10.80	7.70	6.48	5.80	5.37	5.07	4.85	4.67	4.54	4.42	4.25	4.07	3.88	3.79	3.69	3.58	3.48	3.37	3.26
16	10.58	7.51	6.30	5.64	5.21	4.91	4.69	4.52	4.38	4.27	4.10	3.92	3.73	3.64	3.54	3.44	3.33	3.22	3.11
17	10.38	7.35	6.16	5.50	5.07	4.78	4.56	4.39	4.25	4.14	3.97	3.79	3.61	3.51	3.41	3.31	3.21	3.10	2.98
18	10.22	7.21	6.03	5.37	4.96	4.66	4.44	4.23	4.14	4.03	3.86	3.68	3.50	3.40	3.30	3.20	3.10	2.99	2.87
19	10.07	7.09	5.92	5.27	4.85	4.56	4.34	4.18	4.04	3.93	3.76	3.59	3.40	3.31	3.21	3.11	3.00	2.89	2.78
20	9.94	6.99	5.82	5.17	4.76	4.47	4.26	4.09	3.96	3.85	3.68	3.50	3.32	3.22	3.12	3.02	2.92	2.81	2.69
21	9.83	6.89	5.73	5.09	4.68	4.39	4.18	4.01	3.88	3.77	3.60	3.43	3.24	3.15	3.05	2.95	2.84	2.73	2.61
22	9.73	6.81	5.65	5.02	4.61	4.32	4.11	3.94	3.81	3.70	3.54	3.36	3.18	3.08	2.98	2.88	2.77	2.66	2.55
23	9.63	6.73	5.58	4.95	4.54	4.26	4.05	3.88	3.75	3.64	3.47	3.30	3.12	3.02	2.92	2.82	2.71	2.60	2.48
24	9.55	6.66	5.52	4.89	4.49	4.20	3.99	3.83	3.69	3.59	3.42	3.25	3.06	2.97	2.87	2.77	2.66	2.55	2.43
25	9.48	6.60	5.46	4.84	4.43	4.15	3.94	3.78	3.64	3.54	3.37	3.20	3.01	2.92	2.82	2.72	2.61	2.50	2.38
26	9.41	6.54	5.41	4.79	4.38	4.10	3.89	3.73	3.60	3.49	3.33	3.15	2.97	2.87	2.77	2.67	2.56	2.45	2.33
27	9.34	6.49	5.36	4.74	4.34	4.06	3.85	3.69	3.56	3.45	3.28	3.11	2.93	2.83	2.73	2.63	2.52	2.41	2.29
28	9.28	6.44	5.32	4.70	4.30	4.02	3.81	3.65	3.52	3.41	3.25	3.07	2.89	2.79	2.69	2.59	2.48	2.37	2.25
29	9.23	6.40	5.28	4.66	4.26	3.98	3.77	3.61	3.48	3.38	3.21	3.04	2.86	2.76	2.66	2.56	2.45	2.33	2.21
30	9.18	6.35	5.24	4.62	4.23	3.95	3.74	3.58	3.45	3.34	3.18	3.01	2.82	2.73	2.63	2.52	2.42	2.30	2.18
40	8.83	6.07	4.98	4.37	3.99	3.71	3.51	3.35	3.22	3.12	2.95	2.78	2.60	2.50	2.40	2.30	2.18	2.06	1.93
60	8.49	5.79	4.73	4.14	3.76	3.49	3.29	3.13	3.01	2.90	2.74	2.57	2.39	2.29	2.19	2.08	1.96	1.83	1.69
120	8.18	5.54	4.50	3.92	3.55	3.28	3.09	2.93	2.81	2.71	2.54	2.37	2.19	2.09	1.98	1.87	1.75	1.61	1.43
∞	7.88	5.30	4.28	3.72	3.35	3.09	2.90	2.74	2.62	2.52	2.36	2.19	2.00	1.90	1.79	1.67	1.53	1.36	1.00

$\alpha=0.001$ (续表)

n_2 \ n_1	1	2	3	4	5	6	7	8	9	10	12	15	20	24	30	40	60	120	∞
1	4 053†	5 000†	5 404†	5 625†	5 764†	5 859†	5 929†	5 981†	6 023†	6 056†	6 107†	6 158†	6 209†	6 235†	6 261†	6 287†	6 313†	6 340†	6 366†
2	998.5	999.0	999.2	999.2	999.3	999.3	999.4	999.4	999.4	999.4	999.4	999.4	999.4	999.5	999.5	999.5	999.5	999.5	999.5
3	167.0	148.5	141.1	137.1	134.6	132.8	131.6	130.6	129.9	129.2	128.3	127.4	126.4	125.9	125.4	125.0	124.5	124.0	123.5
4	74.14	61.25	56.18	53.44	51.71	50.53	49.66	49.00	48.47	48.05	47.41	46.76	46.10	45.77	45.43	45.09	44.75	44.40	44.05
5	47.18	37.12	33.20	31.09	29.75	28.84	28.16	27.64	27.24	26.92	26.42	25.91	25.39	25.14	24.87	24.60	24.33	24.06	23.79
6	35.51	27.00	23.70	21.92	20.81	20.03	19.46	19.03	18.69	18.41	17.99	17.56	17.12	16.89	16.67	16.44	16.21	15.99	15.75
7	29.25	21.69	18.77	17.19	16.21	15.52	15.02	14.63	14.33	14.08	13.71	13.32	12.93	12.73	12.53	12.33	12.12	11.91	11.70
8	25.42	18.49	15.83	14.39	13.49	12.86	12.40	12.04	11.77	11.54	11.19	10.84	10.48	10.30	10.11	9.92	9.73	9.53	9.33
9	22.86	16.39	13.90	12.56	11.71	11.13	10.70	10.37	10.11	9.89	9.57	9.24	8.90	8.72	8.55	8.37	8.19	8.00	7.81
10	21.04	14.91	12.55	11.28	10.48	9.92	9.52	9.20	8.96	8.75	8.45	8.13	7.80	7.64	7.47	7.30	7.12	6.94	6.76
11	19.69	13.81	11.56	10.35	9.58	9.05	8.66	8.35	8.12	7.92	7.63	7.32	7.01	6.85	6.68	6.52	6.35	6.17	6.00
12	18.64	12.97	10.80	9.63	8.89	8.38	8.00	7.71	7.48	7.29	7.00	6.71	6.40	6.25	6.09	5.93	5.76	5.59	5.42
13	17.81	12.31	10.21	9.07	8.35	7.86	7.49	7.21	6.98	6.80	6.52	6.23	5.93	5.78	5.63	5.47	5.30	5.14	4.97
14	17.14	11.78	9.73	8.62	7.92	7.43	7.08	6.80	6.58	6.40	6.13	5.85	5.56	5.41	5.25	5.10	4.94	4.77	4.60
15	16.59	11.34	9.34	8.25	7.57	7.09	6.74	6.47	6.26	6.08	5.81	5.54	5.25	5.10	4.95	4.80	4.64	4.47	4.31
16	16.12	10.97	9.00	7.94	7.27	6.81	6.46	6.19	5.98	5.81	5.55	5.27	4.99	4.85	4.70	4.54	4.39	4.23	4.06
17	15.72	10.66	8.73	7.68	7.02	7.56	6.22	5.96	5.75	5.58	5.32	5.05	4.78	4.63	4.48	4.33	4.18	4.02	3.85
18	15.38	10.39	8.49	7.46	6.81	6.35	6.02	5.76	5.56	5.39	5.13	4.87	4.59	4.45	4.30	4.15	4.00	3.84	3.67
19	15.08	10.16	8.28	7.26	6.62	6.18	5.85	5.59	5.39	5.22	4.97	4.70	4.43	4.29	4.14	3.99	3.84	3.68	3.51
20	14.82	9.95	8.10	7.10	6.46	6.02	5.69	5.44	5.24	5.08	4.82	4.56	4.29	4.15	4.00	3.86	3.70	3.54	3.38
21	14.59	9.77	7.94	6.95	6.32	5.88	5.56	5.31	5.11	4.95	4.70	4.44	4.17	4.03	3.88	3.74	3.58	3.42	3.26
22	14.38	9.61	7.80	6.81	6.19	5.76	5.44	5.19	4.99	4.83	4.58	4.33	4.06	3.92	3.78	3.63	3.48	3.32	3.15
23	14.19	9.47	7.67	6.69	6.08	5.65	5.33	5.09	4.89	4.73	4.48	4.23	3.96	3.82	3.68	3.53	3.38	3.22	3.05
24	14.03	9.34	7.55	6.59	5.98	5.55	5.23	4.99	4.80	4.64	4.39	4.14	3.87	3.74	3.59	3.45	3.29	3.14	2.97
25	13.88	9.22	7.45	6.49	5.88	5.46	5.15	4.91	4.71	4.56	4.31	4.06	3.79	3.66	3.52	3.37	3.22	3.06	2.89
26	13.74	9.12	7.36	6.41	5.80	5.38	5.07	4.83	4.64	4.48	4.24	3.99	3.72	3.59	3.44	3.30	3.15	2.99	2.82
27	13.61	9.02	7.27	6.33	5.73	5.31	5.00	4.76	4.57	4.41	4.17	3.92	3.66	3.52	3.38	3.23	3.08	2.92	2.75
28	13.50	8.93	7.19	6.25	5.66	5.24	4.93	4.69	4.50	4.35	4.11	3.86	3.60	3.46	3.32	3.18	3.02	2.86	2.69
29	13.39	8.85	7.12	6.19	5.59	5.18	4.87	4.64	4.45	4.29	4.05	3.80	3.54	3.41	3.27	3.12	2.97	2.81	2.64
30	13.29	8.77	7.05	6.12	5.53	5.12	4.82	4.58	4.39	4.24	4.00	3.75	3.49	3.36	3.22	3.07	2.92	2.76	2.59
40	12.61	8.25	6.60	5.70	5.13	4.73	4.44	4.21	4.02	3.87	3.64	3.40	3.15	3.01	2.87	2.73	2.57	2.41	2.23
60	11.97	7.76	6.17	5.31	4.76	4.37	4.09	3.87	3.69	3.54	3.31	3.08	2.83	2.69	2.55	2.41	2.25	2.08	1.89
120	11.38	7.32	5.79	4.95	4.42	4.04	3.77	3.55	3.38	3.24	3.02	2.78	2.53	2.40	2.26	2.11	1.95	1.76	1.54
∞	10.83	6.91	5.42	4.62	4.10	3.74	3.47	3.27	3.10	2.96	2.74	2.51	2.27	2.13	1.99	1.84	1.66	1.45	1.00

注：† 表示要将所列数乘以 100.

附表 6　相关系数显著性检验表

ν \ α	0.05	0.01	ν \ α	0.05	0.01
1	0.997	1.000	21	0.413	0.526
2	0.950	0.990	22	0.404	0.515
3	0.878	0.959	23	0.396	0.505
4	0.811	0.917	24	0.388	0.496
5	0.754	0.874	25	0.381	0.487
6	0.707	0.834	26	0.374	0.478
7	0.666	0.798	27	0.367	0.470
8	0.632	0.765	28	0.361	0.463
9	0.602	0.735	29	0.355	0.456
10	0.576	0.708	30	0.349	0.449
11	0.553	0.684	35	0.325	0.418
12	0.532	0.661	40	0.304	0.393
13	0.514	0.641	45	0.288	0.372
14	0.497	0.623	50	0.273	0.354
15	0.482	0.606	60	0.250	0.325
16	0.468	0.590	70	0.232	0.302
17	0.456	0.575	80	0.217	0.283
18	0.444	0.551	90	0.205	0.267
19	0.433	0.549	100	0.195	0.254
20	0.423	0.537	220	0.138	0.181

注：ν为自由度.

习题答案与提示

习　题　1-1

A　组

1. (1) $\Omega=\{$红色,白色$\}$；　(2) $\Omega=\{(H,H),(H,T),(T,H),(T,T)\}, A=\{(H,T),(T,H)\}$；

(3) $\Omega=\{1,2,\cdots,n,\cdots\}, A=\{1,2,\cdots,5\}$；　(4) $\Omega=\{5,6,7,\cdots\}$；

(5) $\Omega=\{(a,b),(a,c),(a,d),(b,c),(b,d),(b,a),(c,d),(c,a),(c,b),(d,a),(d,b),(d,c)\}$,

$A=\{(a,b),(a,c),(a,d),(b,a),(c,a),(d,a)\}$,

其中(i,j)表示样本点,i表示正式代表,j表示列席代表.

2. (1) $A\overline{B}=\{3\}$；　(2) $\overline{A}\cup B=\{1,2,4,5,6,7,\cdots,10\}$；

(3) $\overline{A\overline{BC}}=\overline{A}\cup BC=\{1,2,6,7,\cdots,10\}$；

(4) $\overline{A(B\cup C)}=\overline{A}\cup\overline{B\cup C}=\overline{A}\cup\overline{B}\,\overline{C}=\{1,2,3,6,7,8,9,10\}$.

3. (1) $A=A_1\overline{A}_2\overline{A}_3$；　(2) $B=A_1\overline{A}_2\overline{A}_3\cup\overline{A}_1A_2\overline{A}_3\cup\overline{A}_1\overline{A}_2A_3$；

(3) $C=A_1\cup A_2\cup A_3$；　(4) $D=\overline{A}_1\overline{A}_2\overline{A}_3\cup B$；　(5) $F=A_1\cup A_3$.

5. (1),(3),(5),(6),(7),(9)成立;(2),(4),(8),(10)不成立.

B　组

1. (1) $\Omega=\{3,4,5,\cdots,18\}$；

(2) $\Omega=\{Aa,Bb,Cc;Ab,Bc,Ca;Ac,Ba,Cb;Aa,Bc,Cb;Ab,Ba,Cc;Ac,Bb,Ca\}$,

其中Aa表示a球放在A盒中,其余同理；

(3) $\Omega=\{v|v>0\}$,其中v表示速度.

2. (1) $n=2^3$；　(2) $n=C_{30}^2$；　(3) $n=3^2$.

3. (Ⅰ) $A=\{a$至b导通$\}=\{A_1\cup A_2A_3\cup A_4\}$；

(Ⅱ) $A=\{a$至b导通$\}=(A_1\cup A_2)(A_3\cup A_4\cup A_5)$.

习　题　1-2(1)

A　组

1. 1/12.　　**2.** (1) 1/2；(2) 3/10；(3) 33/100.

3. (1) 有放回抽样：$P(A)=49/100$, $P(B)=21/50$, $P(C)=3/10$；

(2) 无放回抽样：$P(A)=21/45$, $P(B)=21/45$, $P(C)=3/10$.

4. (1) $\frac{1}{20}$；(2) $\frac{1}{12}$；(3) $\frac{1}{30}$.　　**5.** $\frac{1}{10^6}$.　　**6.** $\frac{A_{10}^7}{10^7}=\frac{189}{3125}$.　　**7.** $\frac{12}{25}$.

B　组

1. (1) $\frac{4}{9}$；(2) $\frac{41}{90}$.　　**2.** $\frac{C_{10}^4C_4^3C_3^2}{C_{17}^9}=\frac{252}{2431}$.　　**3.** $\frac{3}{8}$；$\frac{9}{16}$；$\frac{1}{16}$.

4. (1) 2/105；(2) 2/21.

习 题 1-2(2)

A 组

1. (1) 0.3; (2) 0.1; (3) 0.6; (4) 0.8. **2.** 3/8.

3. (1) 5/21; (2) 41/42; (3) 11/42. **4.** 41/96. **5.** 107/250.

6. (1) $\frac{29}{45}$; (2) $\frac{17}{45}$; (3) $\frac{44}{45}$. **7.** $\frac{1}{4}+\frac{1}{2}\ln 2$.

B 组

1. (1) $\frac{1}{2}$; (2) $\frac{1}{6}$; (3) $\frac{3}{8}$. **3.** $1-\left(1-\frac{t_0}{T}\right)^2$.

4. $\frac{\sqrt{3}}{2}$. **5.** $1-\left(\frac{364}{365}\right)^{500}\approx 0.746$.

6. (1) 当 $A\cup B=\Omega$ 时,$P(\overline{AB})$达到最大值,最大值为 0.9; (2) 当 $A\subset B$ 时,最小值为 0.6.

习 题 1-3

A 组

1. 0.4,0.1,2/3. **2.** (1) 0.862; (2) 0.058; (3) 0.8286.

3. (1) 1/10; (2) 89/1078. **4.** (1) 17/20; (2) 9/34.

5. (1) 45/121; (2) 5/17. **6.** 1/10.

B 组

1. (1) 1/4; (2) 1/3; (3) 1/2. **2.** 0.9. **3.** 0.26.

4. (1) 2/5; (2) 0.4856; **5.** (1) 0.0084; (2) 1/21. **6.** 不换选.

习 题 1-4

A 组

1. (1) 0.3; (2) 0.5. **2.** 0.88.

3. 当 $p>1/2$ 时,对甲来说采用五局三胜制有利;当 $p=1/2$ 时,两赛制对甲一样.

5. (Ⅰ) $2p-2p^3+p^4$; (Ⅱ) $p^2(2-p)(3-3p+p^2)$.

6. (1) 0.3087; (2) 0.47178; (3) 0.83692.

B 组

1. $n\geqslant 14$. **2.** $\frac{1}{3}$. **3.** $\sum_{k=5}^{9}P_9(k)\approx 0.901$.

总 习 题 一

一、填空题:

1. 0. **2.** 1/1260. **3.** 0.6. **4.** 1/6. **5.** 3/4. **6.** 2/3.

7. 21/40. **8.** 1/5. **9.** 23/45,15/23. **10.** 0.15,0.55. **11.** 5/8. **12.** 1/3.

二、选择题:

1. D. **2.** C. **3.** D. **4.** C. **5.** B. **6.** C. **7.** C. **8.** B.

9. C.　**10.** A.　**11.** D.　**12.** B.

三、计算题:

1. 0.7.　**2.** 0.45,0.2,0.25,0.45,0.9.

3. (1) 当 $A\subset B$ 时,$P(AB)$最大值为 0.6;　(2) 当 $P(A\cup B)=1$ 时,$P(AB)$最小值为 0.3.

4. $\dfrac{C_{95}^{50}}{C_{100}^{50}}$.　**5.** $\dfrac{9.9!}{10^8}$　**6.** $\dfrac{A_{n-1}^{k-1}}{A_n^k}$　**7.** $\dfrac{1}{27},\dfrac{8}{27},\dfrac{2}{9},\dfrac{8}{9}$.

8. (1) 29/90;　(2) 20/61.　**9.** (1) 0.85;　(2) 4/9.

10. (1) 1/64;　(2) 11/32.　**11.** 7/9.　**12.** 0.5953.

习　题　2-1

A　组

1. $a=e^{-2}-e^{-3}$.　**2.** $\dfrac{2}{3}$.　**3.**

X	-1	0	1
P	1/6	1/3	1/2

4. $\lambda=\ln 2$.　**5.** 19/27.

6.

X	2	3	4	5	6	7	8	9	10	11	12
P	1/36	2/36	3/36	4/36	5/36	6/36	5/36	4/36	3/36	2/36	1/36

7.

X	0	1	2	3
P	p	$(1-p)p$	$(1-p)^2p$	$(1-p)^3$

8. (1) 0.163;　(2) 0.353.

9.

X	1	2	$\cdots$	k	$\cdots$
P	p	$(1-p)p$	$\cdots$	$(1-p)^{k-1}p$	$\cdots$

10. 0.96.

B　组

1. $\dfrac{2}{3}e^{-2}$.　**2.** $1-e^{-0.1}\approx 0.095$.

3.

X	3	4	5
P	1/10	3/10	6/10

4.

X	0	1	2	3
P	3/4	9/44	9/220	1/220

5. 0.9098.

习　题　2-2

A　组

1. (1) $1-F(a)$;　(2) $F(a-0)$;　(3) $F(a)-F(a-0)$;
(4) $F(b-0)-F(a-0)$;　(5) $F(b-0)-F(a)$;　(6) $F(b)-F(a-0)$.

2. $F(x)=\begin{cases}0, & x<0,\\ 1/2, & 0\leqslant x<1,\\ 2/3, & 1\leqslant x<2,\\ 1, & x\geqslant 2.\end{cases}$ **3.** (1) $A=\frac{1}{2}$, $B=\frac{1}{\pi}$; (2) $P(|X|<1)=\frac{1}{2}$.

4.

X	-1	1	3
P	0.1	0.3	0.6

.

B 组

1. $F(x)=\begin{cases}0, & x<0,\\ x/a, & 0\leqslant x\leqslant a,\\ 1, & x>a.\end{cases}$ **2.** $F(t)=\begin{cases}0, & t\leqslant 0,\\ 1-e^{-\lambda t}, & t>0.\end{cases}$

习 题 2-3

A 组

1. (1) $C=\frac{1}{2}$; (2) $\frac{1}{2}(1-e^{-1})$; (3) $F(x)=\begin{cases}\frac{1}{2}e^{x}, & x<0,\\ 1-\frac{1}{2}e^{-x}, & x\geqslant 0.\end{cases}$

2. (1) $A=1$; (2) $f(x)=\begin{cases}2x, & 0\leqslant x\leqslant 1,\\ 0, & \text{其他};\end{cases}$ (3) $\frac{3}{16}$.

3. (1) $C=e-1$; (2) $F(x)=\begin{cases}0, & x<0,\\ x+e^{-x}-1, & 0\leqslant x\leqslant 1,\\ 1+(1-e)e^{-x}, & x>1;\end{cases}$ (3) $\frac{3}{2}-e^{-1/2}$.

B 组

1. (1) $A=B=1/2$; (2) $f(x)=\begin{cases}e^{x}/2, & x<0,\\ e^{-(x-1)}/2, & x\geqslant 1,\\ 0, & \text{其他};\end{cases}$ (3) 0.

3. $a=1/3$, $b=-1/6$.

习 题 2-4

A 组

1. $\frac{3}{5}$. **2.** $\frac{20}{27}$. **3.** $1-e^{-1}$. **4.** $C=\frac{1}{2}\ln 2$.

5. $e^{-3/2}$. **6.** (1) 1/2; (2) 0.0062; (3) 0.0666; (4) 0.9974.

7. 0.2. **8.** (1) $a=3.34$; (2) 0.6977. **9.** 0.036.

10. $\sigma=31.25$. **11.** $p_1=p_2$. **12.** $h=184$. **13.** 406.

B 组

1. (1) $3(1-e^{-1/3})e^{-2/3}$; (2) $1-e^{-1}$; (3) $e^{-1}+3(1-e^{-1/3})e^{-2/3}$.

2. X 服从正态分布, $A=\frac{1}{e\sqrt{\pi}}$.

3. 0.682.　　**4.** 他应该可以被录取为免费生.

习　题　2-5

A　组

1. (1)

$\cos X$	1	0	-1
P	1/4	1/2	1/4

(2)

$\sin X$	0	1
P	1/2	1/2

2. $\psi(y)=\begin{cases}\dfrac{y}{32}-\dfrac{1}{4}, & 8<y<16,\\ 0, & \text{其他}.\end{cases}$　**3.** $\psi(y)=\begin{cases}e^{-y}, & y>0,\\ 0, & y\leqslant 0.\end{cases}$　**4.** $\psi(y)=\begin{cases}0, & y\leqslant 0,\\ \sqrt{\dfrac{2}{\pi}}e^{-y^2/2}, & y>0.\end{cases}$

B　组

1. $\psi(y)=\begin{cases}\dfrac{1}{4\sqrt{6\pi(y-1)}}e^{-(y-1)/96}, & y>1,\\ 0, & y\leqslant 1.\end{cases}$　**2.** $\psi(y)=\begin{cases}\dfrac{2}{\pi^2}\cdot\dfrac{\arccos y}{\sqrt{1-y^2}}, & -1<y<1,\\ 0, & \text{其他}.\end{cases}$

3. (1) $F(y)=\begin{cases}0, & y\leqslant 0,\\ \dfrac{2}{\pi}\arctan y, & 0<y<1,\\ 1, & y\geqslant 1;\end{cases}$　(2) $\dfrac{1}{2}$.

习　题　2-6

A　组

1. (1) 1;　(2) $F_X(x)=\begin{cases}1-e^{-0.5x}, & x>0,\\ 0, & x\leqslant 0,\end{cases}$　$F_Y(y)=\begin{cases}1-e^{-0.5y}, & y>0,\\ 0, & y\leqslant 0;\end{cases}$

(3) e^{-1}, e^{-1};　(4) e^{-2};　(5) $e^{-1}-2e^{-1.5}+e^{-2}$.

2. 不能.

B　组

1. (1).　　**2.** 5/7.

习　题　2-7

A　组

1. 对(1),(2)有

X \ Y	1	3	$p_{i\cdot}$
0	0	1/8	1/8
1	3/8	0	3/8
2	3/8	0	3/8
3	0	1/8	1/8
$p_{\cdot j}$	6/8	2/8	

(3) $P(X=1|Y=1)=1/2$, $P(X=2|Y=1)=1/2$.

2.

X \ Y	1	2	3	4	$p_{i\cdot}$
1	1/4	0	0	0	1/4
2	1/8	1/8	0	0	1/4
3	1/12	1/12	1/12	0	1/4
4	1/16	1/16	1/16	1/16	1/4
$p_{\cdot j}$	25/48	13/48	7/48	1/16	

B 组

1. $F(x,y)=\begin{cases}0, & x<0 \text{ 或 } y<0,\\ 0.1, & 0\leqslant x<1 \text{ 且 } 0\leqslant y<1,\\ 0.3, & 0\leqslant x<1 \text{ 且 } y\geqslant 1,\\ 0.4, & x\geqslant 1 \text{ 且 } 0\leqslant y<1,\\ 1, & x\geqslant 1 \text{ 且 } y\geqslant 1.\end{cases}$

2. 对(1),(4),有

X \ Y	1	2	3	4	5	6	$p_{i\cdot}$
1	1/36	1/36	1/36	1/36	1/36	1/36	1/6
2	0	2/36	1/36	1/36	1/36	1/36	1/6
3	0	0	3/36	1/36	1/36	1/36	1/6
4	0	0	0	4/36	1/36	1/36	1/6
5	0	0	0	0	5/36	1/36	1/6
6	0	0	0	0	0	6/36	1/6
$p_{\cdot j}$	1/36	3/36	5/36	7/36	9/36	11/36	

(2) 21/36； (3) 4/36.

习 题 2-8

A 组

1. (1) $C=4$； (2) $F(x,y)=\begin{cases}x^2y^2, & 0\leqslant x\leqslant 1, 0\leqslant y\leqslant 1,\\ x^2, & 0\leqslant x\leqslant 1, y>1,\\ y^2, & 0\leqslant y\leqslant 1, x>1,\\ 1, & x>1, y>1,\\ 0, & \text{其他；}\end{cases}$ (3) $\dfrac{1}{24}$.

2. (1) $\dfrac{2}{\pi^2}\cdot\dfrac{1}{4+x^2}\cdot\dfrac{1}{1+y^2}$； (2) $\dfrac{2}{\pi}\cdot\dfrac{1}{4+x^2}$，$\dfrac{1}{\pi}\dfrac{1}{1+y^2}$； (3) $\dfrac{1}{16}$.

3. (1) $f_X(x)=\begin{cases}6(x-x^2), & 0\leqslant x\leqslant 1,\\ 0, & \text{其他，}\end{cases}$ $f_Y(y)=\begin{cases}6(\sqrt{y}-y), & 0\leqslant y\leqslant 1,\\ 0, & \text{其他；}\end{cases}$ (2) $\dfrac{1}{2}$.

B 组

1. (1) $f_X(x)=\begin{cases}x\mathrm{e}^{-x}, & x>0,\\ 0, & x\leqslant 0,\end{cases}$ $f_Y(y)=\begin{cases}\dfrac{1}{2}y^2\mathrm{e}^{-y}, & y>0,\\ 0, & y\leqslant 0;\end{cases}$

(2) $f_{X|Y}(x|y)=\begin{cases}\dfrac{2x}{y^2}, & 0<x<y,\\ 0, & \text{其他};\end{cases}$ (3) $1-e^{-0.5}-e^{-1}$.

2. (1) $f_X(x)=\begin{cases}2x^2+\dfrac{2}{3}x, & 0\leqslant x\leqslant 1,\\ 0, & \text{其他},\end{cases}$ $f_Y(y)=\begin{cases}\dfrac{1}{3}\left(1+\dfrac{y}{2}\right), & 0\leqslant y\leqslant 2,\\ 0, & \text{其他};\end{cases}$

(2) $f_{Y|X}(y|x)=\begin{cases}\dfrac{3x+y}{6x+2}, & 0\leqslant y\leqslant 2,\\ 0, & \text{其他};\end{cases}$ (3) $\dfrac{65}{72}$; (4) $\dfrac{17}{24}$; (5) $\dfrac{5}{32}$; (6) $\dfrac{7}{40}$.

习 题 2-9

A 组

1. $\alpha=2/9$, $\beta=1/9$.

2. 对(1),(2),有

X \ Y	0	1	2	$p_{i\cdot}$
0	1/9	2/9	1/9	4/9
1	2/9	2/9	0	4/9
2	1/9	0	0	1/9
$p_{\cdot j}$	4/9	4/9	1/9	

(3) X 与 Y 不相互独立.

3. 相互独立. **4.** 不相互独立.

5. (1) $f(x,y)=\begin{cases}2xe^{-y}, & 0<x<1, y>0,\\ 0, & \text{其他};\end{cases}$ (2) $1-2e^{-2}\approx 0.7294$.

B 组

1. $a=\dfrac{1}{24}$, $b=\dfrac{1}{12}$, $c=\dfrac{1}{4}$, $d=\dfrac{3}{8}$, $e=\dfrac{1}{4}$, $r=\dfrac{3}{4}$, $s=\dfrac{1}{2}$, $t=\dfrac{1}{3}$.

2. 相互独立. **3.** 不相互独立.

习 题 2-10

A 组

1. (1)

$(X+Y)^2$	0	1	4
P	0.35	0.5	0.15

(2)

$\max(X,Y)$	0	1
P	0.25	0.75

(3)

$\min(X,Y)$	−1	0	1
P	0.30	0.55	0.15

4. $Z\sim N(2,17)$. **5.** $\psi(z)=\begin{cases}\lambda^2 z e^{-\lambda z}, & z>0,\\ 0, & z\leqslant 0.\end{cases}$

6. (1) $f_Z(z)=\begin{cases}(\alpha+\beta)e^{-(\alpha+\beta)z}, & z>0,\\ 0, & z\leqslant 0;\end{cases}$ (2) $f_Z(z)=\begin{cases}\alpha e^{-\alpha z}+\beta e^{-\beta z}-(\alpha+\beta)e^{-(\alpha+\beta)z}, & z>0,\\ 0, & z\leqslant 0.\end{cases}$

B 组

2. $f_Z(z)=\frac{1}{2}e^{-|z|}$.　　**3.** $f_Z(z)=\begin{cases}\frac{1}{2}z^2, & 0\leqslant z\leqslant 1,\\ -z^2+3z-\frac{3}{2}, & 1<z\leqslant 2,\\ \frac{1}{2}z^2-3z+\frac{9}{2}, & 2<z\leqslant 3,\\ 0, & \text{其他}.\end{cases}$

4. (1) $f_M(z)=\begin{cases}3z^2, & 0\leqslant z\leqslant 1,\\ 0, & \text{其他};\end{cases}$　(2) $f_N(z)=\begin{cases}1+2z-3z^2, & 0\leqslant z\leqslant 1,\\ 0, & \text{其他}.\end{cases}$

5. $\psi(u)=\begin{cases}\frac{1}{2}(2-u), & 0<u<2,\\ 0, & \text{其他}.\end{cases}$

总 习 题 二

一 维 部 分

一、填空题:

1. 1.　　**2.** $e^{-\lambda}$.　　**3.**

X	-1	1	3
P	0.4	0.4	0.2

4. $\frac{1}{2e}$.　　**5.** $e^{-0.8}$.　　**6.** $\frac{91}{216}$.　　**7.** 0.7.　　**8.** $1\leqslant k\leqslant 3$.

9. $\frac{1}{6},\frac{5}{6}$.　　**10.** $f_Y(y)=\begin{cases}\frac{1}{4\sqrt{y}}, & 0<y<4,\\ 0, & \text{其他}.\end{cases}$

二、选择题:

1. C.　**2.** B.　**3.** A.　**4.** B.　**5.** D.　**6.** C.　**7.** C.　**8.** A.
9. A.　**10.** C.　**11.** B.　**12.** C.

三、计算题:

1. (1)

X	0	1	2	3
P	27/125	54/125	36/125	8/125

;　(2) $F(x)=\begin{cases}0, & x<0,\\ 27/125, & 0\leqslant x<1,\\ 81/125, & 1\leqslant x<2,\\ 117/125, & 2\leqslant x<3,\\ 1, & x\geqslant 3.\end{cases}$

2. (1) $A=0,B=\frac{1}{2},C=2$;　(2) $f(x)=\begin{cases}0, & \text{其他},\\ x, & 0\leqslant x<1,\\ 2-x, & 1\leqslant x\leqslant 2;\end{cases}$　(3) $\frac{1}{7}$.

3. (1) $A=\frac{1}{3},B=\frac{1}{2}$;　(2) $F(x)=\begin{cases}0, & x<1,\\ (x^2-1)/6, & 1\leqslant x<2,\\ (x-1)/2, & 2\leqslant x<3,\\ 1, & x\geqslant 3.\end{cases}$

4. $\frac{\sqrt{2}}{2}$.　　**5.** $e^{-2/5}$.　　**6.** 他可以被录取,但被录为临时工的可能性比较大.

7. (1) $F(t)=\begin{cases}1-e^{-\lambda t}, & t\geqslant 0;\\ 0, & t<0;\end{cases}$ (2) e^{-8t}.　**8.** $f_Y(y)=\begin{cases}e^{-(\ln y)}\,|(\ln y)'|=\dfrac{1}{y^2}, & y\geqslant 1,\\ 0, & 其他.\end{cases}$

二 维 部 分

一、填空题：

1.

$\max(X,Y)$	0	1
P	0.25	0.75

, 0.5.　**2.** $\dfrac{4}{7}$.　**3.** $\dfrac{13}{48}$.　**4.** $\dfrac{1}{9}$.

5. 1/4.　**6.** 1/4.　**7.** 1/3.　**8.** 6/11,36/49.

二、选择题：

1. A.　**2.** B.　**3.** C.　**4.** B.　**5.** A.　**6.** A.　**7.** A.　**8.** B.

三、计算题：

1. (1)

X \ Y	0	1	$p_{i\cdot}$
−1	1/4	0	1/4
0	0	1/2	1/2
1	1/4	0	1/4
$p_{\cdot j}$	1/2	1/2	

(2) 不相互独立.

2. (1) $\dfrac{4}{9}$; (2)

X \ Y	0	1	2
0	1/4	1/3	1/9
1	1/6	1/9	0
2	1/36	0	0

3.

Y \ X	1	2	3
0	3/64	18/64	6/64
1	0	9/64	18/64
2	0	9/64	0
3	1/64	0	0

4. (1) 2; (2) $\dfrac{7}{24}$; (3) $f_X(x)=\begin{cases}3/2-x, & 0<x<1,\\ 0, & 其他,\end{cases}$ $f_Y(y)=\begin{cases}3/2-y, & 0<y<1,\\ 0, & 其他;\end{cases}$

(4) $f_{X|Y}(x|y)=\dfrac{2-x-y}{3/2-y}$; (5) $\dfrac{1}{3}$; (6) $\dfrac{3}{8}$; (7) X与Y不相互独立.

5. (1) 1; (2) $1-2e^{-1/2}+e^{-1}$; (3) $f_X(x)=\begin{cases}e^{-x}, & x>0,\\ 0, & x\leqslant 0;\end{cases}$ (4) $f(x|y)=\begin{cases}1/y, & 0<x<y,\\ 0, & 其他;\end{cases}$

(5) X与Y不相互独立; (6) 1; (7) 1.

6. (1) $A=2$; (2) $\dfrac{1}{2}$; (3) $f_X(x)=\begin{cases}\dfrac{\ln x}{x^2}, & x\geqslant 1,\\ 0, & x<1,\end{cases}$ $f_Y(y)=\begin{cases}0, & y\leqslant 0,\\ 1/2, & 0<y<1,\\ 1/(2y^2), & y\geqslant 1;\end{cases}$

(4) 不相互独立.

7. (1) 相互独立; (2) $\alpha=P(X>0.1,Y>0.1)=[1-F_X(0.1)][1-F_Y(0.1)]=e^{-0.1}$.

8. (1) $P(Y=m|X=n)=C_n^m p^m(1-p)^{n-m}$ $(0\leqslant m\leqslant n;n=0,1,2,\cdots)$;

(2) 利用乘法公式,得

$$P(Y=m,X=n)=P(Y=m|X=n)P(X=n)=C_n^m p^m(1-p)^{n-m}\frac{e^{-\lambda}}{n!}\lambda^n\ (0\leqslant m\leqslant n;n=0,1,2,\cdots).$$

9. $f_Z(z)=\begin{cases}0, & z<0,\\ (1-e^{-z})/2, & 0\leqslant z<2,\\ (e^2-1)e^{-z}/2, & z\geqslant 2.\end{cases}$

10. (1) $P\left(Z\leqslant\frac{1}{2}\,\middle|\,X=0\right)=\frac{1}{2}$;

(2) $f_Z(z)=F_Z'(z)=\frac{1}{3}[f_Y(z+1)+f_Y(z)+f_Y(z-1)]=\begin{cases}1/3, & -1\leqslant z<2,\\ 0, & \text{其他}.\end{cases}$

习　题　3-1

A　组

1. -0.2，2.8，13.4.　　**2.** 1，2，$\frac{1}{3}$.　　**3.** $\frac{\pi}{24}(a+b)(a^2+b^2)$.

4. 4/3，5/8，5/6，5/8　　**5.** 0.7，0.6，0.4.

B　组

1. 90，285.　　**2.** $1/p$.　　**3.** $-1/3$.　　**4.** 1.　　**5.** $M[1-(1-1/M)^n]$.

习　题　3-2

A　组

1. 19/25.　　**2.** 11/36，11/36.

3. $E(X)=E(Y)=0.44$，$D(X)\approx 0.61$，$D(Y)\approx 0.93$，第一种设备性能较稳定.

4. 17，8.

B　组

1. 48.　　**2.** 5.　　**3.** 1/18，1/6.　　**4.** $E(X)=n$，$D(X)=n(n-1)$.

习　题　3-3

A　组

2. $-1/2$.　　**3.** 85，37.　　**4.** 2/3，0，0.

B　组

1. $\dfrac{ac+bd}{\sqrt{a^2+b^2}\cdot\sqrt{c^2+d^2}}$.　　**2.** (1)

X_1 \ X_2	0	1
0	0.1	0.1
1	0.8	0

；　(2) $-\frac{2}{3}$.

3. (1) 0；(2) 不相互独立.　　**4.** (1) 6；(2) 1.

习　题　3-4

1. $n(n-1)(n-2)p^3+3n(n-1)p^2+np$.　　**2.** $\begin{pmatrix}\pi-3 & 0\\ 0 & \pi-3\end{pmatrix}$.

总习题三

一、填空题:

1. 4. **2.** 4/3. **3.** 18.4. **4.** 1. **5.** 1/6. **6.** $N(0,5)$. **7.** 0.9. **8.** 6.
9. $\mu(\sigma^2+\mu^2)$. **10.** 1/e. **11.** 12,−12,3. **12.** 46. **13.** 1/2,5. **14.** 0,1.

二、选择题:

1. B. **2.** B. **3.** D. **4.** D. **5.** D. **6.** C. **7.** B. **8.** A.
9. A. **10.** D. **11.** C. **12.** B. **13.** D. **14.** A.

三、计算题:

1. (1)

X \ Y	0	1
−1	0	1/2
1	1/4	1/4

(2) $-\frac{\sqrt{3}}{3}$. **2.** $E(X)=1$, $D(X)=1-\frac{1}{n}$. **3.** (1) 24; (2) 36.

4. 4,18,6,1. **5.** 6/5. **6.** 3/2. **7.** $\sqrt{15}/15$.

8. (1) 不相互独立; (2) $\frac{5}{9},\frac{11}{9}$; (3) $-\frac{1}{81}$; (4) $-\sqrt{\frac{2}{299}}$,线性相关.

9. (1) 4,73; (2) $3/\sqrt{73}$.

10. (1)

X \ Y	−1	0	1
0	0	1/3	0
1	1/3	0	1/3

(2)

Z	−1	0	1
P	1/3	1/3	1/3

(3) 0.

11. 4/81. **12.** 5.20896 万元.

习　题　4-1

A　组

1. (1) 0.6; (2) 0.074. **2.** 18750. **3.** $\geqslant 37/72$

B　组

2. $\geqslant 8/9$. **3.** $\geqslant 1/3$.

习　题　4-2

A　组

1. 0.927. **2.** 0.9616. **3.** 0.9977. **4.** 0.998.

B　组

1. 98 箱. **2.** 97. **3.** 531.

总习题四

一、填空题:

1. 1/2.　**2.** 1/12.　**3.** 1/2.　**4.** $\geqslant 3/4$.　**5.** 0.5.

二、选择题:

1. D.　**2.** B.　**3.** B.　**4.** C.

三、计算题:

1. 0.9876.　**2.** 62.　**3.** 147.　**4.** (1) 0; (2) 0.9952; (3) 0.5.

5. (1) $p\geqslant 7/8$; (2) 0.995.

习　题　5-1

2. $f(x_1,x_2,\cdots,x_n)=\left(\frac{1}{\sqrt{2\pi}\sigma}\right)^n e^{-\frac{1}{2\sigma^2}\sum\limits_{i=1}^{n}(x_i-\mu)^2}(-\infty<x_i<+\infty,i=1,2,\cdots,n)$,

$$f(x_1,x_2,\cdots,x_n)=\begin{cases}\lambda^n e^{-\lambda\sum\limits_{i=1}^{n}x_i}, & x_i\geqslant 0,\\ 0, & \text{其他}.\end{cases}$$

3. $P(X_1=x_1,X_2=x_2,\cdots,X_n=x_n)=\dfrac{\lambda^{\sum\limits_{i=1}^{n}x_i}}{\prod\limits_{i=1}^{n}x_i!}e^{-n\lambda}$,其中 $x_1,x_2,\cdots,x_n$ 都在集合$\{0,1,2,\cdots\}$中取值.

习　题　5-2

A　组

2. 只有$\frac{1}{\sigma^2}\sum\limits_{i=1}^{3}X_i$ 不是统计量,因为它含有未知参数 σ^2.其余都是统计量,因为都不含任何未知参数.

3. 0.8293.　**4.** 0.95.　**5.** 1.9432, 1.3722, 22.362, 17.535, 3.33, 0.3.

B　组

1. 0.1.

2. (1) 0.131; (2) $E(\overline{X})=12$, $D(\overline{X})=4/5$, $E(S_5^2)=4$;
(3) 子样均值是 1.4,方差是 1.3.

3. (1) μ, σ^2/n, σ^2; (2) λ, λ/n, λ;
(3) p, $p(1-p)/n$, $p(1-p)$; (4) $1/\lambda$, $1/(n\lambda^2)$, $1/\lambda^2$.

4. $\overline{X}\sim N(12,4^2/6)$; $P(\overline{X}>13)\approx 0.2719$.

习　题　5-3

A　组

3.

损坏件数 k	0	1	2	3	4
损坏 k 件的频率	6/20	7/20	3/20	2/20	2/20

$$F_n(x)=\begin{cases}0, & x<0,\\ 6/20, & 0\leqslant x<1,\\ 13/20, & 1\leqslant x<2,\\ 16/20, & 2\leqslant x<3,\\ 18/20, & 3\leqslant x<4,\\ 1, & x\geqslant 4.\end{cases}$$

总 习 题 五

一、填空题:

1. $\lambda,\lambda/n,\lambda$. **2.** np^2. **3.** $\mu^2+\sigma^2$. **4.** $1/20,1/100,2$. **5.** $t,9$. **6.** $F,(5,n-5)$.

二、选择题:

1. D. **2.** C. **3.** A. **4.** B. **5.** C. **6.** C. **7.** C.

三、计算题和证明题:

1. $\overline{X}=3.59$, $S^2=2.881$. **2.** (1) 0.2628; (2) 0.2923; (3) 0.5785.

3. 0.6744. **4.** $E(\overline{X})=0$, $D(\overline{X})=\dfrac{1}{3n}$.

5. $f_Y(y)=\begin{cases}\dfrac{1}{\sqrt{2n\pi y}\sigma}e^{-\frac{y}{2n\sigma^2}}, & y\geqslant 0,\\ 0, & y<0.\end{cases}$

6. 0.895. $\left(\text{提示:}\dfrac{1}{\sigma^2}\sum_{i=1}^{n}(X_i-\overline{X})^2=(n-1)\dfrac{S^2}{\sigma^2}\sim\chi^2(n-1)\right)$

习 题 6-1

A 组

1. (1) $\hat{\mu}_1=\bar{x}=14.9$, $\hat{\mu}_2=\tilde{x}=14.9$;

(2) $\hat{\sigma}_1^2=\dfrac{1}{6}\sum_{i=1}^{6}(x_i-\bar{x})^2=0.216^2$, $\hat{\sigma}_2=\dfrac{R}{d_6}\approx 0.237$;

(3) $\hat{\sigma}^2=s^2\approx 0.237^2$.

2. $\hat{\mu}_1=\bar{x}=5323.6$, $\hat{\sigma}_1^2=18.73^2$, $\hat{\mu}_2=\tilde{x}=5352.5$, $\hat{\sigma}_2=R/d_{10}=20.47$.

3. $\hat{\mu}=\bar{x}=2809$, $\hat{\sigma}^2=\dfrac{1}{5}\sum_{i=1}^{5}(x_i-\bar{x})^2=34.74^2$. **4.** $\hat{\sigma}^2=\dfrac{1}{n}\sum_{i=1}^{n}X_i^2$.

5. $\hat{\mu}=\bar{x}=997.1$, $\hat{\sigma}^2=\dfrac{1}{10}\sum_{i=1}^{10}(x_i-\bar{x})^2=124.8^2$, $\hat{P}(X>1300)=1-\Phi\left(\dfrac{1300-997.1}{124.8}\right)=0.0075$.

6. $\hat{\theta}=-n\Big/\sum_{i=1}^{n}\ln x_i$ $(0<x_i<1, i=1,2,\cdots,n)$.

B 组

1. (1) $\hat{\mu}_1=\bar{x}=321.397$, $\hat{\mu}_2=\tilde{x}=321.45$;

(2) $\hat{\sigma}^2=\dfrac{1}{13}\sum_{i=1}^{13}(x_i-\bar{x})^2=0.151^2$, $\hat{\sigma}=\dfrac{R}{d_{13}}=\dfrac{321.60-321.05}{3.336}\approx 0.165$.

2. $\hat{p}=\dfrac{1}{100}\sum_{i=1}^{100}x_i=\dfrac{1}{10}=0.1$.

3. 矩估计 $\hat{\theta}=\dfrac{1-2\overline{X}}{\overline{X}-1}$(**提示**：先求 $E(X)$，然后令 $E(X)$ 与一阶样本原点矩 $\overline{X}$ 相等，即 $E(X)=\overline{X}$，便解得 $\hat{\theta}$)；

极大似然估计 $\hat{\theta}=-\left(1+n\Big/\sum\limits_{i=1}^{n}\ln X_i\right)$.

4. $P(X>1500)=0.0075$.

5. (1) $\hat{\theta}=nr\Big/\sum\limits_{i=1}^{n}X_i$；　(2) $\hat{\theta}=\dfrac{1}{n}\sum\limits_{i=1}^{n}X_i$；　(3) $\hat{\theta}=\dfrac{1}{n}\sum\limits_{i=1}^{n}|X_i|$.

习　题　6-2

A　组

3. (1),(3),(4),(5)都是统计量；(2)不是统计量；(1)是最有效估计量.

4. C 为 $\dfrac{1}{2(n-1)}$.

B　组

1. $\hat{\mu}_1$ 最有效.　　**2.** $C_1=\dfrac{1}{k+1}$, $C_2=\dfrac{k}{k+1}$.　　**3.** $\hat{\theta}=2\overline{X}-1$.

习　题　6-3

4. (1250.17, 1267.83).　　**5.** $n\geqslant 15.37\sigma^2/L^2$.　　**6.** (0.4759, 0.6619).

习　题　6-4

A　组

1. (10.76, 11.28).

2. μ 的置信度为 95%的置信区间为(1485.69, 1514.31)；

σ^2 的置信度为 95%的置信区间为(189.27, 1333.33).

3. (2.690, 2.720).　注：题中“比重”是指测量值的数学期望.

4. (420.3, 429.7).　　**5.** (35.87, 252.44).　　**6.** (−0.002, 0.006).

B　组

1. μ 的置信度为 95%的置信区间为(42.92,43.88)；σ 的置信度为 90%的置信区间为(0.53,1.15).

2. (0.003, 0.012)；(0.05, 0.11).　　**3.** (2.20, 29.97)；(1.48, 5.47).

4. (0.0299, 0.0501).　　**5.** (0.222, 3.601).

习　题　6-5

A　组

2. 1445.2, 1393.5.　　**3.** (5.9629, 15.8277), 6.3229.

B　组

1. $\left(\overline{X}-\overline{Y}-Z_{\alpha/2}\sqrt{\dfrac{\sigma_1^2}{n_1}+\dfrac{\sigma_2^2}{n_2}},\ \overline{X}-\overline{Y}+Z_{\alpha/2}\sqrt{\dfrac{\sigma_1^2}{n_1}+\dfrac{\sigma_2^2}{n_2}}\right)$, $\overline{X}-\overline{Y}+Z_{\alpha}\sqrt{\dfrac{\sigma_1^2}{n_1}+\dfrac{\sigma_2^2}{n_2}}$ 和 $\overline{X}-\overline{Y}-Z_{\alpha}\sqrt{\dfrac{\sigma_1^2}{n_1}+\dfrac{\sigma_2^2}{n_2}}$.

2. $$\left(\frac{\dfrac{1}{n_1}\sum\limits_{i=1}^{n_1}(X_i-\mu)^2}{F_{\alpha/2}(n_1,n_2)\dfrac{1}{n_2}\sum\limits_{i=1}^{n_2}(Y_i-\mu_2)^2},\ \frac{\dfrac{1}{n_1}\sum\limits_{i=1}^{n_1}(X_i-\mu_1)^2}{F_{1-\alpha/2}(n_1,n_2)\dfrac{1}{n_2}\sum\limits_{i=1}^{n_2}(Y_i-\mu_2)^2}\right),$$

$$\frac{\frac{1}{n_1}\sum_{i=1}^{n_1}(X_i-\mu_1)^2}{F_\alpha(n_1,n_2)\frac{1}{n_2}\sum_{i=1}^{n_2}(Y_i-\mu_2)^2} \text{ 和 } \frac{\frac{1}{n_1}\sum_{i=1}^{n_1}(X_i-\mu_1)^2}{F_{1-\alpha}(n_1,n_2)\frac{1}{n_1}\sum_{i=1}^{n_2}(Y_i-\mu_2)^2}.$$

3. 0.2810，2.843.

总习题六

一、填空题:

1. 1000.25,6.35,6.93. **2.** −1. **3.** $1/n$. **4.** (4.804,5.196). **5.** (0.101,0.224).

二、选择题:

1. D. **2.** C. **3.** D. **4.** A. 5. C.

三、计算题和证明题:

1. (1) $\hat{\theta}=\frac{\overline{X}}{\overline{X}-C}$； (2) $\hat{p}=\frac{1}{\overline{X}}$； (3) $\hat{\theta}=\sqrt{\frac{2}{\pi}}\overline{X}$；

(4) $\hat{\mu}=\overline{X}-\sqrt{\frac{1}{n}\sum_{i=1}^{n}(X_i-\overline{X})^2}$，$\hat{\theta}=\sqrt{\frac{1}{n}\sum_{i=1}^{n}(X_i-\overline{X})^2}$.

2. (1) $\hat{\theta}=\frac{n}{\sum_{i=1}^{n}\ln X_i-n\ln C}$； (2) $\hat{p}=\frac{1}{\overline{X}}$；

(3) $\hat{\theta}=\sqrt{\frac{1}{2n}\sum_{i=1}^{n}X_i^2}$； (4) $\hat{\mu}=\min(X_1,X_2,\cdots,X_n)$，$\hat{\theta}=\overline{X}-\hat{\mu}$.

3. 0.499. **4.** $D(\hat{\mu}_1)=5/9$，$D(\hat{\mu}_2)=5/8$，$D(\hat{\mu}_3)=1/2$(最小).

5. $c=\frac{n}{2(n-2)}$. **7.** 提示：$\hat{\theta}=\max(X_1,X_2,\cdots,X_n)$，$E(\hat{\theta})=\frac{n}{n+1}\theta$.

8. $a=\frac{n_1}{n_1+n_2}$，$b=\frac{n_2}{n_1+n_2}$. **9.** (992.16，1007.84).

10. (1) (5.608，6.392),6.329； (2) (5.558，6.442)，6.356.

11. (1) (6.675，6.681)，(6.8×10^{-6}，6.5×10^{-5})； (2) (6.661，6.667)，(3.8×10^{-6}，5.06×10^{-5}).

12. (7.4，21.1). **13.** (0.010，0.018). **14.** (−6.04，−5.96). **15.** (0.45，2.79).

16. (1) (21.137，21.663)； (2) (20.3355，22.4645)； (3) 22.2173，20.5827.

17. 40526.

习 题 7-1

5. $\mu\neq32.50$ mm.

习 题 7-2

A 组

1. 不能认为抗断强度是 32.50 kgf/cm^2. **2.** 拒绝 H_0：$\mu=52.50$.

3. 此种仪器测量的硬度显著降低. **4.** 没有显著提高.

5. 处理后平均含脂率与处理前有显著差异.

6. 显著降低. **7.** 有显著差异. **8.** 显著增大.

B 组

1. 不能认为这批零件的平均长度是 32.50 mm.
2. 可认为自动装罐机的工作正常. 3. 可认为测温仪无系统偏差.
4. 可认为这批灯泡的平均使用寿命为 2000 h.
5. 可认为两矿含灰率无显著差异. 6. 两种稻种产量有显著差异.
7. 可认为两种不同工艺对产品该性能指标无显著差异.

习 题 7-3

A 组

1. 可认为保险丝熔化时间的方差与往常无显著差异.
2. 显著偏大.
3. 在显著水平 $\alpha=0.05$ 下,认为两机床加工的精度无显著差异;在显著水平 $\alpha=0.10$ 下,认为两机床加工的精度有显著差异.
4. 两家银行客户的平均年存款额有显著差异.(**提示**:应先检验 $\sigma_x^2=\sigma_y^2$,若可认为 $\sigma_x^2=\sigma_y^2$,则再检验 $\mu_x=\mu_y$)
5. 新工艺的精度比老工艺的精度显著提高.

B 组

1. (1) 标准差无显著变化; (2) 平均重量符合规定标准.
2. 该天包装机工作不正常. 3. 两种安眠药疗效无显著差异.
4. 甲机床加工精度不比乙机床高(即甲机床加工的零件长度的方差不小于乙机床).
5. 可断定甲厂灯泡比乙厂的好.

习 题 7-4

3. 接受 H_0:尺寸偏差服从正态分布.
4. 过路车辆数服从参数为 $\lambda=0.805$ 的泊松分布.
5. 滚珠直径服从正态分布 $N(15.1,0.4325^2)$.

总 习 题 七

一、填空题:

1. $\{|\overline{X}-5|\geqslant 0.98\}$. 2. $P((x_1,x_2,\cdots,x_n)\in W|H_0$ 成立$)$,$P((x_1,x_2,\cdots,x_n)\notin W|H_1$ 成立$)$.
3. $\dfrac{\overline{X}}{Q}\sqrt{n(n-1)}$. 4. $\dfrac{1}{\sigma_0^2}\sum\limits_{i=1}^{n}(X_i-\mu)^2$, $\chi^2(n)$.

二、选择题:

1. B. 2. C. 3. A. 4. C. 5. D. 6. C.

三、计算题:

1. 接受假设 H_0. 2. 可认为该批灯泡的平均使用寿命符合标准.
3. 认为不合格.
4. 认为这批钢丝的抗断强度无显著提高.(**提示**:$H_0:\mu_1\leqslant\mu,H_1:\mu_1>\mu$,其中 $E(X)=\mu_1$ 为未知参数,μ 为已知常数)
5. 认为这批维尼纶纤度的方差 σ^2 有显著变化.
6. 认为该仪器精度显著下降. 7. 认为这批导线的标准差显著偏大.
8. 可认为两台机床生产的弹体平均重量相等.

9. 可认为两正态总体均值无显著提高.

10. (1) 接受 H_0; (2) 接受 H_0. **11**. 无显著差异.

12. 认为两种配方下,橡胶伸长率不服从相同分布.(**提示**:应先检验 $\sigma_1^2=\sigma_2^2$,若可认为 $\sigma_1^2=\sigma_2^2$,则再检验 $\mu_1=\mu_2$)

13. 两种发射药发射的弹丸初速不服从相同的分布.(**提示**:经检验,虽可认为 $\sigma_1^2=\sigma_2^2$,但不能认为 $\mu_1=\mu_2$)

14. 可认为服从泊松分布. **15**. 可认为服从正态分布.

16. 可认为该正 20 面体匀称.(**提示**:$\chi^2=5.125$,自由度为 $10-1=9$)

习 题 8-1

1. 有显著差异. **2**. 染整工艺对缩水率影响高度显著.

3. 有显著差异. **4**. 差异高度显著. **5**. 有显著差异.

习 题 8-2

1. 不同材料和不同温度对该种电池的输出电压的影响均有显著差异,它们的交互作用的影响不显著.

2. 都有显著影响.

3. 各张之间有显著差别,每张不同部位之间无显著差别.

4. 收缩率有显著影响,总拉伸倍数无显著影响,两者有显著交互作用.

5. 机器之间无显著差异,操作工之间以及两者的交互作用有显著差异.

习 题 8-3

2. $\hat{y}=24.6287+0.05886x$. **3**. $\hat{y}=6.5-1.6x$,显著.

4. (1) $\hat{y}=188.99+1.87x$,显著; (2) 预测区间为(256,365).

5. 预测区间为(117.01, 186.53)(或近似区间(117.53, 186.01)).

6. $\hat{y}=0.818x^{0.673}$.

习 题 8-4

1. $\hat{y}=-16.011+0.522x_1+0.475x_2$.

2. $\hat{y}=65.92+0.2091x_1+0.2239x_2$,高度显著.

3. $\hat{y}=95.57-0.69x_1+0.022x_2$,显著.

总 习 题 八

1. 各总体均值间有显著差异;(6.75,18.45),(−7.65,4.05),(−20.25,−8.55).

2. 无显著差异. **3**. 差异不显著. **4**. 差异显著.

5. 只有浓度的影响是显著的. **6**. $\hat{y}=0.3185-0.048857t$;显著.

7. (1) $\sigma_b=49.13+0.498\varepsilon$; (2) 显著; (3) 71.54 $\mathrm{kgf/mm^2}$; (4) $\varepsilon>64.79$.

8. (1) $\hat{y}=781.87+0.27897x$; (2) 显著; (3) 1618.78,(1604.98,1633.46).

9. $\hat{y}=0.1662e^{5.2892x}$.

10. (1) $\hat{b}_0=51.7665$, $\hat{b}_1=1.5207$, $\hat{b}_2=0.6629$, $\hat{y}=51.7665+1.5207x_1+0.6629x_2$; (2) 显著.

参 考 文 献

[1] 复旦大学. 概率论. 北京：高等教育出版社，1979.

[2] 盛骤，谢式千，潘承毅. 概率论与数理统计. 第二版. 北京：高等教育出版社，1989.

[3] 施雨，李耀武. 概率论与数理统计. 西安：西安交通大学出版社，1998.

[4] 杨德保. 工科概率统计. 北京：北京理工大学出版社，1994.

[5] 郭绍建，萧亮壮，等. 概率统计与随机过程. 北京：航空工业出版社，1993.

[6] 重庆大学《概率论与数理统计》编写组. 概率论与数理统计. 重庆：重庆大学出版社，1991.

[7] 陈家鼎，刘婉如，汪仁官. 概率统计讲义. 第二版. 北京：高等教育出版社，1982.

[8] 王光锐，温小霓. 概率论与数理统计. 西安：西安电子科技大学出版社，1996.

[9] 苑慎怀. 应用概率论与数理统计. 北京：中国纺织出版社，1994.

[10] 全国工科院校应用概率统计委员会《概率统计》教材编写组. 概率论与数理统计. 上海：上海科学技术出版社，1991.

[11] 曹显兵，黄先开. 概率论与数理统计过关与提高. 北京：原子能出版社，2008.

[12] 王颖喆，程丽娟，等. 概率与数理统计习题精解. 北京：北京师范大学出版社，2010.